はじめてのフィールドワーク

③ 日本の鳥類編

武田浩平・風間健太郎・森口紗千子・高橋雅雄・加藤貴大・
長谷川 克・安藤温子・山本誉士・小林 篤・岡久雄二・武田広子・
黒田聖子・松井 晋・堀江明香著

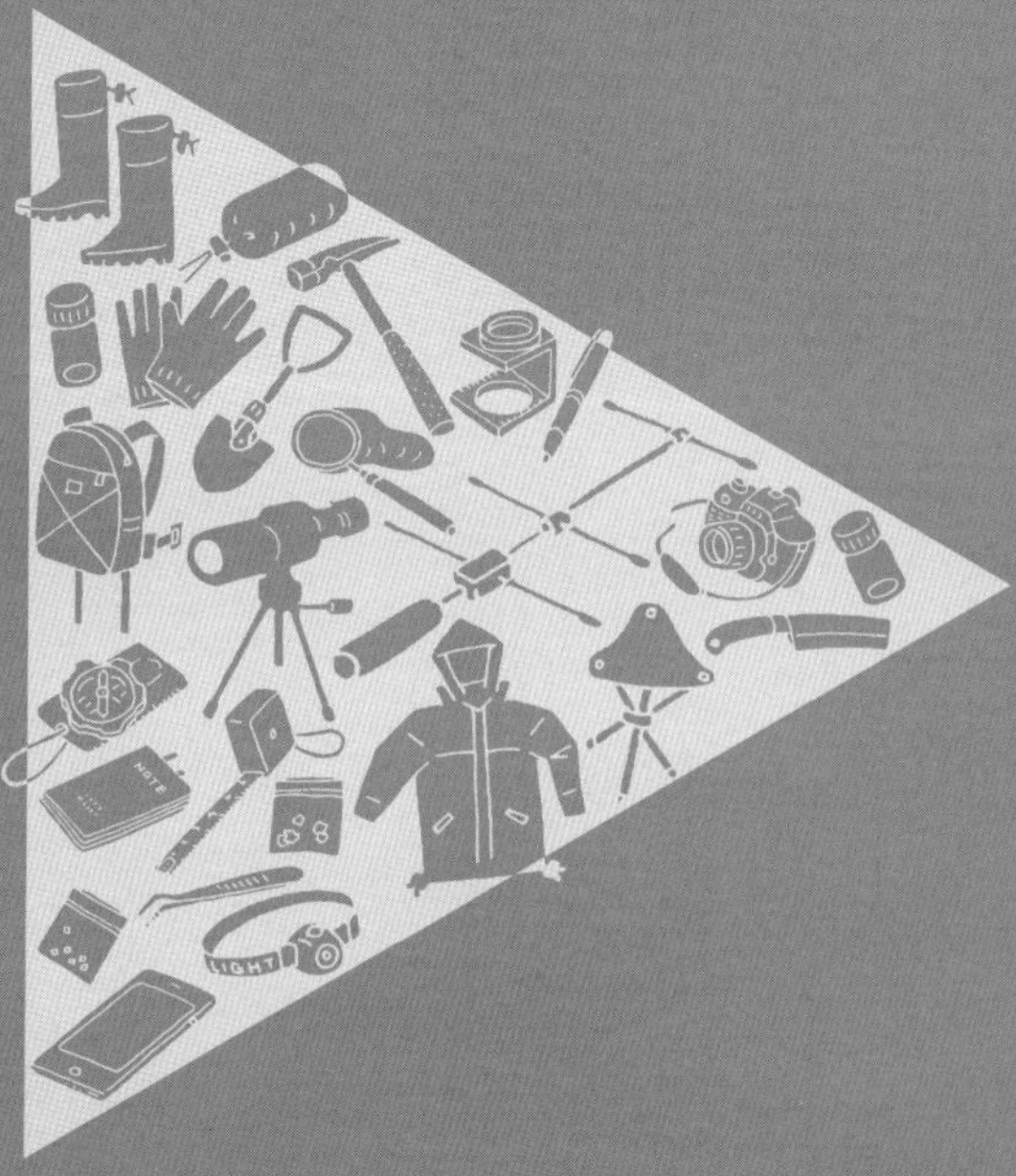

東海大学出版部

Invitation to Fieldwork No.3
: Field Ornithology in Japan

by Kohei TAKEDA, Kentaro KAZAMA, Sachiko MORIGUCHI,
Masao TAKAHASHI, Takahiro KATO, Masaru HASEGAWA,
Haruko ANDO, Takashi YAMAMOTO, Atsushi KOBAYASHI, Yuji OKAHISA,
Hiroko TAKEDA, Seiko KURODA, Shin MATSUI and Sayaka HORIE
Tokai University Press, 2018
Printed in Japan
ISBN978-4-486-02165-0

口絵１　親から給餌を受けるヒナ.

口絵２　「掃き溜めに鶴」堆肥山にいる若鳥たち.

口絵３　秋の畑で採餌するタンチョウの群れ.

口絵４　給餌場の全体風景，黒い点がすべてタンチョウ.

口絵５　利尻島の隣に位置する礼文島から見た利尻山．海上に悠然とそびえる.

口絵６　著者のまわりで乱舞するウミネコ.

口絵７　餌を吐き戻してヒナに与えるウミネコの親鳥.

口絵9　マガンのねぐら入り．

口絵8　マガン．

口絵11　サロベツ原野でのガン類分布調査．新潟大学の学生たちが高台から牧草地のガン類をカウントしている．

口絵10　マガンの渡り群れ．

口絵12　水田の中で営巣するケリ（左）とケリの巣と卵（右）．

口絵13　仏沼のオオセッカのオス（左）とオオセッカの巣とヒナ（右）．

口絵14　大潟村で巣箱を使って繁殖した鳥．(a) スズメ．(b) コムクドリのオス．(c) アリスイ．(d) シジュウカラ．なお，すべての写真の巣箱ではスズメが繁殖していた．

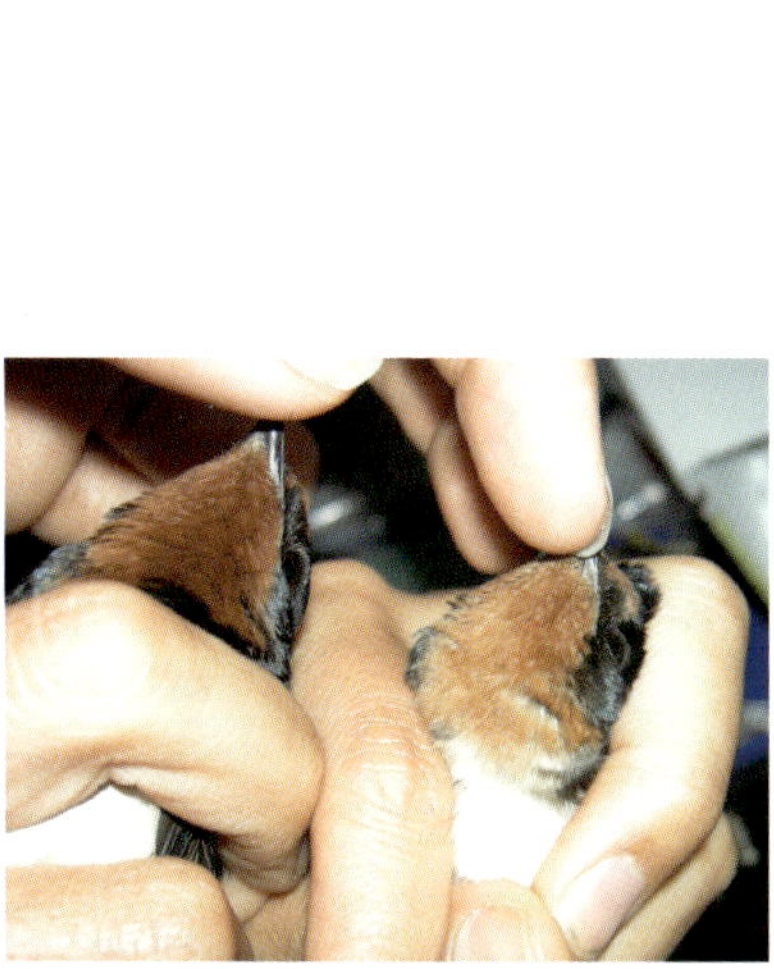

口絵16　オス（左）とメス（右）のツバメの喉．

口絵15　足環のついたオスのツバメ．

口絵17　アカガシラカラスバトと調査地の小笠原の海.

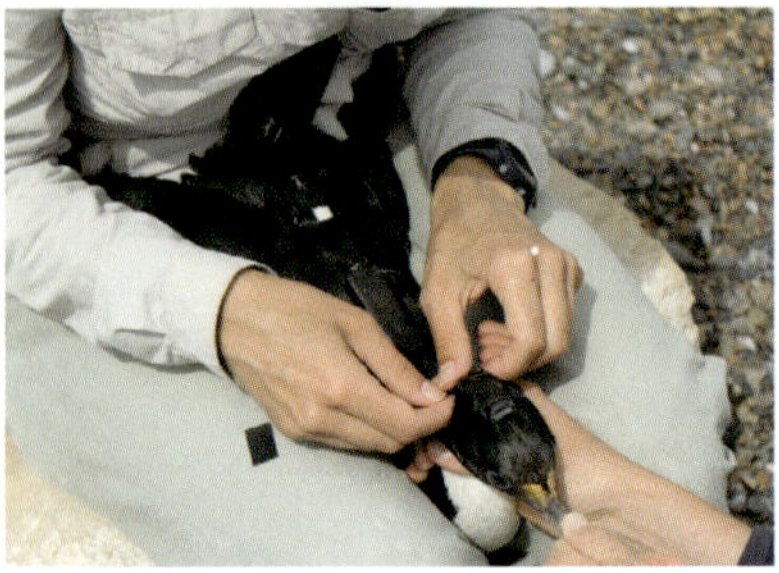

口絵18　海鳥へのデータロガー装着のようす．防水テープで羽毛を巻き込んでロガーを取り付ける.

口絵19　アルゼンチンで繁殖するマゼランペンギン.

口絵20　アルゼンチンのキバナウの繁殖地.

口絵22　雪上を歩く冬羽のオスライチョウ.

口絵21　南アルプス北岳（3,193m）直下にある北岳山荘からの夕日と道標.

口絵23　寒さに耐えかねメス親のお腹の下に集まるライチョウのヒナたち.

口絵24　初夏の富士山.

口絵26　キビタキ.

口絵25　多くのキビタキがくらす青樹ヶ原樹海.

口絵28　コウノトリの田面採食のようす.
（2017年3月撮影）

口絵30　ブッポウソウのオス.

口絵31　7月中旬, 巣立ち間際のヒナたち.

口絵33　ブッポウソウが子育てする田園風景.
（岡山県高梁市）

口絵27　調査地の豊岡市出石町袴狭のようす.
（2017年12月撮影）

口絵29　ヒナへの吐き出し給餌のようす.
（2017年6月撮影）

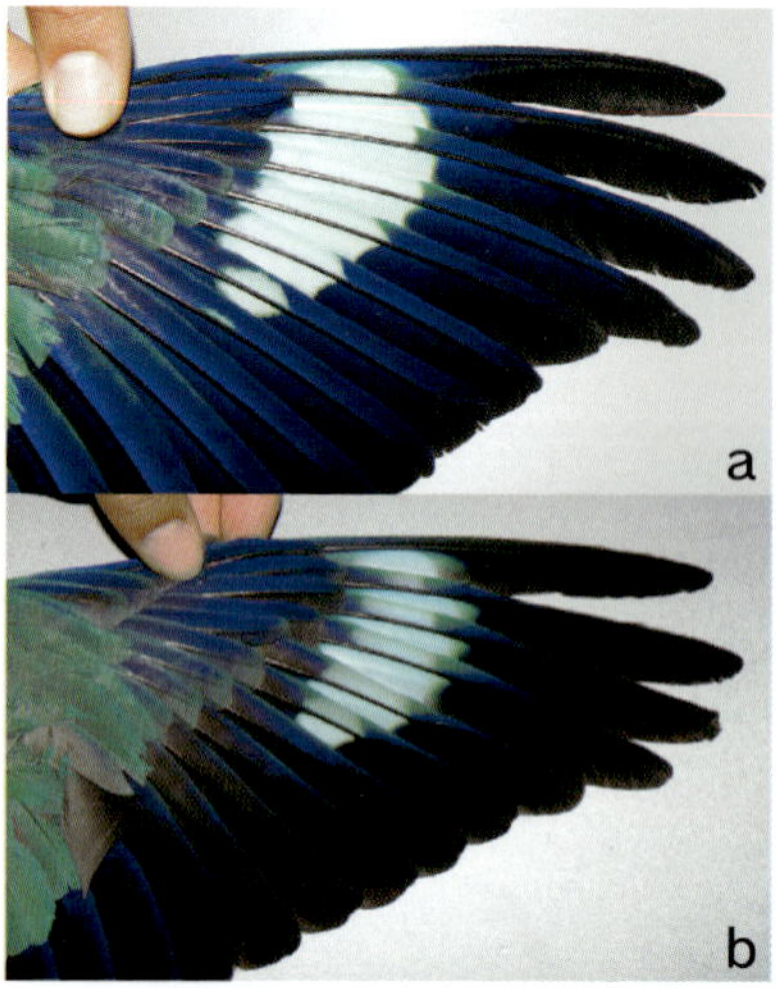

口絵32　ブッポウソウの初列風切羽. (a) オス.
(b) メス.

口絵34　南大東島のサトウキビ畑を中心とする農耕地.

口絵35　線虫感染症で喉の腫れたモズのメス個体（上）と腫れていないメス個体（下）（南大東島）.

口絵37　南大東島の林内に生える大きなガジュマル.

口絵36　巣内ヒナに餌を与えるダイトウメジロの親鳥（南大東島）.

口絵39　西表島のオヒルギ優占林.

口絵38　ゲットウの茂みの中で抱卵中のダイトウメジロ（南大東島）.

はじめに

「鳥類学」という学問があるのをご存知だろうか。他の「〇〇学」という言葉と比べると耳馴染まない言葉ではあるだろう。

縦の糸はあなた、横の糸は私、と唄ったのは中島みゆきだが、生物学の研究分野も縦横の糸でとらえると理解がしやすい。すなわち、どんな学問を行っているのかを横糸で、どんな材料を用いているかを縦糸で表してみる。横糸にあたる学問領域には分子生物学だったり生態学だったりがあるだろう。生態学などの学問の区分はさらに細分化されており、たとえば僕が研究しているのは行動生態学と呼ばれる分野だ。同じ学問領域をもっている人でも使っている材料がちがえば、同じ命題をちがう角度から解き明かそうとしている同志にあたる。

学問のまとまりとしては横糸の方がとらえやすい。大学の講義や教科書には横糸の分野を冠したものだけが見られ、世の中が学問をどう分類しているのかがよくわかる。実際に僕なんかも何の研究をしていますか？　と問われることがあるのだが、鳥の研究をしていますと答えても、多くの人はそこで興味を失ってしまう。これを行動生態学の研究をしていますよと答えるだけで、よくは解らないけれどなんとなく重要なことをやっているのだなぁと納得してくれるようになる。

それでは本書があえて縦糸に当たる括りで執筆者に集まってもらったことにどのような価値があるのだ

ろうか。

鳥類学（Ornithology）とはさまざまな鳥類に対する複数の学問領域を俯瞰することで鳥類に対する理解を深めようとする学問だ。じつは他にも材料を冠する学問は多くあり、哺乳類学ならMammalogy、昆虫学ならEntomologyといった具合に名前がついている。学問の領域には-logyと接尾語を付けるのが英語の慣習であるのだが、その前につくornithという語がギリシャ語由来であるという事実がこの分野の伝統を端的に示しているのではないだろうか。

鳥類は翼で空を飛び、羽毛にくるまれた、他の動物とは一線を画す分類群である。人間に近い哺乳類を研究するということであれば、その意義はまだ社会に伝わりやすい。しかし、鳥にしか当てはまらない事象を研究することに何の意味があるのだろうか？　当然、鳥が好きな人にはありがたい話なのだろうが、残念ながら僕がこれまでの人生に出会ってきた人たちで、鳥に大いに興味をもってくれた人は非常に少ない。逆に、そんな研究をして世の中のなんの役に立つんだ？と、厳しめに問うてくる人の方が多く、若い時分には言葉に詰まったこともあった。

しかし、僕は鳥類学などの縦糸にあたる研究分野をこうとらえている。一本の縦糸を強く太くしていくことは、生物学や自然科学といった学問全体に貢献することなのだ、と。横糸だけを紡ぐことではけっして布は完成しない。縦糸にあたる鳥類の研究を発展させることは横糸を通じて他の分野に影響を与えていくにちがいない。そうして織りなす布がいつか誰かの役に立つ日がやって来るのだ。だからもしも、僕らのもつ糸が十分に強くなければ、そこから布はほつれ、人類の叡智は完成しないことになる。

「フィールドの生物学」というシリーズ（もちろん僕も大ファンだ。関わらせていただいたことは大変に光栄だ）は一人の研究者が自分の研究を掘り下げていく様を見せてくれる。そこは糸と糸の交わる単なる点にしかすぎないかもしれない。それでもこのシリーズがフィールド研究者の間で人気があるのは、お互いに解りあえる「ある感覚」を共有できることだと思っている。それは、研究者とはどこかの糸の交点しか見つめていない個人主義で孤独な生き物のようでありながら、自分にしかできないパーツを埋めることで、一つの大きな布の完成を夢見る共同体だということだ。その夢の一端をこのシリーズは見せてくれる。しかし、そういった理解は研究者同士でしかできないものであるのかもしれない。

姉妹版にあたる「はじめてのフィールドワーク」ではいくつかの研究を合わせて縦の糸として意識することができる。それはより容易に、一枚の布が完成していく姿を想像させてくれる。これは研究者でない人たちにとってこそ研究者が挑んでいる完成品の存在を気付かせてくれたのではないだろうか。これまでにも『①アジア・アフリカの哺乳類編』、『②海の哺乳類編』と刊行され、縦糸の存在感を浮き彫りにしてきた。

既刊の他のシリーズと比しても、鳥類を題材にした研究はシリーズの趣旨するフィールド研究の醍醐味がもっとも詰まったものだと感じざるを得ない。もちろん、うちの子が可愛いという贔屓の気持ちがないわけでも、業界に対する忖度がまったくないわけでもないのだが。それでも、鮮やかな羽根をもつ鳥が目の前を横切るときに、美しいさえずりを耳にしたときに、他の材料を用いている人たちには悪いが、研究対象としての魅力がちがうと感じてしまうのだ。

大空を飛び回る鳥にあこがれを抱く人も多いだろう。そういった点で鳥類という研究対象は古くから人々の興味を引いてきていた。事実、生物学の祖とされるアリストテレスの著書には鳥類に関する記述が多く含まれていた。また、その研究の難易度としても絶妙だ。鳥類はフィールドで直に見ることができる、だが、時にそれは一瞬だ。また、直に触れることは滅多にできぬ。見えそうで見えない、触れられそうで触れられない、絶妙の難易度が人を興奮させると言ったら、少しちがった誤解を招くだろうか。

そんな鳥類に魅せられた執筆者陣による、この本の見どころはズバリ、多様性だ。

鳥と言えば、カラス・ハト・スズメしか知らないような人たちもいるかもしれないが、世界中にはじつに一万種の鳥類がいると言われている。地球全体で見たときに鳥は大きく四十くらいのグループ（目）に分けられている。当然、グループがちがえば生態がちがってきて、おもしろさも別物になるだろう。そこで本書ではできるだけ多くの分類群をカバーできるような執筆者陣にお願いをしてある。十四人の執筆者によるカバー範囲は九目十五種にもなる。

一万種の鳥類のうち日本に生息している鳥類は六三三種だ。これは同じくらいの面積の国と比較した際に非常に大きな数となっている。理由としては日本が南北に細長くさまざまな環境をもち合わせているからだろうし、日本が島国であるということに由来しているだろう。本書はできるだけ日本各地の、さまざまな環境の研究を集めてみた。島での研究もあれば、山での研究もあるだろうし、街中でおこなわれた研究すらある。このフィールドの多様性というものが鳥類研究の醍醐味の一つであろう。本書の読み方に正解はないが、ひとまず頭から順番に読んでいってほしい。本書の流れに従って、北海道から沖縄までの研究を読み終えた頃には日本を縦断する旅を終えたような気分になること請け合いだ。執筆者によっては日本を飛び出し海外での経験を語ってくれた方もいるが、それでもなお日本というフィールドのすばらしさは疑いようがない。

鳥類が多様である以上に、研究者はもっと多様だ。同じ鳥や研究テーマに対しても人がちがえばアプローチがちがい、研究の行きつく先も異なってくるだろう。それは人生そのものだ。研究に向かうモチベーションもちがうだろう。もともと鳥が好きで研究を始めた人もいれば、そうではない人たちもいる。ただ、同様に鳥類に魅せられてフィールドに繰り出している人たちがいる。だからあえて文体は統一していない。執筆者は若手の鳥類学者であり、現在もっとも脂ののっている世代にお願いすることができた。ソロデビューは少し先になるかもしれないが、グループでステージに立っている状態の執筆者陣から、いわゆる「推し」を見つけてこの先を応援していくというのも本書の楽しみ方の一つになるだろう。

さて、最後にどんな読者を対象としているかという件だが、一番はフィールド研究の入り口に立っている人にこそ読んで欲しい。この本は今まさにフィールドで仕事を成しえた先人たちから、君たちへのエール集である。研究を始めようとして困ったときに、研究を進めていて挫折しそうになったときに、先輩たちがどのように苦難を乗り越えてきたかが記されている。そこには幾通りもの正解があって、猿真似ばかりをしてもよいものではないだろうが、それでも参考になる部分が多いはずだ。当然、こういった経験は研究を志していない人であれ、新しいことを始めようとする人にとっては同様のヒントを与えるにちがいない。

鳥やその研究に興味のないという読者でもここで本を閉じるのは早計だ。自然が好きな人が読んでおもしろくない理由は存在しないし、一人一人の生き方を感じることができるのであれば新手の哲学書として読んでもらっても構わない。合コンで使えるような明日使える無駄知識を手に入れたいなんて人にもお勧めだ。とにかく、鳥類という生き物も研究者という生き物もどっちもおもしろいのだから、この本がおもしろくない理由なんて存在しないのだ。ああ駄文が過ぎた。前座の口数が多すぎてはかえって真打の魅力を損ないかねない。みなさんにも早速ページを繰ってもらって、十四の物語に触れてほしい。

ようこそ、鳥類学の世界へ。

二〇一八年八月吉日

東京都市大学環境学部　北村　亘

目次

ツルの舞が語り始めてくれたこと

武田浩平

「踊りこそが人生の内容の中で一番大切なものよ」
多和田葉子『変身のためのオピウム』（講談社）より

北の大地特有の真っ青な深秋、木々の葉が赤や黄に彩られたさわやかな日和。しかし、私はそんな鮮やかな景色を車窓から楽しむ余裕もなく、一人でただただ真っ白な鳥を探していた。内心、焦っていた。もう初夏からフィールドで観察をし続けているのにもかかわらず、いまだにタンチョウ *Grus japonensis* がダンスをしているところを見たことがないのだ。文献によればダンスは一年中、見られると記載されている（Masatomi and Kitagawa, 1975）。研究対象にしようとしている行動がこれほど稀ではこの先うまくいかないのではないか、まして全体の中で追跡できる特別な個体はごく限られているわけだから解析に十分なデータを収集することと果たしてできるのだろうか。そんな不安が募るなか、芝生の上に十羽ほどの群れを発見、車を停止し、窓を開け双眼鏡を片手に観察しようとしたちょうどその時、ふいに突風が吹いた。するとどうだろう、白い体がふんわりと風にのって舞い始めたではないか、若いタンチョウたちは皆軽々に飛び跳ねて、心地よい風で遊んでいるようだ（図1）。慌ててビデオカメラを取り出して、手を震わせながらも無我夢中で記

図1　草地でのダンス．

録した。自分も舞い上がるほど感激して、その場面は今でもけっして忘れることはない。

この日から私はダンスの虜となってしまった。これが私とツルのダンスの初めての出会いであり、自身のフィールドワークの原点である。これから述べる内容は、一人の若者が本当に好きなこと、自分のやりたいことをつきつめる途上の物語である。

きっかけは双眼鏡と読書

小学生の頃、今は亡き『科学』と『学習』(ともに学習研究社)という教育雑誌が毎月届いていた。顕微鏡からスズムシの卵まで理科に関する多様で工夫された付録が一緒についていて、とても知的な刺激を受けたことを覚えている。ある月の付録で小さな双眼鏡(図2)が身近な鳥の解説書とともに届いた。せっかくなので、その双眼鏡を持って公園に出かけてみた。すると、これまで見慣れたはずの場所で、まったく気がつかなかった鳥たちがいる。図鑑で調べると、くちばしがオレンジで体が褐色のその鳥はムクドリ *Sturnus cineraceus* という種だった。双眼鏡で実際に見るまで、そんな鳥が身近にいるなんて知らなかった、おもしろいと子どもながら感じて、気がつくと野鳥を探すことに夢中になってしまった。記憶力の良い時期に鳥の図鑑をボロボロになるまで眺めたため、そこに掲載され

図2 付録とは別物だが，幼い頃に使った思い出の双眼鏡.

ている鳥の名前とその姿をほぼ覚えてしまった。その結果、種名をある程度判別できるようになり、両親にはわからない鳥の名前を教えて褒められるようになった。また、まだ見たことない種を茂みから探しだす時は宝探しのように胸が高鳴り、憧れの鳥との思いがけない遭遇はそれを体験しないとその感動を共有することはできないだろう。さらに、鳥見のベテランが一般向けに主催する探鳥会に参加することで、その技術や知識を深めていった。こうして野鳥をきっかけにして、野外の生き物への関心を強めていく。

もう一つは中高生の頃の読書である。その頃から読書が好きで、図書館や大型書店が憩いの場、外出時に書物を持参しないと落ちつかない、通学時は読書が習慣のいわゆる活字中毒である。とくに科学の一般書が好みで、熱力学から言語に関するものまでさまざまな本を読んだ。こういった書物をつうじて、教科書では味わえない科学するおもしろさに魅了された。たとえば表面上まったく異なる現象がじつは共通の単一な原理で連想して理解でき、それを実際に観察できるということ、たとえば一般に信じられているよりも「科学は不確か」であり、新たな証拠が積み重なればこれまで正しいとされた権威のある理論さえも新しい理論にとって代わる紆余曲折な過程であること。このような科学の営みが、学校の勉強と対照的に答えの定まらない謎を追い続けるようでとても興味深かった。こうした書物の中で、その後にもっとも影響を与えたのは、長谷川眞理子先生による、動物行動や生物進化に関する著書や翻訳書だった。家の本棚にたまたま先生の学生向けの岩波ジュニア新書『進化とはなんだろうか』(長谷川、一九九九)があり、なぜか野球観戦時に読んでいたように記憶している。その本は簡潔な理解しやすい文章で、内容は野生動物への興味とも一致しておもしろいものばかり、たちまちはまってしまう。これを契機に関連書を読み漁って、自分なりに理解を深めていった。もし先生の書物に出会っていなければまったくちがう進路に進んでいたかもしれない。

こういった経験をつうじて、将来、自分も動物行動学（エソロジー）を専門としておもしろい研究をしてみたいという夢を抱くようになった。

偶然と必然に導かれて――研究室と対象

大学の学部時代、迷わず生物学を専攻して鳥見と読書ざんまいの生活をおくった。同好会の活動で冬虫夏草や蜘蛛やシダがそれぞれ好きな個性的な先輩たちと一緒に、大学周辺から北海道までさまざまなフィールドに出かけて楽しんだことは良い思い出である。卒業研究では、一番の興味とは別の隣接分野を選択し、実験系の研究室で行った。そこで痛感したのは、室内の統制された不自然な条件下で繊細な作業を続けることが自分には性に合わないということだった。せっかくの人生なのだから、好きな種類を対象に自身でテーマを見つけだして、野外で研究がしたいと思い、大学院からは別の大学への進学を考え始めた。その時、思い浮かんだところが、興味を導いてくれた本の著者である長谷川先生の所属先、総合研究大学院大学（総研大）の先導科学研究科であった。さっそく説明会に参加したところ、そこで出会ったのが、気鋭の若手研究者、沓掛展之さんである。彼こそ、後に研究のいろはをすべて指導してくださった私の良き教官である。相談したところ、自分の専門としたい分野の問題意識を共有していたため、この人のもとで共に研究したいと強く願った。そこで、入学試験を受けて、面接で緊張のため発表内容を一部忘れてしまうという失敗をしてしまったにもかかわらず、合格、はれて希望どおりの研究室に配属できた。

総研大は博士過程の教育に特化した国立大学であり、少人数の学生で第一線の教授陣のもと基礎的な研究を追求できる環境が整う。そのため、研究を徹底的に極めたい学生に向いているだろう。私の所属した専攻で特徴的だったのは、異分野間の研究室の垣根が低いことであり、その場でいろいろな知的刺激を受けることができた。そんな学際的な雰囲気を体現した博学多才な先輩も当時在籍しており、知的好奇心の塊でさまざまな研究室を渡り歩いて、私も含めた人々と研究の議論をしていた。さらに分野間の連携した研究へとつながった例も多々あり、私の場合、数理の専門家との共同研究により、ダンスに関する新しい手法の開発に成功したことがあった（Takeda, 2016）。また、国内では珍しく、自分の専門とは別に、「科学技術と社会」を専門とする教員の指導のもと、それに関連した副論文の制度を導入している。個人的には、研究と関わりのある保全問題に取り組むことができて視野を広げる結果となり、とても為になったと思う（成果は武田、二〇一四）。

入学直後、指導教官が一年近くアメリカに研究滞在で国内にいない、フィールドに出ている人が多すぎて研究室のゼミがまったく開催できないなど思いがけない出来事の数々に面食らいはしたが、それなりに順風なスタートが切れたと思う。その理由としては、テーマと対象をそれなりに早い段階から決めて、そのまま継続できたということだ。個人的には、鳥のダンスのようにオスとメスの両者が同時に何かやり取りしている双方向な行動に強い興味があった。詳しくは後に説明するが、鳥のさえずりのように、オスが求愛してメスが評価するという一方通行の行動は多くの研究例が蓄積され、理解が進んでいた。一方、双方向な行動はとてもおもしろい現象であるにもかかわらず、研究がほとんどなく、その実態はわかっていなかった。そんな行動をしてくれて、国内のフィールドで観察できる鳥で条件に合うものとは何か、いろいろと探していると、幸いなことに研究室の先輩がタンチョウの若手研究者と知り合いで、積極的にコンタクトをとっていただいた。その伝手で、タンチョウ保護研究グループ（RCC：Red-crowned Crane Conservancy）という認定NPO法人を紹介してもらった。この団体はタンチョウの調査研究と教育普及を柱に活動していて、タンチョウのフィールドワークを相談するうえで最適な団体であった。とくに百瀬邦和・ゆりあご夫妻には、何もわからない私に、宿泊地・拠点として事務所のベットルーム提供、レンタカーの手配、調査地の紹介と斡旋、調査のルール、関係者の紹介、タンチョウの目撃情報などフィールドのあらゆる事柄でいつでも全面的に支援してくださった。事務所の向かいに百瀬さんのご自宅があり、夕食どきにたびたびお邪魔して、ゆりあ夫人の手料理をご馳走になって、時に家猫たちと戯れながら、話に花を咲かせ、とても素敵な一時をすごした。今ふり返れば、もし斡旋してくれた先輩がいなければ別の種をやっていただろうし、この団体の支援なしではフィールドワークを行うことはけっしてできなかっただろう。

現地で相談して最終的な決め手となったのは、個体識別が可能であり、解析に十分なつがいの数が見られそうということである。野外で行動を観察するうえで、まず必要なことは個体を識別して、継続的な観察を行える体制を整えることであり、そうしないとせっかく観察しても質の低いデータになってしまう。タンチョウは見た目では個体識別ができないため、捕まえて足環を付ける必要がある。ただし厳重な保全対象で、さらに捕まえるのが困難な大型の鳥類ということで、私一人では無理なことだった。幸いなことに二十年以上前からＲＣＣが主体となって、ヒナに足環を付けるバンディング調査（詳細はコラムを参照）を毎年行っていたおかげで、野生個体群の約一割に足環が付けられ、個体識別が可能な現状だった。加えて、それらの個体の性別、年齢、過去の繁殖履歴などさまざまな情報が、ＲＣＣによる継続的な調査のおかげですでにまとめられており、それらを使うことが可能だった。こうして、タンチョウのダンスをテーマに計画を立て研究を始めた。

釧路に降りる──初めの一年間

まずは、タンチョウの生態・生活史を理解するために、開始から初めの一年間はできるかぎり北海道のフィールドでの観察を行うようにと指導を受けて、調査地の釧路と大学の葉山を行き来する生活が始まった。タンチョウの行動を解釈し、フィールドワークの手法を具体化するうえでも、彼らの一年にわたる生活史をきちんと把握することは必至だった。

ここでは、実際のフィールドワークを振り返りながら、タンチョウの生態（詳しくは正富、二〇〇〇／概略は武田、二〇一七ｂ）を説明したい。現在、国内のタンチョウは一年中、北海道の道東地域（根室、釧路、十勝）を中心に生息し、長距離の渡りを行わない。そのため調査地は根室から十勝まで広範囲にわたる。ロシアの方から冬に渡ってくると勘違いされることがあるが、夏も湿地や牧場などでふつうに見られる。ただし、江戸時代には、冬に本州の方へ南下し渡っていた記載があり(久井、二〇一六)、葛飾北斎による富嶽三十六景の浮世絵(相州梅澤左)でも描かれている。繁殖形態はオスとメスが共同で子育てをする一夫一妻であり、つがいは数年以上長期的な関係を築くといわれている。春から夏にかけての繁殖期では、つがいは湿地で、他個体を追い払うなわばりを形成し、そこで葦の簡易な巣を作って子育てを行う。卵は一度に二つで、オスとメスが交代で抱卵する。抱卵中のようすを遠くから観察すると、首を上げたりして警戒を怠らず、何時間もじっとしていた。ヒナはふ化後すぐに歩けるようになり、自分で捕食できるようになる頃まで親から給餌を受ける。ふ化すぐのヒナはふわふわで可愛らしいが(口絵1)、この時期は親の警戒心が高く、茂みに隠れたりして観察がとても難しい。朝から夕方まで一日中車で探しても、一度も見つからないことが多々あった。ヒナが飛べるようになる頃になると開けた場所にも出てくるようになり、牧場近くや畑で、ヒナ連れの家族をたびたび車窓から観察できた。一方、繁殖できる前の若い個体は定住せず、彼らだけで数羽から十羽ほどの小さな群れをつくる。こちらは特定の牧場付近によく現れるため、ほぼ一日中観察していた。皆で一斉に牛舎の中に入って家畜の餌を横取りしたり、たまに風にのって飛び跳ねしたりと賑やかな彼らだった。時には、餌のミミズを探すために、堆肥が盛ってある場所に好んで集まって、せっかくの白い羽を茶色に汚すことがあり、まさに「掃き溜めに鶴」の状態になった(口絵2)。

秋になると、穀物が刈り取られた畑に、タンチョウたちは数十羽近くが集まって取り残しの穀物を食べる(口絵3)。そのようすを道路から観察すると、つがい・家族ごとにまとまって採餌しているのがわか

図３　道路を渡るつがい.

る。車内で静かに観察を続けていると、たまにツルの方から近づいてきて、目の前で体長一メートル以上の大きな鳥が道路を渡って驚くこともあった（図３）。この頃から、多くは繁殖地のなわばりから移動して、川で集団のねぐらをとるようになる。十二月に入って畑が雪に覆われるようになると、毎日人工的に餌を撒いている幾つかの給餌場に集まるようになる。ここでの観察は、多い時には二百羽ほどが目の前で観察でき、個体識別の可能なつがいもその中に多数含まれているため、私の研究目的に適していた。

このように一年をとおしてみた結果、繁殖期の湿地や畑でまとまった数のつがいを観察することは難しい一方で、冬の給餌場では、個体識別の可能なつがいが、解析に十分な数と頻度で観察できそうだと考えた。そこで、二年目以降は冬の給餌場での観察を集中して行うことに決めて、ダンスの映像データを本格的に集めることにした。

図４　観察舎のベランダから３台のビデオカメラと望遠鏡という観察体制.

ダンスの収集

二月の朝、天気は快晴で、氷点下十五度の給餌場は、吸い込まれそうな青空を背景に、木々の枝が装いを純白に変えて、雪の絨毯が見の前に広がる銀世界(口絵４)。素手では痛いほどの気温のはずだが、日差しのおかげで体感的には思ったほど寒くない。いつも餌をまく範囲の奥には、百羽近くのタンチョウが一本足で立ち、くちばしを翼にいれて、厳しい寒さでじっとしている。皆餌がまかれるのを待っているのだ。私は全体を見渡せる高い位置から、双眼鏡と手帳を片手に三台の三脚付きのビデオカメラと望遠鏡を設置して、準備にいそしんでいた(図４)。その時ちょうど餌をまく作業車が入って、ツルたちはそれを避けるために歩き出したり、驚いて飛び跳ねたりした。しばらくして餌まきが完了して、作業車が給餌場から去っていくと、突然、二羽が首を上下に振ったり、お辞儀をしたりした。ダンスが始まったのだ。すると、彼らにつられたのか、周りのつがいもダンスをし始め、集団舞踊のようにダンスが群れに広がっていく。たとえ全体では集団で踊っているように見えても、個々の個体を丁寧に追っていけば走ったりして相手との距離が離れたとしてもやがて相手のところへ戻ってくるのがわかる。成鳥のダンスは相手を変えずに進行していく。私は双眼鏡で踊っている個体の足を素早く確認して、足環付きの個体を探し出そうとする。うまく見つかればそのようすをビデオカメラで記録して、複数が見つかった場合は手元の二台を同時に使って撮影しようと試みる。ちょうど黄色の足環を付けた個体がダンスしているのを見つけ、つがいの両方が映るようにズームを合わせカメラで追い続けた。ダンスが終わって落ち着くと、望遠鏡で足環の番号を読む、○八二だ、そして手帳にその番号と時刻を記載。こうした光景が繰り広げられたのは数分足らずの刹那な出来事だった。

こんな風にして、ダンスのデータを収集していった。個体識別できるつがいのダンスを撮影するのは根気が不可欠であり、一日中張りついても、一度もデータが取れないこともあった。ダンスの前兆がきちんと掴めれば良いのだが、彼らはいつでも踊り、休憩時にかぎって撮りたいつがいが踊り始めたりして、一瞬も気が抜けない。ダンスの頻度自体は繁殖期が始まる三月に向かって高くなる傾向があるが、日々の天候や外部の刺激にも影響される。とくに、作業車が出入りするような新規の刺激は集団のダンスを引き起こす場合があり、要注意だった。また、集団のダンス中、見たいつがいが複数いると二台のカメラを同時に使うことになり、その作業は集中と慣れが必要だった。片方が急に走り出してしまってどちらのつがいも追うのを失敗し、「二兎追う者は一兎をも追えず」という悲しい事態になってしまうことがあった。ダンスの撮影後、足環番号を読むのも時に一苦労だった（図5）。足環の片方が壊れてしまい、ごく小さな足環しか残っていない場合があり、これを正確に読むのには他のタイプよりも倍以上の時間がかかり、稀に遠くへ行ってしまうと読めないことになってしまう。他にも、片方しか足環が付いていない場合、ダンス後に足環の付いていない方で一本足立ちになってしまい、足環が見えるまで十分以上、待ち続けたこともある。ただ、同じ給餌場で見続けて慣れてくると、足環の壊れ具合やその個体に特徴的な気性である程度、検討がつくようになった。このようにそれぞれの個性が把握できるようになると、愛着が自然と湧いてくる。喧嘩っ早く、いつも周りの個体を蹴散らすつがいがいると思えば、餌がある範囲にびくびくと入ってすぐに奥へ行ってしまう臆病なつがいもいて、ダンスをしていなくても、彼らの個性豊かな行動を見ているのはとても楽しかった。

そこで、ダンスをしてくれるのを待つ間、彼らの社会行動を観察して別のデータも取ることにした。結果的にこのことがテーマ自体を広げることにつながって、保険的な役割もはたすことになった。一人で野生の生き物を対象にする研究は、時に予想のつかない事態に直面する可能性があるため、メインとは別に複数のテーマを可能なかぎりもっていた方が良いだろう。そのような訳もあって、現場でみつけた幾つかのテーマを抱えながら、日々の観察に励んでいた。

では、次に私の成果を適時加えながら、餌をめぐる競争下での社会行動の一部を紹介したい（Takeda, 2016／武田、二〇一七b）。「鶴の一声」と表現されるように、タンチョ

図５　読みやすい足環の付いているツル，07Vと読める．

図6　つがいで鳴き合い.

図7　背曲げ.

ウの声は時にラッパのような響きでめだつ。その中でも、つがいが交互に声を出す「鳴き合い」（図6）は格別で、近くで鳴かれると煩いくらいだ。鳴き合いの声は雌雄を外から判別する主要な手がかりとなり、オスが「コー」の一声後、メスが「カッカッ」と複数の声で、そのポーズも少し異なる。つがいは鳴き合いによって、自身の餌資源を守る意欲があることを周りの広い範囲に知らせている（Takeda et al., 2018）。鳴き合いの前後には「威嚇歩き」と呼ばれるのっしりとゆっくりとした特殊な歩き方をして、周辺の個体に攻撃意欲が高いことを伝えるらしい。また、飛来する際、「背曲げ」と呼ばれる体を後ろに反る行動（図7）をすることで、すでにその場にいる個体に高い攻撃意欲を示し、その後の行動は攻撃的な傾向にある（Takeda et al., 2015）。このような攻撃的な行動を示す個体あるいはつがいに対して、周辺の個体は自身の優位性や意欲にしたがって、体を小さくみせる服従行動を示すか、逆に自身も攻撃的な行動をして立ち向かうという反応を示す。時には、二組のつがいが餌をめぐって互いに向かい合う「にらみ合い」の状態になって、鳴き合いを重ねることがあり、それでも決着がつかなければ足蹴り合いに発展することもある。その前に、赤い頭頂の部分を見せ合う行動（図８）が見られて、これはもしかすると互いの興奮度合いを調べている可能性がある。この赤い部分は羽ではなく、ニワトリのトサカのように皮膚が露出していて、攻撃やダンスのような興奮状態にあるとこの部分が広がり、逆に平常時や競争に負けるといつの間にか縮んでしまう。このように、個々の社会行動を詳細に調べてみるとそれぞれにはっきりとした役割があることが理解でき、彼らのコミュニケーションの一端をみることができる。もしタンチョウを給餌場でみる機会があれば、ぜひ彼らの行動を実際に観察してみて、どのような役割・機能をもつのか自分で推理してみるときっとおもしろいだろう。ここで紹介した行動以外にも、ほとんど調べられていない行動が多数あり、そこにはきっと興味深いテーマが隠されているはずだ。

図８　赤い頭頂部分を見せて，威嚇する個体．赤い部分が平常時よりも広い．

ツルばかりでなく、給餌場の外で繰り広げられる人々のようすもおもしろい。もし鋭利な劇作家が観察すれば、社会の縮図として格好の題材になるだろう。給餌場毎にそれぞれ特徴がある。ある場所は幹線沿いにあるため、大型の観光バスが頻繁に止まって、団体客の出入りが激しい。彼らはスマホで自分たちと記念撮影する。別の所では、カメラ撮影を趣味とする人々が三脚を最前列に並べるため、後から来た人はツルを遠くからでしかみられないほどだ。カメラマン同士でカメラの蘊蓄や他の場所の情報を交

図9　オオワシとタンチョウの貴重なショット．

換したり、その脇でとあるお爺さんがツルの一人芝居を披露したりする。皆カメラを必ず持っていて、双眼鏡を持つ鳥見らしき人はごく稀な存在だ。私がメインとする給餌場では、最盛期にはバズーカ砲のような巨大レンズを付けたカメラがずらりと並び、初めて見たときは圧倒された。当時、ワシとツルが一つのフレームに収まる稀有な場所として有名で、カメラマンたちはその光景を目当てにしていた。ツルのために人が撒いていた魚を、オジロワシ *Haliaeetus albicilla* が上空から横取りしようとする光景がみられるのだ。オジロワシだけでなく、トビやカラスはもちろん、横からキタキツネが来たり、遠くの方でオオワシ *Haliaeetus pelagicus*（図9）も待機したりと、魚をめぐるそれは賑やかな模様が観察できた。私の方はというと、魚をまく時間帯は唯一安心してダンスをしないことがわかったので、室内でお昼を食べながら休憩していた。ただ、二〇一八年現在は鳥インフルエンザ対策で魚の餌まきを休止しているため、この人工的な光景は見られなくなった。また、時にはテレビや新聞の取材がはいり、職員の方が記者やキャスターに熱心に解説していることもある。海外からの取材もあって、ある年のＢＢＣによる本気な撮影は、二台立てのカメラからその撮影方法まで度肝をぬいたことがあった。関連した話題で、これらの給餌場の共通点として、台湾、中国、韓国をはじめ、世界各地からの観光客がその多数を占めており、多種多様な言語が飛び交っていることがあげられる。日本人観光客の方がもはや少ないくらいだ。東アジア系は大型バスの団体客がめだつ一方、欧米系は家族や恋人同士など少人数で行動するなど、それぞれの民族性が感じられる。国際交流が時には行われることがあり、私もドイツ人のカメラマンから丁寧な英語で話しかけられ、内心ドギマギしながら自分の調査について説明した。

朝八時過ぎから夕方四時頃までのフィールドワークが終わって、レンタカーで宿泊地であるRCCの事務所に帰っても、すべきことがまだ残っている。それはその日にとったデータの整理である。当日に行っておかないと詳細を忘れてしまう危険性があり、またその後に整理しようとしても厖大に蓄積したものを最初から作業することになり、それだけで一苦労だ。一年目にそのまま放置してしまって、埋まったデータを探し出すだけでもう大変、それからはきちんとまとめることにした。このことは当たり前すぎて忘れがちだが、フィールドを行ううえでの大切な注意点だと思う。そんな作業を終えて、夕食を作って食べて、次の日の準備をしているとあっという間に寝る時刻になってしまい、調査日は、まとまった息抜きの時間はとれなかった。

鶴のおとなたちは皆踊る――不可思議な謎

さて、次に、フィールドから離れて、研究の背景に移りたい。研究テーマのところで少し触れたが、ここでは先人たちによる研究に触れて、具体的にダンスの何が不可思議な謎なのかを説明しよう（Takeda and Kutsukake, in press）。

二十世紀初め、イギリスの若き生物学者ジュリアン・ハクスリー（Julian Huxley）は、水鳥の一種、カンムリカイツブリ *Podiceps cristatus* のつがいによるダンスを詳細に観察して、その複雑な行動パターンや行動要素を記載した（Huxley, 1914）。ちなみに彼は後に進化の「現代統合説」を提唱し、進化生物学で重要な功績を残した科学者になる。このカイツブリも、タンチョウと同様に、毎年の繁殖期前後に、つがいが一緒になってさまざまな行動要素で踊り、外見の性差がほとんどなく、オスとメスで共に子育てを行う。彼は、これらの観察の結果から、当時、凋落の一歩を辿っていたダーウィン（Charles Darwin）の性淘汰理論を葬り去る証拠を見つけた。性淘汰（sexual selection）とは繁殖をめぐる競争とその淘汰のことである。もともと自然淘汰の対象にできない、オスの極端な性的装飾や複雑な求愛ダンス（たとえば、オスクジャクの派手な飾り羽）がなぜ進化したのかを説明するために考えだされた。詳細は解説書（たとえば長谷川、二〇〇五）に譲るが、性淘汰が働くしくみの一部として、繁殖相手のえり好み（配偶者選択 mate choice）、つまりメスがオスをその派手な飾り羽をとおして一方的に選んでいるとダーウィンは考えた（Darwin, 1971）。しかし、当時の男性優位の時代を背景に、女性が男性を能動的に選ぶとは（逆ならまだしも）他の誰も賛成できなかったし、ダーウィン自身もそのえり好みの要因を実体が不確かなメスの審美眼に頼ってしまったため、当時からこの理論は人気がなかった（Cronin, 1992）。そこで、ハクスリーはこの理論を検証するために、カイツブリのダンスを観察したのだった。その結果、繁殖相手が決まった後の方がそうでない時よりも、つがいはダンスを頻繁に行うことを見出した。このことからダンスが繁殖相手を選ぶために機能していないと結論づけ、性淘汰を否定する証拠として発表（Huxley, 1923）、以後、この考えは闇に葬り去られしまった。

それから半世紀が経った後、性淘汰は不死鳥のごとく蘇った。きっかけは、七〇年代に動物行動に対する視点が転換して、進化の観点から機能を研究する行動生態学（社会生物学）が勃興し、理論と実証の両方で顕著な発展があったからだ（Cronin, 1992）。ここでいう機能とは、ある行動が個体の生存と繁殖にどのように寄与しているのかということだ。繁殖相手のえり好みの証拠が、昆虫から鳥や哺乳類まで分類群にかかわらず多量に見つかりはじめ、審美眼に頼らずにえり好みを説明できる数理的なモデルが続々と提唱された。性淘汰は八〇〜九〇年代を通じて行動生態学の主要なテーマの一つとして確立し、動物行動はもとより、生物の形態、繁殖システム、種分化、ヒトの本性にいたるまで幅広い分野に影響を与える理論となった（Andersson, 1994）。もはやこの分野の専門家で性淘汰の有効性を疑う人はいないだろう。ただし、残された問題がある（Wachtmeister, 2001）。それが、ハクスリーの性淘汰を否定した証拠であった。一体、なぜ繁殖相手が決まっているにもかかわらず、毎年のようにつがいは皆踊るのだろうか。もしえり好みの説明が正しいとすれば、繁殖相手を選ぶ場合だけでダンスが行われるはずであり、つがい相手のいない一部の個体のみが踊るはずだ。しかし、実際はつがい相手が決まっても、毎年のように同じ相手と双方向でダンスを続けている。そのため、えり好みだけではダンスの機能を十分に説明することはできない。では、他にどのような機能が考えられるだろうか。古典的な説明としては、ダンスはつがいの絆（pair bond）を強め維持する働きをもつと考えられている（つがいの絆仮説、Armstrong, 1942）。これは、つがいでダンスをする鳥の共通点として、（一）オスとメスが共に多大な労力をかけて子育てすること、（二）つがいの関係が何年にもわたって長期的に続くこと、（三）つがい相手が決まった後も同じ相手とダンスを続けることが挙げられ、それらの点から類推された仮説である。つがいの絆は、なわばりをうまく守るといった行動的な協調性や、交尾を成功させるための生理的な同調性など幅広い効果が考えられる。ただ、誰もまだこの仮説の検証を行っておらず、本当の機能はわからずじまいである。また、つがいの絆という概念自体が曖昧なものであり、現代流に更新した説明が求められている現状にあった（Takeda and Kutsukake, in press）。行動生態学の第一人者であるバークヘッド（Tim Birkhead）は、その著書の中で、つがいによるダンスの機能はまだ誰もわかっていないと率直に述べている（Birkhead et al., 2014）。

そこで、私はこの不可思議な謎に挑むために、タンチョウのダンスを題材として、研究を進めていった。幸いにも、解析を進めていくなかで、解決の糸口が少しずつ見つかり始めた。

結果と反響

とはいえ、解析が軌道にのるまで至難の道が待っていた。まずは、ビデオの映像から解析しやすい形にデータを起こす必要があり、その作業で厖大な時間がかかってしまった。最初にエソグラム（ethogram）と呼ばれる行動の一覧表をダンス用に作成して、先行の記載研究（Masatomi and Kitagawa, 1975）を参考に十四種類の行動要素を分類した（図10）。それから、それぞれのダンス映像を実際に眼で見ながら、つがいの個体ごとに〇・一秒の単位で行動の順序とその継続時間を記述していく。この作業が一苦労で、数分程度の一つのダンスを処理するために、たとえ作業に慣れた時でも三時間以上かかった。ただ、ダンスを詳細にみることで、いろいろな気づきや疑問点が生まれ、解析をしていくうえでおおいに参考になった。たとえば、つがいは単に一様に踊っているわけではなく、相手を見ながら同時に飛び跳ねる時もあれば、相手を置いて自分勝手に走りだす時もある。その踊り方は多彩で複雑だが、そのちがいこそ定量化することが鍵になることに気づいた。このように対象の行動をじっくりと時間をかけて何度も見るということはとても大切なことだと思う。また、誰も研究対象にしていないということは、参照すべき研究がほとんどないということで、関連しそうな別のテーマからも解析の方針や方法を探る必要があった。幸いなことに、新しく発表された論文（Vanderbilt et al., 2015）で使われていた情報理論の手法がとても参考になった。その手法をタンチョウのダンスに適用することで、いくつかの結果を得ることができた。

ここでは、研究成果の一部分を説明することにして、詳細は私の一般向けの記事（武田、二〇一七a）

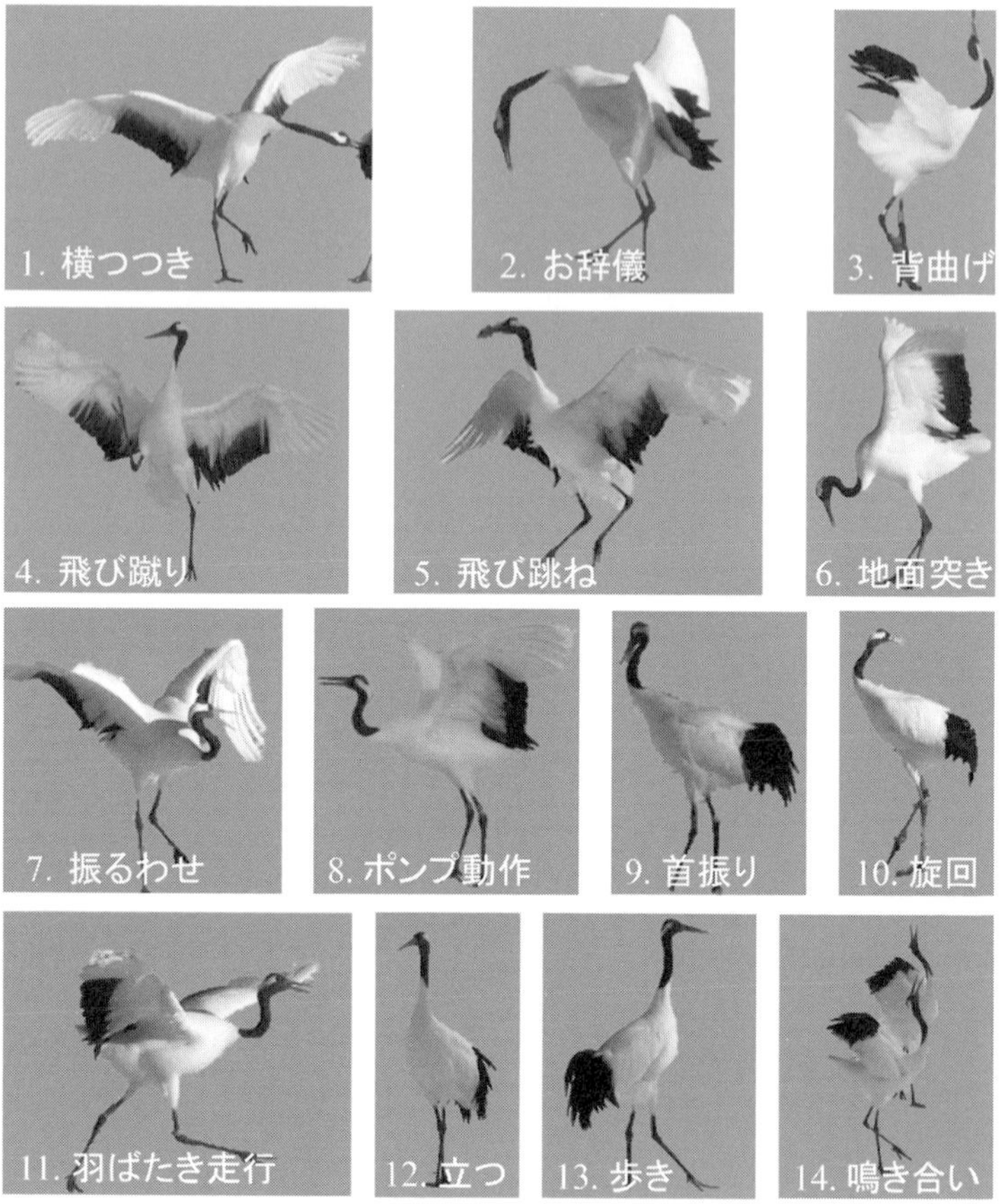

図10　つがいのダンスの行動要素一覧.

や博士論文（Takeda, 2016）を参照してほしい。まだ研究の途中なので、結果や解釈が変わる可能性があることを予めご承知していただきたい。一回のダンスは、平均で四十三秒最大で四分間続き、平均六十五個の行動要素で構成されることがわかった。ダンスの行動要素はすべてのつがいで共通しているが、その順番や同調の仕方などの詳細な踊り方は、つがいごとや時期によって異なっている。たとえ同じつがいでも、オスが熱心に翼を広げ跳ねる姿を相手のメスが首を振るだけの時があると思えば、別の日には両者ともお辞儀したり跳ねたりして熱心に踊る時もある。実際に調べてみると、繁殖期が始まる三月に近づくほど、ダンスの持続時間が長くなることがわかった。このような踊り方のちがいと繁殖成功（今回の場合、子を最後まで育てることができたか）の関係性を定量的に調べることで、ダンスがつがいの絆を強化し保つという前述の仮説を検証した。もしこの仮説が正しいのならば、ダンスの息が合っているつがいほど繁殖が成功しているはずだ。なぜなら、息の合うダンスほど、つがい同士の生理を同調させ、協調的な行動をとらせて、繁殖の成功に良い影響を与えるからだと考えられる。しかし、実際の結果は、仮説の予測と逆に、ダンスの息が合わないつがいほど、繁殖が成功していた。このことは、ダンスと繁殖の関係が予想以上に複雑であることを示しており、つがいの絆仮説の更新を迫る意外な結果となった。この結果の解釈として、つがいの絆には異なる段階がある可能性を示唆しているのかもしれない（Takeda and Kutsukake, in press）。絆を形成する時には、つがい内のコミュニケーションを密にして、息を合わせるダンスが行われる。一方で、絆を維持する際には、つがい内のコミュニケーションはそれほど必要とされず、それほど息の合わないダンスが行われる。つまり、つがいの繁殖が上手くいかないからこそ、息のあったダンスをするように頑張っているのかもしれない。今後、さらに詳細に解析することで、これらの解釈が本当に正しいかどうか検証していきたい。

研究は単に結果を出すだけでは終わらない。その結果をまとめ、学会や学術雑誌で発表していかなければ成果として認められず、研究者の実績にはならない。そこで、国内の学会はもとより、幾つかの国際学会でも参加する機会が得られて、このフィールドワークで得た結果を発表していった。自分の分野に直接関係する国際学会は、その分野の第一人者らが参加して、最先端の研究成果が続々と発表されるので、レベルが非常に高く、知的な活気があった。これを味わってしまうと国内の学会が物足りなくなってしまう。また、国際学会のついでに、現地の文化や食を堪能することができた。個人的には、趣味の美術館巡りが海外でも展開できて、ハンマースホイなど憧れの画家による絵画を現地で鑑賞できたことはとても楽しかった。

幸いにも、研究結果に対して良い反応や評価が得られつつある。総研大では、専攻で初めて、毎年の修了生の中からとくに優れた博士論文に授与されるもっとも栄誉ある賞「長倉研究奨励賞」をいただいた。また、学会の招待講演や一般向けの講演を受けたり、異分野間の密な研究会に参加する機会を与えられたりと、発表を通して多方面に活躍の場を広げることができた。何よりも自身の研究に対して、さまざまな人からいろいろな反応が返ってきて議論できることが嬉しかった。こういった営みは研究をしていくうえで大きな醍醐味の一つだと思う。

物語はまだ始まったばかり

このように一定の成果が出始めたが、ダンスの研究は謎が深まるばかりで、まだまだわからないことばかりだ。たとえば、つがいの絆仮説を更新する必要は示したが、つがいの絆の実態はまったくの謎であり未解決のままだ。その実態を探るために、つがいの生理状態、とくに内分泌とダンスとの関係性を調べる必要がありそうだ。内分泌の状態（性ホルモンの濃度）が繁殖時期に近づくにつれて、つがい内で同調していくという研究が雁の一種で報告されている（Hirschenhauser, 2012）。そのため、これらとの関係性を調べることで、つがいでダンスすることの生理学的な効果が明らかになり、絆の生理的な実態に多少とも迫れるだろう。また、ダンスがどのような成長過程を経て発達していくのかまったく理解されていない。小鳥の歌は、遺伝的な基盤をもとに周辺にいる個体の声を通じて学習し形作られることが多くの研究によりわかってきた（一般向けの解説は小西、一九九四）が、果たしてダンスの場合はどうなのか。一つの観察事例として、幼鳥が飛び跳ねたり、小枝を放り投げたりとダンスに類似した動作を単調に繰り返すことがある。このことから、少なくとも動作そのものは、すべての個体で共通であることからも遺伝の効果が深く関わっているのかもしれない。他にも、ダンスは過去にどのような進化を経て複雑化していったのだろうか。世界中で十五種いるツルの仲間はすべてつがいで踊るが（Ellis et al., 1998）、その中でもタンチョウは複雑なダンスを行うといわれている。種間で比較することで、複雑なダンスに至る過程とその要因を明らかにしたい。こういった研究を進めることで、ヒトを含めた動物一般の複雑なコミュニケーションの理解に寄与して、科学的な知見の蓄積に貢献していきたい。

最近では、百瀬さんの紹介で、ツルの保全研究の第一人者であるアーチボルトさん(George Archibald)とお会いして、私の研究成果を説明することができた(図11)。意外にも私の結果が、彼の長年にわたる観察の印象と一致して、有意義に議論できた。また、ある研究会をきっかけに、工学系の研究者とも共同研究を開始しつつあり、新しい技術をタンチョウのフィールドワークに適用できればと考えている。こういった自発的な研究を継続していくのにとても大切なことは、研究に対する強い意欲と精神的な安定だと思う。研究活動は孤独な作業の連続であり、時には先がまったく見えず不安ばかりが募り、特別な人を除いて経済的には不安定な状態のままである。幸いにも、私は家族の理解と支援が得られ、自分に適した教官と研究環境に恵まれた。また、本当に辛い時には高校の時からの親友に助けられた。部外者だからこそ、その親友と会うのはすばらしい気分転換になり、それはとても大切なことだ。これらの条件が整っていなければ研究の道に進んで一定の成果をあげることはけっしてできなかっただろう。改めて、私の成果は関係者の皆様のおかげだと思うし、本当に感謝している。

このようにフィールドに出て研究をするのは精神的にも肉体的にも大変なことである。しかし、もしフィールドの研究をしたいという情熱さえあれば、その機会をつかんで全力でやってみる価値は絶対にある

図11　アーチボルドさんと記念撮影.

と思う。そこには必ず、何物にもかえがたい感動が待っているはずだ。最近では仕事をしながらでも市民調査に参加することでちょっとしたフィールドワークを経験することもできるので（コラムを参照）、ぜひ気軽にトライして欲しい。

初めてダンスを見たあの日から、七年が過ぎた。今日も、私はタンチョウたちを見つづけている。ダンスの語りかけに耳を澄ましながら、試行錯誤の探求が続いていく。

＊日本学術振興会・挑戦的萌芽研究（#16K14806、代表者 沓掛展之）の支援を受けて行われた。

参考文献

Andersson, M. B. (1994). Sexual selection. Princeton University Press.

Armstrong, E. A. (1942). Bird Display. Cambridge University Press.

Cronin, H. (1992). The Ant and the Peacock: Altruism and Sexual Selection from Darwin to Today. Cambridge University Press.（クローニン H. 長谷川眞理子（訳）(1994) 性選択と利他行動—クジャクとアリの進化論. 工作舎.）

Birkhead, T., Wimpenny, J., & Montgomerie, B. (2014). Ten Thousand Birds: Ornithology since Darwin. Princeton University Press.

Darwin C. (1971) The Descent of Man, and Selection in Relation to Sex. John Murray（ダーウィン C. 長谷川眞理子（訳）（2016）人間の由来（上・下）（講談社学術文庫） 講談社 . 東京 .）

Ellis, D.E., Swengel, S.R., Archibald, G.W. & Kepler, C. B. (1998). A sociogram for the cranes of the world. Behavioural Processes 43: 125-151.

長谷川眞理子（1999）「進化とはなんだろうか（岩波ジュニア新書）」岩波書店, 東京.

長谷川眞理子（2005）「クジャクの雄はなぜ美しい？」紀伊國屋書店, 東京.

Hirschenhauser, K. (2012). Testosterone and partner compatibility: evidence and emerging questions. Ethology, 118(9), 799-811.

久井貴世（2016）江戸時代におけるツルの生息実態および人との関わり. 博士論文, 北海道大学.

Huxley, J. S. (1914) The courtship-habits of the great crested grebe (*Podiceps cristatus*); with an addition to the theory of sexual selection. Proceedings of the Zoological Society of London, 35, 491-562.

Huxley, J. S. (1923) Courtship activities in the red throated diver (*Colymbus stellatus* Pontopp.); together with a discussion of the evolution of courtship in birds. Journal of the Linnean Society (Zoology), 35, 253–292.

小西正一（1994）「小鳥はなぜ歌うのか（岩波新書）」岩波書店, 東京.

正富宏之 (2000)「タンチョウ　そのすべて」北海道新聞社. 札幌.

Masatomi, H. & Kitagawa, T. (1975). Bionomics and sociology of Tancho or the Japanese crane, *Grus japonensis*, II. ethogram. J. Faculty of Science. Hokkaido University, Series VI. Zoology 19 (4): 834-878.

武田浩平（2014）屋久島の事例から探る開発と自然保護のジレンマ. 生物学史研究. No.91. 36-38.

Takeda, K. F.(2016). Ritualized signals in the red-crowned crane: how and why do they perform various displays? PhD thesis, SOKENDAI.

武田浩平（2017a）タンチョウのダンスの謎を解く. 月刊誌バーダー. 2017 年 2 月号 .

武田浩平（2017b）「タンチョウ（生態図鑑）」バードリサーチニュース vol.14 No.8

Takeda, K. F., Hiraiwa-Hasegawa, M., & Kutsukake, N. (2015). Arch displays signal threat intentions in a fission–fusion flock of the red-crowned crane. Behaviour, 152(12-13), 1779-1799.

Takeda, K.F., Hiraiwa-Hasegawa, M. & Kutsukake, N. (2018) Duet displays within a flock function as a joint resource defence signal in the red-crowned crane. Behavioral Ecology and Sociobiology. 72: 66.

Takeda, K.F. & Kutsukake, N. in press Complexity of mutual communication in animals exemplified by paired dances in the red-crowned crane. The Japanese Journal of Animal Psychology.

Vanderbilt, C. C., Kelley, J. P., & DuVal, E. H. (2015). Variation in the performance of cross-contextual displays suggests selection on dual-male phenotypes in a lekking bird. Animal Behaviour, 107, 213-219.

Wachtmeister, C. A. (2001). Display in monogamous pairs: a review of empirical data and evolutionary explanations. Animal Behaviour, 61(5), 861-868.

コラム

鶴のいる情景を見守る──市民調査の勧め

武田 浩平

タンチョウに関する市民調査を紹介することで、フィールドワークの別の側面に触れたい。タンチョウは絶滅が危惧される鳥であり（現状は武田、二〇一七b）、さまざまな形で保全活動が行なわれている。その中でも特徴的なことは地元住民による活動で、タンチョウは観光の目玉というだけなく、地域に馴染みのある動物として住民たちに親しまれている。また、この保全活動はもともと地元住民による自発的な給餌に端を発している。その後に行政や研究者などが積極的に関与することで、六〇年以上前は数十羽だった個体数が、現在の千八百羽前後まで回復した。ただ、個体数が回復したからといって安心ばかりしてはいられない。きちんとしたモニタリング調査を今後も続けていかなければ、個体数の減少などの異変が生じた時にすばやく対策を行うことができない。そこで、私がお世話になっている認定ＮＰＯ法人タンチョウ保護研究グループ（RCC：Red-crowned Crane Conservancy）は、市民ボランティアの協力を得ながら、総数カウント調査とヒナに足環を付けるバンディング調査を毎年行っている。私もこれらの調査にできるかぎり参加している。ＲＣＣはタンチョウに専門化した調査研究と教育普及活動を目的にして、国内はもとより、海外との太い繋がりを生かして多くの実績をあげ、内外から高い評価を得ている。

では、私の参加経験に基づいて、調査内容を説明しよう。まず、総数カウント調査（図１）について、前身の団体が一九八五年から開始しており、現在は、西は十勝から東は根室の全域にかけて、地域ごとに日を分けて、一月末から二月初めの十日間で寒さのもっとも厳しい時期に実施している。これは気温が寒いとツルが給餌場に集まりやすいため、この時期に実施すればより正確な総数が出るだろうと考えられているからだ。可能なかぎり、茶色の上半身が特徴の幼鳥と総数を別に数えて、そのシーズンの繁殖状況を把握する。また足環が付いている個体がいれば番号を読んで、生存と繁殖の確認もしている。場所の特性によって、大きく別けて二種類の手法でカウントしている。一つは給餌場での定点調査であり、大規模な給餌場だと十人前後で役割分担しチームプレイが要求される。給餌場の前で早朝から夕方にかけ、五分ごとのカウントと足環個体の確認、飛来と飛去があれば随時、その数と飛ぶ方向を調べて報告し、書記がそれを記録する。こう書いてしまうとなんともないが、実際、この作業を完璧に行おうとすると時に大変だ。一度に四方八方から大量のツルが飛んできたりすると、それらを調べるだけで多くの人数が必要になり、誰がどれを見ているのか全体を把握する人も必要だ。一日中、氷点下の野外でじっと立っていなければならないため、しっかりとした防寒対策は必至だ。現地調達の厚手の下着に冬山用の防寒服を着ると良いだろう。雪靴も底が厚手のものが必要で、さらに顔全面を覆う防寒具に靴下用のホッカイロ、熱いお茶が入った水筒があるとだいぶ楽になる。もう一つの方法は車での巡回であり、給餌場に現れず各地に散らばっている個体を、担当者が経験や事前の下見からルートと区域を決めて割り振り、皆で分担して探していく。最近は牧場の餌や堆肥山に依存して、繁殖地から移動

図1　総数カウント調査における，小規模な給餌場の定点のようす．

図2　バンディング調査における，ヒナ捕獲後の測定のようす．

しないつがいが増えている傾向にあるので、こちらの調査もとても重要だ。ただ、当日の天候や積雪状況によっては、道路から把握可能なところにツルが出てくれないことが多々あり、どうしても限界がある。地域によっては両方の手法を混合して実施することがあり、正確なカウントを出すためには、その地域における大まかな生息状況を事前に把握したうえで、担当者には当日の状況にも臨機応変に対応することが求められる。

バンディング調査（図2）は一九八八年から続けられ、これまでに総計五百羽以上のヒナに対して捕獲して足環をつけることに成功し、最近では六月下旬から七月下旬にかけて断続的に十一日間の実施で、毎年二十五羽前後に足環を付けている。この調査で足環を付けた標識個体を継続的に観察することにより、私の研究はもちろん、野生個体の生命表作りや個体群動態の把握、移動分散の仕方といった基礎的な情報が手にはいり、保全の対策を進めるうえでおおいに役立つだろう。捕獲方法は飛べるようになる前のヒナを囲い込んだり、追いかけたりして素手で捕まえるという表面上単純なものだが、熟練の知恵と技術が必要で、参加者全員の協調的な動きが成功の鍵を握る。まずは、事前の情報に基づき適当なサイズのヒナを見つけて、家族の位置とその動きから計画を立てる。そして、湿地の茂みなどでツルから身を隠して捕まえる役と、彼らの隠れ場所にツルを追い立てる役という二手に分かれて、周囲が見えない茂みの中、それぞれの無線機でお互いの位置を確認し、時にリーダーから指示を受けとり、常に変化する状況に臨機応変な対応を行う。計画通りにツルが動かず、役割分担が逆になることも多々ある。ここで重要なのは周辺の地理情報を事前に理解して、ヒナがいるはずの位置、自分の位置、そしてヒナが逃げてはいけない場所を常に把握して、その動きを先に読んで必要な時には瞬時に対応することだ。湿地に入るので胴付長靴は必至で、暑さ対策で水筒、他に双眼鏡、めだたない色の長袖と帽子などが必要である。

参加者は老若男女で多種多様なので、参加者同士の触れ合いも一つの楽しみだろう。其々の調査で総勢五十人前後が参加して、地元の公務員、定年退職の方々、環境に関わる仕事の人々、酪農業の方々、主婦、会社員、教師、大学生などで占められ、地元だけなく時には飛行機で遠くから来る人もいる。経験の度合いも、調査に欠かせないベテラン勢から初参加の人々まで多岐にわたる。

どちらの調査も釧路で事前説明会を行っており、興味のある方はＲＣＣに問い合わせてみると良いだろう。また、釧路でなくとも全国各地で市民ボランティアの参加を募る野外調査はたくさん存在する。フィールドワークに関心があるのならば、このような調査に参加するのも良い経験になるだろう。お勧めである。

最北の島でウミネコをみる

風間健太郎

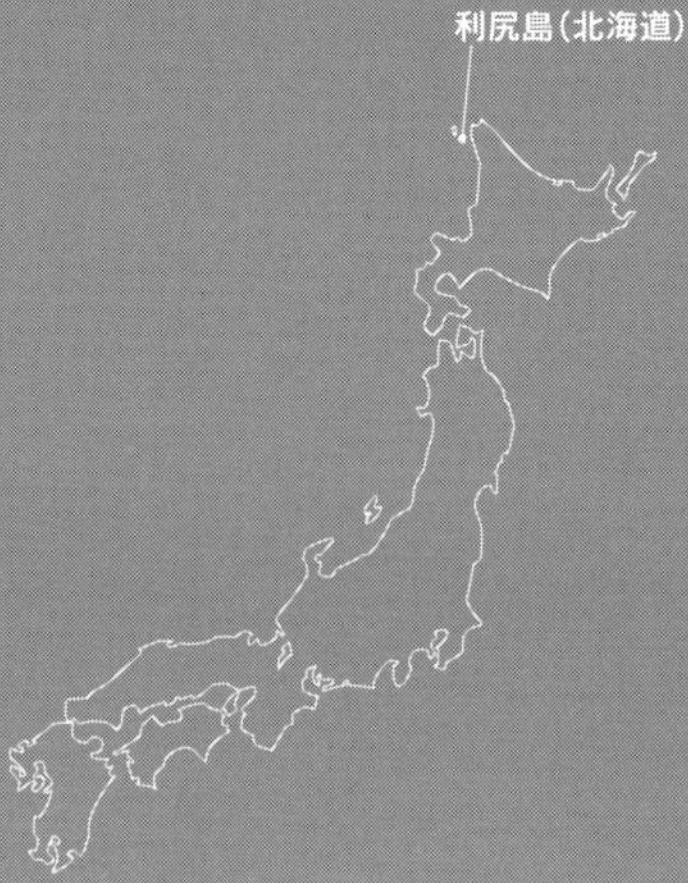

二〇〇三年四月、北海道の最北端に位置する利尻島の日本最大のウミネコ集団営巣地（コロニー）で、数万羽もの繁殖個体を前に、僕は一人途方に暮れていた…。

さかのぼること二週間前、僕ははじめてのフィールドワークの始まりに胸を高鳴らせていた。幼い頃から野鳥に興味がありながらも、都市近郊のベッドタウンで都会的な友人に囲まれてすごした高校時代まで、そんな気持ちをひた隠してきた。そんな僕が「研究」という大義名分のもとに思い切り生き物に向き合える時間を手に入れたのは、大学四年生の春のことだ。当時揃えた双眼鏡、雨合羽や長靴は、どれもホームセンターで購入した安物ばかりであったが、これから踏み出す研究者としての第一歩に僕は胸を高鳴らせていた。

中学まで、僕は生真面目な学生で、成績も学年上位を維持していた。ところが、男子校である埼玉県立川越高校に入学し、水泳部に入部したところから、僕の人生は大きく変わった。川越高校水泳部といえば、男のシンクロで有名な映画「ウォーターボーイズ」の舞台となった高校である。映画化された時期、僕は水泳部のキャプテンを務めていた。映画では、主人公妻夫木 聡の役である。つまりいうなれば、妻夫木聡のモデルは僕なのだ。それだけの理由で、高校時代は他校の女子からもそれなりにちやほやしてもらえた。それにすっかり気をよくした僕は、高校生活をとおして部活や遊びに明け暮れた。気づいた時には偏差値は三十五にまで下がっていたが、一年浪人して北海道大学水産学部になんとか滑り込んだ。

大学三年の研究室配属では、水産学部の中で唯一鳥の研究ができる「資源生態学研究室」を選んだ。それまで家族や友人には内緒にしていたが、いつか鳥の研究者になりたいと思っていた。僕の研究室選びに迷いはなかった。元々鳥が好きだったし、当時の資源生態学研究室の教授はとても優しかった。三年生の乗船実習の際には海鳥研究の大家であったその教授に四六時中つきまとって一緒に海鳥観察をし、研究の話を聞いては期待に胸を膨らませた。その際、教授からは、

「卒論でいきなり研究なんてできるものではない。自然を舐めてはいけない。四年生は準備期間だと思って、コロニーに行って自分の目で海鳥をよく見てきなさい。最初の一年はそれだけで十分だ」と優しい口調で言われた。配属前から足しげく研究室に通っていた僕は、「やる気のある学生だ」と褒めてさえもらえた。「はじめてのフィールドでいきなり研究などできるわけがない。四年生になったら、とりあえず海鳥のコロニーに行き、フィールドを思いきり楽しもう。おそらく長い研究者人生の最初の一年なのだから、それだけで十分だろう」と、当時は楽観的に構えていた。

そして四年生の春、研究室配属直後、僕のこの甘ったれた考えはある教官の登場によって脆くも崩れ去ったのである。

新・指導教官の登場

僕が卒論に対して気楽に構えていたまさにその頃、研究室の事情は大きく変化していた。僕が四年生に上がると同時にそれまでの教授が退官し、その後任として新しく准教授が着任したのである。僕は准教授

の着任後も、研究室の雰囲気や研究スタンスは変わることはないと勝手に思っていた。そして進級直前に行われた准教授との初の顔合わせ。そこで准教授の口から出た言葉は、いまだに僕の心に強く残っている。「卒業研究とはいえ、研究と名が付く以上、きちんと研究をしてください。また、年下とはいえ私は君たちのことを一研究者として見ています。私のことは先生と呼ばず、可能な限り対等と考えるように」

一気に研究室の雰囲気がピリっとした。卒論はフィールドを堪能しようとのんびり構えていた僕に、一抹の不安がよぎりはじめた。

一方、そんな不安をよそに、教授は

「立つ鳥後を濁さず。老兵はただ去るのみ。君はもう（新任）准教授の学生なのだから、私に頼らないように」

とおっしゃり、本当にびっくりするほど跡形もなく、潔く大学を去られていった。

卒論計画を練る

海鳥の研究をやるとは決めていたが何をしようかは決めていなかった僕に助け舟を出してくれたのが、間もなく修士二年になろうとしていたある先輩だ。その先輩は北海道の最北端・利尻島でウミネコ *Larus crassirostris* というカモメの一種を研究しているという。ウミネコは、日本、朝鮮半島、中国東部、およびロシア南東部に分布する。日本では、春から夏にかけて北日本を中心とした離島や岩礁などで繁殖し、冬季には南下する。繁殖期には数十から数万つがいの集団を形成し、毎年一～三個の卵を産む。日本最大の繁殖地である北海道利尻島には、毎年三月～七月にウミネコが繁殖のために集まってくる。先輩はウミネコの生態研究のため、五月から二、三か月ほど利尻島に滞在するらしい。

卒論計画に悩んでいる僕の相談に、先輩は親身になって乗ってくれた。そして、一緒に利尻に来ないかと誘ってくれた。聞けば、先輩は博士課程に進学する予定らしく、僕が利尻に行くことになればしばらくは面倒をみてくれるとのことだった。これに乗らない手はないと、僕は利尻島でのウミネコ研究を卒業論文のテーマにすることに決めた。

退官された教授のもとで研究をしていたその先輩は、教授と同じように

「自然はそんなに簡単じゃない。一年目はコロニーでじっくりウミネコを眺めるだけで十分だよ」

と、やはり優しく言ってくれた。「それでも一応卒業研究に取り組むわけなので、何かテーマは必要だろう。利尻島ではハシブトガラス *Corvus macrorhynchos* がウミネコの卵をたくさん捕食する。どういう場所で営巣したウミネコの卵がカラスに食べられやすいか、調べてみてはどうか?」。こうして僕の卒論のテーマは「ウミネコの営巣環境ごとの卵捕食リスクのちがい」に決まった。当時の僕は「なかなかそれっぽいテーマが決まったぞ」とほくそ笑んでいた。

卒論は何とかなるだろう。僕は先輩と決めたテーマをもって、准教授との面談に臨んだ。意気揚々と計画を話す僕。しかし准教授から放たれた言葉を聞いて、打ちのめされた。

「これの何が新しいの? 他種のカモメではさんざんやられているテーマだよね? 対象種をウミネコ

に置き換えるだけで、何か意義はあるの？　卒論とはいえ研究なのだから、こんな短絡的なテーマは許されないよ」。

先輩と一緒に考えたテーマを、准教授は一瞬にして粉々にした。この日から僕は「新しいって何だ？」「研究の意義とは何だ？」と、毎日悶々と考えるようになった。

新しい卒論テーマ

准教授によって砕かれた卒論計画は、一から構築しなおす必要があった。退官された教授から聞いていた卒論研究のスタンスとはかけ離れているが、僕の指導教官は四月からこの准教授になるのだから従うほかはない。それとなく類似するテーマの先行研究を調べ始めた。すると准教授の言ったとおり、巣の周辺環境と卵捕食リスクの関係は、他種のカモメにおいてすでに多く検証されていた。僕がやろうとしていた研究は、対象種をウミネコに変えるだけ。たしかに新しい点はなかった。

それからは、何か新しい点はないかと、論文を読みあさり模索する日々が続いた。そして、過去の研究では営巣環境の効果と親鳥の質の効果が分離されていないことに気づいた。つまりこれまでの研究では、「巣のある環境が良い」と捕食されにくいのか、あるいは「良い親（年齢が高く経験が豊富で防衛能力が高い個体）が捕食されにくい環境を選んでいるだけ」なのかが混同されていた。これら二つの効果を分離して検証するために、僕が思いついた手法は操作実験だった。過去の論文によると、他種のカモメでは巣の横に生える草の丈が高いほど捕食リスクが低いらしかった。仮にウミネコでも同じように草丈が高いほど捕食リスクが低いとすれば、親鳥が巣を構えた後で巣の周りの草を刈ってやれば、草丈の効果と親鳥の質の効果を分離できるはずだ。そしてこれは、「これまでやられていない新しい研究」だった。

試行錯誤を重ねて生み出された新たな卒論テーマをもって、准教授との二度目の面談に臨んだ。すると意外にも、今度はあっさりとGOサインが出たのだ。さあ研究テーマは決まった。あとはフィールドに出発する前日のゼミで、研究室のメンバー全員の前で計画発表をするだけだった。研究室に配属されてからここまでわずか二十日間、激動の日々であった。

いいんじゃない？（なんでも）

ゼミでは、僕は准教授との面談で話したとおりの計画を、自信をもって発表した。「親が巣を構えた後で巣の周りの草を短く刈ります」と。さすがに指導教官も認めている研究内容なので批判されることはあるまい、と考えていた。

ところが、結果はちがった。先輩たちは皆、口をそろえて「フィールドに行ったこともない卒論生に、いきなりそんな操作実験などできるわけがない」と言ったのだ。僕は必死に研究内容の正当性を主張したが、先輩たちには通用しなかった。そして、あろうことか頼みの綱であった准教授も

「たしかに、コロニーに行ったこともない卒論生がいきなりこの研究をやるのは難しいかもしれないな」と言った。援護射撃を期待したのだが、まさか味方に後方から撃たれるとは。

けっきょく、僕のゼミは十五分の予定が二時間半の大炎上。しかも結論は、全会一致で「やはり卒論生には難しい」とのことだった。翌日にフィールド入りを控えていたので、これが卒論計画を定める最後の機会であった。途方に暮れながらもゼミの後、准教授の部屋に出向き再度卒論の方向性について相談した。すぐにでも結論を出さなければいけない状況だったが、いくら話し合ってもなかなか方向性が決まらず、時間ばかりが過ぎていった。時刻はもう一九時過ぎ。その時、准教授がとどめの一言を放った。

「まぁ、はじめてのフィールドだし、いろいろ見てくれれば？　それでいいんじゃない？（なんでも）」

（この（なんでも）の部分を准教授はけっして発していないが、僕にはたしかに聞こえたのだ）。その言葉とともに、僕はフィールドに放たれることとなった。卒論のテーマは、まだ何も決まっていなかった。

ちなみに、当時僕が考えたカモメの営巣環境の操作実験は、数年後にイギリスのチームがまったく同じ手法で実行し、動物行動学の有名誌に論文が掲載された（Kim & Monaghan, 2005）。少なくとも当時はじめてのフィールドで僕にこの操作実験が遂行できたとは思っていないし、けっきょくその後のフィールドでもこの実験を実施するには至らなかった。それでも、当時の僕が考え出したテーマは間違っていなかったと、今でも思っている。単なる負け惜しみであるが。

フィールド生活の始まり

けっきょく卒論で取り組むテーマが明確に決まらないまま始まったはじめてのフィールドワーク。見かけによらず繊細な僕の心は焦りでいっぱいだった。舞台は日本の最北端・利尻島だ。利尻島は一周約六十キロメートル、人口約五千人の比較的大きな島である。ここにウミネコの日本最大の集団営巣地（コロニー）がある。大学の所在地である北海道最南部の函館から最北端の稚内まで車で十時間ほど移動し、そこからフェリーで二時間ほどの利尻島へ。ドキドキしながらフェリーを降りると、たくさんのカモメの姿が見えた。その瞬間、僕のネガティブな感情はすべて吹き飛んだ。

「あれが僕の研究対象か！　ここで僕は研究を始めるんだ！」

思わず、

「あれがウミネコですか！　可愛いですね〜」

と同行した先輩に向かって叫んだ。すると先輩が冷静な声で呟いた。

「いや、あれはオオセグロカモメ *Larus schistisagus* だよ」

この頃の僕はまだウミネコとオオセグロカモメの見分けすらもつかなかったのだ。

研究の拠点となる宿泊場所は、札幌医科大学付属の実習施設だった。利尻島のフェリーターミナルにほど近い岬のふもとにある一軒家である（図1）。そこには僕らの他にも何人かの研究者が滞在していたが、この年、その方々とほとんど会話をすることがなかった。その理由は後ほど述べよう。

島に到着後、早速ウミネコココロニーに出向くことになった。僕はいよいよ緊張しながら車に乗り込んだ。宿泊場所からコロニーまでは車で約二十分。コロニーが近づくにつれてだんだんと空を飛ぶ「カモメ」の数が増えていく。今度こそ、ウミネコだろうか。僕は次第に増えるカモメを窓の外に見て、不安を募らせた…。やがて、一面に広がる無数の白い点が見え始めた。

図1　卒業研究の時に滞在させていただいた札幌医科大学臨海研究所.

図2　利尻島のウミネコココロニー．最大4万もの巣があり，日本最大の規模を誇る.

「あの白いの、全部ウミネコだよ」

先輩が教えてくれた。

それは、僕の想像をゆうに超えていた。広大な草原に延々と広がる白い点（図2）。車を降りると同時に聞こえてくる、ミャーミャーという騒々しい鳴き声。一面に漂う魚の臭い。これがウミネココロニー、圧巻の光景だった。

その日から、僕は少し前向きになった。相変わらず卒論のテーマは未定だったが、先輩に教えてもらいながら繁殖モニタリング調査の準備を進めた。モニタリングでは、コロニーの一角を網で囲ってすべての巣に番号をつけ、卵の数やヒナの体重、親がヒナに与えた餌などを調べることで、その年のウミネコの全般的な繁殖状況を把握する。このように書くと非常に簡単な作業に思えるが、実際はけっこう大変だ。

僕と先輩が利尻島入りしてからほどなくすると、ウミネコが産卵を始めた。産卵が始まると産卵日を記録したり卵のサイズを測ったりと、一気に忙しくなった。モニタリング調査に加え、自分の卒論研究も始めなければならない。焦る僕に先輩が言った。

「明日から准教授が島に来るらしい」

先輩、消える

准教授が利尻島に来た。僕たちは、モニタリング調査の区画を案内し、進捗状況を説明した。それに対し、とくに反応はなかった。僕があれだけ感動したウミネコココロニーを見ても、准教授は無反応だった。世界各地の海鳥コロニーで数えきれないほどの業績を上げてきた人だから、当然の反応である。そして僕の研究内容に関しても、予想に反してとくに厳しいことを言われることはなかった。やはりなんでもいいということだろうか。少し混乱する僕を残し、准教授と先輩が何やら真剣に話し込み始めた。

どうやら進路について話しているようだった。先輩は博士課程への進学を希望していたため、指導教官が退官された教授から准教授へと切り替わったことで、研究方針についていろいろと話しておかなければならないらしかった。随分と長い時間、二人は話していた。やっと話し合いが終わると、先輩が話し合いの内容を伝えに来てくれた。そして、先輩はこう言った。

「俺、就活するから帰るわ」

「えっ!?」

先輩は准教授と話し、退官された教授との研究スタイルや研究に対する考え方のちがいを目の当たりにし、博士課程への進学を諦め就職することにしたらしい。その後の先輩の行動は早かった。僕にモニタリングマニュアルを手渡し、そそくさと荷物をまとめ、翌日には大学へと戻って行った。僕のはじめてのフィールドはまだ始まったばかり。いきなり一人になってしまった。

全部見る

一人になった僕は途方にくれた。先輩の去り際には「大丈夫です」と伝えたけれど、大丈夫なはずはなかった。モニタリングだってこれからが本番だし、卒論をどうするかだって決まっていない。本当に困っていた。けれど、助けてくれる人は誰もいなかったし、人に助けを求めることができるほど当時の僕は器用でなかった。

とにかくモニタリングは続けるように言われていたので、モニタリングマニュアルを読み込んで、そのやり方が正しいかどうかわからないまま作業は続けた。問題は卒論の方だった。けっきょく卒論で何をするかはっきりしないままフィールドにいる。草刈りの操作実験はいきなりできないし、巣の周辺環境と捕食リスクを見る研究だけでは不十分と言われていた。では、どうすればよいか。悩みに悩んだ結果、僕はカラスによる卵捕食行動の全部を見ることにした。研究とは何なのか、どこまでやればサイエンスとして成立しうるのか、この時の僕はまったくわかっていなかった。だから、とりあえず全部見るしかなかった。

利尻島は緯度が高いので、春から夏にかけての日長はとても長い。結果的に僕は朝三時の日の出から、夜八時の日の入りまで、毎日コロニーに居座りウミネコの観察をすることにした。ウミネコの産卵から巣立ちまでの約二か月間毎日である。おかげで宿泊施設に滞在していた他大学の人たちとはほとんど顔を合わせることもなかった。

今思い出しても、大学四年のこの時は本当に精神的にも肉体的にもきつかった。けれど、このフィール

図３　ふ化したてのウミネコのヒナ.

ドがあったからこそ、どんなことでも大抵一人でこなせる自信がついた。そして何よりも、この時に「全部見て記録する」習慣がついたことと、シーズンをとおしてのウミネコの行動を見られたことは、この後の僕の研究人生とって大きな財産となった。

ウミネコを見る、記録する

さて、僕がこの年フィールドで行った作業のうち「モニタリング」についてここで少しばかり紹介しよう。前述のとおり、モニタリングはその年のウミネコの繁殖状況を把握するための調査である。利尻島のウミネココロニーは広大なササ原の中に広がっている（図2）。このすべてのウミネコの卵やヒナを記録することは不可能なので、コロニーの中に五×一〇メートル程度のモニタリング用の区画を作る。はじめに、その区画内のウミネコの巣の数と、巣ごとの産卵数、そして卵の大きさを記録する。その後は五日ごとにモニタリング区に出向き、卵が捕食されていないかを記録する。産卵から約二十五日過ぎた頃、ふ化が始まる（図3）。個体識別のためふ化したすべてのヒナに足環を付ける。ふ化後は五日おきにヒナの生存確認と体重測定を行う（図4）。ウミネコのヒナは生まれた直後は足が立たないため巣の上でおとなしくしているが、少したつと活発に歩き回り、体重測定のために捕まえようとすると逃げるようになる。この時ヒナは、はるか遠くまで走り去り、巣に戻ってこられなくなる場合もある。こうした逃走を防止するため、ヒナが歩けるようになる前までに、モニタリング区全体を網で囲う（図5）。まだ飛べないヒナたちは網の中でひしめき合う。その光景はさながらウミネコ牧場だ。五日ごとの体重測定の度に、ヒナの体重はどんどん増えていく。ただし、利尻島のヒナの平均的な巣立ち率（産まれた卵がヒナとなって巣立つ確率）は約三十パーセントと低く、ほとんどの卵やヒナは巣立ち前に命を落とす。モニタリングでは死亡原因も記録する。前述のように、

図4　モニタリング調査でヒナの体重を測定する筆者．ネットに入れたヒナをばねばかりで測定する．人に慣れたウミネコが時々頭の上にとまる．

図5　モニタリング調査の区画．ヒナが逃走しないように周囲を網で囲ってある．さながらウミネコ牧場のよう．

図６　ウミネコの卵をくわえるハシブトガラス．産まれた卵の３割ほどはカラスによって捕食されてしまう．

卵の多くはカラスに捕食される（図６）。ヒナのおもな死因の一つは、カラス、ハヤブサ、オジロワシなどによる捕食である。もう一つは、意外にも、ウミネコの同種他個体によるヒナ殺しだ。ウミネコのヒナは自分の親ではない他のウミネコによって、多い年では約四割が殺される（Kazama et al., 2012a; b）。

ふ化からおよそ三十五日が経過したヒナは、はれて巣立ちをむかえる。この頃になるとヒナは囲い網を飛び越え、向かい風にのって飛翔し始める。そして利尻島に短い夏が訪れる七月の終わり頃、ヒナは親鳥とともにコロニーを後にする。およそ二か月もの間、五日おきに体重を測りその成長を見守ってきたヒナたちの巣立ちは、嬉しい反面少し寂しい。巣立ったウミネコが繁殖に参加するのは約四年後と言われている。元気で戻ってきてくれよと、強く願う瞬間である。

こうしてモニタリング区に何度も通ううち、区内のウミネコに性格があることに気づく。利尻島のウミネコは基本的に警戒心が非常に強く、ふつうは人が近づくと一目散に飛んで逃げてしまう。しかし、モニタリング区のウミネコたちは人間が何度もその区画に通うことで、しだいに慣れが生じてあまり逃げなくなってくる。そうなると、個体によってはお腹の下の卵に伸ばした手を突いて攻撃してきたり、頭を足ではたいてきたりする。攻撃してくる個体は毎回同じであることが多く、僕はその個体の近くを調査するのが少し嫌だった。そして、この経験が僕の修士論文以降の研究テーマにつながっていくことになる。

観察区画を決める

卒論の話に戻ろう。僕はとにかく卵捕食行動のすべてを見ようと決めたわけだが、そもそもはじめてのウミネコ観察で何をどう見たら良いのかまったくわからなかった。そこでとりあえず、初日は「この空間を一日中見る」と、二メートル四方に含まれる二十巣あまりの区画を決めて、そこを集中的に観察した。結果、その日の僕のフィールドノートに記載されたのは「午前五時二十一分、二十メートル上空をカラスが一羽通過」の一行だけだった。カラスの捕食など起こらなかったのだ。この日僕は、観察区画を設定するところから研究は始まっていることを学んだ。先輩からは、ウミネコの卵はかなりの割合でカラスに捕食されると聞いていた。たしかに、一キロメートルほども続く広大なコロニーの全体を見渡せば、数十羽ものカラスが訪れており、コロニー内を縦横無尽に移動しながらそこかしこのウミネコの巣を襲っていた。「これはどうも、観察すべき空間スケールがちがっているのかもしれない。ごく狭い観察区を設けたところで、そこが観察時間内にカラスに襲われる確率は低いかもしれない」。僕は思った。

翌日から区画選びが始まった。まず僕がやった作業は、コロニー全体をただ眺めることだった。それまではそれらしく観察区画を決めて、そこを徹底的に観察するのが研究なのだと勝手に思いこんでいた。しかし、その区画の大きさや位置を決めることこそが研究の第一歩にしてもっとも重要な過程であることに気づいた。その区画の設定のためには、まずは全体を眺め、観察の対象である行動がどういった空間スケールでどのくらいの頻度で生じるのか、そのパターンを把握することが何よりも大切なことを僕は学んだ。

数日間、コロニー全体をただ眺めることにより、設定すべき区画の位置や大きさがなんとなくわかってきた。百メートルほどの範囲の中に一〇×一〇メートルの観察区を三つ設け、それらをいっぺんに見ることができる高台から観察することにした。こうしてようやく僕の卒業研究がスタートした。

捕食の研究

「捕食の研究は難しい。だから私は学生にはやらせない」

これは、退官前の教授が僕につぶやいた言葉だ。観察を始めた僕は、教授のこの言葉の意味を嫌というほど思い知ることになる。

僕が設定した観察区には何度もカラスがやって来て、ウミネコの巣を襲った。ウミネコとカラスの体の大きさは同程度であり、一対一では良い勝負であった。ウミネコはたいがいカラスを追い払い、ほとんどの卵捕食は失敗に終わった。しかし、時にカラスはウミネコの防衛をかわし、一瞬にして鮮やかに卵を奪っていった。息をのむ攻防に僕は見入った。勝敗は一瞬で決まる。目を離すわけにはいかない。興奮しながら観察を続ける僕の頭に、ふと疑問がよぎった。

「トイレはいつ行けばよいのだろう?」

全部見ると決めたのだが、それは容易なことではなかった。翌日からはトイレ用のバケツを持参することにした。

カラスは日の出から日の入りまで活動した。卵は時々捕食以外の要因、たとえば同種他個体による破壊、なわばり争い中の破損や巣外への転落などによっても消失した。そのため、カラスによる卵の捕食量を推定するには、やはり一日中直接観察するしかなかった。退官された教授が「捕食の研究は学生にはやらせない」とつぶやいた意味がわかった。

すべてを記録する

観察の傍ら、僕はすべてを記録する作業を行っていた。なにせ、何が研究になるのかわかっていなかった。どんなデータが後に役立つのか、想像もできなかった。フィールドを離れてから、あのデータもとっておくべきだったと後悔はしたくなかった。だから、直接観察した内容はもちろん、調査地に関する情報はすべて記録した。まずはウミネコの巣の位置である。GPSなどまだ高くて当時の僕には手に入らなかったので、巻き尺で巣と巣の距離を測って観察区内の詳細な巣の配置図を作った。それと同時に、観察区に生えているすべての草の種類と位置を記録し、定規を当てて一株ずつ草丈を記録した。その他、地面の凹凸や石ころの位置など、とにかくすべてを記録した。今思えば本当に無駄の多い作業だったが、研究の何たるかを知らなかった当時の僕にはそうするほかなかった。そして、すべてを記録したことが、後の僕自身を救うことにもなる。

起死回生の卒論執筆

ウミネコのヒナがすべて巣立って、コロニーがもぬけの殻になったのを見届けた後、僕は研究室のある函館に戻った。すでに八月になっていた。これでようやく一息つける、と思った僕のもとに、准教授がやってきた。

「どうだ、調子は？　卒論書けそうか？」

一息などつく間もなく、僕は論文作成に向けて動き出すことになった。

理想的な研究の手順として、はじめに当該分野の先行研究が緻密にレビューされ、そのうえで検証すべき仮説が練られ、その検証のためのデータ取得計画が事前に綿密に定められていることが望ましい。これができている場合、データ取得を行う段階ですでに論文のイントロやメソッドを書き終えることができ、あとは得られたデータを解析してリザルトとディスカッションを加えれば、いともあっさり論文は完成する。実験生物学など、実際こうした洗練された手順のもとに、論文がハイペースで生み出される分野もある。ところが、生態学分野、こと野生動物を対象としたフィールド研究の分野では、想定外の動物の動き、予期せぬ環境の変動、捕食者による撹乱などにより、計画どおりのデータ取得が叶わない場合が多々ある。

そうした場合、事前に用意されたイントロやメソッドの変更を余儀なくされ、論文全体の構成も大きく変わる。そのため、野生動物のフィールド研究分野では、ただでさえ論文の生産性は相対的に高くない。

僕の場合はそれ以前の問題であった。目の前にはフィールドで取得してきた膨大なデータがある。しかし、そもそも研究計画がほとんど定まっていなかったので、これらのデータをどのように解析し、論文に仕上げればよいのか、まったく見当もつけられなかった。途方に暮れた。

そんな僕を救ったのは、手元にある膨大なデータそのものだった。フィールドのすべてが記録されたそのデータは、研究室に戻ってからも、頭の中でフィールドを再現することを可能にした。データから再現された頭の中のフィールドに、これまたデータから再現されたカラスとウミネコの攻防のようすを、僕は何度も投影した。この作業は楽しかった。再現されたウミネコココロニーで、僕はもう一度卒論研究を行うことにした。

この作業を通じて、僕のデータは、いくつかのおもしろい結果を含んでいることがわかった。まずわかったことは、カラスが卵を捕食する時、上空から区画内に舞い降りるよりもピョンピョンと横から歩いて区画内に侵入する時の方が、圧倒的に卵の捕食成功率が高いことだった。空中からの侵入の時には、ウミネコの防衛にあい、カラスは巣の近くにほとんど侵入できなかった。逆に、カラスはひとたび区画に侵入できると、その後はウミネコの巣に歩いて近づき、容易に卵を捕食できた。次にわかったことは、ウミネコの巣はコロニーの縁五メートル以内に位置し、かつ巣の周りの草丈が低いほど卵が捕食されやすいということだった。これらの結果を組み合わせると、ウミネコの防衛が及ばないコロニーの外に着地したカラスが歩いて侵入しやすいために、コロニーの縁では卵捕食が起きやすいこと。また、巣の周りの草丈が高いほど、侵入後のカラスに対する視界遮蔽物あるいは障害物としての機能が高く、卵捕食リスクが低下すること。この二点が明らかとなった。

こうして、観察データと環境のデータが組み合わさることで、営巣環境による捕食リスクの差異とそれを生み出すメカニズムが紐解かれていった。現場でやみくもにとったデータのいくつかが合わさり、新たな解釈が生まれた。科学のおもしろさを実感した。

僕の卒論研究の核となる内容がはっきりした。これを論文にまとめれば、はれて卒業研究の完成である。論文にまとめるには、この研究の学術上の意義を明確にすることが必要だった。そのために、僕は本来であればフィールドに行く前に完了させておくべきだった先行研究のレビューを再び行った。論文を読みあさるうちに、僕の研究の独創的な点が徐々に明らかとなってきた。先述のように、これまでカモメ類の営巣環境と捕食リスクとの関係を検証した研究はいくつもあったが、その多くは単に営巣環境ごとの捕食リスクの差異を見ているだけで、それが生じるメカニズムを詳細に検証してはいなかった。僕の研究では、緻密な行動観察と細部にわたる営巣環境の測定を同時に行うことで、そのメカニズムを明らかにできていた。僕は、この点を研究の〝売り〟として、論文を書いた。さらに、僕のデータは、巣のごく近くの営巣環境だけでなく、周囲数メートル範囲の環境も記録できていたので、卵捕食リスクにはどのような空間スケールでの営巣環境が効いているのかも解析した。解析する空間スケールを変えた検証も、僕の研究の独創的な点であった。これが可能であったのも、やみくもに区画内全体を記録しつくしたおかげである。

僕がまとめた卒業論文は、査読付き英文誌に単著で掲載された(Kazama, 2007)。計画が頓挫したことに始まり、目的を見失いながらそのほとんどをたった一人で遂行した卒業研究は、理想的な研究手順とはかけ離れていた。しかし、その成果は逆転ホームランとはいかないまでも、気合で放ったポテンヒットくらいにはなった。

新たに浮かんだ疑問

予想以上の成果が得られた卒論ではあったが、ウミネコの卵捕食リスクの巣間の差異について、不明な点はまだたくさんあった。たとえば、縁にある巣がすべて捕食されたわけではなかったし、草丈の高い巣がすべて捕食を免れたわけでもなかった。僕はウミネコのコロニーのすべてを記録してきたはずなのに、そのデータで説明できないとはどういうことか。見落としている何か他の要因が影響しているのではないか?

そう思いながらも、僕の頭には鍵となりそうな要因がすでに浮かんでいた。アイツだ、あの攻撃的な個体。毎回攻撃されるので、体の大きな僕でさえその個体に近づくことは嫌だった(「ウミネコを見る、記録する」参照)。おそらくカラスも嫌がっているはずだ。捕食リスクは、営巣環境だけでなく、個体ごとの防衛のしかたによっても変わるのではないか? 修士論文のテーマは、あっさりと決まった。

狙ってやらなきゃ意味がない？

じつのところ、卒論にはまったく満足していなかった。一定の成果は出たものの、先述のようにその研究手順はお粗末であった。僕の研究成果は、偶然とったデータに助けられただけであり、はじめから狙っていたものとは言えなかった。

修士研究は、今度こそ事前に洗練された仮説を立て、綿密な計画のもと実行したかった。フィールドに行く前に、万全の準備をしたかった。そして、准教授に一発で認められるような研究計画を提示したいという思いもあった。

そのために、僕は卒論の目処が立った一月あたりから、これでもかというほど論文を読みこんだ。その結果、集団繁殖する動物において、捕食者に対する防衛強度の個体差を検証した事例はほとんどないことがわかった。僕がやろうとしている研究は、新規性・独創性の高いものと言えそうだった。修士への入学が近づく三月、准教授とも研究相談を重ねた。今度は彼も僕の研究計画の新規性や独創性を認めてくれた。もっとも、「あとはしっかり勉強しておくように」と言い残し、その後彼は一か月間の海外出張に出かけて行ってしまったが…。

新年度になってすぐの研究計画発表は、昨年とちがって上手くいった。皆の意見は、実現すればおもしろい、という前向きなものであった。昨年に続いて一人ぼっちのフィールドワークであったが、今度は明るい気持ちで出かけることができた。

「個性」の研究ことはじめ

僕の修士論文のテーマは、「カラスに対するウミネコの防衛行動の個体差とその集団営巣における機能」。多くの個体が密集して営巣するコロニーでは、もしカラスに対する防衛強度に個体差があった場合、その防衛効果は自身の卵捕食リスクだけでなく、隣接個体の卵捕食リスクにも影響するのか。僕はこれを調べた。

調査区画の設定も、今度はスムーズであった。卒論では、営巣環境によって卵捕食リスクが変わることを明らかにした。今度は、親鳥の防衛効果を見たいので、すべての巣の営巣環境を均等にする必要があった。数万もの巣からなるウミネコのコロニーは、数十〜数千の巣からなるサブコロニーに分かれている。修論研究では、すべての巣が縁から五メートルとなるように、縦横一〇メートル程度の範囲に収まる八十巣程度からなる小さなサブコロニーに調査区を設置した。また、調査区内のすべての巣の草丈を鎌で短く刈り込んだ。

次に、調査区内のすべての個体を識別した。「すべて同じに見えるウミネコも、僕にはすべてちがって見える」などと言いたかったのだが、残念ながら当時の僕はそのような神がかった目をもっているわけではなかった。そこで、白髪染めを用いて個体識別をすることにした。水鉄砲に白髪染めをセットし、ウミネコに向けて放射するやり方だ(図7)。付着した白髪染めは、ウミネコの白い羽を黒く染める。白髪染めが付着する部位は個体ごとに異なるため、黒く染まった部位のちがいによって個体識別が可能となる。

図7　個体識別のために水鉄砲を使ってウミネコに白髪染めを塗布するようす．左上が水鉄砲の拡大図．100円ショップで購入したものを改造した．

ウミネコの羽は水をはじくので、白髪染めを水鉄砲に入れる際はアルコールに溶かすのがポイントだ。こうして全八十巣の雌雄合計一六〇羽の個体識別が完了した。

いよいよ、カラスに対する防衛強度の個体差の測定だ。防衛強度は、その日の天候やカラスの侵入方法などさまざまな条件によって変わるかもしれなかった。そのため、個体の潜在的な防衛強度を測定するには、すべてのウミネコに均一の刺激を与え、その反応強度を測定する必要があった。そこで、僕はカラスのデコイ（模型）を使うことにした。デコイを使えば、対象個体とカラスとの距離や侵入方向をコントロールすることができる。また、デコイを提示する時の天候をそろえれば、気象条件による影響も排除できる。僕は、個体識別したウミネコ全個体にカラスのデコイを提示し、その反応のちが

図８　カラスのデコイ提示実験．紐を引くと，布で覆われていたデコイが露出される．

いを調べることにした。

デコイは、提示実験の前に布で覆ったまま実施場所に設置しておく。布には紐を付けておく（図８）。人間が去ってウミネコたちが落ち着いた頃合いを見計らい、紐を引くと布がはがれ、デコイが露出するしくみだ。個体の反応を一度だけ測定するだけでは、防衛強度の〝個体差〟を調べたことにはならない。僕はこのデコイ提示実験を、全一六〇羽を対象にして一個体につき二～三回行った。

デコイ提示実験と並行して、カラスによる卵捕食行動の観察も行った。この観察ではまず、デコイに対する反応と本物のカラスに対する反応にちがいがないことを調べ、デコイ提示実験によって防衛強度がきちんと測定できたことを確認した。また、カラスが卵を捕食しに来た時に、狙われたエリアのうち誰が防衛を行い、そ

図９　観察のために作られた小屋．土台はすべて廃材でできている．僕は学生時代，利尻島での大半の時間をこの中ですごした．

の結果誰の卵が食べられたか、あるいは食べられなかったかを記録した。防衛強度の個体差が、集団の中でどのように機能しているのかを調べるためだ。観察は、日の出から日の入りまで、ほぼ毎日行った。調査区に隣接する場所に小屋を建て、僕はそこにこもった（図９）。

「あります、あります。めちゃくちゃあります！」

これらの研究手法は、驚くほど上手くいった。カラスのデコイを提示すると、ウミネコは見事に反応した。またその反応は個体ごとに大きく異なった。ウミネコのデコイに対する個体ごとの反応は、露出後ただちに体当たりや噛みつきを行う〝攻撃的反応〟（図10）と、デコイが現れても何の応答も見せない〝非攻撃的反応〟（図11）に、きれいに分かれた。しかも、デコイ提示実験を繰り返した結果、攻撃的反応を見せるのはいつも決まった三割程度のオスのみで、それ以外のオスやほとんどすべてのメスは常に非攻撃的反応しか見せなかった。ウミネコのカラスに対する防衛強度には、たしかに個体差があったのだ。

図10　デコイに対して攻撃的な反応を見せるウミネコ．約３割の特定のオスのみが，このような反応を示す．

図11　デコイに対して非攻撃的な反応を見せるウミネコたち．ほとんどのウミネコはデコイを提示してもまったく反応しない．

ちょうどその頃、思い出したかのように准教授から電話がかかってきた。

「どうだ、調子は？　個体差、ありそうか？」

それに対して僕は、自分でもびっくりするほどのハイテンションで答えた。

「あります、あります！　めちゃくちゃあります！」

修士論文の完成

この防衛強度の個体差は、僕の予想どおり、自分自身の卵捕食リスクだけでなく、隣接する個体のリスクにも影響した。非攻撃的な反応を見せた個体は、カラスにより頻繁に卵捕食されたが、攻撃的反応を見せたオスは、積極的な防衛によって観察時間中に一度も卵捕食されることはなかった。それだけでなく、非攻撃的な反応を見せた個体でも、隣に攻撃的な反応を見せたオスがいた時は、そのオスが周辺を防衛してくれるおかげでけっして卵捕食されることはなかったのである。

修士二年の時には、さらに多くのデータを取得して、この結果の再現性を確かめた。カラスによる捕食行動をより多く観察するために、調査区にあえてカラスを誘引した。ウミネココロニー内にカラス用の餌台を設置し、そこに鶏卵を置くことで、多くのカラスを呼び込んだのだ。おかげで十分なデータを得られたが、ウミネコにとっては甚だ迷惑だっただろう。ウミネコに謝りたい。

これまで均質とみなされてきた繁殖集団の構成個体のふるまいには、じつは大きな個体差が存在し、その個体差は自身だけでなく隣接する個体の繁殖成績にも影響する。僕が成し遂げたこの大発見は、修士論文にまとめられ、ドイツの動物行動学の専門誌に掲載された(Kazama and Watanuki, 2011)。今度こそ、ラッキーなポテンヒットではなく、ライトオーバーのタイムリーツーベースくらいは打てた気がした。

お察しのとおり、この頃僕はすでに研究の魅力にとりつかれていた。そして迷うことなく博士課程に進むことになる。博士課程ではウミネコの個性の意義や機能についてより深く探っていくことになるのだが、それについてはまたどこかの機会で紹介できたらと思う。

引用文献

Kazama, K. (2007) Factors affecting egg predation in Black-tailed Gulls. *Ecological research*, 22(4), 613-618.

Kazama, K., & Watanuki, Y. (2010) Individual differences in nest defense in the colonial breeding Black-tailed Gulls. *Behavioral Ecology and Sociobiology*, 64(8), 1239-1246.

Kazama, K., Niizuma, Y., & Watanuki, Y. (2012a) Consistent individual variations in aggressiveness and a behavioral syndrome across breeding contexts in different environments in the Black-tailed Gull. *Journal of ethology*, 30(2), 279-288.

Kazama, K., Niizuma, Y., & Watanuki, Y. (2012b) Intraspecific kleptoparasitism, attacks on chicks and chick adoption in black-tailed gulls (*Larus crassirostris*). *Waterbirds*, 35(4), 599-607.

Kim, S. Y., & Monaghan, P. (2005) Interacting effects of nest shelter and breeder quality on behaviour and breeding performance of herring gulls. *Animal Behaviour*, 69(2), 301-306.

コラム

研究をめぐる人づきあいいろいろ

風間 健太郎

その① 島一番の嫌われものウミネコ&ウミネコ研究者

僕の研究フィールドである北海道利尻島では、漁業が主要産業の一つである。ウニ、ホッケ、ナマコなど豊富な海産物のなかでももっとも有名なのは、利尻昆布だろう。利尻島周辺のみで漁獲されるこの昆布は、濁りの少ない美しい出汁がとれるとあって、京都を中心に高級料亭からも引っ張りだこだ。早朝三時、海から引き揚げられた利尻昆布は、一枚ずつ丁寧に天日干しされる。小石を敷いた専用のスペースに、水揚げされたばかりの利尻昆布が並ぶ姿は壮観だ(図)。そして、ここで登場するのがウミネコたち。日本一の生息数を誇る利尻島のウミネコは、昆布干し場の上空もお構いなし。我が物顔で飛び回り、時に大切な利尻昆布に糞を落としてしまうのだ。これには当然島の漁師さんたちもご立腹。ウミネコは島一番の嫌われ

図 天日干しのために整然と並べられた利尻昆布．夜明けとともに家族総出で作業に当たる．利尻島の夏の風物詩．

ものになっている。出荷を目前にした大切な利尻昆布をダメにされるのだから、無理もない。島では、そんなウミネコの研究を行っている僕もまた、漁師さんから恨みを買っている。漁師さんは、研究者のことをどうやら動物愛護団体の一員とみなしているらしい。ウミネコの研究をしていると知れただけで「ゴメ（北海道の言葉でカモメのこと）がこの世に存在していい理由を言ってみろ！」と突然胸ぐらをつかまれたことも度々。学生時代の当時は「何で僕が怒られなきゃいけないんだ」と悔しい思いをしたけれど、最近は開き直って「ウミネコがこの世に存在して良い理由」を探す研究を開始した。現在、少なくとも利尻島においてはウミネコがいた方が利尻昆布がよく獲れるという答えにたどり着きつつある。営巣地周辺の海域では、ウミネコの糞が栄養分となって昆布が良く育つのだ。利尻島に通い始めて早十五年、僕も歳をとりふてぶてしさが増したせいか、最近では漁師さんに凄まれることもなくなった。学生の時は怖くてたまらなかった漁師さん。今では、新しい研究を展開する機会をくれたことに感謝している。この研究が発展し、ウミネコと漁師さんに良好な関係が築かれることを望んでいる。

その② 指導教官とのコミュニケーション

僕は口下手で、ふだんはどちらかというと無口であり、かつ人見知りでもある。ある程度社会に揉まれた現在では少しは改善されたが、経験の乏しかった学生時代は人付き合いにとても苦労した。なかでも、僕が学生時代におそらく一番苦手としていたのは、当時の指導教官の准教授だった。准教授は界隈では厳しい教官として有名で、本編でも述べたように、ゼミでも卒論指導でも鋭い言葉を学生に投げかけていた。人から上手に指導を乞うことも苦手だった僕は、はじめのうち、どうしても准教授と上手にコミュニケーションがとれなかった。着任早々に不十分な卒論計画を披露され、計画が頓挫したままフィールドに旅立っていった僕を(本編参照)、准教授はともすればやる気のない学生ととらえていたかもしれない。フィールド滞在中も、研究進捗状況を逐一知らせることもなく、最低限の安否報告しかよこさない僕のことを、熱意のない学生と思っていたかもしれない。はじめてのフィールド調査を経て、僕は、しばらく会うことのなかった准教授とますます疎遠になってしまった気がしていた。

けれど、フィールドから帰った僕は准教授とのコミュニケーションにおける共通言語を手に入れていた(と僕は思っている)。その共通言語とは「データ」だ。フィールドでは、方向性はともあれ自分のできるかぎりの力を注いでデータを取得した。プロの研究者であれば、データを見ればそれを取得するのにどれだけの労力がかかったか、すぐに見抜けたことだろう。准教授はご自身の学生時代にオオセグロカモメを対象として、膨大な時間の、もはや神がかかったレベルというべき詳細な観察を行っている。だから准教授にとって、僕のデータ取得にかかる労力の推定はなおさら容易だったはずだ。

フィールドから戻った僕は、以前よりもずっと円滑に准教授とコミュニケーションをとれるようになった。僕の研究姿勢やデータが認められた結果だとは、今でも思っていない。けれど、あまり喋らない僕と准教授(現在は教授)との付き合いは、それからもう十数年も続いている。今でも、僕は准教授と多くを語ることはあまりない。共通言語である「データ」、そしてそれを形にした「論文」を介したやり取りは、とても頻繁であるが。

指導教官との関係に悩む学生は多いかもしれない。多くを語らずとも、思いを共有する方法はある。学会などで口下手な学生を見ると当時の僕を思い出す。その時僕は「熱意はデータで伝わるよ」と心の中でエールを送っている。

ちなみに、本編の記述から、准教授の研究指導はともすれば冷徹に映ったかもしれない。たしかに、当時准教授は放任主義的であり、研究を遂行するにあたり学生には早くから自主性・自立性が求められた。一方、その分学生は、研究アイデアを自由に創出することができ、研究開始当初から独自の課題に主体的に取り組むことができた。僕も学生時代に独自の研究を謳歌した一人だ。その時に培われた、独自性・新規性を追求する研究スタイルは、今もしっかりと身に沁みついている。研究の自由を十二分に保障しつつ、常に一流の視点から鋭い指摘をくれた(時にシニカルではあったが)この准教授は、僕にとっては大変ありがたい存在であったことを、ここに申し添えておく。

渡り鳥を追いかけて

マガンの中継地利用調査

森口紗千子

図1　宮島沼のマガンのねぐら立ち.

日の出前、マガン *Anser albifrons* のねぐら立ちを見に宮島沼へと向かう。渡りの最盛期ともなると、多くの観光客とともに、まだ薄暗い沼の端で息をひそめて待ち続ける。沼の中のマガンは、飛ぶタイミングの相談でもしているのか、「キャハンキャハン」とにぎやかに鳴き交わしている。一瞬静まり返ると、沼の奥の方から「ドドドドドドッ」と水面を蹴り、羽ばたく音が地鳴りのように迫ってくる。鳴き交わす声は一段と甲高くなり、空一面を鳥影が覆いつくすと、朝日で輝き始めた農地へと食物を求めて出かけていく。渡り鳥マガンの中継地・宮島沼の一日の始まりである（図1）。この地で五年間、マガンを追いかけた日々を中心に、渡り鳥の研究生活を紹介したい。

きっかけ

週末になると、よくアウトドアに出かける家庭だった。近所の友人一家とキャンプをしたり、長い休みには、北アルプスや八ヶ岳の登山に連れていかれた。旅先で出会ったウサギやライチョウなどの野生動物は、動物を飼える環境になかった私にとって、とても魅力的だった。

中学生の頃には家の庭に餌台を置き、訪れる鳥を図鑑とにらめっこしながら覚えた。一方、当時住んでいた神奈川県横浜市の港北ニュータウンは開発が進み、林や空き地には建物が続々と建ち始め、鳥にも影響が及んでいるのではないかと気になるようになった。身近な鳥を覚えた頃、家族旅行で訪れたアメリカのイエローストーン国立公園で、ヘラジカやバイソン、マーモットなどの野生動物が生きいきと暮らすようすを目の当たりにし、自然を守り、人との共存を図る仕事に就きたいと強く思うようになった。

野生動物、なかでもずっと興味のあった野鳥の研究ができて、自然に囲まれた場所にある大学として、帯広畜産大学に入学した。

鳥の先生がいない

入学して間もない頃、野鳥の研究をしている藤巻裕蔵先生があと二年で退職されるという話を聞いた。帯広畜産大学で研究室に配属されるのは三年生の前期からなので、晴れて目的の研究室に入ったところで入れちがいになる。その頃、私は北海道の自然を楽しむことを目的とした「自然探査会」というサークルで活動していた。野鳥観察を得意とする先輩やＯＢの方たちにも恵まれ、姿だけでなく、さえずりなどの声だけで鳥を識別する方法を習得していった。これまでは誰かに教えてもらうことがなく、見た鳥を図鑑で確認するくらいだったが、大学のキャンパス内でキビタキやアカゲラがふつうに繁殖するという絶好の場所で、初めて出会う鳥を次々に覚えていった。三年間のサークル活動のなかで、北海道内のおもな地域はほとんど訪れて自然を楽しんだ。とくに十勝地方の鳥類は、ふつうに見られる鳥類であれば大体わかるようになった。

三年生からは野生動物管理学研究室に入り、先輩たちの調査の手伝いをしながら自分の卒業研究のテーマを探した。いろいろとテーマを考えたり、試しに対象種を追いかけて観察してみたりしていたが、一人でもできそうなテーマをみつけ、アリの専門家である小野山敬一先生になんとか指導教員になっていただいた。

卒業研究では、農地の鳥類相をテーマとした。大学のある十勝地方は畑作や酪農の盛んな地域で、平野部には広大な農地が広がっている。農地は人為的な環境ではあるが、おもに草原に生息する鳥類の代替生息地として機能していると考えられ、さらに農地周辺の防風林は森林性の鳥類も利用するだろう。えん麦とバレイショ（ジャガイモ）の畑とその周囲の防風林に約二キロメートルの調査ルートをゆっくり歩き、観察した鳥類の種と数、行動を記録した。早朝、朝、夕方（日の出時間によって異なるが、だいたい四時頃・七時頃・十七時頃）の三回の調査を三日間続け、それを十日間に一期の頻度で、おもな鳥類の繁殖期にあたる五〜八月にかけて合計九期行なった。

鳥類調査の朝は早い。自宅から調査地までは車で十五分の距離だったが、日の出直後に調査を開始するには四時には現地についていなければならない。朝露の残る畑の中をジグザグに設定したルートを歩いて鳥を探す。渡り途中のコマドリがひっそりと防風林に止まっていたり、畑の中に卵が産み付けられたヒバリの巣を見つけて喜んだりと、同じ場所を歩くだけでもさまざまな鳥の姿を目の当たりにし、毎日増えていくデータを見ながら充実感を感じていた。

畑地の中で繁殖したのはヒバリだけであったが、防風林と合わせて二十七種の鳥類が観察された（森口、二〇一三）。とくにヒバリは複数のつがいが調査地内の畑地になわばりを維持していたが、繁殖は遅れ、他の地域から巣立ちビナを連れた家族群がやってきても、畑地内のつがいは繁殖しなかった。けっきょく畑地内の巣立ちビナが出てきたのは七月以降であった。つまり、調査したような畑地になわばりを構えたヒバリは、繁殖のチャンスを減らしていた。近年ヨーロッパを中心としてヒバリをはじめとする農地に生息する鳥類が減少していることが指摘されているので（Fuller et al., 1995; Murphy, 2003）、その減少の一因を示せる結果となった。

マガン研究への誘い

鳥類を専門とする先生のもとで研究を続けたい。当時、非常勤講師として大学へいらしていた藤巻先生に鳥の研究をされている先生のいる大学を聞き、東京大学の樋口広芳先生の研究室へ進学することになった。入学試験前に訪問したとき、渡りに関する研究がしたいという話をしていたので、マガンの研究をしないかと提案された。樋口先生の研究室では、これまでマガンを対象として二人の先輩たちが研究を行なっていた。調査地は北海道の宮島沼。慣れ親しんだ北海道で調査できるとは、願ってもない提案だった。

マガンは北半球に広く分布する渡り鳥で、夏は北極地方で繁殖し、欧米やアジアの温帯域まで南下して越冬する（口絵8）。日本には秋になると越冬のために飛来し、春には北上してシベリアに渡る。つまり、日本国内にあるマガンの生息地は、越冬地と、渡りの途中に立ち寄る中継地のみである。以前は日本全国で越冬していたが、生息地の開発や狩猟により一九七〇年代には三千～五千羽まで減少したため、天然記念物や絶滅危惧種に指定され、保全が進められてきた結果、越冬数は回復したものの、越冬地や中継地の数は依然として減少したままである（池内、一九九六）。

北海道の宮島沼は石狩平野に位置し、周辺には水田を主とした農地が広がっている。私が研究を始めた当時（二〇〇四年）で、最大約六万五千羽のマガンが飛来する重要な渡り中継地であり、飛来数はその後も増え続けている（牛山ほか、二〇一四）。二〇〇二年にはラムサール条約の登録湿地にも指定されており、国際的にも渡り鳥にとって重要な地域として認定されている。

マガンは宮島沼を夜間のねぐらや昼の休息地として利用し、日中は周辺の農地で採食する。宮島沼の周辺では稲刈り後の水田に残った落ち籾《もみ》や畔の雑草をおもに食べているが、小麦の芽を食害する農業被害が問題となっている。

宮島沼におけるマガンの研究は、小麦食害問題の解決に向けた研究を牛山克巳さん（現、宮島沼水鳥・湿地センター）が始め、天野達也さん（現、ケンブリッジ大学）が引き継いでいた。私が修士課程一年で研究室に入ったとき、牛山さんは宮島沼の位置する美唄市の職員として宮島沼の保全管理に関わっており、天野さんは博士課程二年で研究室に在籍されていたので、調査は三人で行なうことを樋口先生から知らされた。

宮島沼へ

春、宮島沼周辺には三月中旬から徐々にマガンがやってくる。その頃まだ沼は結氷していて、キツネやオジロワシなどの天敵がやってくるため、ねぐらにできない。一つ手前の中継地と考えられる約七十キロメートル離れた苫小牧市のウトナイ湖方面から数羽の群れが偵察隊としてやってきて、沼や周辺の雪解け状況を確認して戻っていくことを毎日繰り返す。

三月下旬に帯広畜産大学の卒業式を終えて間もなく、そのまま西へ車を走らせて宮島沼へ移動した。調査地では、美唄市のご厚意で職員住宅を貸していただいており、私が加わるために同じ建物のもう一部屋に、帯広の自宅で使っていた家財道具を運び込んだ。十年近く誰も住んでいなかったため、関係者の方々がきれいに掃除してくださっていてありがたかった。

引っ越しの翌日から、調査方法の確認や付近の地理を覚えるために天野さんについて回った。まだ積雪の多いこの時期、マガンはより積雪の少ない地域に分散している。群れを見つけては、望遠鏡にデジタルカメラを取り付けた、いわゆるデジスコでマガンのお腹の写真を撮り続けた。

というのも、私に与えられた研究内容は、宮島沼周辺に滞在している間のマガンの栄養蓄積の変化から中継地の利用のしかたを季節で比較することだ。中継地は渡りの途中で栄養を補給したり休息する場所といわれている。宮島沼には、春は一か月半、秋は一か月程度の間、数千から数万羽以上のマガンがねぐらをとる。マガンに送信機を取り付けて衛星追跡した研究では、春はその後カムチャツカ半島まで約二千キロメートルをノンストップで渡っていることが明らかにされており（Takekawa et al., 2000）、秋はおもな越冬地である宮城県の伊豆沼まで約五百キロメートルの距離であるため、渡りに必要なエネルギー量は滞在直後の渡り距離からみても異なる可能性がある。さらに、春は渡りの後に繁殖がひかえているため、とくにガン類は卵を産んだりなわばりを防衛するなど繁殖に関わるエネルギーも、中継地で蓄積した栄養を一部使っている（Ankney & MacInnes, 1978 ; Drent & Daan, 1980 ; Reed et al., 1995 ; Gauthier et al., 2003）。中継地でいかに早くたくさんのエネルギーを蓄積するかが、渡りの成功、ひいては繁殖成功にも関わってくる。そのなかで落ち籾、小麦の芽や雑草と食物を切り替えるため、小麦食害を予測するうえでも栄養の蓄積量の変化を知ることは重要になる。

渡りのエネルギーとなる栄養とは、多くが脂肪である。ふつう、スズメやムクドリなどの小型の鳥類では、捕まえてお腹の皮下脂肪のつき方を見れば脂肪蓄積を判定することができる。しかし、マガンのような大型の鳥類の場合、捕まえるには大がかりな器具と人数が必要となるし、小鳥類ですら同じ個体の脂肪蓄積を追い続けることはきわめて難しい。また、何度も捕まえることによる鳥への負担も無視できない。

そこで海外のガン類の研究で利用されてきたのが、下腹部のふくらみ具合で脂肪蓄積量を判定する「Abdominal profile index（API）」という指標だ（Owen, 1981）。お腹のふくらみ具合を複数の段階に分け、四〜八段階程度で判定する。マガンをはじめ、ハクガン、ハイイロガン、コザクラバシガン、カオジロガンなどさまざまなガン類の種でＡＰＩが作られ、研究に利用されている（Boyd et al., 1998 ; Prop et al., 2003 ; Féret et al., 2005 ; Madsen & Klaassen, 2006）。日本のガン類でＡＰＩを利用するのは初めてだったので、まずは指標作りから始めることになった。

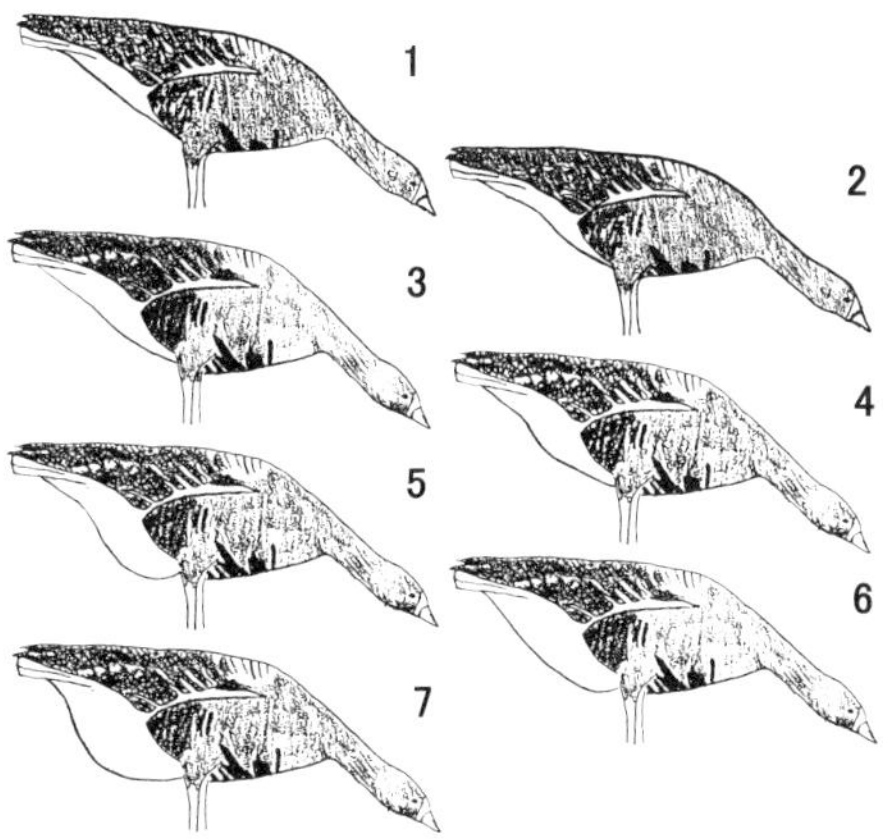

図2　マガンで作成したAPI指標図(Moriguchi et al., 2006). 数字が大きくなるほど栄養状態がよい.

脂肪蓄積の指標作り

早朝、ねぐらからどの方向に多く飛んで行くか確認したら、農地で採食している群れを探し始める。群れを見つけると、採食中のマガンが真横を向いたときにひたすらデジスコで写真を撮る。ねぐら立ち直後はお腹がすいているのか、一心不乱に首を地面に突っ込んで食べているマガンが多いので目的の写真が撮りやすい。最終的に、初めの春の調査で撮りためたデジタル写真は、五千枚を超えた。その中からお腹のふくらみ具合をみて七段階に分けた（図2）。一から七に向かうほどお腹がふくらみ脂肪を蓄積していると考えられる。しかし本当に栄養状態を反映している指標なのかはわからない。そこで、マガンを捕獲して体重と体のサイズを測り、体サイズで補正した体重が増えるほどAPIも高くなっているかを調べれば、APIが栄養状態の指標として機能するか検証できる。ちょうど、北海道環境科学研究センターの長 雄一さん（現、北海道立総合研究機構）と山階鳥類研究所の方々が宮島沼でマガンを捕獲する計画があり、協力することになっていたので、その時に計測した体重や体サイズの計測値をお借りし、放鳥後にAPIを写真判定することになった。

捕獲

警戒心が強く、人の近くに寄らないマガンの捕獲には、ロケットネットという大がかりな捕獲道具が使われた。まずは水田にくず米をまいてマガンの群れをおびき寄せる。餌付いたところで、捕獲網の端に火薬を込めた金属製のロケットを取り付け、群れの上にかぶさるように飛ばし、文字通り一網打尽にするのである。爆音が聞こえたら、少し離れて待機していた私たちは捕獲地点まで全力疾走する。網の中でもがいているマガンが逃げないように網の端を押さえにかかるのである（図3）。狩猟本能が掻き立てられる瞬間である。

捕まえたマガンは一羽ずつ網から外し、拘束着と呼ばれるガン類やハクチョウ類専用の布で包む（図4）。マガンを拘束着の上に座らせ、マジックテープのついた幅広の帯三本で固定する。首から上には事務職の方が使う腕ぬきをかぶせ、目隠しをすることでおとなしくなる。たくさん捕まりすぎて拘束着が足

図3　ロケットネットで捕獲されたマガン(写真提供：村上速雄氏).

図4　拘束着に包まれたマガン．周囲のマガンは玉ねぎネットに入れられている(写真提供：村上速雄氏).

図5　形態計測の風景．天野達也さん（左）が計測し，筆者（右）はマガンが動かないよう保定している（写真提供：村上速雄氏）．

図6　マガンの性判定．作業者は牛山克巳さん．

りないときは、玉ねぎなど農作物を保存するためのネットに入れ、中で動けないように袋の口を縛る。この状態で車に積み込み、作業場まで運ぶ。

　作業場では、個体識別できるように、まず初めに番号が刻印された金属足環を付ける。環境省の文字が刻印されており、どの国で発見されても日本の環境省に報告される。しかし、足環標識は小さいため、観察では番号を読むことができない。そのため、観察でも識別できるように、一部のガン類やハクチョウ類ではプラスチック製の首環を装着する。ガン類のくちばしは強力で、ふつうの瞬間接着剤でははがれてしまうおそれがあるため、アセトンで首環を溶かして水あめ状になったものを接着剤代わりに塗り、固まるまでクリップで固定する。

　バネ秤で体重を測り、頭、くちばし、翼、尾羽、脚の長さを計測する（図5）。マガンの成鳥はくちばしの付け根が白く、お腹に斑があるので、一歳以下の幼鳥とは簡単に区別できるが、オスとメスは同色で外見ではわからない。そこで、ふだんは体内にしまわれている生殖器を手でめくって判別する。ハクチョウ類、ガン類、カモ類などの属するガンカモ類は水中で交尾するためにオスの生殖器が特徴的で、小鳥類よりも判別がしやすい。マガンを後ろ向きに座らせ、馬乗りになってお尻を上げさせる（図6）。それまでは目隠しをはずせばシューシューと威嚇していたのに、性判定を始めると一転して悲しげな声に変わる。その後、採血や羽毛を採取し、すべての個体の作業が終わったところで、宮島沼で一斉に放鳥する。地面にそっと置くと、最初は茫然としていたが少しずつ沼へと帰っていった。

指標の検証

翌日から、新たに装着した標識個体をひたすら探す。海外の研究によると、ＡＰＩの値は数日間ならあまり変化しないらしいので（Owen, 1981）、放鳥後三日間以内に標識したばかりのマガンを探し出し、ＡＰＩを判定する。ちょうど宮島沼では、ピーク時の六万羽近いマガンが集結しており、その中から五十羽に満たない数の標識個体を見つけ出し、そのお腹の写真を撮る。首環と足環を装着したばかりのマガンたちは、気になって仕方がないのか暇があれば思い出したように噛みついているが、一週間もたてば慣れてしまう。粘り強く採食を始めるのを待ちＡＰＩを判定できる写真を撮影する。

その結果をもとに、ＡＰＩが栄養状態の指標となるか検証する。初めに体重を翼の長さと足の長さを組み合わせた体サイズで補正する。たとえば体サイズの代表格は人でいえば身長であるが、身長の高い人は、同じ体重でも身長の低い人よりも痩せてみえる。その身長差を補正するのである。そして、体サイズで補正した体重と標準的な体重との差が大きくなるほど、つまり栄養状態が良いほどＡＰＩの値も高くなった

(Moriguchi et al., 2006)。これで日本のマガンでもＡＰＩを指標として栄養状態を調べることができる。

季節による渡りのちがい

さて、ＡＰＩが栄養状態を表す指標であるということはわかったが、果たして渡りの季節によって脂肪蓄積や中継地の利用パターンにちがいはあるのだろうか。その問いに答えるために、今度は宮島沼に滞在している群れの全体と、首環標識の付いている個体の両方を対象とする。群れ全体の中継地利用パターンとして、宮島沼をねぐらにする群れの数の変化と、採食している群れの脂肪蓄積量の変化を季節ごとに調べてみた(Moriguchi et al., 2010)。

ねぐらをとるマガンの数は、彼らがねぐらに帰ってくる夕方に、毎日もしくは一日おきのねぐら入り数をカウントする。ねぐら入りは、日没前後の一～二時間に集中するため、その時間帯に宮島沼近くの見晴らしのよい場所で待ちかまえる。ねぐら入り調査は二～三人で行う。牛山さん、天野さんとカウント場所で合流して、それぞれがカウントする範囲をあらかじめ決めておく。そして四方八方から時速六十キロメートルで飛んでくるマガンの群れを片っ端から数えるのである(口絵9)。

調査で使う道具は、双眼鏡とカウンターだけである。遮るもののない場所で二時間近くすごすため、防寒用のジャケットや手袋、マフラー、帽子は必須だ。適当な防寒着がなければ、スキーウエアでも代用できる。カウンターのボタンを素早く押すには、少し寒いが手袋は指先の部分がないものが使いやすい。カウンターは常時二個を首から下げる。これはねぐらに入る数と出ていく数を分けて数えるためだ。ほとんどの群れは入る一方だが、必ずといっていいほど毎回ねぐら入りの時間帯に出ていく群れがある。北や南に向かっていく、渡りと思われる群れもあれば、お腹が満たされなかったのか夜食を求めていく群れもあるし、迷子なのか一羽で鳴きながら飛び出していくマガンもいる。上空に現れたオジロワシに驚いて一斉に飛び出し、一からやり直す羽目になることもある。

ねぐら入りの数え方としては、一羽ずつ数えていてはねぐら入りまでに数え終わらないので、十羽で一回カウンターを押す。担当範囲の境界上など、誰がカウントするか判断の難しい群れがいれば確認し合いながらカウンターを押し続ける。日が落ちた頃、マガンの群れが地平線上に横一線に現れ始める。沼の上空に来ると隊列は乱れ、翼を広げたまま斜めになったり、上下がひっくり返ったりする「落雁」と呼ばれる行動をとることにより、急激に高度を落とす（図7）。並んで飛んでくる間は数えやすいが、時折数千羽の群れがいきなり現れる。それも沼際の水田から飛び立ち、隊列を組む前に沼に入り始めると、半ばパニックである。とにかく十羽のまとまりを頭の中でくくり、考えるより前にカウンターを押すのみである。日が暮れて暗くなる頃、マガンのねぐら入りは終了する。その後、ハクチョウ類が遅めのねぐら入りを始め、夜行性のカモ類は交代で農地へと採食に出ていく。

図7　お腹を見せているマガンが落雁の体勢をとり，高度を下げようとしている．

群れ全体の脂肪量は、採食している群れを見つけ、一群れあたり五羽程度のお腹のデジスコ写真を撮影したり、慣れてからは望遠鏡を使った観察でＡＰＩを判定して調べた。一日に十群各五個体、合計五十個体の判定を目標とした。首を下げた採食姿勢のマガンの真横からの写真を撮るのはけっこう骨が折れる作業で、一瞬を逃すと使い物にならない。また、お腹のふくらみ具合は、呼吸するだけで変化するため、一枚の写真で判定するよりはしばらく観察して判定する方が総合的に判断できる（図８）。ただし、写真を撮れば証拠が残るので、何度でも見返して確認できるという利点もあるのだが。

図8　望遠鏡でマガンを探す筆者(写真提供：山北好美氏).

　中継地利用パターンのちがいは、首環標識した個体の滞在期間と脂肪量の変化を追うことになった。農地にいる群れを見つけると、首環が付いている個体がいないか確認する。首環の付いたマガンを見つけると、その個体の標識番号を記録し、ＡＰＩを判定できる採食ポーズをとるまでひたすら待ち続ける。さらにつがいがいるか、幼鳥を連れているかどうかをチェックする。

　ガン類は中継地や越冬地においては群れで生活しているが、その基本単位は家族である（図９）。群れの中の一羽をよく観察してみると、同じ方向に曲がったり、つかず離れずの距離にいる別のマガンが見えてくる。成鳥同士の二羽であれば、おそらくつがいである。ガン類は一度パートナーが決まると、どちらかが死ぬまで添い遂げるといわれており、その絆は強い。額の白い部分がなかったり、お腹の黒い斑がないのは、その年生まれの幼鳥である。繁殖地のシベリアで生まれてから、翌年の春の渡りまでは親と一緒にいることが多い。

なかには単独でいるマガンもいる。首環標識を見ていると、十歳以上の年老いたマガンは、一羽でいることが多いように思う。また、つがいと死別した成鳥、まだつがいになっていない一～二歳の亜成鳥や、

図9　マガンの家族．右から首環標識個体がオス，幼鳥，メス，幼鳥の順に並ぶ．幼鳥は額の白斑とお腹の黒斑がない．

迷子の幼鳥もいる。ある日の水田で、首環を付けて放鳥したばかりの幼鳥が一羽でいることがあった。観察を続けていたら、鳴きながら飛んできた群れに向かってその幼鳥が飛び立った。一緒に再度降り立つと、そこには同時に捕獲され、同じ色の首環を付けた親兄弟の姿があった。どうやら迷子の幼鳥は家族との再会を果たせたようである。

オスはつがいのメスや幼鳥がより多くの時間を採食に使えるよう、オジロワシやキツネなどの敵が来ないか見張ったり、質の良い採食場所を家族で独占するために、他の個体を威嚇したりといった仕事に精を出す（Teunissen et al., 1985 ; Black & Owen, 1989 ; Carbone, 2003）。仕事もせずに昼寝をしていたオスは、寝ている間に妻子に置いていかれて情けない声で鳴きながら追いかけていくはめになることもある。

さて、肝心の滞在パターンの季節によるちがいである。まずは状況から予測をたててみる。渡りの距離を考えると、春の方が長距離を渡らなければならない。春は宮島沼を出発すると、一直線にカムチャツカ半島まで約二千キロメートルもの距離を渡り、宮島沼から約三千キロメートル離れたシベリアのチュコト半島の繁殖地までの旅が待っているのである（Takekawa et al., 2000）。一方、秋は宮島沼を出発すると、おもな越冬地である約五百キロメートル離れた宮城県の伊豆沼へ移動するのみである。

次に、渡りの後のイベントを考えてみる。春は、繁殖地に着いた後、なわばりを構え、巣を作り、卵を産み、子育てをするという大仕事が待っている。渡り鳥はなるべく早く繁殖地に着き、良い場所になわばりを構えたい。しかし、次の中継地や繁殖地は深い雪に覆われているため、早く渡ってしまうと食べ物を得られない可能性があるという時間的制約がみられる（Hogstad et al., 2003）。また、短い北極地方の夏の間に確実にヒナを育てあげるため、ガン類のメスは中継地で蓄えた栄養の一部を卵の形成にも利用する（Gauthier et al., 2003）。たくさんの脂肪を蓄積したメスはより多くの卵を産み、ヒナを育てることができるのである（Drent et al., 2003）。対して秋は食べ物が豊富で、繁殖や積雪のような時間的制約もないため、いつでも渡ることができ、さらに越冬する以外にエネルギーの必要な一大イベントもない。これらのことから、次の予測を立てた。①春は時間的制約があるので、宮島沼を出発する日は集中するだろう。②時間的制約のない秋は、休息や渡りのエネルギーを蓄積するために、一定期間のみ滞在するだろう。③長距離を渡り、かつ繁殖前の春は、短距離の渡り前の秋よりも多くの脂肪を蓄積するだろう。④繁殖前の春、繁殖のエネルギーを多く必要とするメスは、オスよりも脂肪を多く蓄積するが、秋は繁殖がないので、性

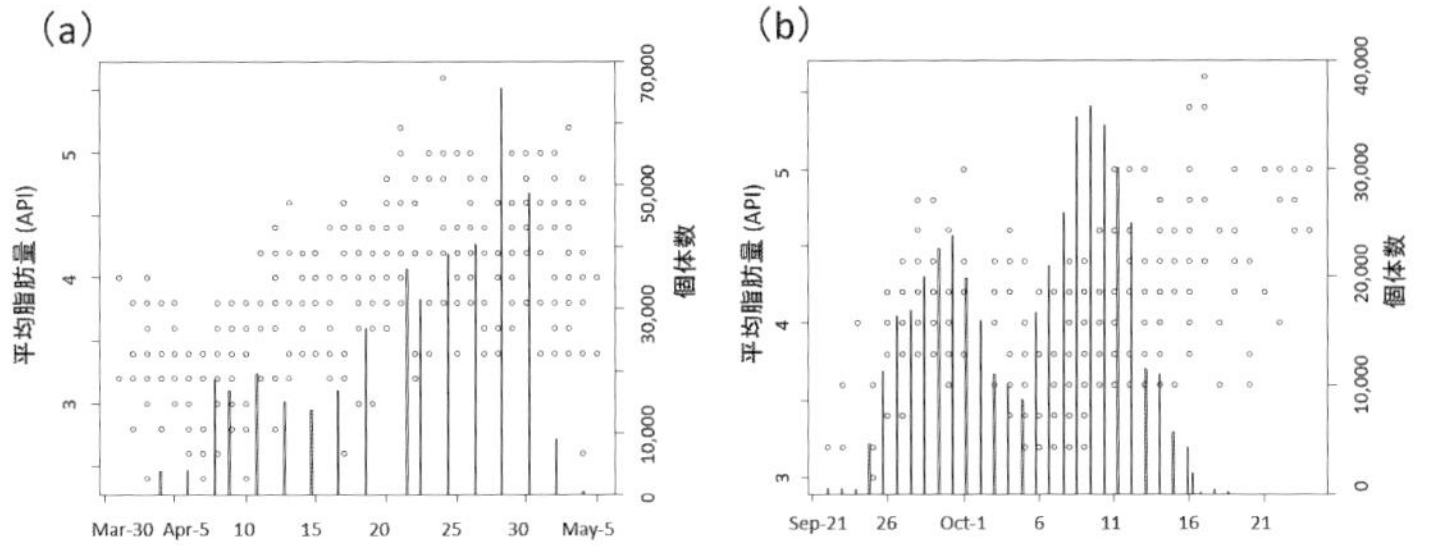

図10　宮島沼にねぐら入りしたマガンの個体数と周辺で採食するマガンの平均脂肪量の春(a) と秋(b) の日変化．横軸は日付，縦軸右(棒グラフ) はねぐら入り個体数．左横軸(○) は一群(５個体) の平均脂肪量(牛山ほか，2014； Moriguchi, 2010を統合し改変)．

別による脂肪蓄積の差はなくなるだろう。

　春と秋を一季ずつ、個体ごとの条件をそろえるために、つがいがいるが幼鳥のいない標識個体のみを対象として、中継地到着から出発までの脂肪量を観察しつづけた。その結果、①の予測どおり、春の出発日は秋よりもまとまり、七～十日間に集中していた。②の予測については、各標識個体の到着日と出発日には正の関係があった。つまり、早く着いた個体は早く出発したため、予測どおりであった。その滞在期間は平均三日間と短かった。

　一方、③と④では予測とは異なる結果となった。③では、出発時の脂肪量は春と秋でちがいはなく、中継地に滞在する間に増加した脂肪量にも季節差はみられなかった。④ではメスは春に脂肪量が増加し、秋に増加しなかった点は予測どおりであったが、出発時の脂肪量には性別によるちがいはなく、秋は脂肪量と脂肪増加量ともにオスとメスで差がなかった点で予測にあわなかった。

　全体的な傾向として、宮島沼のねぐら入り数と、周辺の農地で毎日判定したマガンの脂肪蓄積状況を季節ごとに比べてみた（図10）。春は徐々に個体数が増え、四月末から五月上旬の十日間程度の間に急激に個体数が減少した。脂肪蓄積量は、個体数増加に合わせて増加傾向にあったが、四月下旬には頭打ちになった。一方、同年の秋のねぐら入り個体数は二山型となり、脂肪量の変化にも傾向がみられなかった。

③と④で予測どおりとならなかった共通の理由として、脂肪量の指標として使用したＡＰＩの特徴が挙げられる。ＡＰＩは七段階しかない粗い指標であるため、マガンの体重に換算すると約百グラム増えたときにＡＰＩの指数が一段階上がる。そのため、たとえわずかに脂肪量が増加していたとしても、判断することができなかったのかもしれない。ＡＰＩはすべて筆者が一人で判定しているため、調査者のちがいによる評価のばらつきは出にくいが、判定が難しいことがしばしばあり、あいまいな判定になっていたことが影響した可能性も否定できない。

③の予測に反した理由として、マガンは渡る距離に応じて必要とされる脂肪量だけ蓄積するのではなく、渡りで使う分よりも多くのエネルギーを蓄えたまま渡ることができたことが挙げられる。秋の渡り前後は繁殖地のシベリアでは食物となる草が茂り、日本国内では収穫直後の田畑の落ち籾などの食物が豊富である。日本国内ではこれら農地の食物は、秋から冬にかけて他の鳥類や哺乳類などさまざまな動物にとっても貴重な食物となり、食べつくされ、さらに残りのものも分解が進んでしまうため、採食地の食物量は春よりも秋の方が圧倒的に多い（Amano et al., 2007）。そのため、秋は多くの個体が必要以上に脂肪を蓄えた状態で宮島沼に到着したのであろう。

春の滞在期間中に、オスはほとんど脂肪量を増やしていなかった。その内訳をみると、脂肪量が到着時に少なかった個体は脂肪を増加させ、到着時に多かった個体は減少させるという二極化がおきた結果であった。前述したとおり、オスはつがいメスがより採食に集中できるよう、自分の採食時間を削って見張りや威嚇に時間を費やしている（Teunissen et al., 1985 ; Black & Owen, 1989 ; Carbone, 2003）。そのため、春の中継地における乏しい食物事情を、メスよりもオスの方が受けやすいのかもしれない。もしくは、渡り全体の中で、どの中継地でどのくらい脂肪を蓄積するかが個体ごとに異なったり、そのときの脂肪蓄積状況によって採食戦略を変えているとすれば、そのちがいを反映しているとも考えられる。

春の調査のクライマックスは、四月末から五月上旬に訪れる。ねぐら入りの時間帯になっても、天敵のオジロワシがいるわけでもないのになかなか沼に入らなかったり、入ってもすぐに飛び出すなど落ち着かないことがあると、そろそろ渡りの時期である。場合によってはこのような兆候なしに渡ってしまうこともあるので、不確かなものではあるのだが。そんな日の翌日は、夜明け前のねぐら立ちの時間帯に、宮島沼よりも北の石狩川の堤防に向かう。宮島沼を出発したマガンの群れは、ねぐら入りの時よりもはるかに長いV字の隊列を組み、石狩川を溯るように北上してくる（口絵10）。いつもより高高度で鳴き交わしながら次々と通り過ぎてゆく群れを見送る時期になると、一週間ほどで調査も終了である。

博士号取得、それから

宮島沼での標識個体の追跡調査は博士課程に進学しても続けたが、テーマとしては日本で越冬する個体群全体を対象としたものとなった。そのため、国内外のマガンの遺伝解析のために羽毛サンプルを拾いに行くことはあっても、環境省が公開している全国データを解析するなど、室内での実験や解析作業が年々多くなった。

大学院でのマガン研究を終えた後、研究機関の研究員として五年間勤務し、外来昆虫類や野生動物および家畜の感染症のリスク評価など、鳥類以外を対象に研究を続けた。それまでは鳥類にこだわってきたが、生物を研究するうえでは、食物連鎖や生物以外の環境とも密接なつながりがある。今後の長い研究生活を考えると、新たな分野にチャレンジすることで、鳥類をとりまく生態系全体も研究対象としていくことができるようになるのではないか、これからも続いていく研究の幅を広げられるのではないかと考えたからだ。

最初は、カエルツボカビという真菌類による両生類感染症であるカエルツボカビ症の発生した地点の環境から、発生する可能性がある地域を視覚化するリスクマップを作ることが課題となった。南米やオーストラリアなど、世界各地でカエルツボカビの感染が拡大し、希少なカエル類の絶滅要因にもなっている（Daszak et al., 1999）。この菌は日本を含むアジアに起源があるとする説が提唱され（Goka et al., 2009 ; Goka, 2010 ; 五箇、二〇一〇）、運び屋になっていたと考えられている外来種のウシガエルや、長い間共生関係が続いてきた自然宿主で感染しても発症しないシリケンイモリなどを捕獲し、体の表面を綿棒で拭うという方法でサンプルを採集した。両生類の専門家の方々に捕獲に適した場所や方法、宿主である両生類のいる環境などを教えていただきながら、近隣諸国を含むアジアのカエルツボカビ感染リスクマップを作成した（Moriguchi et al., 2015）。同様に、日本に侵入した外来昆虫類、アルゼンチンアリの侵入地域における防除試験に同行したり、セイヨウオオマルハナバチの分布調査や飼育実験も経験し、外来種が侵入するリスクの高さを地図化する研究を中心に行なってきた。

鳥類以外の研究をするなかで転機となったのは、野鳥が運ぶ鳥インフルエンザのリスク評価研究に関わったことだ。マガンを含むガンカモ類は鳥インフルエンザの自然宿主とされており、近年世界中の野鳥や家禽、そして稀にヒトへと感染が拡大している高病原性鳥インフルエンザの運び屋として注目されている（Webster et al., 1992 ; Causey & Edwards, 2008）。野鳥の鳥インフルエンザ発生地点と、おもな宿主となるカモ類の分布や生息環境から推定した鳥インフルエンザリスクマップ（Moriguchi et al., 2013）は、当時の所属先である独立行政法人国立環境研究所よりプレスリリースされ（国立環境研究所、二〇一二）、地方自治体などで防疫対策に利用されている。その後、独立行政法人農研機構動物衛生研究所に転勤してからは、家畜の感染症のモデルを作るデスクワークになっていた。ところが勤務している間に家禽で高病原性鳥インフルエンザが発生したため、農林水産省の疫学調査に参加して、家禽舎周辺の鳥類調査を担当した（金井・森口、二〇一五）。鳥インフルエンザという、ヒトや家禽、そして野鳥にとっても重要な感染症対策に関われる機会を得られたのは、専門分野を離れ、異分野に飛び込んだ成果だと思っている。

93——渡り鳥を追いかけて

一方で、細々とではあるが、鳥類研究はライフワークとして休日を利用して続けてはいた。博士研究で始めたマガンの遺伝構造に関する研究を、同じ亜種とされる東アジアや北米まで拡大するため、中国の越冬地を訪問したのは仕事を始めた後のことである。

再び鳥類研究へ

そして現在(この原稿執筆時)は、新潟大学の関島恒夫教授の研究室で風力発電の建設が鳥類等の野生動物に及ぼす影響の解明や影響緩和策についての研究を進めている。最初の二年間のおもな対象はハクチョウ類であったが、猛禽類や小鳥類、コウモリ類などさまざまな種への影響の有無を、回避行動や個体の生存、個体群レベルで評価した。これまでマガンや鳥類以外の研究で培ってきた統計モデリング技術を利用し、国内のモニタリングデータだけでなく自分たちで調査しながら研究を進めている。所属する研究室内外の学生だけでなく、同じプロジェクトを進めている他大学の研究者や学生にも参加してもらい、同じ宿で寝食をともにしながら風車周辺で調査を行ってきた。

おもなフィールド調査を紹介しよう。一つ目は秋田県で行った風車周辺の定点調査である。ハクチョウ類の場合は、二つの風力発電施設を見渡せる三地点、猛禽類の場合は一か所の施設のすべての風車を網羅できるよう、参加人数により最大七地点に一人ずつ配置した。定点調査では、見える範囲に現れた鳥類の飛翔した軌跡を地図に書き込んでいくと同時に、風車と見比べて鳥の飛行している高度を記入する。同じ個体を複数地点で観察できるときは、スマートホンのトランシーバアプリで全員に向けて観察個体の飛翔方向などの情報を共有し、ダブルカウントを防ぐ。定点調査は、調査地点が広範囲に及ぶハクチョウ調査では一日中同じ場所で張り込みを続けるが、猛禽調査では二～四時間ごとに配置替えし、気分転換するとともに、集中力が途切れないようにしている(図11)。

トランシーバアプリは携帯電話のWi-Fiが通じる場所であればどこでもつながるので、調査ではとても便利なアイテムだ。ただしスマートホンの充電が切れると使えなくなる。極寒の二月に調査した際に調査に入っている学生一人と連絡が取れなくなり、もう一人の学生といろいろ嫌な予感を振り払いながらようすを見に行った。けっきょくはあまりの寒さでスマートホンの充電が切れただけだったのだが、そのときはずいぶん肝を冷やしたものだ。

最後の一年間は、マガンと同じ

図11　風車付近での猛禽類の定点調査風景．調査道具は望遠鏡と日よけのパラソルつき折りたたみイス．三脚には配置換えを考える作戦ボードをかけている．

図12　オオヒシクイ．

図13　稚内での高度調査．調査者は新潟大学の学生たち．上空をハクチョウ類の群れが渡ってゆく間に，レーザー距離計を当てて飛行高度を測る．

ガン類のヒシクイ *Anser fabalis* が対象となった（図12）。風車を建設する際に、事業者は建設場所にどのような生き物がいて影響を受けそうか、工事による騒音や排水による影響はないかなどを調査する環境影響評価を行い、国の審査を受ける。調査には一年以上かかることが多いので、その費用と労力は小さくない。そしてもし環境への影響が多いと判断されれば、計画は縮小したり追加調査を求められることもある。そのため、あらかじめ環境影響評価で調査対象とされている希少な生物が影響を受ける可能性が高い地域を示した地図を公開することで、保全上重要な地域への風車の建設を計画段階で回避し、風力発電施設の審査もスムーズに進められることが期待できる。

ヒシクイの一亜種であるオオヒシクイ *Anser fabalis middendorffii* の重要な越冬地である新潟県の福島潟はもとより、東北から北海道の生息地へとヒシクイの分布や飛行高度データを取りに、ガン・ハクチョウ類を研究している学生たちと向かった。分布データは、車で移動しながら採食群れを見つけ、種と個体数、採食場所の土地利用などを記録し、観察地点を地図に記録していく(口絵11)。高度調査では、朝のねぐら立ちや夕方のねぐら入りの時間帯に、それらの採食群れのいた場所などから推測して、通過すると考えられる地点で待ち構え、飛んでくる群れに、ゴルフで使うレーザー距離計をあてて高度を測るのである(図13)。時速六十キロメートル程度で飛んでくるガン類をレーザー距離計で距離を計測できるのは、およそ半径三百メートル以内なので、あまりに飛行経路からそれた場所にいると計測できない。スタンバイしていたところから離れた場所が飛行経路になっているときは、測れる距離まで三人でダッシュした。

大学の四年間をすごした十勝、五年間調査に通った宮島沼、サークル活動で訪れたサロベツ原野など北海道の生息地、そしてマガン調査のため一人で回った秋田県の八郎潟、宮城県の伊豆沼、島根県の宍道湖、鳥取県の中海へ、新たな研究仲間と戻ってこられたことに、感慨深いものがあった。

「人と野生生物が共存するにはどうしたらいいのか?」

研究を始める前から続く私のテーマである。時を経てその考え方は多少変化することはあっても、その根本は変わらない。期限付きの職を転々とし、研究者として生き残ることの厳しさを日々感じながらも、実現に向けて前へ進み続けようと、北帰行を始めたコハクチョウの隊列を見送っている。

＊本章で紹介した研究は、東京大学ＣＯＥプロジェクト「生物多様性・生態系再生」、九州大学・東京大学連携ＧＣＯＥプロジェクト「自然共生社会を拓くアジア保全生態学」、環境省環境技術開発等推進事業「野生鳥類の大量死の原因となり得る病原体に関するデータベースの構築」、平成二十三年度公益信託乾太助記念動物科学研究助成基金、平成二十四年度笹川科学研究助成、環境省地球環境研究総合推進費課題D-0801「非意図的な随伴侵入生物の生態リスク評価と対策に関する研究」（代表：五箇公一）、国立研究法人新エネルギー・産業技術総合開発機構（NEDO）風力発電等導入支援事業／環境アセスメント調査早期実施実証事業／環境アセスメント迅速化研究開発事業（順応的管理手法の開発）、（独）環境再生保全機構「環境研究総合推進費」（4-1603）による助成または委託により行った。

引用文献

Amano T, Ushiyama K, Fujita G, & Higuchi H (2007) Predicting grazing damage by white-fronted geese under different regimes of agricultural management and the physiological consequences for the geese. J Appl Ecol 44:506-515.

Ankney CD & Macinnes CD (1978) Nutrient reserves and reproductive performance of female Lesser snow geese. Auk 95:459-471.

Black JM & Owen M (1989) Agonistic behavior in barnacle goose flocks—assessment, investment and reproductive success. Anim Behav 37: 199-209.

Boyd H, Fox AD, Kristiansen JN, Stroud DA, Walsh AJ & Warren SM (1998) Changes in abdominal profiles of Greenland White-fronted Geese during spring staging in Iceland. Wildfowl 49:57-71.

Carbone C, Thompson WA, Zadorina L & Rowcliffe JM (2003) Competition, predation risk and patterns of flock expansion in Barnacle Geese (*Branta leucopsis*). J Zool 259: 301-308.

Causey D & Edwards SV (2008) Ecology of avian influenza virus in birds. J Infect Dis 197:S29-S33.

Daszak P, Berger L, Cunningham AA, Hyatt AD, Green DE & Speare R (1999) Emerging infectious diseases and amphibian population declines. Emerg Infect Dis 5:735-748.

Drent RH & Daan S (1980) The prudent parent - Energetic adjustments in avian breeding. Ardea 68:225-252.

Drent R, Both C, Green M, Madsen J & Piersma T (2003) Pay-offs and penalties of competing migratory schedules. Oikos 103:274-292.

Féret M, Bêty J, Gauthier G, Giroux JF & Picard G (2005) Are abdominal profiles useful to assess body condition of spring staging Greater Snow Geese? Condor 107:694-702.

Fox AD, Madsen J, Boyd H, Kuijken E, Norriss DW, Tombre IM & Stroud DA (2005) Effects of agricultural change on abundance, fitness components and distribution of two arctic-nesting goose populations. Glob Chang Biol 11:881-893.

Fuller RJ, Gregory RD, Gibbons DW, Marchant JH, Wilson JD, Baillie SR & Carter N (1995) Population declines and range contractions among lowland farmland birds in Britain. Conserv Biol 9:1425-1441.

Gauthier G, Bêty J & Hobson KA (2003) Are greater snow geese capital breeders? New evidence from a stable-isotope model. Ecology 84:3250-3264.

Goka K, Yokoyama J, Une Y, Kuroki T, Suzuki K, Nakahara M, Kobayashi A, Inaba S, Mizutani T & Hyatt AD (2009) Amphibian chytridiomycosis in Japan: distribution, haplotypes and possible route of entry into Japan. Mol Ecol 18:4757-4774.

Goka K (2010) Biosecurity measures to prevent the incursion of invasive alien

species into Japan and to mitigate their impact. Rev Sci Tech 29:299-310.
五箇公一（2010）クワガタムシが語る生物多様性．創美社，東京．
Hogstad A, Selas V & Kobro S (2003) Explaining annual fluctuations in breeding density of fieldfares *Turdus pilaris* - combined influences of factors operating during breeding, migration and wintering. J Avian Biol 34:350-354.
池内俊雄（1996）マガン．文一総合出版，東京．
金井　裕・森口紗千子（2015）我が国における野鳥での発生状況．高病原性鳥インフルエンザ疫学調査チーム（著）平成 26 年度冬季における高病原性鳥インフルエンザの発生に係る疫学調査報告書：19-23.
環境省（2015）日本のラムサール条約湿地―豊かな自然・多様な湿地の保全と賢明な利用―（オンライン）http://www.env.go.jp/nature/ramsar/conv
国立研究開発法人国立環境研究所（2012）日本における鳥インフルエンザウイルスの侵入リスクマップの作成について．（オンライン）
https://www.nies.go.jp/whatsnew/2012/20121115/20121115.html
呉地正行（2006）雁よ渡れ．どうぶつ社，東京
Madsen J & Klaassen M (2006) Assessing body condition and energy budget components by scoring abdominal profiles in free-ranging pink-footed geese *Anser brachyrhynchus*. J Avian Biol 37:283-287.
Moriguchi S, Amano T, Ushiyama K, Fujita G & Higuchi H (2006) The relationship between abdominal profile index and body condition of Greater White-fronted Geese *Anser albifrons*. Ornithol Sci 5:193-198.
Moriguchi S (2010) The distribution and dynamics of the wintering population of the Greater white-fronted geese -For future population management-, Ph.D. thesis. The University of Tokyo.
Moriguchi S, Amano T, Ushiyama K, Fujita G & Higuchi H (2010) Seasonal and sexual differences in migration timing and fat deposition in the Greater White-fronted Goose. Ornithol Sci 9:75-82.
森口紗千子（2013）北海道十勝地方の農地における繁殖期の鳥類．日鳥学誌 62:31-37.
Moriguchi S, Onuma M & Goka K (2013) Potential risk map for avian influenza A virus invading Japan. Divers Distrib 19:78-85.
Moriguchi S, Tominaga A, Irwin KJ, Freake MJ, Suzuki K & Goka K (2015) Predicting the potential global distribution of the amphibian pathogen *Batrachochytrium dendrobatidis* in East and Southeast Asia. Dis Aquat Organ 113:177-185.
Murphy MT (2003) Avian population trends within the evolving agricultural landscape of eastern and central United States. Auk 120:20-34.
Owen M (1981) Abdominal profile - a condition index for wild geese in the field. J Wildl Manage 45:227-230.
Prop J, Black JM & Shimmings P (2003) Travel schedules to the high arctic: barnacle geese trade-off the timing of migration with accumulation of fat

deposits. Oikos 103:403-414.
Reed A, Hughes RJ & Gauthier G (1995) Incubation behavior and body mass of female Greater snow geese. Condor 97:993-1001.
嶋田哲郎（1999）伊豆沼・内沼周辺の水田における稲刈り法の違いによるガン類の食物量比較. Strix 17:111-117.
Takekawa JY, Kurechi M, Orthmeyer DL, Sabano Y, Uemura S, Perry WM & Yee JL (2000) A pacific spring migration route and breeding range expansion for Greater white-fronted geese wintering in Japan. Global Environment Research 4:155-168.
Teunissen W, Spaans B & Drent R (1985) Breeding success in Brent in relation to individual feeding opportunities during spring staging in the Wadden Sea. Ardea 73: 109-119.
牛山克己・天野達也・藤田 剛・樋口広芳（2003）行動生態学からみたガン類の保全と農業被害問題. 日鳥学誌 52：88-96.
牛山克巳・森口紗千子・天野達也（2014）宮島沼におけるマガン研究と保全管理. 湿地研究 5：5-14.
Webster RG, Bean WJ, Gorman OT, Chambers TM & Kawaoka Y (1992) Evolution and ecology of influenza A viruses. Microbiol Rev 56:152-179.

コラム

フィールドでの地域貢献

森口 紗千子

長期間の野外調査をするとき、その土地に暮らす人々の理解を得ておくことはとても重要だ。早朝からうろついたり、車が道路に長時間止まっていたりするので、不審者扱いされかねない。定点調査のようにずっと同じ場所にいると、地元の人に何をしているのか話しかけられることもしばしばある。

保護鳥だけれども害鳥という複雑な事情をもつマガンを研究するにあたり、現地でマガンの生息地の保全管理に携わる先輩・牛山克巳さんが始めた活動の手伝いや地元の方々との交流をとおして、研究を生かした地域貢献活動を紹介したい。

農業の変化により、マガンは害鳥に

なぜマガンは害鳥になっただろうか? 日本に飛来するマガンの数は、天然記念物や絶滅危惧種の指定による狩猟禁止などの保護活動が始まった一九八〇年代以降、増え続けている(池内、一九九六)。一方で生息地の数が増えていないため宮島沼などの主要生息地に一極集中しているのであるが、もう一つの理由として、農業が変化したことが挙げられる。

農業の変化は、いろいろなかたちでマガンにも影響を及ぼしている。たとえば農作業機の変遷により、全国的に水田に残る落ち籾量が増えた(嶋田、一九九九)。それは日本に生息するマガンなどのガンカモ類にとって栄養価の高い食物を増やし、生存率の上昇に一役買ったことだろう。同様に欧米でも、農業の集約化は

ガン類の増加に影響した主要因とされている(Fox et al., 2005)
一方、一九七〇年より始まった稲作の生産調整、いわゆる減反政策は、水田を減らし他の作物の生産を推進した。その転作した作物の一つが小麦だった。一方水田では、稲わらの回収や、水田の耕起、わら焼きといった農作業は、水田の落ち籾量を減らしてしまうため(嶋田、一九九九;牛山ら、二〇〇三)、採食地を小麦へシフトする一因となっている。

図1　防除ポールのある小麦畑で食害するマガンの群れ.

食害対策のあれこれ

少しでも食害を減らそうと、地元の美唄市や農家は対策を講じている。美唄市は防除ポールを無償で貸し出しており、食害が発生する時期になると、農家の方々が一本一本手作業で小麦畑に立てている姿を見かける。北海道の広大な畑に無数のポールを立てる作業は、かなりの手間がかかる。苦労して立てたポールも、最初は忌避するものの、一週間もすればマガンも慣れてしまい、堂々と中に入って小麦の芽を食べ始める(図1)。一つの畑に数百羽のマガンが入っていることも珍しくなく、生えたばかりの小麦の芽は芝刈りされた後のように刈り揃えられてしまう。食害最盛期になると、農家の方々は頻繁に見回りをし、小麦畑に降りているマガンを脅かして飛ばすのである。

防除ポールの他にも、さまざまな防除器具が使われている。かかしや、定期的に発砲音がする爆音機、トビ型の凧、はては鯉のぼりがはためく畑もある(図2)。しかし、どれも決定打にはならないのが現状である。

地域の対策としては、市が関わっている代替採食地が挙げられる。商品にならないくず米やくず麦を特定の水田にまいてマガンを誘引し、小麦食害を抑えるのである。一定数のマガンはここに引き寄せられるので、ある程度の被害軽減効果は期待できる(Amano et al., 2007)。

図2　小麦食害対策用の鯉のぼり.

地域貢献のさまざまなかたち

小麦農家の方々にとってみれば、マガンは害鳥でしかない。しかし、国全体ひいては東アジア全体でみれば、マガンとその生息地は保全の対象である。そんな希少な鳥が定期的にやってくる地域は、日本でも数少ない貴重な場所であることを認識し、有効利用することで食害によるマイナスのイメージを払拭できれば、少しは地域の活性化につながるのではないか。

その一つ目のステップは、マガンを含む地域の自然をよく知ってもらうことだ。宮島沼にもっとも近い西美唄小学校では、春にマガンが飛来する時期になると、総合学習の時間を利用して宮島沼について調べて発表したり、地元の自然保護団体である「宮島沼の会」でも子どもが中心となり観察会を行っている(図3)。調査拠点であった職員住宅の目の前にある学校なので、私もマガンや宮島沼周辺で見られる鳥について授業や観察会で教える機会をもらい、子どもたちに身近な自然について解説した。この小学校に通う子どもたちの家は、ほとんどが農家である。地域の自然について学び、家で話したり学校で発表することで、より身近なものとして感じてもらえたら、少しずつ未来は変わっていくだろう。

次のステップは、この貴重な自然を観光資源ととらえ、有効利用することだ。宮島沼も登録湿地になっているラムサール条約では、湿地の保全に加え、賢明な利用を掲げている（環境省、二〇一五）。自然保全は、その土地の人々の暮らしを維持しながら行われるものでないと、受け入れられず、効果的な保全にはつながらない。

宮島沼水鳥・湿地センターが開館して以来、私は宮島沼での調査の合間に解説のボランティアをしていた。日中に沼で休んでいるマガンの標識個体を観察するために訪れると、とくに休日は入れ代わり立ち代わり観光客がやってくる。マガンの数が少ないと、双眼鏡や望遠鏡がないと判別できないほど沼の奥の方に浮かんでいるため、それらを持っていない一般の方々は十分に観察できない。一通り調査が終わると、そんな観光客の方々にも望遠鏡をのぞいてもらう。また、オジロワシが現れてマガンとカモ類が一斉に飛んだり、鉛中毒で飛べなくなったオオハクチョウを心配したりと、鳥を介していろいろな話ができる。リピーターになってもらえれば、さらに宮島沼の自然や問題について理解を深めてもらえるし、地元の他の施設を訪れる機会も増えるだろう。

図3　宮島沼の会の観察会で魚の調査をする地元の小学生たちと筆者(右)（写真提供：西美唄小学校）.

貴重な自然を守っていくには、その地の環境にも配慮する必要がある。全国的に普及が進んでいる「ふゆみず田んぼ」という冬季の水田に水を張る活動は、農薬や化学肥料を減らし、水田の生物の多様性を向上させることで害虫が増えにくい環境を整え、元来の水田の力を引き出して安全な米を生産する。このような取り組みは、宮城県の蕪《かぶ》栗沼《くりぬま》や石川県の片野鴨池など、全国各地のガンカモ類の越冬地でも行われており、手間暇かけた米作りは、同時に水鳥の生息地も生み出すことで保全の効果も見込める（池内、一九九六：呉地、二〇〇六）。このような生産者の米作りを支えるには、それらの水田で生産されたお米を買い、活動を紹介して広めることだろう。

フィールドとして入らさせてもらうからには、研究成果はもちろんのこと、なにかしら地元に還元したい。学生時の調査を終えてから何年経っても、いつも「おかえり」と笑顔で迎えてくれる場所がもう一つできることは、何よりの財産と思うのである。

恐い鳥と幻の鳥

高橋雅雄

図1　ミサゴ.

きっかけは野鳥クラブ

幼少の頃の私は昆虫少年だった。幼稚園児や小学校低学年の頃は落ち着きがまったくない問題児で、教室を頻繁に抜け出して外で虫捕りをしていたそうである。確かに当時の記憶は、カマキリやトンボを捕まえたことがほとんどである。ちなみにトンボはカマキリの餌であった。

興味の対象が虫から鳥へ替わった始まりは、小学四年時の偶然の出会いだった。夏休みに家族旅行で訪れた岩手県三陸海岸で、ミサゴ *Pandion haliaetus*（図1）が捕えた魚を運ぶようすに出くわした。ミサゴはテレビ番組で知ってはいたが、実物を見るのは初めてだった。それまでは遠い存在だった鳥が、その姿を目の前にしてようやく、身近な生き物として認識されたのである。また、その年の冬休みに、八戸市少年自然の家が主催する子ども向けの探鳥会があった。真冬の波間に漂うシノリガモ *Histrionicus histrionicus* やウミアイサ *Mergus serrator* を初めて見て、大変寒い思いはしたが、とてもおもしろかった。鳥への興味が心の中で育っていた。

春になり小学五年生になった。この年度から週休二日制が始まって第二土曜日が休日となり、いろいろな課外イベントが林立した。その中に、八戸市立児童科学館が主催した「野鳥クラブ」があり、担任教師の薦めもあって参加することにした。そこで私は、後に共同研究者となる日本野鳥の会青森県支部の「おじさんたち」と出会うことになる。思い返すと、その時の彼らの多くは三十〜四十歳くらいだったはずだが(いつの間にか私は当時の彼らと似た歳になってしまった)、それが互いにとって生涯の出会いになろうとは夢にも思わなかっただろう。彼らは毎週末に私をバードウォッチングへ連れ出してくれた。生意気だったはずの少年をどうして気にかけてくれたのか、今でも私にはわからない。夏にはオオセッカ *Locustella pryeri* やコジュリン *Emberiza yessoensis* を見に青森県三沢市の仏沼へ、冬にはガン類を見に宮城県栗原市の伊豆沼へ遠征し、多種多様な鳥たちが次々と私の前に現れた。野鳥の世界へどっぷりと浸かっていったのである。

初めての研究対象チゴハヤブサ

中学生になると、野鳥に対する私の情熱はさらに高まった。学校の部活動は「野外練習時に鳥と出会えるから」と陸上競技を選び、河川敷を走りながらキョロキョロと鳥を探していた(カワセミ *Alcedo atthis* やチョウゲンボウ *Falco tinnunculus* に出会えた)。授業中は教師に隠れて野鳥図鑑を熱読し、それがバレて急に問題を当てられても平気な顔で回答し(我ながら嫌な生徒だ)、じつにわがままに生きていた。そんな私が中学二年生の夏からハマった鳥がチゴハヤブサ *F. Subbuteo* だった。

チゴハヤブサ(ハヤブサ目ハヤブサ科、図2)はハトほどの大きさ(体長三十四~三十七センチメートル)の猛禽類で、北日本(北海道・東北地方・長野県等)の平野部で繁殖する夏鳥である(日本鳥学会、二〇一二)。社寺林や市街地の公園などで営巣し、小動物(小鳥や昆虫類など)を獲物とする。翼は長く鋭く、尾は短く、飛ぶ姿は細長いブーメランのように見える。控え目に評してもカッコイイ鳥である。

初夏のある日、自宅で甲高いキイキイ声を聞いた。空を見上げると、一羽のチゴハヤブサが上空を高速で飛び去っていく。急いで追いかけると、近所の日本庭園に入っていった。そこにはスギの木立があり、高い頂の枯れ枝に成鳥二羽がとまっている。彼らは繁殖つがいにちがいないから、近くに巣があるはずだ。しばらく観察していると、片方が飛び込んだスギの上部に、枝葉に隠れて巣が見えた。親鳥は巣内で抱卵を始めたが、観察する私を警戒するようすはない。初めて自力で見つけた鳥の巣だった。

夏休みになると、毎日午前中と夕方に巣のようすを見に行った。目的は「チゴハヤブサの落し物集め」である。親鳥は獲物を捕えて戻ってくると、巣近くの決まった木の枝にとまって獲物を解体する。食べられない部分（小鳥の場合は翼や尾の羽、脚や頭など）は切り離して、その場で捨ててしまう。そのため、木の下には獲物の残骸がたくさん落ちていた。私は昔も今も収集癖があるが、鳥の羽は当時一番のコレクションアイテムであった。毎回たくさんの鳥の羽が手に入るので嬉しくて仕方がなかった。初めは拾った羽が何の鳥のものなのかわからないことが多々あったが、観察と収集を続けるうちに識別力が向上し、羽一枚で種同定ができるようになった。さらに、巣があった日本庭園は

図2　チゴハヤブサ.

毎朝掃除され、地面にはその日の獲物の残骸だけが落ちていた。一日あたりの獲物の数を正確に算出できる好条件である。結果的に、チゴハヤブサが運んできた獲物の種類と数に関する定量データを図らずも得ることができた。

親鳥が運んできた獲物は多種多様で、時期によって構成が大きく異なった。ヒナが小さい頃(七月中旬から八月上旬)はおもに小鳥で、スズメ *Passer montanus*・メジロ *Zosterops japonicus*・カワラヒワ *Carduelis sinica*・ハクセキレイ *Motacilla alba*・コムクドリ *Sturnus philippensis* が多く、ヒバリ *Alauda arvensis*・ヒヨドリ *Hypsipetes amaurotis*・キジバト *Streptopelia orientalis*・アカゲラ *Dendrocopos major*・カワセミ・ツバメ *Hirundo rustica*・ムクドリ *S. cineraceus* も時々捕え、海洋鳥のウミツバメ類や飼い鳥のインコ類を運んできたこともあった。けれどもヒナが成長して巣立つ頃(八月中下旬)になると小鳥をほとんど利用しなくなり、かわりに昆虫類、とくにトンボ類が多くなった。ちょうどアキアカネが山地から平地へどっと下りてきた頃で、巣の周辺はトンボ類で溢れていた。チゴハヤブサはヒナの成長具合と餌生物の資源量の変化に合わせて、獲物の内容を調節しているようだった。

これらの観察結果は、中学二年時と三年時の夏休みの自由研究として提出した。私の初めての鳥類研究であり、今日の研究活動の原点となった。二年時は八戸市の自由研究コンテストで一位に、三年時は青森県の自由研究コンテストで一位をいただき、将来の夢を鳥類学者に決めた。大学での専門的な鳥類研究を志し、進学先の県立八戸高校で受験勉強の日々をすごすことになった。

大学進学と研究テーマ

大学で鳥の研究がしたい。でも、どの大学でどんな鳥の研究ができるのかはまったくわからない。そんな曖昧な状態で進んだ先は、金沢大学の理学部生物学科であった。百万石を誇った加賀藩の城下街は華やかな伝統文化に溢れ、気候も自然も野鳥も、青森とは大きくちがった。サシバ *Butastur indicus*・アオバズク *Ninox scutulata*・サンショウクイ *Pericrocotus divaricatus*・コシアカツバメ *H. daurica* など青森では出会えなかった鳥たちが身近にいて、それだけでも日々が楽しかった。また、石川県といえば舳倉島・河北潟・片野鴨池など全国的な有名探鳥地を有するバードウォッチング界の聖地である。海岸に草原に森林に通っては、カラフトアオアシシギ *Tringa guttifer*・オオノスリ *Buteo hemilasius*・コウライウグイス *Oriolus chinensis* など大珍鳥との出会いに狂喜乱舞した。なお、入学後に驚いたことだが、生物学科であっても野生生物好きは少数派で、生粋のバードウォッチャーは私独りだった(後に同期の友人数名が興味をもってくれた)。そのような仲間を初めから望むならば、理学部ではなく農学部を選ぶべきだったようである。ちなみに金沢大学に農学部はなかった。

学部三年生の終わりに研究室配属があり、私は希望どおりに生態学研究室に属することになった。当時は教授・助教授・助手の三教官体制で、いずれも昆虫を専門とする方々であった。その中で、鳥にも詳しい助手の大河原恭祐博士に指導を仰ぐことになり、さっそく卒業論文の相談をした。鳥を研究することは認められたが、肝心の対象種や研究テーマは自分で決めることができずにいた。

図3　可愛いタゲリ(左)と可愛くないケリ(右).

大河原先生：「で、どんな鳥でどんな研究がしたいの？」
私：「考えつかなくて困っています」
大河原先生：「どんな鳥に興味があるの？」
私：「タゲリとか好きです。タゲリの冠羽みたいな変わった羽毛に興味があります」
大河原先生：「タゲリは日本で繁殖してないし、研究にならないなぁ。ケリならこの辺でもたくさん繁殖しているから、ケリでどうだ？」
私：「えっ、あ、はい…」

こうして対象種は決まった、しかも希望とはかなり掛け離れて…。

タゲリ *Vanellus vanellus* は可愛い（図3左）。虹色の背、ピンと伸びた冠羽、ミュウミュウとまるで猫のような声、丸い翼でふわふわと羽ばたく姿で非常に人気がある。羽を収集していた私としては、虹色の体羽や長い冠羽は憧れの一枚であったし、そんな特徴的な羽毛がどうして進化したのか知りたかった(雌雄共有の特徴なので、配偶や繁殖とは関係ない機能があると考えていた)。一方で、ケリ *V. cinereus* は可愛くない（図3右）。灰色の頭、真っ赤な目、ケリリケリリと喧しい金切り声、超攻撃的な性格と、タゲリと近縁とは思えないほど愛される要素がなかった。

しかし、よくよく考えてみると、その超攻撃的な性格は行動生態学のおもしろい研究テーマになりそうだ。繁殖成功に何らかの貢献をしていると予想され、繁殖行動を調べることでそれを確かめられると思った。とくに、ケリは水田環境でおもに営巣しているようだ（他の鳥は水田でほとんど営巣しない）。それが可能なのは超攻撃的な性格をもっているからではないかと考えた。この仮説を確かめるため、学部四年と修士課程を合わせた三年間を、ケリの研究に費やすことにした。

水田の恐鳥ケリ

ケリ（チドリ目チドリ科）はハトほどの大きさ（体長三十四〜三十七センチメートル）の渉禽類で、本州・四国・九州の平野部に局所的に分布する（日本鳥学会、二〇一二）。東海地方や北陸地方ではかなり多い鳥だが、他の地方ではあまり多くない。ちなみに故郷である青森県八戸市周辺にケリは生息していない。開けた湿地環境、とくに河川敷や水田に生息し、小動物（ミミズ類や昆虫類など）を食べる。超攻撃的な性格で、親鳥は巣やヒナに近づく天敵に対して激しい防衛行動（モビング mobbing）をとり、人間に対しても苛烈に反応して襲い掛かってくる。「ケリリケリリ」と聞こえる声が名前の由来とされるが、「蹴りかかってくるから」という冗談半分の異説もあるほどである。

ケリの野外調査は、石川県加賀市の大聖寺川流域の農耕地で行った。石川県加賀地域の農耕地は水田が

表1　2003-2004年のケリの営巣環境別の営巣成功率. Takahashi & Ohkawara (2007) のTable 1.を改変転載.

営巣環境		巣数	営巣失敗 (%)		営巣成功 (%)
			農作業	その他	
稲作水田	田内	24	16 (66.7)	3 (12.5)	5 (20.8)
	畦	28	10 (35.7)	9 (32.1)	9 (32.1)
大豆畑		13	7 (53.9)	1 (7.7)	5 (38.5)
休耕地		5	0	0	5 (100)
不明		7	-	-	-

広く続くが、そこは例外的に川・住宅地・山林等でいくつかに分断されていたので、農耕地毎で営巣密度や繁殖成績、行動データ等を比較できる利点があった。また、近くに加賀市立鴨池観察館があり、当時は常駐していた公益財団法人日本野鳥の会のレンジャーの方々から調査のサポートを受けることができた。チーフレンジャーであった田尻浩伸さんと、中川直之さん、松本潤慶さんには大変お世話になった。

まずはケリの親鳥と巣の分布を調べた。車で調査地を回り、姿や声を手掛かりにケリを探す。ケリ自体や巣は大変めだって見つけやすかったため（口絵12左）、第一歩を踏み出したばかりの研究初心者にはありがたい対象だった。短時間の調査で調査地内のほぼすべての繁殖つがいを特定でき、巣も次々と見つかった（口絵12右）。

次はケリの繁殖成績を調べた。発見した巣は卵の数と大きさを記録し、おおよそ三日に一度程度の頻度で遠距離から観察を続けた。卵は一か月程度でふ化し、ヒナはふ化翌日にはみずから歩いて巣を出る。その後は親鳥とともに繁殖なわばり内を移動しながら生活し、一か月半ほどで羽毛が生え揃って飛べるようになる。ヒナが一個体でも飛べるまで成長できたら、その繁殖つがいは営巣に成功したと判断した。

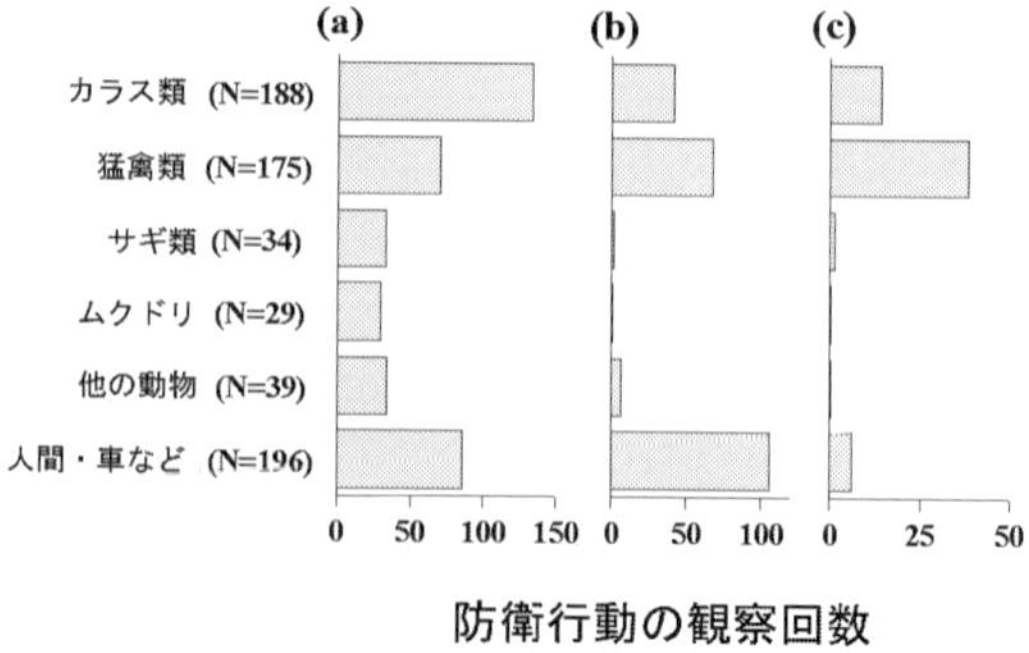

図4　2003-2004年に観察した捕食者および侵入者6タイプに対するケリの防衛行動の観察回数．参加個体が1個体(a)，2個体(b)，3個体以上(c)に別けて示した．Takahashi & Ohkawara(2007)のFig. 3.を改変転載．

表1は二〇〇三〜二〇〇四年の二年間で観察した計七十七巣の、営巣環境別の営巣成功率を示している（Takahashi & Ohkawara, 2007）。ケリの巣は田内・畦・大豆畑・休耕地で見られたが、大多数は稲作水田（田内・畦）に作られていた。けれども田内では農作業（土起こし・代掻き・田植えなど）で破壊されることが多く、ケリは畦に営巣し直すことで営巣失敗を取り戻していた。

さらにケリの防衛行動を調べた。親鳥を長時間観察して、一時間に数回程度しか起きない防衛行動の詳細を記録し、数百回分の記録を集計した。一般的な防衛行動は、ケリリケリリと声を発する「警戒」から始まり、相手の周囲をぐるぐると飛び回る「威嚇」へ進み、相手に飛び掛って体当たりしようとする「攻撃」にまで発展する。対象は多種多様で、捕食者となるカラス類（ハシボソガラス *Corvus corone* とハシブトガラス *C. macrorhynchos*）や猛禽類（トビ *Milvus migrans*・チュウヒ *Circus spilonotus*・オオタカ *Accipiter gentilis* 等）だけでなく、ムクドリなどの無害な小鳥や、人間や車など自分より明らかに大きなものにまで及んだ（図4、Takahashi & Ohkawara, 2007）。要は、巣やヒナに近づくものには見境無かった。また、近隣の複数の繁殖つがいが参加した集団防衛が観察された。とくに猛禽類に対して頻繁に行われ、最多十五個体が参加した時もあった。これら防衛行動、とくに集団防衛は巣と卵の防衛に効果があるようで、集団防衛が頻繁に起きた農耕地はふ化成功率が高かった（高橋、二〇〇七）。一方で、育雛成功率には影響していなかった。

恐鳥を捕まえられるか

では、各繁殖つがいの集団防衛への貢献度はどうなっているのだろうか。防衛行動にはあまり参加しない、または警戒や威嚇までに留めて攻撃はあまりしないような「卑怯な繁殖つがいや個体」はいるのだろうか。集団防衛への貢献度と繁殖成功との間に関連はあるだろうか。これらを調べるためには個体識別が必須だった。しかし、私はケリの個体を見分けることができなかった（人の識別も大の苦手だ）。正確性を期するには捕獲して標識を付けるしかない。けれども、だだっ広い農耕地に暮らすケリをどうやって捕まえたらいいだろうか。京都府巨椋池干拓地でケリを捕獲している研究者がいると聞き、中川宗孝さんと脇坂英弥さんを訪ねた。彼らは、初対面の若輩者である私に、親切丁寧に捕獲方法を伝授してくださった。それに豪華な昼食もご馳走してくださった（美味なフォアグラが乗ったステーキだった！）。改めて深く感謝申し上げる。

伝授された捕獲方法は紐括り罠であった。ケリは雌雄とも抱卵のために巣に座る。その習性を利用して、事前に巣に輪状のテグス紐をまわしておき、親鳥が座ったら頃合を見計らって紐を引く。すると、テグスが抱卵個体にひっかかり、ケリが「釣れる」のである。捕獲個体にはカラーリングとウイングタグをつけて放鳥し、一目で個体識別できるようにした(図5)。

図5　捕獲・標識したケリ.

しかし、この捕獲方法はいくつかの欠点があった。第一に、捕獲機会は巣あたり一度だけで、しかも捕獲成功率がとても悪かった。テグスがケリの体から外れてしまったり、警戒して巣から発ってしまったり、巣からテグスを摘み出してしまったりと、とにかく失敗続きだった。成功したとしても、雌雄どちらか一方しか捕獲標識できないため、繁殖つがいの個体識別は不完全だった。

第二に、捕獲個体は捕獲者である私を憶えてしまって、野外観察に支障がでた。天敵への防衛行動を観察したいのに、私が近づくと私にばかり警戒するようになってしまった。これでは防衛行動について自然状態のデータを得ることは難しい。私への警戒がなくなるほど距離をとれば観察できたが、それでは詳細な行動データは取れなかった。

けっきょく、各繁殖つがいの集団防衛への貢献度について、充分なデータを収集できなかった。この研究は失敗だった。

心機一転の博士課程進学

博士課程進学は中学生の頃から決心していたので、進路に迷いはなかった。しかしながら、いつもは口出ししない両親から珍しく出された進学条件は、「青森の実家に帰って研究すること」だった。好きなことしかやらない愚息の生活や将来がさすがに心配になったのだろう。加えて、ケリの研究は行き詰っていた。捕獲標識と個体識別が見込めないならば行動生態学的なデータを得ることは難しく、今後の発展はあまり望めなかった（今考えると、個体識別がなくてもできることはたくさんあったのだが、当時の私には考えが欠けていた）。私は金沢大学を離れることを決め、自分を受け入れてくださる研究室と、青森でできる新しい研究テーマを探さなければならなかった。

研究室探しは自身の将来を左右する大問題である。修士課程（博士前期課程）と博士課程（博士後期課程）では、所属すべき研究室の性質や条件が大きく異なると私は思う。前者では、研究室の人間関係や雰囲気が良いこと、研究費について困らないこと（修士院生に自力で研究資金を用意させるのは酷だ）、研究について細部まで指導してくれる教官や先輩がいること（指導が疎かな教官はじつに多い）、可能な範囲内で自分が希望するテーマや対象を研究できること（昆虫の研究室なのに鳥を研究できた私は幸運だった）等が重要である。一方で後者では、自分の研究テーマと研究室の専門分野が合っていること、博士号取得をめざして切磋琢磨できる同志（博士課程院生）がいること、自分の責任において自立した研究ができること（院生の自立性を尊重せずに過剰に指導する教官もじつに多い）、研究について適度な助言助力ができる先輩（ポスドク等）がいること等が重要だが、自分の生涯の師となる指導教官が尊敬できる人物であることがもっとも大切である。

けれども、研究室や指導教官の良し悪しをふつうの修士院生が的確に判断できるはずがない。どの大学でどんな鳥の研究ができるのかまだよくわかっていなかった状態で（当時の私は積極的に調べようとしなかった）、適切な研究室と指導教官を自力で見出すのはほぼ不可能だった。学会で得た数少ない伝手を頼りに、「幸運な出会い」を期待する他なかった。

そして「幸運にも出会えた」のが、立教大学理学部の上田恵介教授だった。上田研究室は数少ない鳥類研究の専門の研究室として有名で、多くの学生・院生が集っていた。その頃は田中啓太さんのジュウイチ *Cuculus fugax* の研究が『Science』誌で華々しく発表されて大きな注目を集めていた。ここならば、新たな鳥類研究に心機一転して取り組め、博士号取得をめざせるはずだ。上田先生は私を快く迎え入れてくださり、青森県仏沼のオオセッカの生態研究を薦めてくださった。

幻の鳥オオセッカ

オオセッカ（スズメ目センニュウ科、口絵13左）は、全長十三センチメートル・体重十三グラムの地味な小鳥である。全身茶色で背にめだつ黒斑があり、短い翼と大きな扇型の尾をもつ。東アジアの固有種で、中国・朝鮮半島・ロシア極東地域・日本の特定の湿性草原だけに分布する（日本鳥学会、二〇一二）。日本のオオセッカは大陸産とは異なる日本固有亜種 *L. p. pryeri* に分類され (Morioka & Shigeta, 1993)、東日本の五つの地域だけで繁殖する(永田、一九九七/平野、二〇一〇;二〇一五)。しかも、その大多数は青森県西部の岩木川河口、東部の仏沼、茨城県と千葉県に跨る利根川下流域に集中する(上田、二〇〇三)。また、日本での繁殖個体数はわずか二千五百個体程度とされ(上田、二〇〇三)、日本で個体数がもっとも少ない小鳥の一種である。よって絶滅が心配され、絶滅危惧IB類に指定されている(環境省、二〇一四)。

オオセッカは「幻の鳥」と称される。一八八三年(明治十六年)に東京府(当時)で発見され、イギリス鳥学会の発行する著名な鳥学専門誌『IBIS』の第二巻で新種として発表された(Seebohm, 1884)。繁殖地や生態はまったくわからない、わずかな個体が冬に極稀に捕獲されるだけの大珍鳥であった。一九三六年に宮城県蒲生で営巣が世界で初めて確認されたが(竹谷、一九三八)、数年後に「幻」のごとく姿を消してしまう。一九七二年に青森県ベンセ湿原で営巣がようやく再発見され(大八木、一九七三)、それ以降は繁殖地が次々と特定された。今では前述した五つの地域の繁殖地を訪れると出会えるが、それ以外で目にする機会はほとんどない。私は幼少の頃から仏沼を何度も訪れていたので、オオセッカとは頻繁に出会っていた。多くのバードウォッチャーにとってオオセッカはいまだ「幻の鳥」かもしれないが、私にとっては幼馴染のようなものであった。

さて、オオセッカはどうして「幻の鳥」なのだろうか。東日本の五地域だけで繁殖し、繁殖個体数が少ないのはなぜだろうか。これまでの仮説は、オオセッカの生息場所選択 (habitat selection:生息場所を選ぶ過程）に答えを求めた。オオセッカのオスは、繁殖期に特殊な環境利用（habitat use）を示し、ヨシの背丈がおおよそ二メートル以下で下草が豊富に生えた場所に繁殖なわばりを形成することが多い（たとえばFujita & Nagata, 1997／中道・上田、二〇〇三／三上、二〇一二）。よって、背丈の高いヨシ原を好むオオヨシキリ *Acrocephalus arundinaceus* などとは棲み分けている。そのような植生環境は全国的にも少ないため、繁殖できる湿性草原は限られ、オオセッカは数が少ない、そう解釈されてきた。

しかし、この仮説には疑問がいくつかあった。第一に、オスは特殊な植生環境を確かに利用しているが、それは彼らの好み（生息場所選好habitat preference）なのだろうか。ひょっとしたら、種間関係などの影響で渋々利用しているだけで、実際に好む植生はちがうかもしれない。第二に、メスの生息場所選択はどうなのだろうか。オオセッカの繁殖システムは、鳥類には珍しい一夫多妻制である（鳥類の九十パーセントは一夫一妻制とされる）。そのため、メスの配偶者選択（female mate choice：この場合は生息場所選択とほぼ同義）が強く働くはずで、オスの生息場所選択の重要性は小さいかもしれない。第三に、オオセッカはどのような植生に営巣し、どのような営巣環境ならば高い繁殖成功を得られるのだろうか。ひょっとしたら、雌雄が選択する生息環境と、高い繁殖成功が望める営巣環境との間に矛盾があり、生態学的罠（ecological trap：不適な生息地を選択して不利益を被っていること）が生じているかもしれない。オオセッカの生息場所選択の実態を大規模に検証し、これらの疑問に答えることが、私の研究テーマとなった。

幻の鳥との暮らし

オオセッカの調査は青森県三沢市の仏沼（図６）で実施した。ここは干拓地（鳥獣保護区特別保護地区二百二十二ヘクタールと放牧地二十八ヘクタール）と周囲の農耕地（四百三十九ヘクタール）、隣接する小川原湖湖岸（五十五ヘクタール）から成る。鳥獣保護区特別保護地区と農耕地に複数の調査区を設定し、二〇〇七〜二〇〇九年の五〜八月は、毎日のように野外調査に明け暮れた。

図６　仏沼の鳥獣保護区特別保護地区の夏のようす．湿性草原が広がっている．

調査生活の拠点は、小川原湖湖岸に建つ野鳥観察ステーション（通称は小屋：図７）である。これは、仏沼とオオセッカの保全活動のために日本野鳥の会青森県支部のおじさんたちが資金を出し合って建てたもので、調査用具の他に、いくらかの寝具や生活用具（冷蔵庫や電子レンジも！）も揃っている。水道はないが電気とガスは通っており、寝泊りや自炊は問題なくできた。水は近所から頂戴し、お風呂は激安の公衆浴場（しかも天然温泉）を利用した。

一週間の調査生活は以下のようだった。月曜の夜か火曜の早朝に、八戸市内の実家から仏沼の小屋へ向かう。この間は四十

図7　仏沼の野鳥観察ステーション．かつてはバードウォッチャーに開放していたが，老朽化が進んだため，現在は関係者のみの利用としている．

キロメートルほど離れていたため、車だと一時間程度で着く。火曜から金曜まで、日中はオオセッカを調査する。早朝と夕方は忙しいが、真昼は暇で休憩することが多かった。金曜の夜になると、仕事を終えたおじさんたちが食べ物やお酒を持って小屋へやってくる。そして夜中まで宴会。調査の進捗状況を報告し、今後の研究計画を話し合う。新しいアイディアを思いつく貴重な機会である。土曜は早朝から夕方まで調査。おじさんたちが調査に協力してくださるので、作業効率が跳ね上がり大変助かる。そして夕方から夜中は宴会（二回目）。再び今後の研究計画を話し合うが、二晩目なので同じ話の繰り返しになりがちなのは仕方ない。日曜は早朝から夕方まで皆で調査。終了後におじさんたちは帰宅し、私も実家に帰る。両親が作った夕食を食べ、ベッドでぐっすり寝て、体力の回復に努める。月曜日の日中は休みだ。衣類の交換（大量の洗濯物を両親に託し、清潔な衣類を用意する）や食料品の買出しを済ませ、月曜の夜か火曜の早朝に仏沼に戻る。こう書くと休みの少ないハードな調査生活のように思うかもしれないが、野外調査は体を動かすことが意外と少なく（じっとした観察が多い）、休憩もよく取っていたため、疲れはあまり感じなかった。また、雨天の日はきっぱり調査中止としたので、月曜以外も実家で休むことがよくあった。調査生活を支えてくれた両親やおじさんたちに感謝である。

幻の鳥を捕まえる

さて、オオセッカの研究でも個体識別は必要不可欠である。ケリでは捕獲標識に苦戦したが、オオセッカでは確実な方法が確立されていた。鳥類捕獲の名人である蛯名純一さんの助力を得られたこともあり、オオセッカを次々と捕獲標識できた。ここでは、一般にはあまり知られていない小鳥の捕獲標識と試料採取の方法について、オオセッカの親鳥を例に詳しく紹介する。

親鳥はかすみ網で捕まえる。かすみ網は、細く柔らかい黒糸で編まれた長方形の一枚網（縦二メートル×横六メートルまたは十二メートル）で、横方向に張られた棚糸によって何段かの袋状になっている。鳥は網に飛び込んでしまうと袋部に入ってしまい、糸に絡んで逃げ出せなくなる。非常に有効な捕獲方法ではあるが、それ故にかすみ網は一般の所持使用が法的に禁止されている。私のような鳥類研究者は環境省から特別許可を得て所持し、使用する。

しかし、いくらかすみ網が有能であろうとも、単に網を張るだけでは鳥は捕らえられない。鳥を網へ誘導するか、鳥が通る場所を選んで網を張る必要がある。では、どのようにして親鳥にかすみ網に飛び込んでもらえばいいだろうか。

オス親は同種のさえずり声を録音再生して網へ誘導する。繁殖期のオオセッカのオスは五十メートル四

図8　かすみ網を張るようす(左)と捕獲されたオオセッカ(右).

方ほどの繁殖なわばりを形成し、そこに侵入する他オスに対して攻撃的に振る舞う。この習性を利用して、繁殖なわばりの中に網を張り(図8左)、予め録音していたさえずり声を網の傍からスピーカー再生する。するとオスは直ちに攻撃的に反応し、「侵入オス」を探して音源周辺をウロウロ飛び回る。そして網に飛び込んで捕らえられてしまう(図8右)。この反応は遠方から音源めがけて飛び掛かってくるほど強いので、スピーカー再生を始めて数秒で網にかかることが多い。

しかし、一部のオスにはこの方法が通用しなかった。さえずりを録音再生すると逆に草むらの中に隠れてしまい、音源から逃げるような反応を示した。おそらく、音源から予想された「侵入オス」が自分よりも強いと判断したのだろう。このような場合は、潜ったオスに向かって音源を持って歩み寄り、網の方へ徐々に追い立てた。すると、逃げ出したオスは網に飛び込み、無事に捕獲できた。私の印象では、全体の一割程度がそのようなオスだった。

一方で、メス親はさえずりにほとんど反応しないので、さえずり声を用いた誘導は効果がない。そのため、巣へ出入りする通り道に網を張り、メス親が巣内雛への給餌のために戻ってきたところを捕らえた。メス親は数分ごとに巣内雛へ餌を運んでくるので、通り道さえしっかりと把握していれば、確実に網の中へ入ってくれる。重要なのは捕獲を試みるタイミングである。鳥類の営巣活動は、造巣・産卵・抱卵・育雛の順で進行するが、早いタイミングで捕獲を試みると、営巣放棄してしまう危険性がある。種類によってその程度は異なるようで、オオセッカでは造巣期や産卵期は営巣放棄の危険性がとても高い。抱卵期ではあまり営巣放棄しないようだが、メス親だけが抱卵するため、巣に残された卵の発生に悪影響を与える心配がある。育雛期になると営巣放棄することはほぼないが、メス親だけが巣内雛を温める（抱雛という）ため、ヒナが小さくて低温に弱いうちにメス親を捕らえてしまうと、巣に残されたヒナが悪影響を受ける可能性がある。そのため、私の調査では育雛期にメス親を捕獲するようにし、ヒナが小さいうちにメス親を捕獲する場合は、ヒナが低温で弱らないように、気温が比較的高い日時を選んだ。

親鳥が網に入ったら手掴みで回収し，布袋（通称は鳥袋）に入れて作業場へ連れていく。網に入った鳥は逃げ出そうと暴れるので、時間が経つほど糸が体に絡んで、外しにくくなってしまう。時には脚に糸が幾重にも絡まって糸玉のようになっていたり、胴や翼がいくつかの網目をくぐってしまい「たすき掛け」のようになっていたりする。その状況を素早く把握し、絡んだ糸を素早く外さなければならない。頼りは自分の直観と経験だけ。ただし、どうしても外せない場合の最終手段として、糸を断つ小さなハサミは常備している（かすみ網は貴重な捕獲道具だが、鳥命が最優先である）。なお、小鳥を手で持つときは，鳥が不用意に動かないよう、頭と脚を指に挟み、胴を手全体で掴むことが多い。私の場合は，左手でオオセッカを持ち，人差し指と中指の間に首を，中指と薬指の間に脚を挟んで動かないようにする（図9）。

図9　カラーリングを装着したオオセッカ.

オオセッカが動かなければ，後に述べる計測等の作業を楽に行なえ，オオセッカへの負担も最小限で済む。

捕獲した親鳥は、体の大きさを計測し、カラーリングを装着し、血液サンプルを採取する。繁殖活動への悪影響をできるだけ小さくするには、拘束時間をできるだけ短くして、捕獲個体が弱らないうちに返すことが重要である。そのため、親鳥に施す項目は必要最低限に絞った。鳥類の全長（くちばしの先から尾の先までの長さ）を計測するのは技術的に難しいため（鳥の首をピンと伸ばすのが意外と難しい）、自然翼長・ふしょ（跗蹠）長（足指の付根から踵までの長さに相当する）・体重を「体の大きさ」の指標とすることが一般的である。オオセッカでは、自然翼長やふしょ長のみを計測した（体重は計測の際に逃げられる危険性があったため、確実性を重視して計測しなかった）。捕獲は鳥を手にできる貴重な機会なので、せっかくだからとさまざまな部位を計測してしまう研究者は多い。しかしながら、捕獲は鳥に大きな負担を強いる行為であるため、不要な計測は控えるべきと私は思っている。

カラーリングは組み合わせで個体識別するために装着する（図9）。オオセッカは脚が比較的長いので、片脚に三個続けて着けた。私が愛用しているのはイギリスのA.C.HUGHES社が鳥類標識専用に製造したプラスチックのものである。縦切れが一か所あり、専用器具でそこを広げることで脚に嵌める仕様になっている。カラーリングは色や製造ロッドによって素材が若干異なるようで、柔らかさ等が異なる印象がある。大部分は上手く装着できたが、中には装着時に欠けてしまったり、形状が元に戻らなかったりするものもあった。放鳥後に自然と外れてしまうこともあるようだが、オオセッカではそのような事例は今のところない。

血液サンプルはＤＮＡ解析用の試料である。鳥類の採血方法はいくつかあるが、小鳥では翼下静脈からの出血を用いる。翼の裏側の羽毛を掻き分けると、尺骨を縦断する太い静脈が目につく。ここに注射針を刺して出血させる。出血は二滴程度で十分である。極細のガラス管（キャピラリー）を用いて毛細管現象の原理で血を吸い上げ（図10）、反対側から息で吹き出すことで、キャピラリー内の血液を保存液（百パーセントのエタノール）に落とし冷温保存する。かなり細かい作業のため技術を要するが、慣れると難しくはない。

図10　オオセッカから血液サンプルを採取する.

出血は、数回の羽ばたきで翼の筋肉が収縮し、静脈が圧迫されることですぐに止まる。血が出すぎた場合はガーゼを当てて押さえて止血させるが、そのようなことはほとんど起きなかった。逆に、直ぐに止血してしまい、採血量が意図よりも少なすぎたことが多く起きて困った。とくに気温が低い時は血管が収縮しているようで、血が出にくく採血が難しかった印象がある。

一連の作業を終えると、捕獲個体を捕獲場所に直ちに戻す。放鳥すると数メートル飛んでから草むらに潜りこんでしまうが、しばらくすると通常の行動を再開し、オス親はさえずり、メス親は巣内雛へ給餌する。捕獲した私に対して警戒するようになることもなく、観察に問題は生じなかった（ケリとは大ちがいだ）。このように調査対象のオオセッカをほぼすべて個体識別し、個々の繁殖行動を観察することで、オオセッカの暮らしぶりがようやくわかるようになり、観察データが蓄積されていった。なお、巣探しについては『野外鳥類学を楽しむ』（上田恵介 編／海游舎、二〇一六）で詳しく述べたので、参照していただきたい。

最後に捕獲許可について紹介する。野鳥は鳥獣保護管理法で法的に保護されており、無許可の捕獲は禁止である。さらにオオセッカなど一部の希少種は「種の保存法」で指定された「国内希少野生動植物種」であり、その捕獲は厳しく規制されている。かすみ網を用いた捕獲、国指定鳥獣保護区での捕獲、国内希少野生動植物種の捕獲の許可は環境省の管轄で、それ以外は都道府県の管轄である。学術研究目的で捕獲したい場合には、捕獲申請書を管轄機関に提出し、捕獲許可証を発行してもらう。ケリは紐括り罠のみで捕獲したため、石川県庁に捕獲許可を申請し、すんなりと認めていただいた。一方でオオセッカは国内希少野生動植物種であり、調査地である仏沼は国指定鳥獣保護区の特別保護地区であるので環境省に申請しているが、毎回厳しい審査を受けている。

幻の鳥を観察する

親鳥の個体識別をし、巣を探し当てた次のステップは、営巣行動の定量データを得ることであった。営巣においてオオセッカは雌雄間でどのような役割分担をしているのか、貢献度に雌雄間または個体間の差異はあるのか、その差異が配偶成功や繁殖成功とどのように関わっているのか、オオセッカはどのような餌をヒナへ与えるのか等を知ることで、生息場所選択の秘密を解き明かす手掛かりが得られるかもしれなかった。とはいえ、オオセッカは生活の大部分を草むらの中で進めているため、単なる野外観察では何も見えてこない。そこで、巣の長時間動画撮影を試みた。二〇〇八年度に研究助成を幸運にも得ることができたので、当時最新のデジタルビデオカメラ四台を用意した（動画撮影方法については後述のコラムを参照）。

親鳥の営巣行動は、巣内雛の成長発達段階に応じて変化するはずである。そのため動画撮影は、成長発達段階で偏りがないように育雛前期（二～四日齢）・中期（五～七日齢）・後期（八～十日齢）に分けて行った（オオセッカのヒナは十一日齢で巣立つことが多い）。すなわち、巣当たり育雛前期・中期・後期にそれぞれ一回ずつの計三回撮影を基本ルーチンとした。撮影時間は早朝六時頃から夕方十八時頃までの約十一時間としたが、悪天候などで短くなってしまったことが多々あった。結果として、二〇〇八～二〇〇九年の二年間で計八十九巣を撮影し、約二千時間の動画データが得られた。

野外調査を終えた秋冬は、研究室内でのデータ解析がおもである。私は膨大な動画データの内容確認

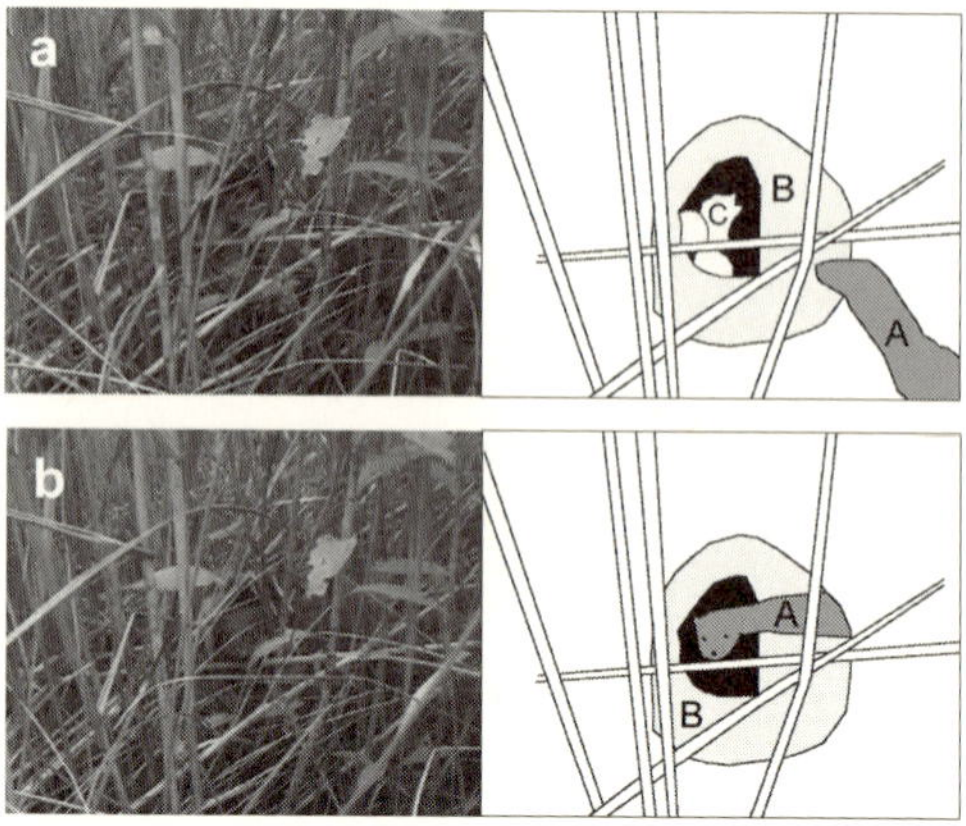

図11　オオセッカの巣(No. J005) が捕食された際の動画から得た画像(左) と略図(右). 巣内雛5個体がいた巣にニホンイイズナ *Mustela nivalis namiyei* が近寄り(a), ヒナを襲った後に巣に再び来た(b). Aはニホンイイズナ, Bはオオセッカの巣, Cは巣内雛を示す. 高橋ほか(2010) の Fig. 2. を転載.

に取り組まねばならなかった。動画は二〜五倍速の早送りで見たが、親鳥はおおよそ三分に一回程度の高頻度で巣を訪れたため、それを見逃さないよう集中を要した。なお、世の中には動画内の物体の動きを認識して選別してくれる便利なソフトフェアがいくつか存在するが、オオセッカの場合は風で巣や周囲の草が頻繁に動いてしまうため、残念ながら適さなかった。それぞれの訪問について、巣に着いた時刻、訪問個体の身元（カラーリングから判別した）、運んできた餌内容、巣を発った時刻、糞除去行動の有無等を記録した。逆光や草陰のためカラーリングが見えにくく、身元判別にてこずったことも多々あった。また、運んできた餌内容をなかなか識別できず、スロー再生やコマ送り機能に大変お世話になった。けっきょくは、一回の訪問を何度も繰り返し見る必要に迫られ、十一時間の動画データを見終わるのに六時間以上もかかってしまった。二人の卒論生（吉村充史くんと中村立樹くん）が動画確認を手伝ってくれなければ、二年間で大部分を終わらせることは無理だっただろう（ただし二〇一八年六月時点でも完了していない）。この膨大な動画データの内容確認作業のおかげで、親鳥の給餌頻度、給餌内容、捕食者の特定（図11／高橋ほか、二〇一〇）、子殺しの確認など、オオセッカの繁殖生態に関して大きな成果を上げることができた。

幻の鳥を数える

オオセッカの生息場所選択の秘密を解き明かすには、どこにどれほどのオオセッカが実際に生息しているのかを明らかにする必要がある。仏沼のオオセッカは一九七五年に発見されたが、直後から津曲隆信さんや宮 彰男さんが中心となって、個体数や繁殖生態に関する調査と保全活動が続けられてきた。最初の個体数調査は一九八二年（私が生まれた年である）に、二回目は一九九二年に実施された。三回目となった二〇〇一年には、上田先生が中心となって三大繁殖地で大規模に実施され、国内の総個体数が算出された（上田、二〇〇三）。

長年の保全活動が実を結び、仏沼は二〇〇五年十一月にラムサール条約の登録湿地となり、その保全価値が国際的に認められた。先立つ二〇〇三年には「ＮＰＯ法人おおせっからんど」が設立され、保全活動の体制も強化された。オオセッカの個体数調査は、鳥類全種を対象とした「生息鳥類個体数調査」に発展し、ＮＰＯ法人主催で二〇〇三年以降毎年実施されている。私は二〇〇八年から調査のまとめ役を務めており、調査員の募集、調査用具の準備、データの集計、報道発表等を担当している。ここでは生息鳥類個体数調査の詳細を紹介する。

仏沼は総面積七百四十四ヘクタールと広大である。これを十四区画に分割し、オオセッカの生息環境を網羅できるような調査ルートをそれぞれ設置する。それぞれの調査ルートの距離は、おおよそ三時間で踏破できる程度である。干拓地と農耕地では農道を利用できるので、隅々まで容易にアクセスできる。

調査は毎年六月末または七月初めに行う。各区画に主調査員一名と補助員数名から成る調査班を配置し、早朝五時から三時間ほど調査ルートを歩いてもらい、確認できた鳥類を地図上に記録してもらう。対象は全種類で、個体数が多い鳴禽類七種（オオセッカ・コヨシキリ *A. bistrigiceps*・オオヨシキリ・コジュリン・オオジュリン *E. schoeniclus*・ホオアカ *E. fucata*・アオジ *E. spodocephala*）は成鳥雄のみ、その他は全個体である。瞬時の目視と鳴き声の聞き取りのみで確認しなくてはならないため、高い発見能力と識別能力が要求される。「ゆっくりじっくり」よりも「すばやく正確に」が重要となる。さらに、仏沼は鳥類の生息密度がきわめて高く（仏沼以上の場所を私は知らない）、早朝はさえずりのコーラスで溢れている。その状態で個々のさえずりを聞き分け、種類を瞬時に判別し、さえずる位置を把握しなければならない。優れた聴覚と空間把握能力も要求される。加えて、同じ個体を複数回記録してしまわないよう注意が必要である。

この個体数調査を実施するためには、多数の調査員が必要である。主調査員は前述のような高い調査能力が求められ、担当区画を熟知していなければならない。これが可能な人材が豊富にいることが、ＮＰＯ

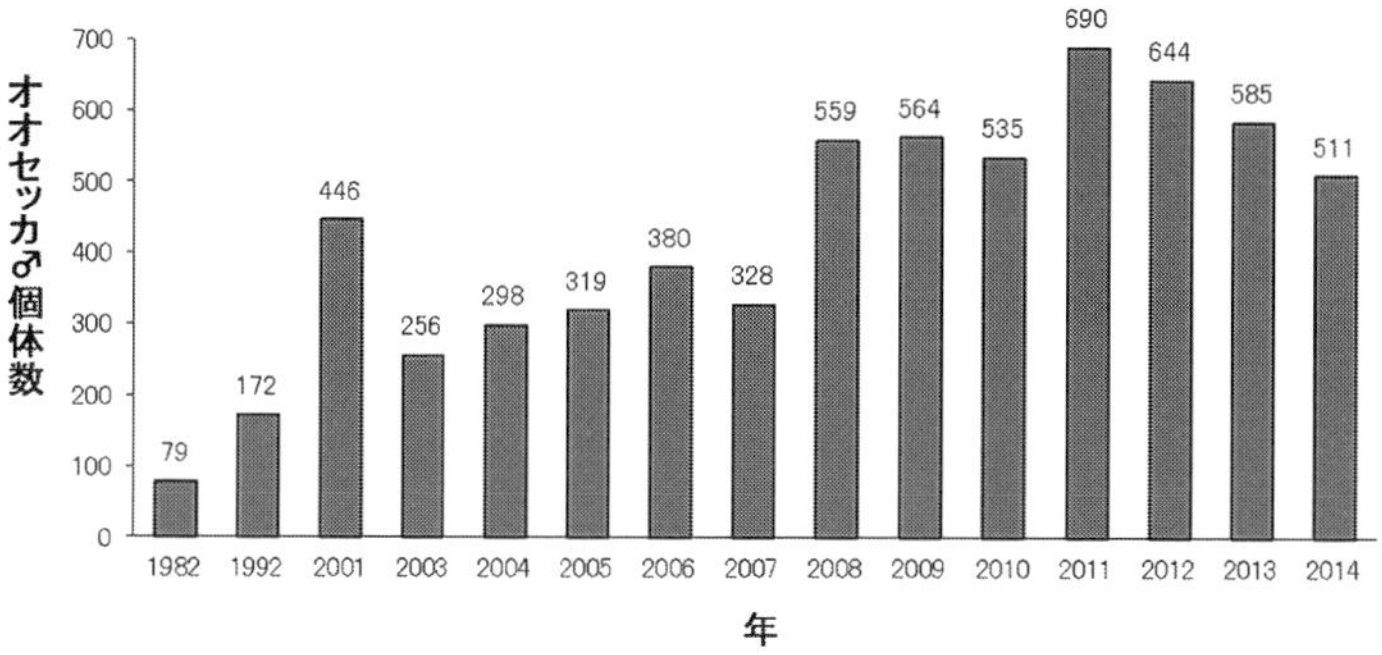

図12　仏沼における1982年から2014年までのオオセッカのさえずりオスの個体数.
高橋・宮(2015)の図3を転載.

法人の強みであり自慢である。毎年六十名ほどがボランティアで参加してくださる。とくに北里大学自然界部や弘前大学動物生態学・野生生物管理学研究室の学生たち、三沢高校の生徒たちは大人数で参加してくださり、大変助かっている。

調査自体もかなり過酷だ。高いヨシやイタドリを掻き分けなければならない道もあるし、水路を飛び越えて進まなければならない道もある。潜んでいたドクガの毛虫に触れてかぶれてしまうこともあった(私の父親も主調査員を務めているが、ドクガが首元から肌着の中に入り込んでしまい、もっとも酷い目にあっていた)。調査員の皆さんには毎回苦労をかけてしまっているが、懲りずに何度も参加してくださる。大変有難いことである。

さて、仏沼のどこにどれほどのオオセッカが生息していたのだろうか。図12は仏沼のオオセッカのさえずりオスの、一九八二年から二〇一四年までの個体数の変遷を示している(高橋・宮、二〇一五)。一九八二年は七十九個体だったが、最多だった二〇一一年は六百九十個体で、約三十年で約九倍に増加したことがわかった。その後は微減傾向が続くが、二〇〇八年か

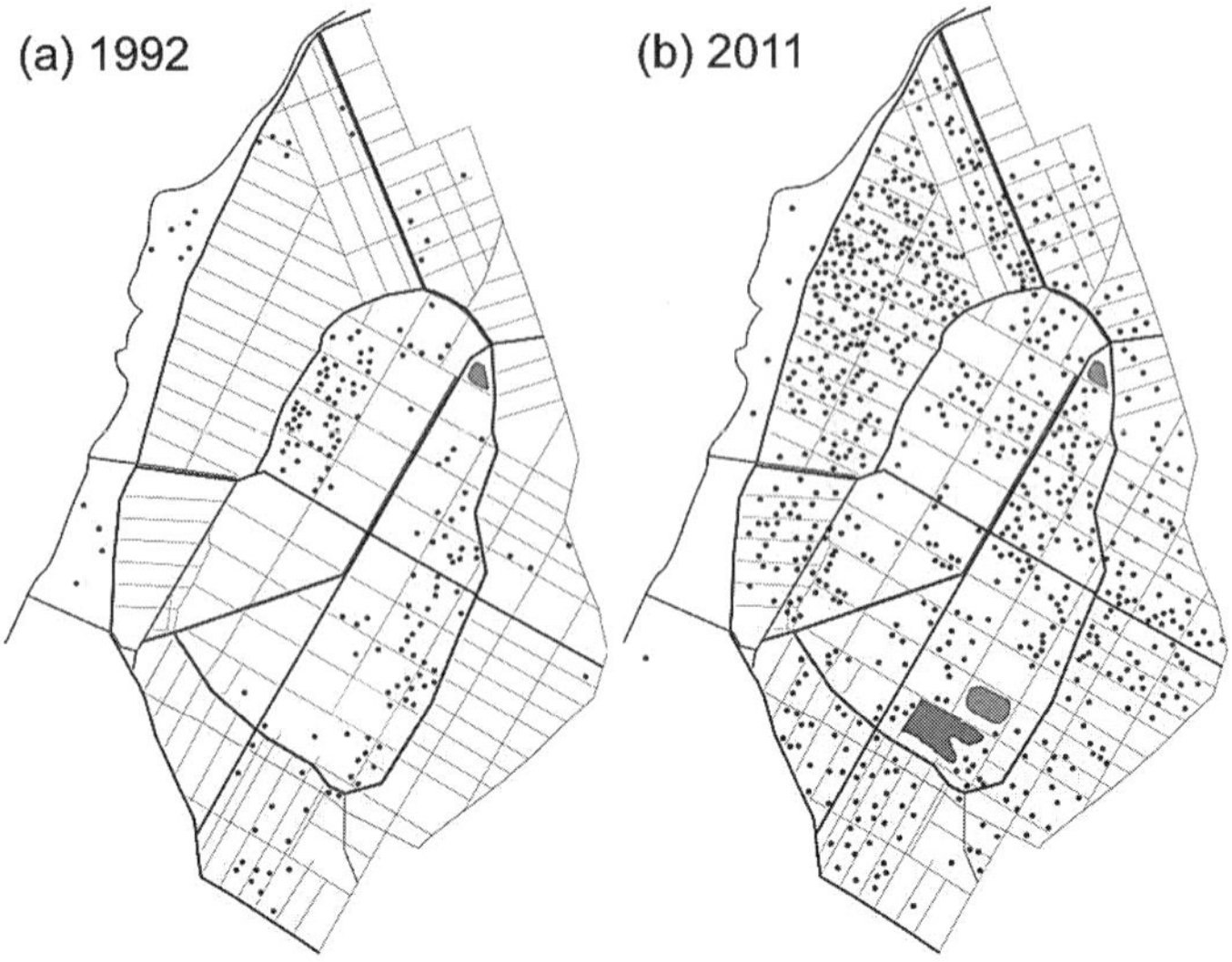

図13　仏沼における(a) 1992年：172個体と(b) 2011年：690個体のオオセッカのさえずりオスの生息地点．成田ほか(2007)の図4と高橋・宮(2015)の図2を改変転載．

ら二〇一四年までの七年間に着目すると、五百八十個体前後で安定しているとも解釈できた。また、図13は一九九二年と二〇一一年の仏沼のオオセッカのさえずりオスの分布を示す。以前は仏沼の一部にしか生息していなかったが、個体数が増えた最近では仏沼全域に生息していることがわかった。

幻の鳥の未来

二〇一三年春、六年を費やした博士論文（高橋、二〇一三）を提出し博士号を取得した。オオセッカの生息場所選択を、オス・メス・巣それぞれについて複数の空間スケールで検証できた。メスについては未解明部分がいくらか残ってしまったが、大方は解明できたと思っている。

その後三年は仕事の都合でオオセッカから距離を置かざるをえなかったが、日本学術振興会の特別研究員に採用されたおかげで、二〇一六年度からオオセッカの生態研究に戻ることができた。現在は、秋田県八郎潟干拓地と青森県八戸市市川地区でオオセッカの繁殖生態の研究を進めている。前者は東北地方北部日本海側の繁殖個体群（岩木川河口が中心）の最南端の繁殖地で、後者は東北地方北部太平洋側の繁殖個体群（仏沼が中心）の最南端の繁殖地である。これまでの調査によって、これら端部では中心部とは繁殖状況が少し異なることがわかってきた。

最近はオオセッカの越冬生態にも関心を向けている。繁殖生態は私の研究成果もあって全容が明らかになりつつあるが、越冬生態はほとんど知られていない。まずは日本での越冬分布を明らかにしようと、試しに関東地方で越冬状況を調査した。試行錯誤の結果、越冬個体の生息確認方法を確立でき、未知の越冬地をいくつも見つけることができた（高橋ほか、二〇一六；二〇一七）。今後は、日本全国でオオセッカの越冬状況調査を行い、詳細な越冬分布を明らかにする計画である。また、オオセッカの多くが耕作放棄地で越冬していることがわかった。耕作放棄地は経済的価値が乏しく、その増加が大きな社会問題になっている。しかし、生態的価値は大きいようで、オオセッカをはじめとした多くの野生生物の生息地となっている。その生態的価値が社会的に認められるよう、情報を発信していきたいと思う。

仏沼のオオセッカの調査研究や保全活動ももちろん続けている。生息鳥類個体数調査には今でも多数の調査員が参加してくださり、毎年恒例の一大イベントとなった。オオセッカは微減傾向が収まり、個体数は安定している。一方で、仏沼は大きな環境変化に直面し、南西部の湖沼化と北西部の乾燥化が同時に進んでしまった。このままでは湿性草原を維持できなくなってしまうため、原因究明と対策が急務となっている。また、仏沼の保全活動の担い手であるＮＰＯ法人はいくつかの問題を抱えている。環境保全を志す民間団体に共通の悩みだと思うが、運営資金が乏しく、主要メンバーが高齢化したため、活動が縮小してしまっている。生息鳥類個体数調査もいつまで続けられるかわからない。私を含めた若手メンバーが、主要メンバーに代わって役割を担えるかが問われている。

オオセッカを取り巻く状況は相変わらず厳しい。だが、オオセッカ自身が頑張ってくれたおかげか、個体数は以前よりははるかに多く、繁殖地も徐々に増えている。彼らに寄り添って研究を続けられるよう、私も日々努力していきたい。

＊この章で紹介した研究の一部は、公益信託乾太助記念動物科学研究助成基金の助成を受けて実施された。

引用文献

Fujita, G. & H. Nagata. (1997) Preferable habitat characteristics of male Japanese marsh warblers *Megalurus pryeri* in breeding season at Hotoke-numa reclaimed area, northern Honshu, Japan. J. Yamashina Inst. Ornithol. 29: 43-49.

平野敏明. (2010) 渡良瀬遊水地におけるオオセッカの初めての巣卵の記録. Accipiter 16: S1-S3.

平野敏明. (2015) 渡良瀬遊水地における繁殖期のオオセッカの生息状況の変化と生息環境. Bird Research 11: A1-A9.

環境省, 編. (2014) レッドデータブック 2014-2 鳥類―日本の絶滅のおそれのある野生生物―. ぎょうせい, 東京.

Morioka, H. & Y. Shigeta. (1993) Generic allocation of the Japanese Marsh Warbler *Megalurus pryeri* (Aves: Sylviidae). Bull. Nat. Sci. Mus. Ser. A (Zoology) 19: 37-43.

三上 修. (2012) 仏沼干拓地におけるオオセッカの繁殖期環境選択：植生の季節変化にともなう変化. 山階鳥学誌 43: 153-167.

永田尚志. (1997) オオセッカの現状と保全への提言. 山階鳥研報 29: 27-42.

中道里絵・上田恵介. (2003) 仏沼湿原におけるオオセッカ個体群の現状と生息地選好. Strix 21: 5-14.

成田 章・関下 斉・宮 彰男. (2007) 仏沼におけるオオセッカの生息状況. おおせっからんど年報 1: 21-27.

日本鳥学会. (2012) 日本鳥類目録改訂第 7 版. 日本鳥学会, 三田.

大八木 昭. (1973) オオセッカの繁殖を確認. 野鳥 38 (1): 4-7.

Seebohm, H. (1884) Further contributions to the ornithology of Japan. Ibis 2: 30-43.

高橋雅雄. (2007) 北陸地方に生息するケリ *Vanellus cinereus* の生態―コロニー繁殖と集団防衛について―. 修士論文. 金沢大学自然科学研究科.

高橋雅雄. (2013) オオセッカの個体群動態と繁殖場所選択に関する行動生態学的研究―階層的な空間スケールでの選択要因の解明―. 博士論文. 立教大学理学研究科.

Takahashi, M. & K. Ohkawara. (2007) Breeding behavior and reproductive success of Grey-headed Lapwing *Vanellus cinereus* on farmland in central Japan. Ornithological Science 6 (1): 1-9.

高橋雅雄・蛯名純一・宮 彰男・上田恵介. (2010) 本州産ニホンイイズナ *Mustela nivalis namiyei* による絶滅危惧鳥類オオセッカ *Locustella pryeri* のヒナの捕食. 哺乳類科学 50 (2): 209-213.

高橋雅雄・宮 彰男. (2015) 仏沼における 2010 年から 2014 年のオオセッカの生息状況―個体数と分布に対する圃場整備の影響―. おおせっからんど年報 4: 2-7.

高橋雅雄・磯貝和秀・古山 隆・宮 彰男・蛯名純一 (2016) 関東地方の都

市部および農村部におけるオオセッカの越冬状況．Bird Research 12: A65-A71.
高橋雅雄・蛯名純一・宮 彰男・磯貝和秀・古山 隆・高田哲良・堀越雅晴・大江千尋・叶内拓哉（2017）．千葉県および利根川下流域におけるオオセッカ *Locustella pryeri* の越冬状況．日本鳥類標識協会誌 29.
竹谷彦蔵.（1938）蒲生に於ける日本特有オホセッカ. 野鳥 5 (8): 832-840 ; 5 (9): 910-917.
上田恵介.（2003）日本にオオセッカは何羽いるのか．Strix 21: 1-3.

参考文献

上田恵介，編.（2016）野外鳥類学を楽しむ．海游舎，東京.

コラム

オオセッカの巣の動画撮影

高橋　雅雄

巣の動画撮影は、単にビデオカメラを巣に向ければいいという訳ではない。通常状態の親鳥の営巣行動が知りたいので、動画撮影が営巣活動に影響しないよう配慮しなければならない。巣の近くに観察者や撮影者がいると親鳥は警戒するため、当然ながら無人撮影をすることになるが、ビデオカメラにも警戒してしまうようならば、その撮影は失敗である。また、ビデオカメラがあることで巣が捕食者に見つかってしまい、営巣が失敗してしまう危険性もある。設置に当たっては、巣からの距離や機材の隠蔽を工夫する必要がある。一方で、動画は調査データとして質が高いものでなくてはならない。親鳥の出入りを確実に捉えるように、親鳥のカラーリングがはっきりと見えるように、親鳥が運んできた餌が識別できるように撮影しなくてはならない。設置に当たっては、ビデオカメラの高さや方向、映る範囲などを適切に調整する必要がある。

オオセッカの巣の動画撮影は他種よりも難しい。巣は枯草や生草で編まれた袋型または皿型の形状で、草むらの中の地面近くにあり、鬱蒼とした草に囲まれている（口絵13右）。一見どれが巣なのか見分けがつかないほどで、ビデオカメラの液晶画面を通すとさらにわかりにくい。ビデオカメラは低い三脚や杭で固定するが、親鳥の出入口や日差しの方向、地形や草の生え具合などを考慮すると、設置可能な地点は限定される。時には親鳥の出入口が複数あり、全範囲を撮影できる地点はさらに限られてしまう。また、周囲の草が風でふらふらと揺れてしまうため、余計な草がたくさん映り込まないように、巣前の草を間引く必要がある。しかし、除きすぎると巣が露出して、捕食者に見つかりやすくなってしまう。その加減は自分の感覚と経験に頼るしかない。

そのうえ、首尾よくビデオカメラを設置できたとしても、親鳥が警戒しないか試す必要がある。私は本撮影の前に三十分ほど試し撮りし、直ちに内容を確認した。雌雄とも給餌に来ているならば問題はないが、まったく来なかったり、片親しか来なかったりした場合は、ビデオカメラが警戒されている可能性が高い。ビデオカメラの設置場所を再考し、試し撮りを繰り返す必要があった。ビデオカメラに対する親鳥の反応は、個体ごとに大きく異なる。ある巣では、巣の目前一メートルほどにビデオカメラを堂々と設置しても、親鳥はまったく気にしなかった。一方で別の巣では、巣から十メートルほど離して設置しても、親鳥の警戒心を解くことができなかった。このように試行錯誤しながら、ビデオカメラの設置場所を巣毎に定めていかなければならない。

スズメの研究

意外と知らていない身近な鳥の生態

加藤貴大

はじめに

フィールドに到着し、これからフィールドワークを始める時の期待感は何にも形容しがたい。フィールドワークは水物だ。フィールドのちょっとした事情や天候、対象生物以外の存在などの相互作用によって、最高の結果を得るときもあれば、まったく研究にならないときもある。そんな、半ばギャンブルのような研究手法を実施するなかで、フィールドワーカーは多様な経験を積む。たとえばそれは対象生物の意外な一面であったり、フィールドの人間たちとの出会いだったりとさまざまだ。私は学部生のときから博士取得まで、一貫してスズメ *Passer montanus* を対象として研究を続けてきた。このことを話すと、「スズメが好きなんですねぇ」とよく言われる。しかし、鳥の中でもとくにスズメが「好き」なわけではなかった。そもそも、研究を始める以前に名前と姿が一致する鳥といえば、スズメ・カラス・ハトぐらいのものだった(後に、それぞれにいくつか種類があることを知った)。では、なぜスズメを対象にフィールドワークをしたのか。簡潔に言えば、スズメはそこら中にいるので私にもできそうという安易な考えと、フィールドワークが私の性に合っていたからだ。私はジッとしているのが苦手なので、研究室の中で一日を終えるような生活を想像するだけでも気が滅入ってしまうのだ。だから、大学で所属研究室を選ぶ際は、ミクロ生物学(分子生物学・遺伝学・生化学など)の研究室ではなく、マクロ生物学(野生動物を扱う生態学)の研究室を希望した。私が通った立教大学理学部には分子生物学の研究室が多いなかで、上田恵介先生(当時、理学部教授)の研究室だけはマクロ生物学(動物行動学)を専門としており、対象はおもに鳥類だった。しかし、なかにはコウモリや植物を対象とする先輩もいた。幸運にも、希望どおり上田先生からご指導いただくことができたので、私はここでスズメを対象とした研究を始めた。博士前期課程（修士課程）でも引き続き上田先生のもとでスズメの研究を続けた。博士後期課程（博士課程）では総合研究大学院大学先導科学研究科（以降、総研大）に移り、沓掛展之先生（現、先導科学研究科講師）に師事した。上田先生と同様、沓掛先生の専門も動物行動学だったが、沓掛先生が対象としていたのはおもに哺乳類、そして系統種間比較だった。研究室メンバーの対象種は無脊椎動物、魚類、両棲類、鳥類、哺乳類など、非常に多様だった。私はここでもスズメの研究を続けた。

つまり、私はずっとスズメの研究をしてきた。しかし、いつも同じフィールドだったわけではない。卒業研究では都市部や郊外の住宅地近くでのフィールドワークを行い、大学院に進んでからは秋田県大潟村にフィールドを移した。ここでは、都市と秋田県で行ったフィールドワークについて、私の研究も交えながら、それぞれ紹介したいと思う。

フィールドとしての都市部 ―スズメプロジェクト

フィールドワークと聞けば、野山を駆けて海に潜って野生動物を追いかけるフィールドワーカーの姿を想像する人が多いかもしれない。しかし、目的によっては山川にかぎらず、人が住む都市部もフィールドになりうる。私の最初のフィールドは東京都豊島区目白と埼玉県ふじみ野市駒林の二箇所だった。このフィールドワークは私が立教大学理学部四年生時の卒業研究で実施したものである。当時在職中だった上田先生の研究室では、スズメの生態について調査するためのプロジェクトがスタートした。私は卒論生としてこのプロジェクトに加わらせてもらい、両地域においてスズメの巣場所を比較することにした。目白は池袋に隣接する地域で、住宅地が密集する「都市」であり、駒林は畑や農業倉庫が点在する「郊外」である。さて、なぜスズメの巣場所を「都市」と「郊外」で比較するのだろうか。二〇一〇年頃、まず、日本国内のスズメの個体数が、一九九〇年頃と比べて半分以下に減少していると推定された（三上、二〇〇八）。さまざまなメディアがこのことについて報じていたので、ご存知の方もいるだろう。さらには、都市部では親が連れている子スズメの数が農村部よりも少ないことが報告された（三上ほか、二〇一一）。このことは都市部でより子スズメの数が減少していることを示唆している（これら一連の研究を行った、現在北海道大学の准教授である三上先生も、プロジェクトのメンバーである）。じつは、スズメが減っているのではないかという噂は、先に挙げた研究が発表される以前からあった。私自身、そのことは薄々感じていた。私は秋田県の田んぼに囲まれた土地で育った。地元の高齢者が働き盛りの頃は、空を覆い尽くすほどのスズメの群れが見られたらしいが、私は見たことがない。では、なぜスズメは減ってしまったのだろうか。スズメが減ったことはわかったが、その原因はよくわかっていなかったのだ。

スズメが個体数を減らす原因はいくつも考えられる。たとえば、以前よりも（一）建物の気密性が高まり、繁殖場所が少なくなった、（二）繁殖できても、餌が少ないなど子育てが難しくなった、（三）子どもが巣立っても、捕食者が多くなった・隠れる場所が少なくなったせいで子どもの生存率が下がった、などである。他にもたくさん仮説を立てられるが、私は繁殖場所に注目し、「都市」と「郊外」で巣探しを行い、巣場所や巣数を比較することにしたのだ。

スズメの巣探し―フィールドワーカーは不審者？

都市部は人がとにかく多い。ゆえに、都市部では人間同士のトラブルが必然的に多い。だから、都市に住む多くの人は法やモラルを守ることにより、極力混乱を避けて秩序を保つ努力をしているはずである。そんな場所で、フィールドワーカーはどんな扱いになるのだろうか。というのも、私の実体験によるとだが、多くの人の目にフィールドワーカーの振る舞いは特殊に映ると思う。たとえば、都市で双眼鏡を使う人はほとんどいないし、数時間同じ場所に留まることも少ないだろう。さまざまな人が混在する都市部でさえ、フィールドワーカーは特殊な人種なのだ。正直に言い換えれば、都市部のフィールドワーカーは不審者である。実際に私が経験・目撃した、「都市」で活動するフィールドワーカーが遭遇したトラブルやその回避策について、スズメの研究とともに紹介する。

双眼鏡は鳥類観察に欠かせない。たとえ使う予定がなかったとしても、フィールドワーカーはとりあえず持ち出してしまう。私は「都市」と「郊外」のそれぞれに三十ヘクタールほどの調査地を設定し、五月から九月までの間、およそ週に二回、その中にあるスズメの巣を隈なく探す調査を行った。スズメは木の洞などの空間に巣を構える樹洞営巣性鳥類と呼ばれる鳥の一種である。スズメの場合は、屋根の隙間なども巣場所の候補となりうる。そのため、直接スズメの巣を観察することは難しいので、「巣がある確率が高い場所」を探した。巣探しはスズメの鳴き声や行動を見ることから始まる。たとえば、スズメが小さな隙間に入るのが観察できたならば、その隙間が巣場所である可能性が出てくる。その際に巣材などをもっていれば、巣である確率はさらに高くなる。ただし、本当に巣があるのか、実際に繁殖しているかどうかはわからない。確実に繁殖していると言える手掛かりは、ヒナの存在を確認することである。巣場所らしき場所の近くで耳をすませば、ヒナが親に餌をねだる声が聞こえることがある。「シュワーシュワー」というような鳴き声である。あるいは、巣場所らしき場所に親鳥が餌をくわえて入ったならば、ほぼ確実に巣があるといってよいだろう（この場合はたいていヒナの声も聞こえる）。他にもたまたま巣材が外から見えることもある。こうした観察事実から総合的に判断して、巣場所を決めていく。このような作業では、やはり人家の近くにいるスズメ、あるいは人家そのものを観察しなければならない。私有地には立ち入れないので、私が入れる道は限られる。そこで、双眼鏡を使って観察することもある。このようなフィールドワーカーの姿を客観的に見ると、言い訳のしようもない不審者である。そしてやはり、フィールド内の住民たちも黙っていない。実際に、調査中に声を掛けられて疑われたり、本当に調査をしている証拠を見せるように要求されることがあった。また、警察に通報されたり、地元住民に不審者扱いされる研究員もいた。このようなトラブルや、フィールド住人による猜疑の目を退ける方法はないものだろうか。

私が提案する方法の一つは、腕章をつけることである。じつは立教大学のプロジェクトでは、赤い腕章を作っていた（図1）。もしかしたら上田先生や三上先生は、都市でフィールドワークをすることの厄介さを予測していたのかもしれない。というのも、腕章は威力を発揮したと思うからだ。腕章を着けている時とそうでない場合では、まず住民の態度がちがう。腕章ありの際は、「役所の調査ですか？」などのように、まるで公式な調査であるかのように、住民の方々は話しかけてくれることが多かった。鳥類調査であることを説明した後でも、最初に不審なイメージがないせいか、わだかまりが残るような接触にはならないことがほとんどであった。逆に腕章がない場合、住民たちは警戒しているように思えた。まず、声がやや低い。戦闘態勢に入っていたのかもしれない。

フィールドワークといっても、都市部においては、オフィシャルな雰囲気も大事なのかもしれない。他の方法としては、前もってフィールド内の交番や住民に周知することである。この方法は都市部以外でも有効だろう。都市部では人との繋がりが希薄だと言われるものの、やはり独特のネットワークがあるように思う。なので、声を掛けられた際には誤解を解くだけに終始せず、笑顔で積極的に挨拶し、機会があれば研究の説明もすべきだろう。

図1　スズメプロジェクトで作成した赤い腕章．ビニル製なので，布製より格が高く見える．

電柱に巣食うスズメ ―ヒトがスズメに巣場所を提供している？

さて、調査結果についてである。都市と郊外で巣場所にちがいはあったのだろうか。答えは〝ＹＥＳ〟だ。端的に言えば、都市ではおもに電柱部品の隙間に、郊外ではおもに屋根の隙間に営巣していた（図2、加藤ほか、二〇一三）。当初の予想では、都市でスズメの個体数が減少している原因

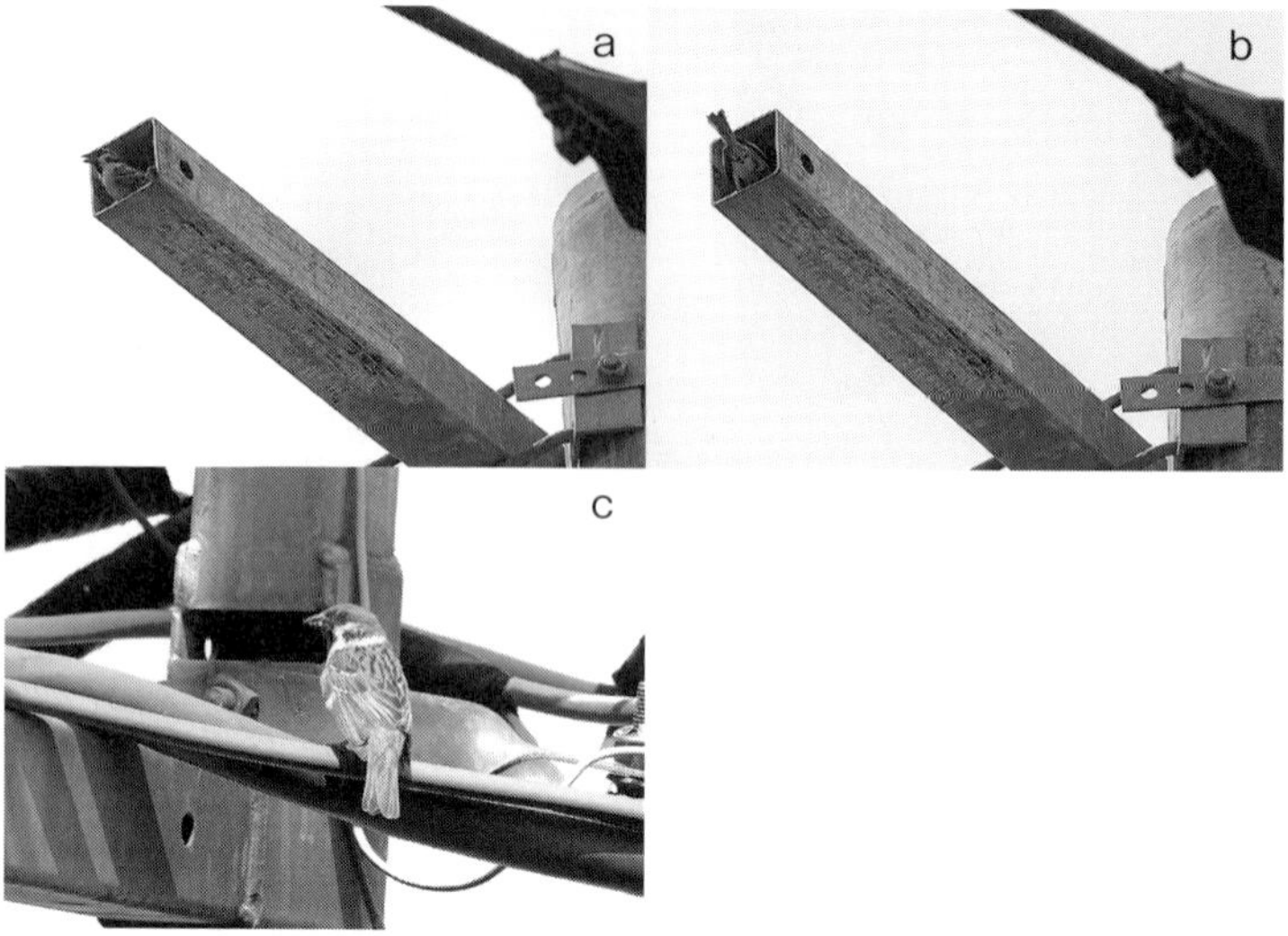

図2　(a) 腕金と呼ばれる電柱部品に巣を作り，そこから顔を出しているスズメ．(b) 腕金に入ろうとしてお尻を出しているスズメ．(c) 腕金の隙間(矢印) に入りそうなスズメ．写真提供：三上 修先生．

は、都市ではスズメの営巣場所が少ないことだった。しかし調査結果を見ると、営巣場所はちがっていても、都市での巣数は郊外よりも少ないということはなかった。つまり、都市だからといって巣場所が少ないわけではないようだ。このことは、予想が外れたという点では残念だが、同時に非常に興味深い事実を示唆している。樹洞営巣性鳥類は、カラスやハトのように樹上に巣を組むことはほとんどなく、基本的に樹洞（隙間）がなければ営巣できない。ということは、都市において、ヒトは電柱という営巣場所をスズメに提供していると考えることもできる。日本のスズメはヒトの生活圏に入り込んで生活してきた。山の中だろうと、ヒトが生活していればスズメもそこに必ずいる。スズメはヒトが作る建造物をうまく利用して生活してきたのかもしれない。電柱が全国に配置されたのはここ数十年のことなので、それ以前はヒトが作る家の隙間などに対して営巣していたと考えられる。実際に郊外での調査結果から、スズメは瓦屋根の隙間を使ったことがわかった。ひと昔前は現在よりも就農人口や耕作面積が多かったので、家よりもっと隙間がありそうな農業用倉庫なども今日より多かっただろう。その頃は、ヒトが家や倉庫というかたちでスズメに営巣場所を提供していたということになる。

このような、スズメが利用する建造物のちがいは、スズメの巣の分布様式にも影響していた。電柱を設置する本来の目的はスズメに巣を作らせるためではなく、各家庭に電力などを供給することである。電力は電線を通じて送られるため、住宅地全域に電柱が点在することになる。したがって、都市におけるスズメの巣も電柱の配置と同様に点在することになる。一方で郊外におけるスズメの巣は、家の瓦屋根に集中することになる。調査の過程で得られた巣場所を見てみると、実際にスズメの巣は都市では一様に（調査地全体に万遍なく）、郊外では狭い範囲に集中して分布していた。これらのちがいはスズメの生活にどう影響するのだろうか。一様分布では、集中分布に比べて、周囲のスズメの数が少なくなるので、食べられる餌量が多くなるだろう。一方で、捕食者がやってきたときは集中分布の方がより死亡リスクが低い。というのも、スズメがたくさんいれば、皆で騒ぎ立てて捕食者を追い払うこともできる（モビングと呼ばれる行動）。また、捕食者を追い払えなかったとしても、群れていれば自分が捕食される確率が低くなる（希釈効果）。他にもさまざまなことが考えられるが、スズメはヒトの建造物の分布によって繁殖様式が規定されるので、都市と郊外ではスズメの行動や生活史が異なると予想できる。しかし、本当にちがいがあるのか、あるのならばどのようなちがいなのかはわかっていない。

余談だが、ヨーロッパにおいては、ヒトの生活圏にイエスズメ *Passer domesticus* が入り込んでいるようだ。そのことは「house sparrow」という英名にも表れている（house は家）。スズメの英名は「tree sparrow」で（tree は樹木）、ヨーロッパでは森林に生息していると思われていたことが伺える。イエスズメとスズメでは、イエスズメの方が大きいので、イエスズメの方が争いに強いだろう。両者が同居するヨーロッパ圏においては、イエスズメはヒトの近く、スズメは森林というように棲み分けているのかもしれない。ところが日本にはイエスズメがいないので、スズメはヒトの生活圏にも侵入できている。このことは暗に、イエスズメやスズメは生息場所として、ヒトの生活圏を好んでいることを示している。人家の近くならば、ヒトがいることによって捕食者が近づきにくいかもしれない。あるいは、ヒトが落とした食料にありつけるかもしれない。このようなメリットをもとに、ヒトの生活圏に適応したのがスズメやイエスズメなのかもしれない。もしそうならば、ヒトの生活様式が変わるとともに、スズメはそれに適応するかもしれない。近年になって膨大な数の電柱が全国に供給された今、スズメの生活様式はどのように変化していくのだろうか。都市でのフィールドワークには厄介な制約が伴うものの、魅力的な課題が眠るフィールドでもある。

秋田県大潟村での調査 ―やはりスズメ

あたり一面、見渡すかぎりの田んぼと、その中を縦横に走る防風林は、大規模農業をめざした秋田県大潟村の特徴をよく表していると思う（図3）。大規模農業をめざして、日本第二位の湖沼面積をもっていた

図3　(a) 冬の大潟村の田んぼ.
(b, c) 道路脇のポプラや菜の花.

八郎潟湖を干拓するという大掛かりなプロジェクトの結果である。私は都市と郊外でスズメの巣場所を比較するという卒業研究を終えた後、秋田県大潟村にフィールドを移した。これにはさまざまな理由がある。一つは、スズメの繁殖をより詳細に観察したいという欲求が出てきたからである。都市ではスズメの個体数がとくに減少していることはすでに述べたが、巣の数自体は電柱が多数存在するせいなのか、際立って減少していなかった。となれば、次は両地域におけるスズメの生存率や繁殖成功度が気になる。電柱で巣を作るスズメは上手く繁殖できていないのかもしれない。しかし、都市でスズメを捕獲したり巣の中を見ることは難しい。街中で捕獲用のかすみ網を広げたり、電柱に上って電柱部品の中を観察することは現実的ではない。「さて、どうしたものか」と次の一手を探していた私に、大潟村へ行くチャンスが訪れた。ある撮影グループが、補助としてアルバイトを探しているというのだ。

撮影場所は大潟村で、偶然にも母親の実家が大潟村に近かった。そして祖父母に相談してみると、長期滞在できるうえに、車を使わせてくれるということになった。こんなにありがたい話はない。フィールドワークを実施するにあたって、資金は何より大事である。交通費や宿泊費、食費などの生活費を調達しなければならない。しかし学生は給料や研究費をもらっていることは稀であるので、たいていは指導教員や大学の予算から補助してもらうかたちとなる。なかには資金繰りが難しく、フィールドワークができなくなる人もいる。そんななか、私は祖父母の家でお世話になることで、宿泊費と食費、レンタカー代が浮いたのである。このことは非常に大きなアドバンテージであり、祖父母をはじめとした親戚一同には感謝してもしきれない。私は早速、アルバイト希望として手を挙げ、大潟村へ向かった。こうして偶然にも地の利を得て、大潟村でのフィールドワークが始まった。

じつは私は小学生から中学生の頃に秋田県に住んでいた。家族旅行で大潟村にも訪れたこともあって、大潟村内の工房でソーセージ造りの体験をしたことを覚えている。その後、親の転勤に伴って東京で暮らしていた。もう秋田には連休に顔を出すだけになるのかと思っていたので、まさか大学院生になってから鳥類調査のために再び大潟村を訪れることになるとは予想もしていなかった。大潟村というフィールドで研究対象とした鳥は相変わらずスズメである。「なぜ、東京から大潟村まで来てスズメの研究をするのか?」、と聞かれることも珍しくない。というのも、大潟村にはアリスイやチュウヒといった絶滅危惧種が多数生息しており、さらにガン・カモの渡り中継地としても国内最大規模の場所なのだ。それなのに、なぜスズメなのか。その理由は先に述べたように、もともと都市や郊外でスズメを対象に研究をしていた

図4　(a) 防風林に設置した巣箱と(b) 巣箱を設置させてもらった秋田県立大学の建物.

ことが大きい。しかし大潟村は都市でも郊外でもなく、農村部である。大潟村でのフィールドワークでは、都市との比較はとりあえず考えるのをやめて、繁殖生態の観察を中心に据えることにした。というのも、スズメは珍しくもなんともないせいか、研究が少なく、基礎生態ですら不明な部分が多かったのである。私は巣箱を村内に設置し、そこで繁殖したスズメの基礎的な繁殖生態を調べることにした(図4)。ここからは、フィールドを大潟村に移して、巣箱を使った鳥類のフィールドワークについて紹介したいと思う。

フィールドとしての大潟村 —フィールドワークの成果はフィールドの質で決まる?

良いフィールドとはなんだろうか。それはもちろん、自分の研究テーマを十分に遂行できるフィールドである。私の場合、それが大潟村だった。なぜなら大潟村は、私が考える良いフィールドの三条件(サンプル数・自由度・コスト)を満たしていたからである。

一つは「サンプル数を稼げるかどうか」、である。データが多いほど、研究の質が上がる。たとえば、日本人の平均身長を求めるために日本人百人の身長を参考にするよりも、日本人十万人の身長を参考にした方が良いのは明らかだ。これはフィールドワークでも同じである。大潟村はこの条件を十分に満たしていた。私は巣箱を使った調査を予定していたので、たくさんの巣箱をスズメに使ってもらわなければならない。そして、設置した巣箱のほとんどに対して、何らかの鳥類が営巣したのである。内訳としてはスズメがもっとも多く、次いでコムクドリ、アリスイ、シジュウカラである。ムクドリやアカゲラも使いたそうなようすだったが、彼らの体よりも巣箱の巣穴を小さく作っていたので営巣できなかった。私は村内に巣箱を百五十個ほど設置していたので、毎年百巣以上のスズメの繁殖データを得ることができた。今一つピンとこないかもしれないが、年間百巣のサンプルは、鳥類のフィールドワークではかなり多い方だろう。これだけのサンプルが得られる理由の一つに、大潟村に生息する鳥の個体数が非常に多いことが挙げられる。大潟村は一面田んぼ（山手線の内側面積の約二・五倍、東京ドーム三千六百個分）なので、そこから採餌するスズメやサギ類にとっては非常に棲みやすい環境といえるだろう。また、村内を数キロメートルに渡って突っ切る道路脇の防風林の林床には、菜の花やヨモギが生えており、アオジやカワラヒワなどの小鳥が採食、営巣しやすい場所となっていた。さらに防風林と隣接するかたちで幅三メートル程の農業用水を引く水路があり、そこにはヨシが自生していたため、オオヨシキリやコヨシキリの営巣場所となっていた。カエル類が多いため、それらを捕食するトビ・サギ類も大潟村の外と比べて比較的多い。大潟村は灌漑地なので人為的に作られた環境であるが、その中に巨大な個体群を維持できるほどの環境収容力があるように思う。

サンプル数だけでなく、「どれだけ自由度が高いか」も重要な問題だ。調査対象がたくさんいるフィールドを見つけても、自由度が低ければ研究内容は制限されたものになる。たとえば、あなたが鳥の捕獲をして標識したいと考えたとしても、捕獲方法や捕獲数の制限が厳しいかもしれないし、観察場所への立ち入りや観察時間に制限があるかもしれない。そういった場合はあなたが最初に望んだ研究計画を変更せざるをえないだろう。さて、フィールドワークにおける制限はおもに二種類ある。一つは法的な制限である。鳥類ならば「鳥獣保護法」などがあり、行政から許可を得なければ野生鳥類には触れてはいけない。もし許可を得たとしても、その鳥の希少性などによって捕獲数や研究内容が制限される。私が選んだスズメは普通種であり、数もまだまだ多いので、このことは私にとって問題にならなかった。もう一つは倫理的な制限であり、法的な制限よりも難しい問題である。ここで想像していただきたいのだが、もしもあなたがもっとも好きな動物に対して、研究者が許可を得てトラップによる捕獲を行い、足環を装着し、分析のために血液を採取していたら、あなたはどんな気持ちになるだろうか。その動物が可哀そうだと思うだろうか。それとも、ちゃんと許可を得ていれば問題ないだろうか。感想は各人によって異なるだろうが、フィールドワークの手法に対して、法ではなく倫理的な制限が働く場合もある。この時の倫理観とは世間一般のものというよりも、フィールド内の住民によって形成されたものの場合が多いだろう。これは動物に対する扱いだけでなく、フィールドでのフィールドワーカーの振る舞いにも及ぶ。たとえば先に述べたように、都市部で双眼鏡を使うことも法的に制限はないはずだが、倫理的に憚られる行為でもある。私の場合、巣箱の設置場所について、フィールド住民と衝突したことがある。私は大潟村で巣箱設置する際に、農業倉庫の壁面に十数個の巣箱を着けさせてもらったことがあった。それらの巣箱にスズメが営巣したところまでは良かったのだが、その後に問題が起きた。まず、スズメとは農家にとってどのような存在なのかを思い出してほしい。スズメは稲穂を食べる害鳥という側面もある。なので、「スズメが稲を食べちゃうよ！」という声が聞こえるようになった。これは当然の反応である。この問題は、農業倉庫の管理者と、その周辺で農作業をする人は別だったことにも起因する。管理者が巣箱を着けていいと言っても、実際に作業する人は良い気持ちがしないのである。また、調査手法自体も限られたものになった。農作業する人が出入りするので捕獲トラップを仕掛けられる場所や時間帯も限られる。さらに、ビデオカメラでスズメの行動を記録しようとすると、農作業者の声や姿が映るおそれがあるため、記録できる巣場所や時間も制限される。けっきょくは巣箱を撤去してほしいということになり、その農業倉庫からは撤退することとなった。一つの調査地点を失うことは私にとって痛手であり、もっと上手く交渉できなかったものかと、現在でも考えることがある。そこでいつも浮かぶ疑問は、「巣箱を設置すると、スズメによって食害される稲穂が本当に増えるのだろうか」である。というのも、使わせてもらっていた農業倉庫は隙間が多く、もともとスズメが集団繁殖していた場所なのである。もし、巣箱で繁殖したスズメは倉庫からではなく、他の場所からやって来た個体なのであれば、スズメの数が増えたということなので食害される稲穂の量は多くなるかもしれない。次に季節性を考えてみよう。スズメが繁殖するということは、ヒナを育てるということなので、ヒナに餌を与えなければならない。その餌は米ではなく、よりタンパク質豊富な昆虫が中心となる。つまり、スズメは田畑からも昆虫を採餌しているはずなので、農業害虫を捕食しているかもしれない。有名なエピソードだが、五〇年程前の中国で実施された大躍進政策において、四害駆除としてスズメ・ハエ・カ・ネズミを徹底的に駆除した。その結果、農業害虫が増えて凶作を引き起こし、数千万人の餓死者を出したとも言われている（ただし、スズメの駆除と凶作の因果関係ははっきりと証明されていない）。また、二五〇年ほど前のプロシア（今のドイツ）では、さくらんぼが好きだったフリードリヒ大王が、さくらんぼを食べるスズメに腹を立てて七十六万五千羽のスズメを駆除したと言われている。その結果、害虫が大発生し、さくらんぼは壊滅的な被害を受けたと伝えられている。スズメの繁殖時期は四月下旬から九月頃までで、ピークは六、七月なので、スズメが大群で稲穂を食べ始める前の時期である。ゆえに、農業倉庫のスズメは田畑の害虫駆除に一役買っている可能性だってある。ここで、「スズメが食害する稲穂量とスズメが害虫を捕食することによって害虫被害を免れた稲穂量は、どちらが大きいのだろうか」、という疑問が浮かぶ。私が知るかぎり、スズメと害虫、収穫量についての明確な関係を示した研究はない。やはり、作業者へのスズメの生態についての説明や実際の被害状況について、もっと情報交換が必要だったように思えてならない。フィールドワークはフィールド内の住民たちとの接触を避けられない。それゆえ、予定どおりにフィールドワークを実施することは難しいと思う。そういった意味でのフィールドに存在するだろう制限を考慮して、研究者はフィールドワークを実施しなければならないのかもしれない。

最後の条件は、フィールドワークに係る「コスト」である。コストには滞在費やフィールドまで往復時間、近くに買い出しできる店があるかなどさまざまであるが、ここでのコストとは研究資金に限定する。なぜなら、研究助成を得にくい学生の立場だとより深刻な問題だからである。研究資金は多いほど良い、あるいは必要量が少ないほど良い。博士をめざす学生の中には、進学先を考えるうえで研究資金がある研究室（あるいは大学）かどうかを一つの基準とする学生までいるほどだ。私の場合、研究資金については大変恵まれていた。まず、滞在費はほとんどゼロだった。なぜなら、すでに述べたように、母親の実家宅でお世話になることができたからである。調査道具や分析用の試薬類についても資金があった。立教大学のスズメプロジェクトは研究助成を受けて立ち上がったもので、私の視点からすると最初から研究資金があった。総研大ではリサーチ・アシスタント（RA）制度があるので学費の心配はなかったし、学会・調査の移動費補助も充実していた。さらに、上田先生と沓掛先生は常に研究費を獲得してくださった。先生方には頭が下がるばかりである。では、お金の心配がまったくなかったかというと、そうでもない。滞在費も研究費もあるはずなのに、何に使うのか。私はおもに、調査道具にお金を使っていた。「調査道具は研究費で買ってもらえばいいじゃないか」と言われそうだが、フィールドワークにはしばしば予測不能な事態というものがある。実際にフィールドで観察を続けるうち、さらに購入すべきものがあったと気づくことは珍しくない。また、急にアイディアが出てくることもある。そして、そのような場合は得てして、調査道具が明日にでも必要なのである。調査道具は研究費から購入してもらえることが多い。しかし、たいていは大学事務の手続きを経て大学に届き、大学からフィールドへ郵送するという順序になる。これでは一週間ぐらいかかるかもしれない。しかし、野鳥は待ってくれない。フィールドワーカーの都合に関係なく、彼らは自らの季節的なスケジュールをこなしていく。調査道具が届く頃には、記録すべき段階が過ぎてしまっているかもしれないのだ。ならば、自分で買ってしまった方が早いし確実だ。このような思考の結果、「すぐに」必要な買い物は数百円から数千円程度のものだが、出費はじわじわと積み重なり、貯蓄と毎月の奨学金が消えていった。資金的アドバンテージがあるはずの私ですらそのような有様なのだから、他の大学の学生はどうやってフィールドワークをしているのか、不思議でならない（しかもしっかり成果を出している）。ところで、ここで疑問をもつ方もいるかもしれない。「それは本当に必要な出費だったのだろうか」と。その問いに答えることは難しい。というのも、フィールドワークには、やり直しがきかないという難しさを抱えているからだ。たいてい野生動物についての研究は季節的なものである。たとえば鳥類の繁殖生態ならば、産卵、ふ化、巣立ちというように、季節とともに繁殖ステージが推移していく。親鳥の行動を観察したいとき、産卵段階と巣立ち間際で、同じ行動をしてくれるとはかぎらないし、同質のものと見なすこともできない。また、年によってようすがちがうこともある。暑い年もあれば寒い年もあるし、例年にない大雨が降る年だってある。そういった稀なイベントに遭遇したときにしか採れないデータもある。データを採るチャンスは常に一度きりで、過ぎ去った日は戻ってこない。だからこそ、私は採れるデータが目の前にあるのならば、自費でも道具を揃えていた。もちろん、こうした余力があったのは大学や先生方による援助が背景にあったお陰であることは言うまでもない。お金のかからない研究とフィールドというのは、永遠の課題かもしれない。

びっくり箱 ―巣箱を使ったフィールドワーク

巣箱を覗くときの高揚感は、合格発表で自分の番号を探すときの、あるいは宝くじの当選番号を確かめ

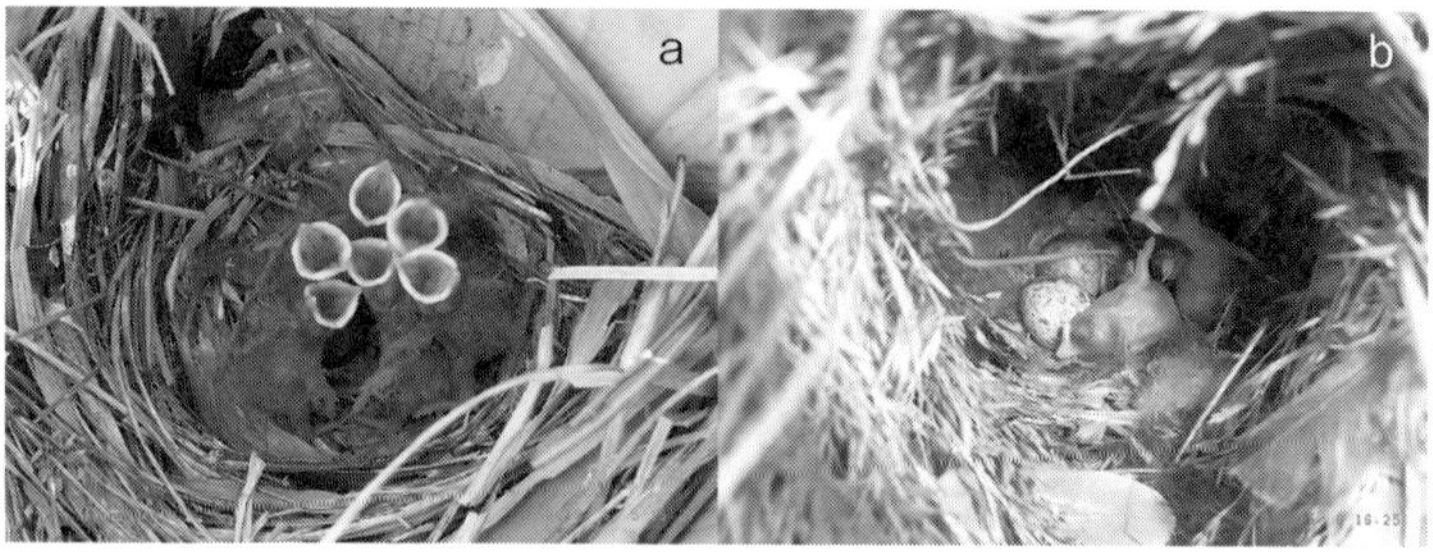

図5　(a) コムクドリのヒナ．目が開いていない時期は人にも餌をねだる．(b) スズメのヒナと未孵化卵．

るときの、または見知らぬ外国の地に降り立つときの期待感と同じかもしれない。大潟村での調査では、私は巣箱を使って調査をしていた。スズメは樹洞営巣性鳥類なので、巣箱を使って繁殖するからだ。春が来る前に巣箱を大潟村内の農業倉庫や、秋田県立大学の建物、村内の防風林のクロマツなどに設置し、四月中頃から定期的に巣箱を覗いて回る（図5）。これが私のフィールドワークの基本的なルーティーンとなった。巣箱はとても便利だ。一度設置してしまえば、そこを定期的にチェックすればよいので、樹上や藪の中の巣を探すような手間を省くことができる。巣箱は樹の高い位置に設置する人が多いが、大潟村では私の頭の高さに設置しても、鳥たちは問題なく巣箱を使ってくれた（図6）。おそらく、鳥の数が多いので巣場所に困っているのではないだろうか。私は巣箱を覗くのが非常に好きで、鳥の繁殖に対する影響が小さい範囲で、なるべく多くの巣箱を見回るようにしていた。なぜなら、毎日のようにどこかしらの巣箱で、興味深いイベントが起こるからである。

巣箱を使うのはスズメだけではない。大潟村には、他にもコムクドリ *Agropsar philippensis*、シジュウカラ *Parus major*、アリスイ *Jynx torquilla* といった樹洞営巣性鳥類も生息しており、彼らもまた、巣箱を使って繁殖することがあった（口絵14参照）。大潟村はやたらと鳥の個体数が多いので、スズメも含めた四種の鳥が巣箱を奪い合うようすを観察することができる。たとえば、昨日までスズメの卵が巣箱内にあったのに、次の日には卵がなくなっていることが頻繁に起こる。当初は、小型哺乳類が卵を食べたのだろうと思っていたが、どうやらそれだけではないらしい。というのも、卵黄が入ったままの卵が巣箱の下に落ちていることが度々見られたからである。巣から卵が消えたが、卵は食べられていない、という状況である。また、巣の形が変わっていることもよくあった。スズメは巣箱の天井までぎっしりとイネ科の植物を敷き詰めて巣を作るのだが、巣材の半分ほどが巣の外に引きずり出されて、別の鳥の巣の形になっていたこともしばしばあった。観察を続けるうちに、これらの犯人はおもにコムクドリであることがわかった。

図6　著者が巣箱を設置するようす．私の頭程度の高さに設置している．

私たち動物の世界では、体が大きいほど強いものである。このことは大潟村の巣箱争いでも同様で、もっとも大きいコムクドリが他の鳥から巣箱を奪うことが多かった。ある日巣箱を覗くと、昨日までスズメが繁殖していた巣箱のはずだったのに、今日はコムクドリが居座っていることも頻繁にあった。

巣箱を覗いたときに、家主と遭遇することもある。巣箱の屋根を開いて中を覗いた瞬間に、鳥と目が合う。このときの反応は鳥によってさまざまだ。スズメはだいたいの場合、巣箱から飛び出して逃げてしまう。時々、巣の奥でジッと息をひそめている個体もいる。アリスイやシジュウカラは、いきなり巣箱から飛び出すようなことは少なく、脅威を取り除く方法をもっている。彼らは尾羽を広げながら息を吸い込むように体を反らし、「ッシュー!」と大きな音を出す。シジュウカラが出すこの音はヘビの声に似ているらしい(Krams et al., 2014)。巣箱への侵入者を驚かせて退けるための行動と思われる。実際にKramsらの観察によると、ヘビのような声を出さないメスよりも、出すメスの巣の方がより捕食されなかったと報告されている。この声は人間に対しても効果がある。私はフィールドワークを手伝いに来てくれた方々に巣箱の観察を分担してもらう際には、わざとアリスイやシジュウカラが繁殖している巣箱の観察を担当してもらうことにしていた。運が良い(悪い)と、彼らはヘビのような声を聴くことができるからだ(彼らは鳥類のフィールドワーク経験が豊富であり、鳥への安全な振舞いを心得ている)。このように、毎日のように私に対して驚きをもたらしてくれる巣箱は、私にとってびっくり箱のようなもので、日々のフィールドワークのモチベーションにもなっていた。

オスは死にやすい ―スズメの未孵化卵の謎

私の大潟村の研究についても紹介したい。私が解明したかったクエスチョンは、「スズメの卵のふ化率が低いのはなぜか?」である。スズメ目の鳥(鳥類は九割がスズメ目)のふ化率は約九割と言われている(Morrow et al., 2002)。一方で、スズメなどのスズメ属の一部はふ化率が低く、六割前後になることも報告されている。実際に大潟村のスズメでも、ふ化率は平均して六割程度だった。未孵化卵があるということは、せっかく産んだ卵を造るための労力などが無駄になるということである。なぜスズメはこんな無駄な特徴をもっているのだろうか。私はとりあえず、未孵化卵を割ってみた（未孵化卵はすでに死亡している卵である）。すると、中身は生卵のような状態で、卵内で胚発生が起こっていた形跡が見られなかったのだ（図7）。では、スーパーで売っている鶏卵のように受精していないのだろうか。これについて、細胞レベルでの観察を行った。生卵のような卵から、胚盤を採取する。胚盤とは、受精していれば成長してヒナになる部分である。胚盤は卵黄を包む膜にあり、直径二ミリメートルほどの白い斑のように見える（図7）。これは市販の鶏卵でも見ることができるので、興味のある方は探してみてほしい。さて、胚盤を採取した後、組織が腐らないようにプレパラート上で保存作業を行う（固定と呼ばれる作業）。そして、細胞の核内部にあるDNAにだけ結合する試薬を、固定した胚盤上に垂らす。そして、顕微鏡下でその核を観察する。というのも、もし受精していれば、受精の刺激で細胞分裂を起こすため、胚盤上に多数の核があるはずだからだ。もし核が少なけれ

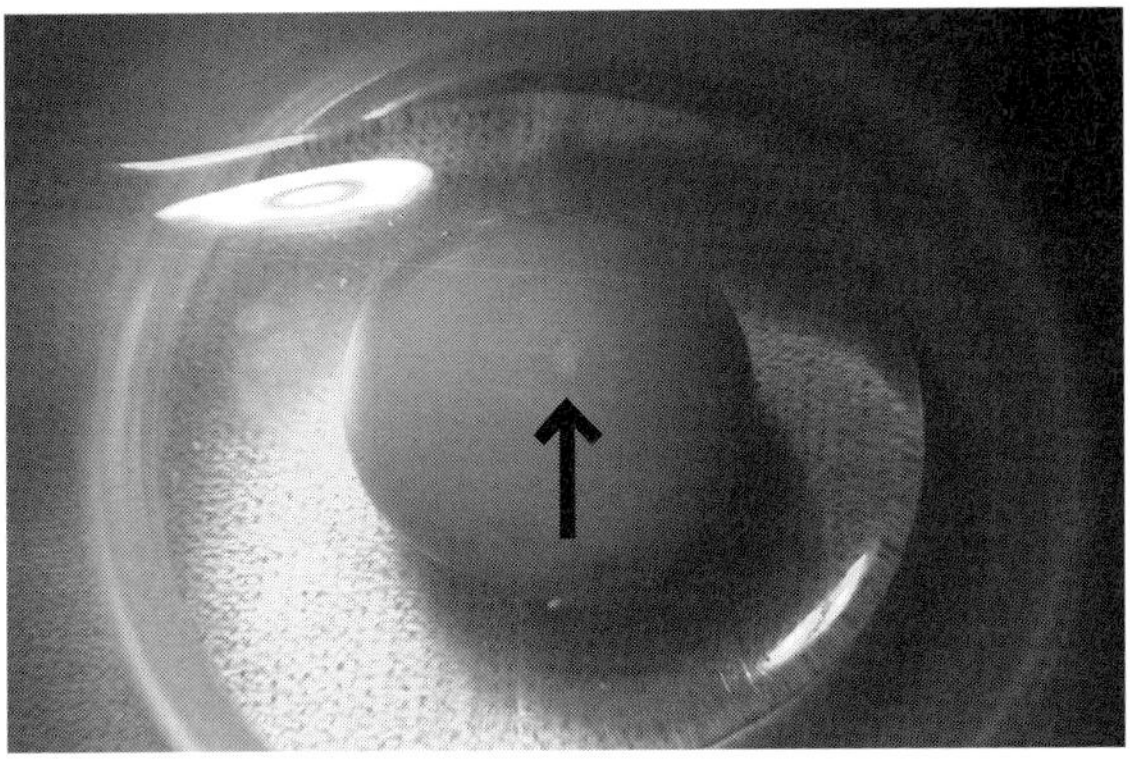

図7　スズメの未孵化卵の中身．まるで生卵のよう．矢印先の白い点が胚盤で，これは鶏卵でも観察できる．

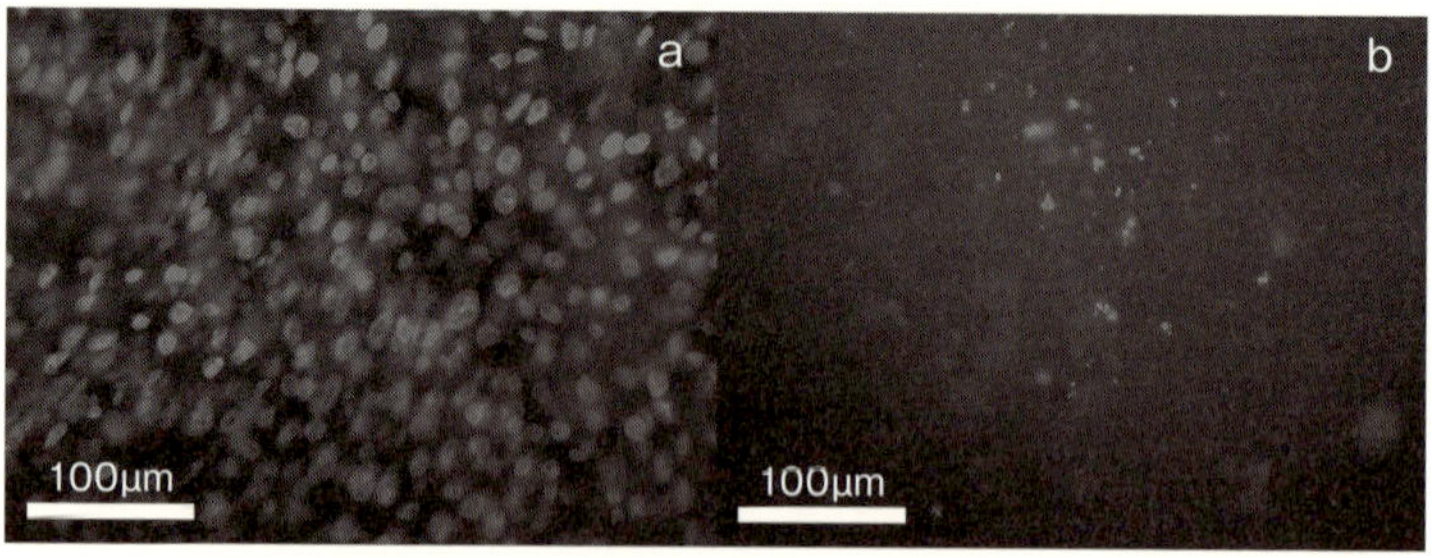

図8　(a) 受精卵の胚盤．青い粒が細胞内の核．(b) 未受精卵．青い粒がほとんどない．

ば、受精していなかったと判断できる。観察の結果、ほとんどの胚盤上で膨大な数の核が見られた(図8)。つまり、肉眼では生卵にしか見えなかった未孵化卵であるが、顕微鏡レベルで見るとちゃんと受精していたことがわかったのだ。これはすなわち、受精して間もなく死亡していることを示している。さらに、これらの卵の性別も調べた。最近はDNAさえあれば性別を知ることができるのだ。その結果、未孵化卵には圧倒的にオスが多いことがわかった。そして、死亡せず無事に成長した卵にはメスが多かった。オスとメスの数を数えてみると、親スズメはオスの卵もメスの卵もほぼ同じ数を産んでいた(スズメは一回の繁殖で五卵ぐらい産む)。だが、オスの卵が死亡するので、結果的に生き残るのはメスばかりとなったのだ。死亡率がオスとメスで異なる現象は性特異的死亡と呼ばれる。これらの研究は科学論文として発表しているので、詳しく知りたい方はそちらを参照されたい(Kato et al., 2017)。また、未発表なので詳細は省くが、性特異的死亡の多さは環境条件によっても変わることがわかった。ある場所ではメスばかり生き残り、またちがう場所ではオスもメスも生き残ることがわかった。さらに、性特異的死亡を促す生理的なメカニズムや、無駄に見える未孵化卵をわざわざ産むことの意味についても研究を行った。これらについては、論文発表後に機会があれば紹介したいと思う。

秋田弁の壁 ―老人と「なまはげ」

もしもあなたが外国へ行くと決まったならば、楽しみで眠れない夜をすごすかもしれないが、同時に不安も感じるだろう。言葉が通じるかどうか、という不安である。一方で、国内旅行では言葉の心配をする人はほとんどいないだろう。しかし、もしあなたが出身地以外の地方のフィールドで研究をしたいと思ったならば、言葉の問題に悩まされるかもしれない。「方言」というものが存在するからだ。幸いにも、私のフィールドは生活したことのある秋田県だったので、秋田弁を理解することができた。しかし、東北地方以外の出身の人々の耳には、秋田弁は英語よりも理解しがたいようである。

巣箱を大潟村に設置する際、研究室の先輩二人に手伝ってもらったことがある。一人は四国地方出身で、もう一人は関東地方出身である。スズメは四月頃から繁殖するが、巣箱の設置は前年に済ませたかったので、設置は一二月中旬に行った。その時期、大潟村のあたりはまだ雪が積もっていないので、運転の都合上安全な時期でもある。ところが、我々が秋田入りした初日は猛吹雪になった。夜に秋田駅から大潟村へ向かおうとしたが、雪が積もって路面標識や車線が見えず、吹雪いているので通常の半分以下の視野しか確保できない。しかも私に雪道運転の経験はなかった。一緒に乗っていた先輩方は生きた心地がしなかっただろう。交差点で間違えて反対車線側に右折し、真正面からヘッドライトの光を浴びたのは良い思い出である。あまりにも吹雪いていたため、大潟村まで行くのは危険だということになった。そこで、大潟村へ行く途中にある私の母親の実家宅に急遽泊めてもらうことになった。祖父と祖母は快く迎え入れてくれて、夕食まで作ってもらった。しかし、祖父母と先輩方の会話がいまいち噛み合わない。先輩方は秋田弁を聞き取れていなかったのだ。夕食後、祖母が「お粗末さんでした」と強い秋田弁訛りのイントネーションで発音した結果、先輩方は「はい」と返事をしていた。確かに、祖父母にかぎらず地方の年配者は訛りが強い傾向がある。それでも私はなんとなく理解できているが、別の地方の出身者は、私が思っている以上に方言を聞き取れないようだ。ただし、別の機会に青森出身の先輩が来た際はちゃんと会話できていたので、近い地域ならばコミュニケーションが可能なようである。もし、見知らぬ土地でフィールドワークを行うことになったら、方言の予習が必要かもしれない。適切に使いこなせなくとも、地元の人々と打ち解ける契機にはなるかもしれないからだ。

大潟村は男鹿半島の「付根」に位置する。男鹿半島は奇習「なまはげ」で有名だ。なまはげは秋田全域の風習と思われがちだが、じつは男鹿半島にある真山地区、しかも大晦日限定の行事である。彼らは男鹿半島の真山に住む神で、大晦日に村に降りてきて、各住宅に迎え入れられる。荒々しいイメージをもつなまはげだが、いきなり住宅に侵入するわけではない。なまはげと共に先立という案内人のような者もいて、先立が訪問先の人間と玄関先で交渉し、準備が整っていれば、家の主人がなまはげを「迎え入れる」のだ。なまはげは怖い顔をしているが、怪物ではなく神なのである。家の人間は酒を用意して、なまはげをもてなす。そして、なまはげが大声で叫ぶことで、家の人間の厄を追い払うとされている。しかし、もし玄関先で断られたら、なまはげは家に入れない。最近はもてなしがめんどうで、家に入れないなまはげが増えているという噂もある。さて、なまはげは大晦日限定の行事だが、じつは男鹿にある「男鹿真山伝承館」というところで、季節を問わず体験できる。大潟村からそれほど遠くはないので、フィールドにお客さんが来た際に案内することがあった。なまはげ伝承館は、なまはげ博物館のようなもので、歴史、動画などでなまはげの解説をしている。なかでもインパクトが強いのは、なまはげの仮面群である。「なまはげ」と聞いてイメージするのは、赤と青の仮面をそれぞれ被った二人組だろう。しかし、二人組なのは正しいが、なまはげの「顔」はとくに決まっていない。「なまはげ」の仮面は集落ごとに大きく異なっており、伝承館には百を超える仮面が一部屋にまとめて飾られている。それらは各集落で実際に使われている仮面であり、大晦日以外は伝承館で展示されている。なかには子どもが作ったような仮面もあり、おそらく地元行事を学ぶ教育の一環として子どもたちが作ったのだろう。仮面はなまはげ型のマネキンに被せられて展示されており、その光景はまさに圧巻である。さて、伝承館では大晦日を再現して、なまはげが訪れるようすを体験できる。まずは座敷に座り、なまはげを待つ。私たちが家の人間役で、伝承館職員が家の主人役だ。まず、先立が交渉に来て、主人がなまはげを迎え入れる。そして、いきなり「ウオーッ」と大声を出す。そういうルールなのだ。その後、主人がもてなしながらなまはげを落ち着かせつつ、今年の出来事について主人となまはげが世間話を始める。この時の会話は、すべて伝統的な?秋田弁である。私が連れてきたお客さんは、ほぼ理解できない。ただし、会話内容については解説冊子があるので安心していただきたい。なまはげは真山から地元集落の人間の日頃の行いを粒さに観察しているらしい。やがてなまはげは家中を歩き回り、大声で叫びだす。「わりぃ子はいねぇがぁー！（訳・悪い子はいませんか？）」である。子どもがなまはげに泣かされる映像を見たことがある人も多いだろう。実際に鬼のような仮面で大人の男が大声を出して迫ってくるので、子どもが泣くには十分なほどの迫力がある。ちなみに、なまはげ役は集落の若者が担当する。ここで覚えておいていただきたいのだが、なまはげは大声で厄を追い払うのであり、けっして子どもを虐めているわけではない。見かけは奇妙だが、豊作と家の人間の幸福を願う行事なのである。伝承館では私たちも個別に叫ばれることがある。私が立教大学在学時にご指導をいただいた上田先生もなまはげを体験した。上田先生はお酒好きなのだが、どういうわけか、なまはげにそれを看破され、飲み過ぎを注意されていた。なまはげは何でもお見通しのようだ。別の日に私と先輩が二人で体験した際には、「君たちは真面目そうだね。頑張ってね」という旨の激励をいただいた。もしあなたに男鹿の近くを訪れる機会があるのならば、あるいは最近ツイてないと思うのならば、なまはげに厄を落としてもらうのも良いかもしれない。

フィールドワーカーとフィールドの人々の利害関係

フィールドワーカーはフィールド住人とどのような関係を築いているのだろうか。フィールドワークで忘れてはならないのが、フィールドには研究対象だけでなく、フィールドで生活する人々もいるということだ。それぞれのフィールドには少なからず、それぞれの文化やルールが存在する。そこに外部からフィールドワーカーが入り込む。この時、フィールドワーカーはフィールド内においてどのように振る舞うべきなのだろうか。そして、フィールドワーカーとフィールドの人々はどのような関係性を築き、お互いにどんな利益・不利益を生むのだろうか。私はこのことについて、総研大で質的研究を行った。総研大では、博士号取得のためには博士論文を作成するだけではなく、科学と社会の関係性についても副論文というかたちでまとめ、科学が社会へ与える影響について理解を深める機会を与えられる。私は十数人の鳥類を対象とするフィールドワーカーを対象に、フィールドの人々との関係性や具体的なエピソードについてインタビュー調査を実施した。そして、フィールドワーカー側の視点から、関わり合いのあるフィールドの人々の属性や、フィールドワーカーとフィールドの人々の間に生じる各種の利益・不利益について整理した。その内容について簡単に紹介したい。なお、個人名やフィールドの特定を防ぐために、一部の表現には修正を加える。

まずはフィールドワーカーがフィールドで関わる人々の属性は、大きく三種類に分けられる。「現地住民」、「研究協力者」、そしてフィールドへの「訪問者」である。もっと大きく分けるならば、フィールドに住む人々と、そうではない人々である。現地住民はフィールドで実際に生活している人々である。フィールドへの訪問者は観光客など、フィールドに住んでいない外部から来た人々である。研究協力者は両者が混在している。たとえば鳥に詳しい現地住民は、研究に対して十分に貢献したならば研究協力者になりえる。他に、外部から来た保護団体がフィールドで活躍している場合もあり、彼らも研究協力者となることがある。

　次に、フィールドワーカーとフィールドの人々の間にある利益関係についてである。まずはフィールドワーカー側にとっての利益と不利益から説明する。フィールドワーカーがフィールドの人々から得る利益は二種類ある。一つは研究に関するものだ。それは直接的な観察データだったり、研究サンプルだったりする。たとえば、現地に住んでいて鳥に詳しく、日頃から観察している人から、研究者がデータ提供を受ける場合がある。時としてデータだけでなく、実際に研究対象の鳥が巣を作りやすい場所や観察しやすい場所を教えてくれることもあるようだ。フィールド内の知識の蓄積を、フィールドワーカーが享受するかたちである。また、鳥に詳しくない人でも、フィールドワーカーが鳥の研究をしていると知っていれば、フィールドの人々がサンプル（鳥の死体など）をフィールドワーカーに持ってきてくれることもある。もう一つの利益は、研究に直接関係しないものである。たとえば、現地の農家から野菜をもらう、などだ。

　これは私自身も思い当たる節がある。私が大潟村でフィールドワークを開始して三年目に、女性の後輩が大潟村でフィールドワークを開始した。この女性は大潟村を訪れて間もなく、農家から米や野菜、はては花までもらっていた（この時点で、私はどれももらったことがなかったのに！）。私のこの経験と偏見によれば、女性の方が物をもらいやすい。また、インタビューでは生活上の便宜（宿、移動手段など）を図ってもらうフィールドワーカーもいた。これらはフィールドワーカーが受ける利益といって差し支えないだろう。一方で不利益として、フィールドワークを妨害されるようなエピソードが多かった。たとえば不審者扱いされる場合だ。これは前述したとおり、私にも経験がある。フィールドワーカーの存在が十分に

加藤 貴大　172

知られていない場合、通報されたりして一時的に（運が悪いと永久的に？）そこでのフィールドワークを中断せざるをえない。また、調査手法に関する不利益もあった。鳥類調査の手法の一つとして、かすみ網を使って鳥を捕獲し、捕獲した鳥に足環の装着をしたり、採血を行うことが多い。それを知ったフィールドの人々が、フィールドワーカーに対して強く不満を言うこともあるという。足環の問題は他のフィールドの人々にも関係する。それが外部からの訪問者であるカメラマンだ。カメラマンは足環を嫌う傾向がある（もちろん全員ではない）。足環の付いている鳥は被写体として不十分だと思うのか、足環標識された鳥がいると、フィールドワーカーに文句を言うことがあるようだ。なかには賢くもフィールドワーカーの後をこっそり追って来て、鳥の巣場所を特定し、そこで撮影を始めるカメラマンまでいるらしい。これはフィールドワーカーにとっても、その鳥にとって不利益かもしれない。撮影のために巣に近づいたりフラッシュをたくと、鳥の繁殖に負の影響を与えることがあるからだ。鳥の種類にもよるが、親鳥が巣に近づけなくなり、卵が冷えたりヒナに餌を与えられなくなることもあるだろう。インタビューのなかには、撮影が原因で巣を捨ててしまった親鳥がいると思われるようなケースもあった。もちろん、鳥の生態を考慮して撮影するカメラマンが大勢で、無思慮な撮影者はきっと一握りなのだろう。このような質の悪いカメラマンに対して、フィールドワーカーは対応に苦慮していた。なかには、カメラマンに後を追われないように、わざと見当ちがいの道を歩いたりして巣場所を悟られないように対策するフィールドワーカーもいた。

続いて、フィールドの人々がフィールドワーカーから受ける利益・不利益である。ただし、インタビューをフィールドワーカー側にのみ実施したので、こちらは推測も含まれる。フィールドの人々が受ける利益として、知識の還元が挙げられる。研究成果を研究業界だけでなくフィールドの人々にも説明し、得られた知見を共有するということである。たいていの場合、研究者の成果発表は論文で行われる。しかし、学術的背景に明るく、その価値を理解できる非研究者は多くないはずだ。研究論文には研究者しか使わないような専門用語が散りばめられ、予備知識なしに解釈できるものは多くない。英語論文だとさらに敷居が高い。ゆえに研究者には、非研究者にもわかるかたちでの研究説明が求められる。インタビューした多くのフィールドワーカーは、学校での講演、冊子などのかたちで研究成果について説明を行う機会があったようだ。適切に知識の還元が行われているならば、これはフィールドの人々にとっての利益と捉えて良いだろう。不利益としては、フィールドワーカーを不審に思うなど、不快な思いをさせるということが考えられる。鳥類調査では農耕地周辺を歩いたり、夜中に活動するフィールドワーカーもいる。彼らは実際に現地住民などから不審がられ、声を掛けられたり通報されることもあったようだ。これはおそらくフィールドの人々に対して不安を与えているので、精神的な不利益といえるだろう。しかしこれは、フィールドワーカーがフィールドの人々に対し周知しておくことである程度は解決する問題とも思える。

フィールドワーカーの「隠す」行動

インタビューをとおして、フィールドワーカーとフィールドの人々はお互いに、程度の差はあれど、利益と不利益を与え合っていることがわかった。そしてこれらを踏まえたうえで、フィールドワーカーは間接的に利益となる（あるいは間接的に不利益を避ける）行動を取っていた。一言で表すならば、フィールドワーカーが調査内容をフィールドの人々から「隠す」行動である。たとえば、鳥の捕獲や足環の装着、採血などである。鳥の捕獲はかすみ網という狩猟道具を使って行うことが多い。目に見えないほどの糸で編まれた網を壁のように広げて設置し、そこを通過する鳥を絡め取る。足環の装着は、鳥の足にプラスチック製、資格があれば金属製の環を装着する。採血では捕獲した鳥を手で持って翼を広げ、人間の脇の下に該当する部位の血管に針を刺し、出てきた血液を採取する。これらは調査方法の一例であり、私も頻繁に実施していた。鳥への健康的影響や安全性はすでに調べられており、鳥類研究では世界的にも広く使われている手法となっている。しかし、だからといって、かすみ網に引っかかって宙ぶらりんになっている鳥の姿や、足に異物を装着されている鳥の姿を見て、フィールドの人々はどのように感じるだろうか（図9）。当然、可哀そうという気持ちが出てくるだろう。ゆえに、インタビューでも聞き取れたように、フィールドの人々はフィールドワーカーに対して不満をぶつけることもある。このようなとき、フィールドワーカーは不利益を避けるために、フィールドの人々から不満を言われそうな調査項目を「隠す」ことがある。たとえば、かすみ網を見えにくい場所に設置したり、足環装着や採血も少し奥まったところに移動して実施する、などである。このようなフィールドワーカーの行動は、経験と伝聞の二種類のパターンによって形成されるようだ。経験とは、過去に自身が不満をぶつけられて、自主的に隠すようになったパターンである。伝聞とは、自身に経験がなくても、研究室の先輩や外部の研究室の話などを聞いて、調査項

ろう。

最後に

「身近な」存在とはなんだろうか。冒頭で述べたように、研究を始めた当時、とくに鳥が好きというわけではなかったし、スズメが対象種になったこともなかば偶然だった。しかし、計七年間もスズメを追っていると、やはり心境に変化がでてきた。と言っても、スズメが大好きになったわけではない。研究を始める以前よりも、スズメが「身近に」なったのだ。フィールドに出ていない時期は東京にいるので、私が秋田へ行く少し前に、東京のスズメは繁殖を始める。三月頃からスズメの鳴き方が変わり、どこか春めいてくる。都市部でスズメの巣探しをしていた私としては、ついつい巣場所を探してしまう。秋口に秋田から帰って来てからは、スズメの群れを目にするようになる。大勢のスズメが茂みの中に隠れてチュンチュン鳴いていると、どんなコミュニケーションをしているのか考えてしまう。公園に植えられた樹の根元の砂を使って砂浴びをしているスズメを見ると、「こういう場所を使ってるのか！」と何か良いものを見つけた気分になる。東京の街を歩く時、スズメはこういった視点を私に与えてくれた。とくに意識せずともスズメに目が向いてしまう。スズメの生態を少しばかり理解していることが、私にとってのスズメの存在をより「身近に」しているのだ。この感覚は、一部の愛鳥家や研究者でしかもちえない、特別な感性であることは間違いないだろう。私はフィールドワークをとおして、おそらく一生もち続けるだろう、特別な視点を身に着けることができた。フィールドワークやオフシーズンの研究生活は慌ただしくお金もなかったが、その甲斐があったと思っている。スズメはまったく珍しくない鳥である。しかしそれは、彼らの生きざまが退屈であることを意味しない。私の章を読んで一人でもスズメという鳥をもっと「身近に」感じ、彼らの生活に興味をもつ人が増えたならば幸いである。

引用文献

加藤貴大・松井 晋・笠原里恵・森本 元・三上 修・上田恵介（2013）都市部と農村部におけるスズメの営巣環境，繁殖時期および巣の空間配置の比較．日本鳥学会誌 62(1): 16-23.

Kato T, Matsui S, Terai Y, Tanabe H, Hashima S, Kasahara S, Morimoto G, Mikami K O, Ueda K, Kutsukake N. (2017) Male-specific mortality biases secondary sex ratio in Eurasian tree sparrows *Passer montanus. Ecology and Evolution*. 7(24): 10675-10682.

Krams I, Vrublevska J, Koosa K, Krama T, Mierauskas P, Rantala J M, Tilgar V.(2014) Hissing calls improve survival in incubating female great tits (*Parus major*). *Acta ethologica* 17(2): 83-88.

三上 修（2008）．日本にスズメは何羽いるのか？ Bird research 4: A19-A29.

三上 修・植田睦之・森本 元・笠原里恵・松井 晋・上田恵介（2011）都市環境に見られるスズメの巣立ち後のヒナ数の少なさ ～一般参加型調査 子雀ウォッチの解析より～．Bird research 7: A1-A12.

Morrow E H, Arnqvist G, Pitcher T E. (2002) The evolution of infertility: does hatching rate in birds coevolve with female polyandry? Journal of Evolutionary Biology. 15(5): 702-709.

コラム

スズメ捕獲記 ―スズメvs私

加藤 貴大

私がフィールドワークを行うなかで、もっとも難しく、頭を悩ませたのはスズメの捕獲だった。スズメは小さく、冬には羽をふくらませて丸くなるなど、そんな姿を可愛いと思う人も多いはずだ。しかし、フィールドワークをとおして得た私の感想では、スズメは可愛いだけでなく、賢くてしたたかだ。

スズメのように小さい鳥を捕獲する際は、かすみ網を用いることが多い。本編でも触れたとおり、細い糸で編んだ網で鳥をからめ捕る。ちなみに、もっと大きい水鳥などでは、地上に大きなケージを置いて、その中に追い込む方法が使われることもあるようだ。さて、私も例に漏れず、かすみ網によるスズメの捕獲を試みた。私が初めて網を張ったのは、今から七年前のことだった。かすみ網と鳥の扱い方を、当時立教大学のポスドクだった松井 晋さん(現、東海大学生物学部 講師)から教わった。かすみ網の横幅は六メートルか十二メートルで、縦幅はおよそ二メートル程である、網の両端を支柱(長い竹竿や鉄パイプなど)に通し、網が弛まないように支柱を地面に固定する。一通り網の設置が終わったら、次は「待ち」である。少なくとも三十分に一度は網を見て、鳥が捕れているかを確認する。捕れていれば鳥を網から外して、計測や標識、採血などの作業を行う。私は大学院に進学した当時、調査対象のスズメをすべて捕獲するつもりで臨んだ。フィールドにはスズメの巣箱二十個を密集させて設置した場所が複数あった(本編図4参照)。もしすべての巣箱が使われれば、一箇所につきオスとメス合わせて四十羽がその場にいるはずである。しかし、残念ながら半分も捕獲できなかった。なぜなら、スズメはかすみ網になかなか引っかからなかったからである。

かすみ網を設置する場所はとても重要で、どこでもいいわけではない。まず、環境省による使用許可が必要である。かすみ網は狩猟道具で、勝手に使ったら違法だからだ。次に目的の鳥が頻繁に飛んでいく経路を探す。鳥は私たちとちがって、上下の空間も移動できるので、一見自由に飛び回っているように見える。しかし、よく見ていると、よくいる場所、よく使う経路があり、同じようなところを行き来していることがわかる。たとえば、小鳥は捕食者に襲われた際に、すぐに藪へ入れるように、藪の近くで採餌することが多い。また、巣から飛んでいく際の方角には個体ごとの癖（というより、餌場の方向かもしれない）がある。経路がわかったら、その経路を遮るかたちで網を設置すればよいのだが、もう一工夫して、背景色も考える。かすみ網の糸は黒なので、もし鳥が飛んでいく先が明るかったら、鳥から糸が見えやすくなってしまう。それを防ぐために、日陰に設置したり、糸の色を塗ったりすることがある。さらにこういった工夫に加え、天気が曇りで、朝日が出る直前の薄暗い時間帯に設置することで、かすみ網はもっとも威力を発揮する。

かすみ網の糸は本当に細く、三メートルも離れるとほとんど見えなくなる。しかし、スズメの眼には、どうやら糸が見えているようなのだ。遠くからかすみ網とスズメを観察していると、スズメはかすみ網のある方向へ飛んでいた。だが、かすみ網に突っ込む直前に、急ターンを決めて、軽やかにかすみ網を避けていった。また、遠目からでも網の存在をわかっているスズメもいるようで、かすみ網の上をヒョイと飛び越えていく個体もいた。そんなようすだったので、はじめの頃は、五時間待って捕れたのはスズメ一羽、という悲惨な結果に終わることもあった。「それって、あなたの設置方法が下手だからじゃないの？」と思う人もいるかもしれない。しかし、他の鳥を狙って捕獲した際は、簡単に捕獲できた経験がある。たとえばコムクドリやアリスイはむしろ簡単すぎて拍子抜けするほどだ。網を設置し終わって、さあ隠れようかと背を向けて五メートルも歩かないうちに、彼らは網に突っ込んでいくこともある。けっして私が下手なのではないはずだ。

では、なぜスズメを捕れないのか。私は理学博士をめざしているにもかかわらず、スズメごときに敗北してしまうのだろうか。私の言い訳、もとい所感だが、スズメがかすみ網を避けられることについて、仮説をもっている。これにはスズメの悲しい歴史が関係している。一昔前は、農家もかすみ網を入手することができた。スズメは農業害鳥として扱われてきた過去があるため、農家はスズメなどから田畑を守るためにかすみ網による鳥の防除を行っていたという話がある。つまり、かすみ網による淘汰があったのではないかと私は考えているわけである。この仮説が正しいのならば、遺伝的にかすみ網を見分ける能力をもったスズメが生き残り、その子孫たちはかすみ網に引っかからなくなるはずである。この仮説には根拠がない。が、そういった妄想を抱かせるほどに、スズメは私を悩ませたのである。とにかくスズメは網を避けるので、何か工夫が必要である。私とスズメの勝負である。私は五つの方法を試してみた。一つ目は、餌付けである。餌場にはより多くのスズメがやってくるので、近くに網を設置すれば、スズメを捕獲できる確率が高くなる。そして確かに捕獲数は多くなった。だが、予想外だったのは、巣箱を使っていないスズメもやって来てしまったことだった。そのため、数は捕れるものの狙いどおりとはいかなかった。二つ目に、かすみ網の色を迷彩柄にスプレーで塗ってみた。大潟村は常緑樹のクロマツが多いので、濃緑と黒、茶色の入り混じった網ならば、スズメをだませると思ったのだ。しかし、残念ながらめだった効果はなかった。三つ目は、網の高さを変えてみた。初めの頃は網の最高が四メートル弱の高さだったが、スズメはそれよりも上に逃げるので、六メートル以上の高さになるように調整したのだ。これはある程度の効果があった。四つ目に、スズメの避け方を変えてみた。どういうことかというと、網以外に緊急で避ける必要をスズメに与えたのだ。まず、私は網の近くでギリースーツという迷彩服に身を包み、息を潜める。適当な数のスズメが網の側に集まり始めたら、私はさっと姿を現す。それを受けて、スズメは通常ならば網の上を飛んで逃げるが、私はそれよりも早

図　(a) 巣穴の下部分に，糸を結び付けた板を蝶番で設置してある. (b) 糸は巣箱横のS字フック(画鋲でも可) を通っていて，糸を引くと板がもち上がり巣穴を塞ぐ. 実際の捕獲時は巣箱下の地面に杭を打ち，杭に糸を通して，釣り糸が地面を這うように仕掛ける. 一連の仕掛けはスズメが繁殖を始める前から巣箱に仕掛けてある. (c) 上手く巣箱に閉じ込められたら，鳥に逃げられないように洗濯ネットで巣箱を覆い，捕獲する.

く布袋をかすみ網の上空に投げる。そうすると、スズメは急に現れた布袋を避けるために、進路を下方に修正する。そしてその先はかすみ網である。この方法は忍耐強さが必要だが、一定の効果があった。五つ目に、かすみ網以外で捕獲する方法を考えた。スズメは巣箱を使うので、巣箱に入った瞬間に巣箱を塞いで、中のスズメを捕獲するのである。しかし、スズメは足音に反応して巣箱から逃げてしまう。そこで、私が遠方から巣穴を塞ぐ仕掛けを考案した(図)。巣穴の下に、蝶番で巣穴を塞ぐのに十分な面積の板を設置する。板はふだん足場として機能するように、巣穴の空いた板と垂直になっている。そして板は蝶番によって巣穴を塞ぐ向きに動くようになっている。この板には糸を結び付けてあり、糸は巣穴より上の、巣箱の側面を滑車のように滑るようにする。さらに、糸は巣箱下の地面に打った杭にも滑車のように通してある。糸の先は私の手元に握られていて、私が糸を遠くから引っ張れば、巣穴の下側に着けた板が持ち上がり、巣穴が塞がる仕掛けである。持ち上げた板と巣穴の横にはマジックテープのオスとメスがそれぞれ貼られており、持ち上がった板が再び倒れないようにした。スズメが巣箱に入った瞬間に、遠くに隠れていた私は糸を引き、スズメを巣箱に閉じ込める。そしてスズメが逃げないように洗濯ネットで巣箱を包み、洗濯ネットのジッパーを手首の大きさだけ開いて手を入れて、巣箱内のスズメを捕獲する。この方法だと一度に取れるスズメは一羽ずつだが、確実に狙ったスズメを捕獲することができた。なお、この仕掛けに使用した物品はすべて百円ショップで揃えることができる。

さて、効率的といえないまでも、私はスズメを確実に捕獲する方法を確立できた。だが、スズメは捕獲した後も手強かった。彼らはまるで、人の心を読めるかのように、私の油断を突いてきた。スズメのような小さな鳥を扱う際はまず、人差指と中指で、鳥の背中側から首を優しく挟む。手のひらは鳥の翼を包み、鳥が羽ばたきにくくする。次に薬指と小指で鳥の太ももを挟む。最後に、そっと鳥を握るように親指で閉じる。これが基本的な鳥の持ち方の一つである(本編図9参照)。この時、強く握りすぎると鳥を傷つけてしまうことは言うまでもない。なので、ほとんどの人は恐るおそる鳥を扱う。スズメは、人間のその心の隙を見逃さない。スズメは、私たちの手に握られた後、観念したかのようにおとなしくしている。しかし、もしスズメを持つ手から少しでも気を逸らしてしまおうものなら、彼らはさっと首をすぼめて私の指から逃れ、滑らかな羽毛で手のひらを潜り抜けて逃走する。この、私の隙を突くタイミングは絶妙だ。私が足環や鉛筆を探している際に、手の中のスズメから意識が外れたことを、見抜くことができるようなのだ。試しに私は、スズメを持つ手を緩めることなく、スズメを視界から外して他の作業をするふりをしてみた。そうすると、スズメは私の手から逃れるために動きだしたのだ。おそらく、スズメは私の目線を観察しており、逃げるためのタイミングを見計らっているのではないかと思う。確かに、鳥が人間の視線を気にしていることについて、他の研究者たちがさまざまな実験を行い、証拠を提出している。こういった鳥の行動は、人間だけでなく捕食者から逃れるための行動なのかもしれない。

このように、私はさまざまな方法でスズメを捕獲しようと試みた。そして、スズメを捕獲するために悪戦苦闘したことで、スズメについてより深く理解することができた。彼らとは何年も知恵比べをしているうちに、「スズメごとき」などと言う気はなくなってしまった。彼らも他の生物と同様に、生き抜くための知恵を進化の過程で獲得しているのだ。私はこうした経験をとおして、スズメという一生物に対して尊敬の念を抱くにいたったとともに、スズメが他のどんな希少生物よりも特別となった。

街のツバメで進化を調べる

長谷川 克

ツバメを調べる

民家の軒先で繁殖するツバメ *Hirundo rustica* は日本一身近な渡り鳥だろう（口絵15参照）。春に渡ってきて秋に越冬地に戻っていくまでの間、街のあちこちで子育てするようすがみてとれる。親鳥がせっせと餌を運ぶ姿は微笑ましく、ツバメを楽しみにしている人が多いのもよくわかる。これほど身近で人気のある鳥について、今更何を調べるというのか、大抵のことはもうわかっているはずだ、そう思うかもしれない。

確かに、ツバメという種全体をみると膨大な数の研究がある。とくにヨーロッパのツバメは牛舎等に集団で繁殖するため、効率的にデータが取れることから研究が進んでいる。集団で同じ場所に生息していれば見つける手間もないうえに、巣も簡単に特定できるので繁殖も調べやすい。鳥や巣を探す手間がないということは、研究内容そのものに時間をあてて濃密な研究ができるということだ。ヨーロッパのツバメはとくに進化の研究で重宝され、新しい現象の発見や重要理論の検証をつうじて研究分野全体の発展に貢献している。

では、日本のツバメはどうだろうか？　日本のツバメはヨーロッパのツバメと同種だが、異なる亜種に属する。おそらく両者で交配して子孫を残すことは可能なのだが、形態的にも遺伝的にも、またその性質にもちがいがある。日本のツバメはヨーロッパのツバメと比べると繁殖密度が低いのが特徴で、私たちがふだん目にするように、民家や店舗の軒先などにまばらに繁殖しており、集団で繁殖することは滅多にない（図1）。この特徴のため、これまでは日本のツバメを使って進化を研究しようという人はほとんどいなかった。ヨーロッパのツバメですでに研究が進んでいるので、研究しにくい日本のツバメをわざわざ調べても同じような結果しか得られないだろう、そう考えられていたのかもしれない。

「性選択」による進化

　ところが、僕が研究を始める頃にちょうど転機が訪れた。アメリカのツバメを調べていたグループが、アメリカの亜種はヨーロッパの亜種とはまったくちがう自然選択を受け、異なる方向に向かって進化していることを報告したのだ（Safran & McGraw, 2004）。当時、同一種は同じような進化の歴史を背負い、同じような運命を遂げるはずだと考えられていたので、種内でこのようなちがいが、しかもツバメでみられたことは大きな意味をもつことだった。マニアックでレアな生物でみられる特徴というのはその生物の奇異な生態ゆえに対象種特異的であることが多いが、よく研究されている普通種で発見されたことは他の多くの生物でも普遍的に当てはまる可能性が高いためだ。

　このとき着目された自然選択は、一般によく知られた生存選択（つまり生存に適した特徴が進化する選択）ではなく、性選択（つまり異性を惹きつけ、子を残す能力に長けた特徴が進化する選択）だった。生存に

図1　新潟県上越市の雁木通り（調査地）．
軒先にツバメが巣をかける．

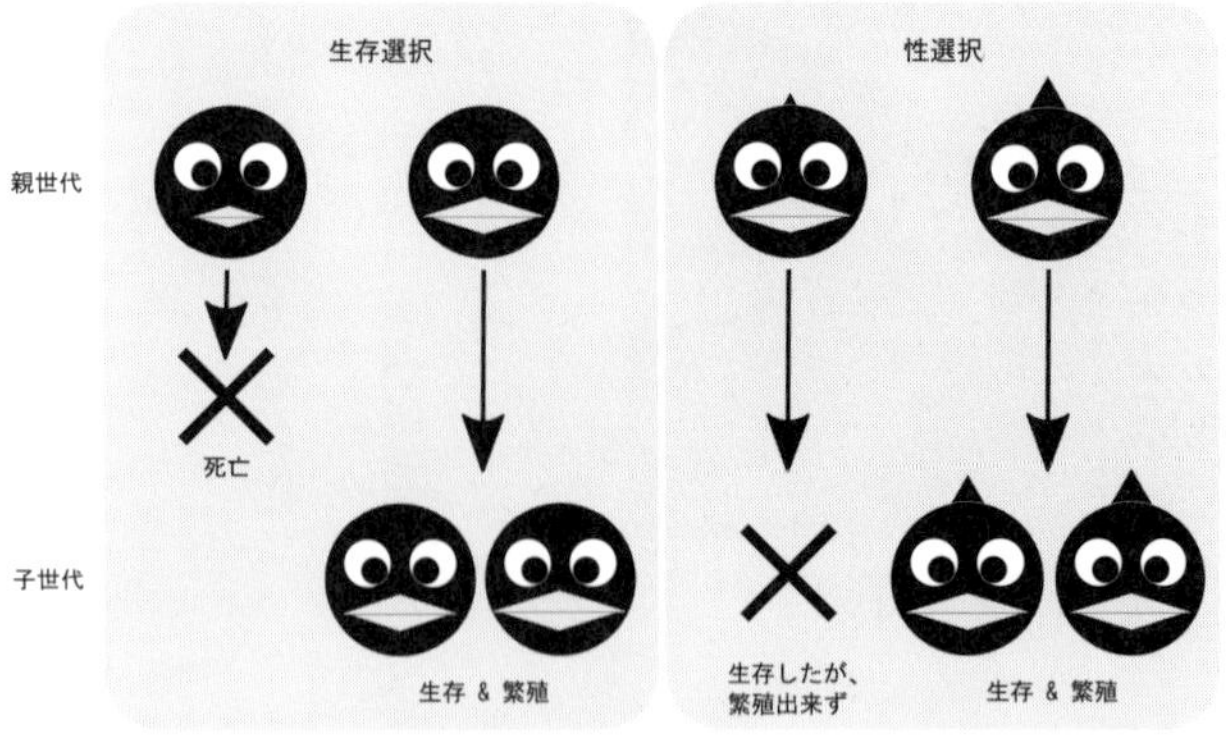

図2　生存選択と性選択それぞれによる進化の模式図．生存選択では生存に有利な特徴(ここでは口の大きさ)が進化し，性選択では繁殖に有利な特徴(ここではトサカの大きさ)が進化する．どちらの自然選択でも不利な特徴をもつ個体はふるいにかけられ次世代への貢献が見込めない．

有利な特徴をもつ生物が繁栄し、進化するのと同様、繁殖に有利な特徴をもつ生物もまた繁栄し、そのような特徴が受け継がれることで進化する(図2)。一見、鳥は同種であればみんな似たような姿をしているように感じるかもしれないが、よくみると人間が一人ひとりちがうのと同様に個体差があり、一羽一羽少しずつちがう。このようなちがいのうち、より魅力的で派手な特徴を備えた個体はそうでもない個体に比べて子を多く残し、またその派手さが遺伝することで、子孫は祖先よりどんどん派手になっていく。チャールズ・ダーウィンが言うように、クジャクの派手な尾羽(より正確には上尾筒という部位の羽)など、生存への貢献が期待されないようないわゆる「装飾」と呼ばれる特徴はこの性選択によって進化したと考えられている。

そもそもツバメは、オスとメスがペアになって繁殖する「一夫一妻」の生物で初めて性選択が確認された種でもある。(一夫多妻など)他の繁殖様式と同様、一夫一妻でも性選択によって派手な装飾が進化するとダーウィン自身が提唱しているが、実際の生物で示されたのがツバメということになる。ヨーロッパで行われた綿密な実験によって、ツバメの特徴である長い尾羽（いわゆる「燕尾」、図３）がメスを惹きつけ、その結果として尾の長いオスが多くの子を残していることがわかったためだ（Møller, 1988）。この実験はツバメの長い尾羽が性選択で進化したことを示唆しており、科学界のトップ雑誌である『Nature』誌に掲載されるほど優れた研究だったため、「ツバメ＝長い尾羽がモテる鳥」は広く世に知られるようになった。そんななか、同じツバメでもアメリカの亜種では尾羽の長さではなく、羽色が性選択上重要になっていると報告されたので、これまでの常識が覆り、多くの人が驚いたのだ。当然、僕自身もその驚いた一人だったわけで、この発見を受けておおいに浮き足立った。地域によって性選択が変わり、進化の仕方がちがってくるのなら、日本のツバメでも何かちがいがみつかるかもしれない、独自の進化を目の当たりにできるかもしれない、そう考えたためだ。

図３　尾羽の長いオスのツバメ．足環から口絵15のオスと同一個体とわかる．

それまでなんとなく鳥の野外調査がしたいと思っていた僕は、このことがあって日本のツバメでどのような性選択が働いているのか調べてみることにした。学問的には、性選択の研究は進化の研究であると同時に、生物自身の行動の研究でもある。大学生の時に気まぐれに『進化からみた行動生態学』（クレビス＆デイビス、蒼樹書房）という本を読んで、こんなにおもしろい分野があるのかと憧れていた僕にとって、うってつけのテーマだったように思う（ちなみに鳥を研究しようと思ったのは単にその本に鳥の例が多く、進化や行動の研究といえば鳥と安易に関連づけたためで、もともとは鳥のことなどほとんど何も知らなかった）。

ツバメでの性選択の調べ方はヨーロッパやアメリカの研究者によってすでに確立されているので、あとは日本のツバメで同じようにデータを取るだけだ。ツバメ自体に関わるのは小学生の時に地元の石川県が主宰するツバメ調査に参加して以来だったが、ひょっとしたらおもしろいことがわかるかもしれないという期待でいっぱいだった。ご多聞にもれず、単に生き物が好きだから生物学を志したわけだが、まだ誰も知らない生物の進化を解き明かせるというのはなかなかワクワクすることで、幸か不幸か、ここからどんどん研究にのめり込み深みにはまっていった。

街なかでの調査

前述のとおり、日本のツバメはヨーロッパの亜種のように集団で繁殖することなく民家や店先などに巣を作るため、充分な数のデータを集めるには街なかでの野外調査を重ねる必要がある。もちろん街なかでは、森や林を探索するのとちがって、野外調査といってもとくに難儀なことはない。ふつうに自転車で街をウロウロし、ツバメがいたらどこに巣があるのか調べてその繁殖を記録するだけだ（図４）。やっていることは小学生の時のツバメ調査とそう変わらない。街なかでは調査用具も調達しやすく、うっかり忘れ物をしても近くのスーパーやコンビニで買い足すだけでこと足りる。そういったわけで、おそらくこの本の他の章を書かれている研究者が体験した（であろう）苦労を僕は経験していない。野外調査につきものの苦労話や探検要素もとくにないので、野外調査にアドベンチャーを期待している方には少々物足りないかもしれない。

唯一、街なかでの調査で大変な点があるとすれば、ツバメが繁殖するお宅に一軒ずつ伺って許可を得る必要があることだろう。これをしないと不法侵入であり、そもそも街なかで双眼鏡をぶら下げてあちこち覗いては何かメモしたりビデオを撮ったりしているわけなので、事情をちゃんと説明しなければ即通報だろう。実際、事前に家主に調査内容を説明していても、たまたま通りかかった人に通報され、警察の方に職務質問を受けてしまうこともある。やましいところがなくともできるだけ警察のご厄介になるのは避けたい。僕にとって幸運だったのは、上越教育大学中村雅彦教授の研究室が上越市でツバメを経年調査していたことだろう。調査が充分に周知されていたおかげで、研究活動に寛容な方が多かったように思う。

とはいえ、すべての家主から許可を得ようというのも無茶な話で、当然許可をもらえないこともある。街なかでの調査では森や林での調査のように調べ放題というわけにはいかないので、

図4　巣内の検査．定期的に調べることで，いつ卵を産んだか，いつふ化したか，何羽巣立ったかなどがわかる．鏡を使うことで，中を簡単にチェックできる．

この点を踏まえた調査計画を立てて研究を進めていく。初めて調査するときなどは、できるかぎりのデータを取って研究を完璧に遂行したいと意気込むのだが、あくまでお家の方のご厚意によって調査が成り立っていることをわきまえないといけない。一旦断られたらその巣がどんなに大事でも素直に諦める。研究で頭がいっぱいになっているとこれがなかなか難しいわけだが、諦めきれずに無茶を言い、お家の方との関係に亀裂が入ることの方が問題だろう。野外調査で一番大事なのは研究を成し遂げることではなく、問題なく調査を終えることだ。

もちろんいろいろな考えの方がおられるので、ツバメの繁殖巣を落とされたり、水をかけられたりすることもある。そういうことがあったときにはさすがに気落ちしてしまうが、ほとんどの方には優しく接してもらえたうえに、かえって励ましてもらったりお菓子をもらったりして英気を養うことができた。だからこそ、これまで研究を続けることができたのだと思う。

夜の調査

繁殖を調べるうえで大事なことは、誰が繁殖しているか見極めることにある。同じ場所で二回の繁殖がみられたとしても、同じ鳥が二回繁殖した場合と、別の鳥が一回ずつ繁殖した場合とでは当然意味合いが異なる。鳥類の多くは見た目で個体識別できないので、まず捕まえて、巣の主が誰かわかるように足環をつけなければならない(図5)。この個体識別(とそれに伴う捕まえるという作業)は重要であると同時に、

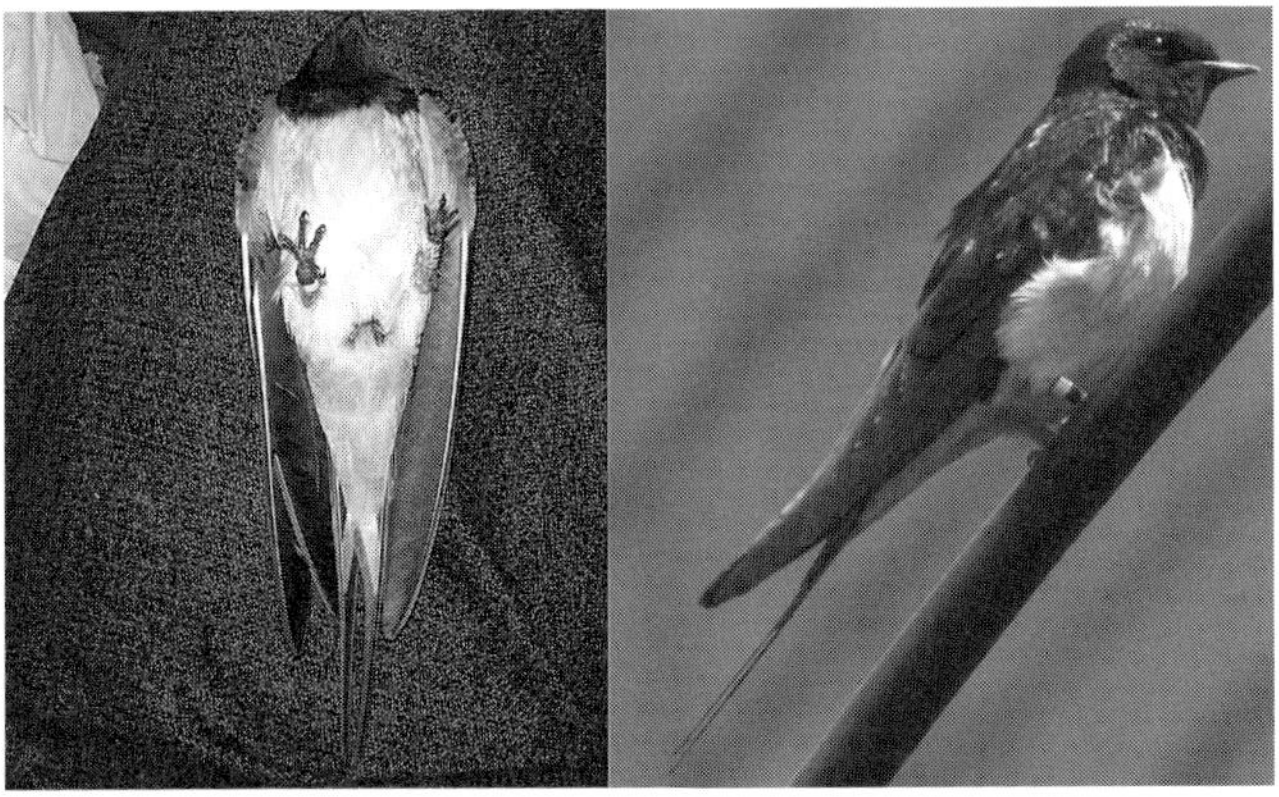

図5　個体識別用の足環装着(左)と別個体の野外での足環確認(右)．ツバメは足が短いので，市販の足環を自分でカットして専用のものを作る．

鳥類の研究を進めるうえで一番のネックでもある。実際にやってみるとわかることだが、野鳥はなかなか捕まらないのだ（実際に捕獲するには家主の許可とは別に行政の許可も必要なことに注意）。

それでも効果的に研究を進めたい人のために、かすみ網という研究者専用の網が用意されており、大体の研究者はこれで鳥を捕まえている。ヨーロッパのツバメ研究でもこの網を使っており、牛舎の出入口に仕掛けることで文字どおり一網打尽にできるという。だが、日本の街なかでこのような網を大掛かりに仕掛けるわけにはいかない。まず第一に往来の邪魔になる。網が倒れて人にぶつかろうものなら一大事で、調査どころではなくなる。では、かすみ網なしでどうするのかというと、僕たちは捕虫網で代用している。これなら街なかでも手軽に扱えるし、持ち運びもたやすい。

もちろん捕虫網で捕まえるといっても、縦横無尽に飛ぶツバメを狙って網を振るうわけではない。ツバメの飛翔能力では何度捕ろうとしても徒労に終り、捕らえるまでには至らない。そうではなく、捕虫網は寝ているツバメに対して使う。いくら日中無敵に近いツバメでも就寝中の不意打ちには対処できないようで、この時ばかりは簡単に捕らえることができる。（ヘッドランプに捕虫網といういでたちが）若干不審であることを除けば、捕虫網での捕獲はとても優秀な方法で、許可さえ取れれば十中八九うまくいく。ねぐらに止まって寝ている時にそっと捕まえるので、鳥がケガしたりすることもない。寝ぼけまなこのツバメを手に取るのは、ちょっと楽しい。

問題は、夜間にも調査をすることで調査最盛期に寝る時間がなくなってしまうことだが、最盛期は常に興奮状態なので、（少なくとも若い間は）寝ていなくともたいして苦にはならない。むしろ、日中に時間を割かなくて良いので、育雛行動の観察などに充分な時間を確保できるというメリットさえある。昼間の調査のみをとってもそうだが、いかに効率的に調査するかというのも、研究を進めるうえでの重要なポイントだと思う。流石に年齢を重ねると徹夜の調査は厳しくなってくるが、経験が増せば調査もこなれてきて、睡眠時間の確保も上手になる。

街なかのツバメの特性と予想外の結果

街なかのような低密度での調査は捕獲方法の変更だけでなく、思わぬ結果ももたらしてしまった。ツバメは一夫一妻で子育てする生物だが、浮気もする。この浮気の結果、自分の巣にいる子どもよりはるかに多くの子孫を残すことが可能となる。たとえば自分の配偶者と五羽のヒナを育て、別のメスと浮気してさらに五羽の「婚外子」を残せば、浮気しない場合の二倍の子を残すことができる。このことがツバメの進化の主要因であると当時は考えられており、実際、ヨーロッパではヒナの三羽に一羽は自分たちを育ててくれる父親の子どもではなく、母親が（より魅力的な）別のオスと浮気してできた子だった。そこで、僕たちもまず、同じ調査を上越市高田地区で実施した。ヨーロッパでは浮気される父親と浮気相手のオスで尾羽の長さが明らかにちがうという報告があったため、同様のパターンが日本でもみられるか、あるいはアメリカのように尾羽ではなく、羽色が関係するかもしれないと予想して調査を進めた。当時は成功することを信じて疑わなかったが、結果はがっかりするものだった。

東京大学のグループに協力いただいて、五十四巣二百四十三羽のヒナとその親を用いて浮気の程度を調べたところ、浮気の結果できた婚外子は全体のたった三パーセント（七羽）でヒナ三十三羽に一羽の割合でしかなく、性選択による進化にはほとんど貢献していなかった（Hasegawa et al., 2010a）。このため、婚外子の分析で性選択を調べるもくろみはみごとに外れてしまい、当時はけっこうなショックを受けた。なにせこの分析にはお金も掛かるうえに（当時で一回二十万円ぐらい必要だった）、親とヒナ両方を捕獲して遺伝子を得るという、かなりの労力を費やしているためだ。高い巣にいるヒナを捕まえるには脚立が必要で、当時車がなかった僕は肩に大きな脚立と調査用具を担いで自転車で街なかを毎日行ったり来たりしていて、雨の日などは地味に大変だった。好きでやっていることとはいえ、報われない努力というのは何気につらい。

そういうわけで、まずは当初の目論見が外れてしまうという挫折からのスタートとなってしまった。うってつけのテーマだったはずが、なかなか幸先が悪い。よく考えれば、密度の低い街なかのツバメでは浮気の機会自体が限られるので、この結果は予想できたはずだ。だが、当時は文献に登場するツバメ像が街なかのツバメにも当てはまると信じきっていて、現実を見ようとしなかった。研究開始早々にその幻想を打ち砕かれ、街なかのツバメとよく研究されたヨーロッパのツバメとの間に漠然とちがいがあることを認識できたおかげで、以降は街なかのツバメを直視して、一歩ずつ現実に迫っていけたように思う。

繁殖が早いオス、遅いオス

婚外子の結果がかんばしくなかったので、今度は次善の策として記録してあった、繁殖の順番に着目することにした。野外調査では思うとおりにいくことの方が少ないので、必ずメインの調査プランとサブのプランを幾つか用意しておく。そうしないと何か月、あるいは何年もかけた野外調査がまるまる無駄になってしまうことがあるためだ。それに人生は短い。一年に一つの研究テーマしか調べないとすると、研究を始める二十五歳から定年の六十五歳までうまくいっても四十個の研究しかできないが、一度に二、三のテーマを同時並行すればその倍は研究できる（実際はケガや病気で調査できるシーズンはもっと少ないだろうし、テーマの三つに二つはうまくいかないので、最後まで遂行できる研究はもっと少ない）。もちろんたくさん研究すればよいというわけではないが、メインとサブのプランを別のシーズンに分けて行うより同時にこなしていくことで生産性が上がるのは間違いないし、掛け持ちすることでちょっとしたできる

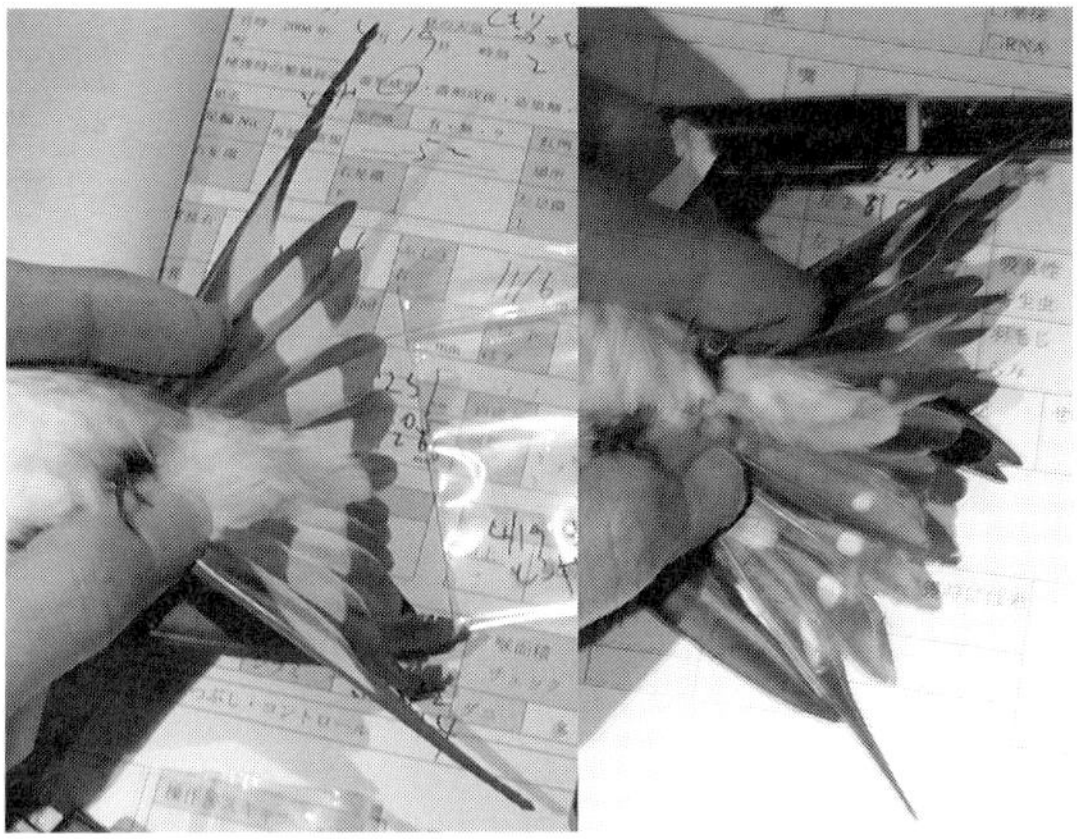

図6　オス(左) とメス(右) の尾羽の白斑．オスの方が大きく飛ぶとよくめだつ．

人気分も味わえる。

ツバメの調査に話を戻すと、ここでは婚外子がメインのプラン、繁殖の順番がサブのプランにあたるわけだが、繁殖の順番も性選択を調べるうえで重要な指標と考えられている。これは、魅力的なオスはそうでないオスよりも早く異性を獲得して繁殖を開始するためで、実際にヨーロッパでは尾羽の長いオスが早く繁殖し、尾羽の短いオスはなかなか繁殖できないというパターンが得られていた。繁殖が遅れると子育てに適した時節を逃してしまうので不利となる。そこで、日本のツバメで同じように調べ、誰が早く繁殖し、誰の繁殖が遅れるのか探ってみた。そうすると、婚外子の分析とはちがって、今度は充分な結果が得られた。

得られたデータをまとめ、分析したところ、日本、少なくとも上越のツバメにおいては、喉の赤いオス、また尾羽の白斑が大きいオスほど早く繁殖を開始していることが明らかになった(Hasegawa et al., 2010b)。この結果は、日本では、ヨーロッパで重要な尾羽ではなく、喉色(口絵16)

や白斑（図6）がオスの子孫繁栄を決める鍵となっていることを示唆しており、複雑な統計解析手法を使ったヨーロッパと僕たちのデータの直接比較によっても裏付けられている（Romano et al., 2017）。実際、オスの喉色や白斑はメスより派手であり、これらの特徴はオスでとくに重要な意味をもつことが予想されていた。この時点ではどのようにしてこれらのオスが早く繁殖したのかはまだわかっていなかったが、確かに、日本の街なかで繁殖するツバメたちにはヨーロッパのツバメとは異なる性選択が働いていると考えてよさそうだ。同一種でありながら、日本のツバメはヨーロッパの亜種とは異なる独自の進化を遂げてきたと言っても良いかもしれない。どうやらアメリカのツバメが特殊だというわけではなく、世界各地のツバメそれぞれが岐路に立ち、それぞれ別の進化の道を歩んできたらしい。この二番目の結果は、研究者をめざすうえで大きな弾みとなった。足取りも弾む。

なわばりという資産

勢いづいた僕は、次になわばりを調べてみることにした。人間でも資産家がモテるのと同じで、野生動物においてはなわばりという不動産を占有するオス、とくに、質の良いなわばりをもつオスが魅力的だと考えられる。人間でも動物でも、豊かな環境で子育てしたいのは同じだろう。当時の僕はそこまでなわばりの大事さに気づいていなかったが、指導教官の中村雅彦先生になわばりの重要性を力説され、なわばり研究に着手した。経験者は初心者にはまだみえていないものも把握しているので、アドバイスを受けた時はありがたく受け止め、研究を深めていく。

このなわばりを調べる、というのは僕に限らず、いろいろな人がさまざまな生物で扱う人気のテーマだが、なかなか一筋縄ではいかない厄介なテーマでもある。ふつうはなわばりには餌場所や隠れ家などいろいろな資源が含まれるため、一義的にその質を評価することが難しいためだ。たとえば、餌場所は良いが巣場所が悪いなわばりと逆に餌場所は悪く巣場所が良いなわばりでは、どちらが良いなわばりなのか、よくわからない。ツバメはこの点、なわばり内に含む資源は巣場所（古巣）のみなので簡単になわばりの質を評価でき、なわばりを調べるのに適した生物といえる。餌はなわばりの外で食べるため、なわばりの評価には影響しない。巣場所の評価だけでいいのだから、なわばりにいろいろな資源を含む生物とちがって評価しやすい。

ただ、理屈上簡単なことが実際簡単にできるかといえばそうともいえない。なわばりの評価はツバメの雌雄がペアを形成して巣作りを始める前までには終えておく必要がある。そうしないとメスがオスを選ぶ時点でのなわばりの質を評価できないためだ。僕と共同研究者の新井絵美さんはツバメが渡って来る前に上越市高田地区のすべての古巣を徹底的に調べ上げ、定量的に評価した。三月とはいえ、北国の上越ではまだ雪も降る寒い季節で、大変だった（図7）。も

図7　古巣の調査．ツバメが渡ってくる前に街なかのすべての古巣を記録し，なわばりの質を評価する．

図8　メスに求愛中のオス．オスはなわばり内の古巣をメスに紹介し，メスは実際に巣に入って吟味する．巣はおもに泥で作られており，捕食者に攻撃されたりすると簡単に壊れる．

っと過酷な環境で調査されている方には笑われるかもしれないが、街なかの調査でもそこそこの体力は必要だと身にしみた。

その甲斐あって、結果をまとめると、なわばりは街なかで繁殖するツバメにとってかなり重要な要素であることがわかった（Hasegawa et al., 2012a）。一シーズン中に育て上げるヒナの数はなわばりの質と強く関係し、古巣がよく残っているなわばりのペアほど多くのヒナを育て上げ、逆に壊れた古巣しかないなわばりでは繁殖のたびに捕食され、一羽もヒナが巣立たなかった。カラスなどにヒナが襲われると巣も壊れてボロボロになってしまうので、完成度の高い古巣がたくさん残っているなわばりは毎回繁殖がうまくいっている場所だということなのだろう。またオスの求愛行動を丁寧に観察したところ、オスはメスに自分のなわばりを紹介し、古巣を見せびらかしていることがわかった（図8）。なわばりの質がヒナの数に直結するのだから、オスとしては自分のなわばりをメスにアピールするのは当然かもしれない。ではメスは実際になわばりでオスを選んでいるのだろうか？　オスのアピールポイントとメスの評価ポイントが一致するとも限らないので、この点もちゃんと調べてみた。その結果、実際になわばりの質が良いオスほど早くメスを獲得して繁殖を開始していることがわかった。なわばりの効果はオス自身の身体的特徴より効果が大きく、なわばりの質はメスがオスを選ぶ基準の中でもとくに重要なものだといえそうだ。平均寿命が一年半ほどと意外と短命なツバメにとって、限られた繁殖機会を活かして子を残すには、必然的になわばり優先の選択になるのだろう。

後でわかったことだが、街なかのツバメはすでに別のツバメが繁殖中でも、そのヒナを殺してでも、良いなわばりを自分のものにしようとする（図9、Hasegawa & Arai, 2015）。生まれたばかりのヒナが殺される例はこれまでもヨーロッパのツバメで報告されていたが、大きく成長し、抵抗力のあるヒナまで殺されることはこれまでまったく知られていなかった。僕自身、なわばりを奪うためにそこまでやるのかとびっくりしたが、そこまでして奪うほど、街なかのツバメにとって良いなわばりを確保することは大事なのだろう。

図9　子殺しするオスのツバメ．この直後にヒナが地面に落とされた．ふ化後18日が経過したところで，巣立ちまでもう2，3日のところだった．

なわばりとオスの見た目

ここまで見た目の良いオスが繁殖に有利なこととなわばりの良いオスが繁殖に有利なことを別々に示してきたが、両者の関係性はどうなっているのだろうか。ひょっとしたら「なわばりの良いオス」と「見た目の良いオス」は同一人物なのかもしれないし、逆に「なわばりの良いオス」は見た目がよくないからこそ、頑張って少しでも良いなわばりを確保して見た目の悪さを補っているのかもしれない。理屈的にはどちらもありそうに思えるし、両者がお互いに無関係だということもありうる。そこで、実際のところどうなのか、次になわばりとオスの見た目の関係について調べてみた。

ツバメの場合、見た目の良さには喉色の赤さと白斑の大きさという二つの指標がある（前述）。それぞれ調べてみたところ、喉色と白斑ではなわばりとの関係性が異なることがわかった。喉色については、良いなわばりを占有しているオスほど派手だという関係があったが、白斑についてはなわばりとの間にとくに関係性がみられなかったためだ（Hasegawa et al., 2014）。先に述べたとおり、良いなわばりを確保するとメスに好まれるうえにたくさん子を残せるので、喉色の派手なオスというのは良いなわばりを占有することで繁殖上の利益を得ているようだ。喉色の派手なオスが早く繁殖していたのは、良いなわばりを確保することでメスを惹きつけたためと考えられる。一方の白斑についてはなわばりとは関係なく、白斑そのものがメスを惹きつけ、それゆえに早く繁殖しているといえるだろう。

まとめると、喉色、白斑はどちらも性選択で進化するが、白斑は直接メスを誘引する一方、喉色は良いなわばりを得ることで間接的にメスを惹きつけているということになる。おもしろいことに、このなわばりによる選り好みはヨーロッパではみられない。ヨーロッパでは牛舎内で集団繁殖し、カラスなどによる捕食もほとんどないので、良いなわばりを選ぶ意味がなく、なわばりでオスを選んだりしないのだろう。実際、なわばりとのリンクがみつかった赤い喉を比較すると、ヨーロッパのツバメでは喉の赤い部分が日本の半分ほどの大きさしかなく、集団繁殖ではなわばりを介した性選択がたいして効いていないとわかる。逆に、先住民族が木造建築を行わず、巣場所自体が限られていたアメリカではなわばりの確保がより重要になると見込めるが、この亜種にいたっては喉の赤い部分が非常に大きく、さらに胸まで赤くなっていることが知られている。

同様のパターンは日本国内でもみられる。温暖で、なわばりさえ良ければ一年に何回も繁殖できる南日本では、ツバメの赤い喉が大きく発達している(Hasegawa & Arai, 2013)。一方の白斑にはこのような傾向がないばかりか、むしろなわばりが重要でない北日本で大きく発達している。この結果からも、白斑と喉色の機能が異なることがわかる。なわばりの重要性が低い地域では、直接的に異性を誘引できる白斑の方が適しているのかもしれない。狭い日本列島の南北でツバメの見た目がちがうのは驚きだが、それだけ繁殖環境の影響が強いということなのだろう。ちなみに、どちらか一方ではなく、両方を発達させた方がいいようにも思えるが、どちらも派手に発達させるのに大変なコストが掛かるため、重要な方に投資を優先した結果、地域によって白斑か喉色、どちらか一方が発達するようだ。実際、最近の研究によって、コストに耐えうる、質の良い個体しか派手な赤い喉を作れないことがわかっており(Arai et al., 2017)、白斑にも同様の報告がある。これらの特徴は換羽が行われる南方の越冬地で発達するので、繁殖地だけでなく越冬地にも充分適応しているツバメだけが派手な羽毛をもつことになる。

最初に述べたアメリカの研究でも性選択上重要な装飾が地域によって変わると報告されているが、僕たちの一連の研究によって、なぜ地域によって性選択で進化する装飾が変わるのか、一つの理由が明らかになった。各地の繁殖環境に適したオスが選択されているのであり、なわばりの重要性が高まると赤い羽色が大事になるのだ。ここでは概要のみ紹介したが、詳細は最近のレビューで詳しく紹介してあるので（Hasegawa, 2018）、参照していただけるとありがたい。

図10　ツバメのヒナ．親が来ると一斉に鳴いて餌を乞う．

可愛さという魅力

ここまではオスの見た目の美しさである、尾羽や羽色ばかりに着目してきた。これらの特徴は生存上の利益では説明が難しいので、その進化の理由として性選択が引き合いに出されるのはもっともなことだ。しかし、性選択がもたらすのは美しさだけだろうか？　ヨーロッパやアメリカの先行研究にならって尾羽や羽色を調べてきたわけだが、次は、僕自身が気になったツバメの声に着目してみることにした。なわばりの重要性を調べるためにツバメの求愛行動を見ているときに、ツバメのオスが求愛中に「じーじーじー」という声を出していることに気づいたためだ。この声は求愛の最中にしか発せられないので、ツバメをよくご存知の人でもあまり聞き馴染みがないかもしれない。ひたすら「じーじーじー」を繰り返すだけなので、いわゆる「土食って虫食って渋ーい」と聞き做しされる有名なツバメのさえずり（ぐぜりとも呼ばれる）と比べて、とても単調に聞こえる。

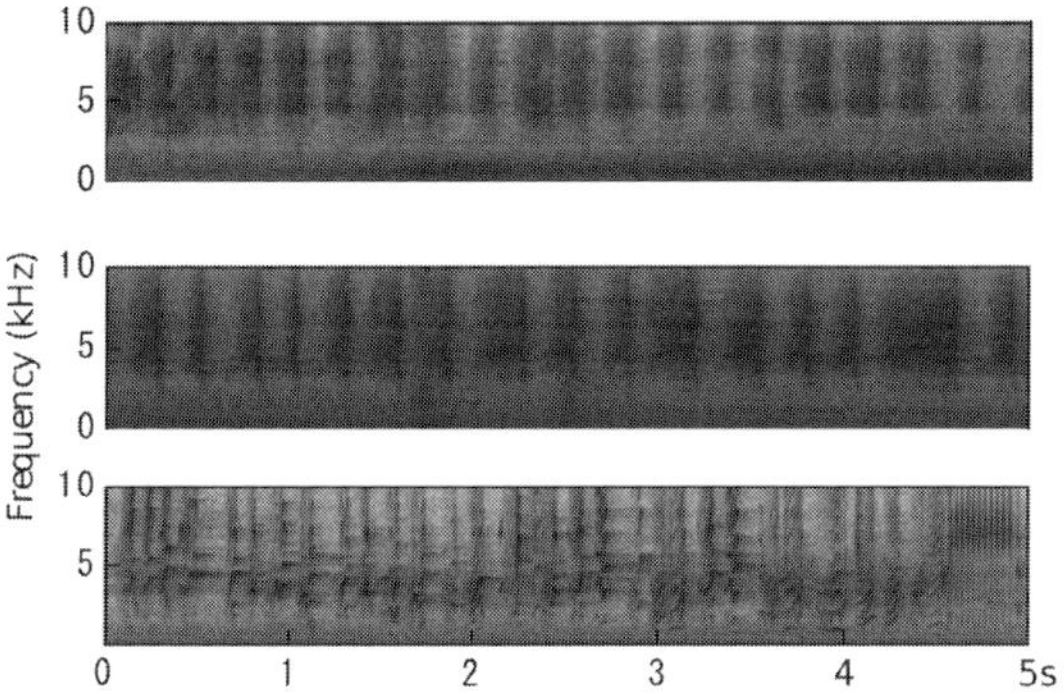

図11　ツバメの音声(上：ヒナの餌乞い声；中：オスのじーじー声；下：オスのさえずり）のスペクトログラム(横軸が時間(秒）で縦軸が周波数).　オスのじーじー声とヒナの餌乞い声は波形が互いによく似ている.

最初は聞き慣れなかったのだが、この声、慣れてくると何だか聞き覚えのある別の音声と似ていることに気がついた。よくよく考えてみて、ヒナ（図10）が親に餌をねだる時の声に似ているのだと思い至った時、はっとした。ひょっとすると「オスがヒナに擬態して、メスを騙して惹きつけているのかもしれない」、そう直感したためだ。学問的にはこのような求愛中の擬態は感覚トラップといわれ、グッピーの体色などが有名な例として知られている。グッピーの場合は、果実という希少な餌にオスが擬態し、美味しそうな見た目に寄ってきたメスを騙して交尾する、とされる。同様に、ツバメの場合は、メスの育雛欲求を刺激してメスを誘引する、と考えるわけだ。そういえば、カッコウのヒナが別種のヒナになりすましてその親に育ててもらうほどなので、種内で同じようなことをしていても不思議ではない。

ここまでは僕の思いつきにすぎないので、まず①実際にヒナの声とオスのじーじー声が似ているのか、②似ているとするなら、本当にメスは両者に同じように反応するのか、調べてみた。

もしヒナに似ているからこそオスがじーじー声をあげるのなら、両者の音声は酷似するはずだし、メスは両方に同じように反応してしまうと予測することができる。

実際に調べてみると予測のとおりで、オスのじーじー声はさえずりなど他の音声よりはるかにヒナの声に似ており（図11）、また、メスはオスのじーじー声とヒナの声に同じように反応して近寄っていった（Hasegawa et al., 2013）。これらの結果は、ツバメのオスがヒナに擬態してメスを誘引していることを裏づけている。さらにその後、神奈川県横須賀市でオスのじーじー声をコンピュータでヒナにさらに似せてやるとどうなるか実験したところ、オスの元々の声よりも、ヒナによりよく似せた声の方がメスを誘引しやすいという結果も得られた（Hasegawa & Arai, 2016）。これによって、ツバメを含め、全生物で初めて、未熟個体に似た特徴もまた、異性を誘引するうえで効果的であることが示された。

これまでツバメを含め、性選択というものは美しさを進化させる機構だと考えられてきたが、僕が示したように「可愛さ」も進化させうることがわかった。子の世話をする生物は、子というものには無条件に惹きつけられてしまい、子の特徴をもつ他個体にもつい反応してしまうのだろう。考えてみれば、人間でも可愛さと美しさは別物の魅力なので、当然といえば当然かもしれない。人間も子の世話をする生物の一種なので同様の性質をもつことは充分考えられる。大人になるほど増す美しさという魅力があるのと同時に、幼いときほど魅力的で成長するほど失われていく可愛さという魅力もあるのだ。実際、子の世話をする鳥と世話をしない鳥を比べると、前者は成熟後も子に似ているという特徴がある（Hasegawa & Arai, 2018）。可愛さというのは子の世話をする生物が共有する魅力なのかもしれない。

まとめ

進化や生態の研究というと、ふつうはジャングルの奥深くや原生林、ガラパゴス諸島のような僻地をイメージするかもしれない。だが、ここで示したように、進化を調べるのにそのような特殊な環境に出向く必要はない。むしろ、街なかのツバメのように、生物がふつうに暮らしている身近な環境でこそ、その生物がどのように進化していくのか、じっくり丹念に調べることができる。僻地でしか進化が起こらないわけではないので、これは当たり前で、生物がもともと暮らしている環境ならどこでだって進化を調べられる。実際にはヨーロッパのツバメのように、データが効率よく取れる生物に研究が集中することが多いが、今回明らかにしたように、(多少効率が悪くとも)身近でありふれた環境で調査したからこそ、みえてくるものもある。身近な生物だからなんでもわかっているかといえばそんなことはなく、最後の可愛さの研究のように、丹念に調べることで、これまで見逃されてきた現象を発見できることもある。僕は身近な生き物に着目して今後どこまで進化を明らかにしていけるか、楽しみながら調べていきたいと思う。

※この章で紹介した研究の一部は、日本学術振興会・特別研究員奨励費(15J10000)、二〇一二年度バードリサーチ研究助成を受けておこなわれた。

引用文献

Arai, E., Hasegawa, M., Makino, T., Hagino, A., Sakai, Y., Ohtsuki, H., Wakamatsu, K. and Kawata, M. (2017) Physiological conditions and genetic controls of phaeomelanin pigmentation in nestling barn swallows. Behavioral Ecology 28: 706-716.

Hasegawa, M. (2018) Beauty alone is insufficient: mate choice criteria in the barn swallow. Ecological Research 33: 3-16 (Award Article).

Hasegawa, M. and Arai, E. (2013) Divergent tail and throat ornamentation in the barn swallow across the Japanese islands. Journal of Ethology 31: 79-83.

Hasegawa, M. and Arai, E. (2015) Infanticide on a grown nestling in a sparse population of Japanese Barn Swallows *Hirundo rustica gutturalis*. Wilson Journal of Ornithology 127: 524-528.

Hasegawa, M. and Arai, E. (2016) Female attraction to higher-pitched male enticement calls in barn swallows. Ethology 122: 430-441.

Hasegawa, M. and Arai, E. (2017a) Egg size decreases with increasing female tail fork depth in family Hirundinidae. Evolutionary Ecology 31: 559-569.

Hasegawa, M. and Arai, E. (2017b) Negative interplay of tail and throat ornamentation in male barn swallows. Behaviour 154: 835-851.

Hasegawa, M. and Arai, E. (2017c) Natural selection on wing and tail morphology in the Pacific Swallow. Journal of Ornithology 158: 851-858.

Hasegawa, M. and Arai, E. (2018) Differential visual ornamentation between brood-parasitic and parental cuckoos. Journal of Evolutionary Biology 31: 446-456.

Hasegawa, M., Arai, E., Kojima, W., Kitamura, W., Fujita, G., Higuchi, H., Watanabe, M. and Nakamura, M. (2010a) Low level of extra-pair paternity in a population of the barn swallow *Hirundo rustica gutturalis*. Ornithological Science 9: 161-164.

Hasegawa, M., Arai, E., Watanabe, M. and Nakamura, M. (2010b) Mating advantage of multiple male ornaments in the barn swallow *Hirundo rustica gutturalis*. Ornithological Science 9: 141-148.

Hasegawa, M., Arai, E., Watanabe, M. and Nakamura, M. (2012) Female mate choice based on territory quality. Journal of Ethology 30: 143-150.

Hasegawa, M., Arai, E., Watanabe, M. and Nakamura, M. (2013) Male nestling-like courtship calls attract female barn swallows *Hirundo rustica gutturalis*. Animal Behaviour 86: 949-953.

Hasegawa, M., Arai, E., Watanabe, M. and Nakamura, M. (2014) Colourful males hold high quality territories but exhibit reduced paternal care in barn swallows. Behaviour 151: 591-612.

Hasegawa, M., Arai, E. and Kutsukake, N. (2016) Evolution of tail fork depth in genus *Hirundo*. Ecology and Evolution 6: 851-858.

Møller, A.P. (1988) Female choice selects for male sexual tail ornaments in the monogamous swallow. Nature 332: 640-642.
Romano, A., Constanzo, A., Rubolini, D., Saino, N. and Møller, A.P. (2017) Geographical and seasonal variation in the intensity of sexual selection in the barn swallow *Hirundo rustica*: a metaanalysis. Biological Reviews 92: 1582-1600.
Safran, R.J. and McGraw, K.J. (2004) Plumage coloration, not length or symmetry of tail-streamers, is a sexually selected trait in North American barn swallows. Behavioral Ecology 15: 455-461.

コラム

目的にあった対象種を選ぶ

長谷川 克

この章で紹介したとおり、日本のツバメでは喉色や白斑がオスの子孫繁栄を決めており、尾羽の長さ自体はたいして重要ではない。それなら、私たちがふだん目にするツバメのあの長い尾羽はどうやって進化したのだろうか？ 性選択が検出されないのであれば、尾羽の進化理由として性選択をもちだすのはおかしい気がする。

実際、尾羽の進化において、性選択は重要でなかったのだと主張する研究者もいる。彼らによれば、長い尾羽はむしろ、ツバメ独特のあの飛び方に必要なのだという。一見、長い尾羽は空を飛ぶには邪魔にみえるが、あえて長い尾羽をもつことにより、尾羽の縁をしならせ、風を捉え易くすることで空に浮く力である「揚力」を増やすのだという。具体的には、旋回時に尾羽を広げて付加的な揚力を発生させることで、ツバメ独特の急速ターン（通称「燕返し」）が可能になるのだと主張している。彼らによれば、現在一部の地域でみられている尾羽への性選択はあくまでおまけ程度の意味しかなく、長い尾羽が進化するうえで欠かせなかったのはこの航空力学的な特徴なのだという。旋回能力が高いと素早い虫も採食しやすいために生存に有利となり、長い尾羽が進化したと考えるわけだ。あまりにも長すぎるとさすがに邪魔になって生存に不利だろうから、現在みられるツバメの尾羽はこれ以上長くなると生存に不利になる、最適に近い長さにとどまっているのだという。ツバメの独特の飛び方をみていると彼らの主張にも一理あるように思える。では、性選択が重要とする主張、生存選択が重要とする主張、どちらが正しいのだろうか？

この疑問を解決するのに、もはやツバメそのものを使って調べることはできない。なぜなら、彼らの主張はツバメが現在長い尾羽をもつに至るまでの過程（＝歴史）の話であり、現在もうすでに長い尾羽を進化させたツバメでは長い尾羽に生存上の利益を期待していないためである。現在のツバメは最適な長さに近いはずなので、とくに長い尾羽をもつ一羽が平均的な長さをもつ一羽に比べて生存しやすいわけではないはずだ。

こういうときに、「それでも僕はツバメの研究をすると決めたから、何が何でもツバメで調べる」というふうに意地を張っても仕方がない。思い切って別の生物に対象を変えるというのも野外調査を成功させる秘訣だろう。フィールドに出てからが野外調査だと思ったら大間違いで、「目的にあった調査計画を立てられるかどうか」、これによって野外調査の成否が決まる。フィールドに出る前から野外調査は始まっているし、結果もおのずとみえてくる。

図1　リュウキュウツバメ *Hirundo tahitica*. 尾羽が短いためにツバメより小さく見えるが，どちらも体重20g前後の小さな鳥で大きさ自体はほとんど変わらない．

今回の目的のために、僕はツバメの代わりにリュウキュウツバメ *H. tahitica* という鳥に注目した（図1）。この鳥はツバメとは別種だが、比較的最近になってツバメの祖先と別れたツバメにごく近い鳥で、ほとんどツバメと同じような生活をしているのでツバメの調査手法が流用できる。見た目もほとんどツバメと同じだが、一つだけ大きなちがいがある。この鳥の尾羽はツバメよりはるかに短いことだ（図2）。もし生存選択を重視する人たちの言うとおり、航空力学的な特性ゆえに尾羽が長く進化するのなら、リュウキュウツバメの中でも比較的長い尾羽をもつ個体が生存に有利なことだろう。あえて尾羽の短いリュウキュウツバメを選んで仮想的な祖先状態として使うことで、ツバメにみられる長い尾羽がどうやって進化したのか、

図2　ツバメ(左)とリュウキュウツバメ(右)の尾羽.

進化の始まりの部分を調べることができる。
　ふつうは生存選択を直接観察することは難しいのだが、リュウキュウツバメの生息地の一つである奄美大島では二〇一五～二〇一六年の冬に百年に一度の大寒波が押し寄せ、たくさんのリュウキュウツバメが死亡した。ツバメの仲間は飛んでいる虫しか食べないため、虫の飛翔が困難な低温環境では餌がほとんどなくなってしまい、採餌が下手な鳥は生き残れないのだ。リュウキュウツバメにとっては未曾有の大災害だが、生存選択を調べるうえではまたとない機会となる。長い尾羽が効率的な採餌を可能にするというなら、当然、生き残っているのは尾羽の長い鳥だろう。僕はこのように予測して奄美大島に出向き、リュウキュウツバメの生き残ったものと死んだものを比較してみた。そうすると、生き残ったリュウキュウツバメの方が死んでしまったものより尾羽が明らかに短かった(Hasegawa & Arai, 2017c)。このことは長い尾羽が生存に有利だとする人たちの主張に反する。むしろ、長い尾羽は生存に不利で、なんらかの別のメカニズムによってツバメの長い尾羽が進化したと考えるべきだろう。
　その後、この研究を皮切りに長い尾羽が採餌に不利だという証拠が次々にみつかった。ツバメの仲間で尾羽の長さを比較した時、尾羽が短い種の方が栄養価の高い大きな餌を食べているという証拠や(Hasegawa

et al., 2016)、メスの尾羽が長い種は小さな卵しか産めないという証拠もある(Hasegawa & Arai, 2017a)。ツバメ類では直前に採った栄養量に応じて卵のサイズが決まるので、この結果は長い尾羽が採餌に有利だとする主張に反する(採餌に有利なのなら、むしろある程度尾羽が長い鳥が大きな卵を生むはず)。

ではなぜツバメで長い尾羽が進化したのかというと、僕はやはり性選択の可能性が高いと考えている。最新の研究によって、日本でも条件によってはメスが尾羽の長いオスを選んでいることがわかってきた(Hasegawa & Arai, 2017b)。日本ではこの条件が限られているためにヨーロッパほど尾羽は長くないものの、依然としてリュウキュウツバメなど他の鳥とは明確に区別できる燕尾を維持しているのだろう。

野外調査は対象の生物に適した研究テーマを選んで行うことも多く、本文に記したツバメの研究のように、よく研究されてきた普通種だから意味のある研究もある。だがこのリュウキュウツバメの研究のように、テーマに適した生物や適した環境を選んで行ったからこそ意義がある研究もあると思う。生物から入るのか、テーマから入るのか、どちらかに限定せず、その場その場で柔軟に対応して決めることが大事だと思う。

絶海の孤島に通いつめた日々

安藤温子

小笠原諸島は東京の南約千キロメートルに位置しており、大小三十余りの島々からなる。小笠原諸島は海洋での火山活動によって誕生し、成立してから現在に至るまで、一度も大陸と陸続きになったことがない。そのため、この島々に生物がたどり着くためには、空を飛んでくるか、海流に流されるなどして運ばれてこなければならない。このようなチャンスはめったにないので、多くの生物が、外の環境から孤立した状態で世代を重ね、そこにしかいない固有種に進化した。その独特な自然環境から、小笠原諸島は二〇一一年に世界自然遺産にも登録されている。私は卒業研究から博士課程の研究に至るまで、この小笠原諸島を舞台に研究を行ってきた。ここでは小笠原諸島に生息するユニークな動物との出会い、そして辛くて楽しいフィールドワークの日々について紹介したいと思う。

研究を始めたきっかけ

物心ついた頃から生き物が好きだった。幼稚園の頃は自分の似顔絵を描く時間に動物の絵を描いたり、教室ではなくウサギ小屋に登園して一時行方不明になったりと、何かと先生の手を煩わせていた。小学校の図書室にある生き物関係の本を読みあさり、ＮＨＫの生き物地球紀行、ＴＢＳの動物奇想天外などの番組に見入っていた。小学校から中学校まで、ほぼ毎年生き物を対象とした自由研究に取り組んでいた。自宅で飼っているハムスターに迷路を歩かせたり、カナヘビの尻尾を切って再生の過程を観察したりするのが、夏休みの楽しみだった。高校に入ると受験戦争のために自由研究どころではなくなってしまったが、将来は野生動物の生態研究や保全に関わる仕事がしたいと思い、野生動物の研究が盛んな京都大学に進学した。しかし、入学後すぐさま研究に没頭…とはならなかった。研究以外にどうしてもやりたいことがあった。中学から続けていた剣道だ。高校の部活が不完全燃焼で未練があり、受験戦争の反動で思いっきり体を動かしたい願望もあった。そこで、野生生物の研究サークルではなく体育界剣道部に入部した。文武両道を志していたはずが、いつの間にか剣道にはまり込んでしまい、学部の四年間はほとんど剣道しかしていなかったといっても過言ではない。けっきょく、試合で思うような実績は残せなかったが、剣道をとおして体力と精神力が養われ、多くの友人もできた。私にとってはかけがえのない四年間だったと思う。巡り合わせとは不思議なもので、剣道をしていたおかげで、私は小笠原諸島で動物の研究に取り組むことになったのである。

学部四年生になり、私は京都大学農学部の森林生物学研究室(井鷺裕司教授)に所属した。その研究室では、野外観察やDNAの分析などに基づき、さまざまな動植物の生態や保全に関する研究が行われており、私が昔から抱いていた興味に合っていた。ただ、井鷺研究室に入る決め手となったのはそれだけではなく、四年生の十一月まで週に六日の部活をすることを理解してくれた(ように思えた)からだ。研究テーマを決めるにあたり、フィールドワークをメインにするか、DNA分析をメインにするか考える必要があった。私はフィールドワークによる動物の生態研究をしたかった。が、当時は剣道部の女子主将であったこともあり、十一月まで続く部活の都合で諦めざるをえなかった。フィールドワークは大学院に入ってからやれば良いと思い、DNA分析をすることにした。そこで紹介されたのが、小笠原諸島で繁殖するクロアシアホウドリとコアホウドリを対象とした分析だった。現地のＮＰＯとの共同研究で、対象とするアホウドリ類がどのくらい多様な遺伝子のタイプをもっているか、また、小笠原諸島に散在する繁殖地の間で、どの程度遺伝子の交流が起きているのかを調査するという目的だった。

研究を始めた当初は、小笠原諸島がどこにあるのかすら知らなかった。セミナーの準備などで情報を集めるうちに、小笠原諸島にはそこにしかいない固有種が数多く生息していること、世界遺産の候補地になっていること、生息地の破壊や外来生物の影響で、固有種の大部分が絶滅の危機にさらされていることなどを知り、小笠原の生き物たちをぜひともこの目で見たくなった。しかし、部活を引退した後も現地行きは実現せず、共同研究者から送られてきた鳥の羽サンプルを分析するだけの日々が続いた。実験は比較的順調に進み、分析結果を英語論文として投稿することができた。しかし、私の心の中にはモヤモヤとした感情が残っていた。論文は書いたものの、私は対象種であるアホウドリ類を見たことがないのだ。動物を研究する者としてこんなことでいいのか！　アホウドリ類を一目見たいと思い、研究室のメンバーにも相談したが、前向きな答えはまったく返ってこなかった。アホウドリ類の繁殖地である無人島に行くためには、現地で漁船をチャーターする必要があり、上陸には危険も伴うので、ちょっと見たいくらいの理由で行ける場所ではなかった。かといってそれ以外の理由もお金も伝手もなかった。悶々としていたある日、知り合いから一通のメールが転送されてきた。それは、小笠原諸島の無人島でアホウドリのヒナを飼育するボランティアを募集する、という内容のものだった。これだ！　即決して応募した。メールをくれたのは当時岐阜大学に所属していた山崎翔気博士で、私が岐阜大が主催するシカの調査に参加した際、アホウドリが見られないことで悩んでいるのを聞いて紹介してくれたのだった。このメールが私の研究人生を大きく動かすことになった。

アホウドリ *Phoebastria albatrus* は、国の特別天然記念物にも指定されている絶滅危惧種で、翼を広げると二メートル以上になる大型の海鳥だ。当時知られている繁殖地は伊豆諸島の鳥島と尖閣諸島のみ。このうち、最大の繁殖地である鳥島は活火山であり、繁殖期に噴火が起きればアホウドリの集団に壊滅的な影響を与えかねないという危険な状況にあった。そこで、かつてアホウドリが繁殖していた小笠原諸島の聟島という無人島に、繁殖地を復活させようという試みが行われていた。これは、アホウドリが巣立った島に帰ってきて繁殖をするという習性を利用したもので、鳥島から聟島にヒナを移送し、人の手で育てて巣立たせ、そのヒナが聟島に帰ってくることを期待するという壮大なプロジェクトだった。詳細は、山階鳥類研究所のホームページに掲載されているので参照してほしい（山階鳥類研究所、二〇一八）。幸いにも私はボランティアスタッフに採用され、聟島で約一か月のキャンプ生活をしながらヒナの飼育をすることになった。これが小笠原諸島との初めての出会いである。

はじめての小笠原

念願の小笠原渡航が実現し、心躍らせながら竹芝桟橋に向かった。現地へ向かう交通手段は船のみ。六日に一度出航する定期船おがさわら丸で、二十五時間半（現在は二十四時間）の船旅を経て到着する（図1、

図2)。単身の渡航、長い船旅の先に一か月のキャンプが待っているとなると、不安を感じないわけではない。ただ、当時の私は不安よりも期待、新しいことに挑戦する意気込みの方が勝っていた。船室に荷物を置いてすぐにデッキに飛び出し、井鷺教授から借りてきたカメラで写真を撮りまくった。午後、観光客向けのレクチャーに参加した。そこで講師をしていた緒幡純子さんは、ボランティアが公募される前の年、聟島でスタッフとして事業に参加していた人だった。緒幡さんから、現地での生活などについて話を聞いて、漠然とだがイメージを掴むことができた。夕方から海が荒れ始めたので横になった。海は生命のゆりかごともいわれるが、まさに大きなゆりかごの中で揺られているような感覚だった。

図1　調査地に向かうおがさわら丸のデッキ.

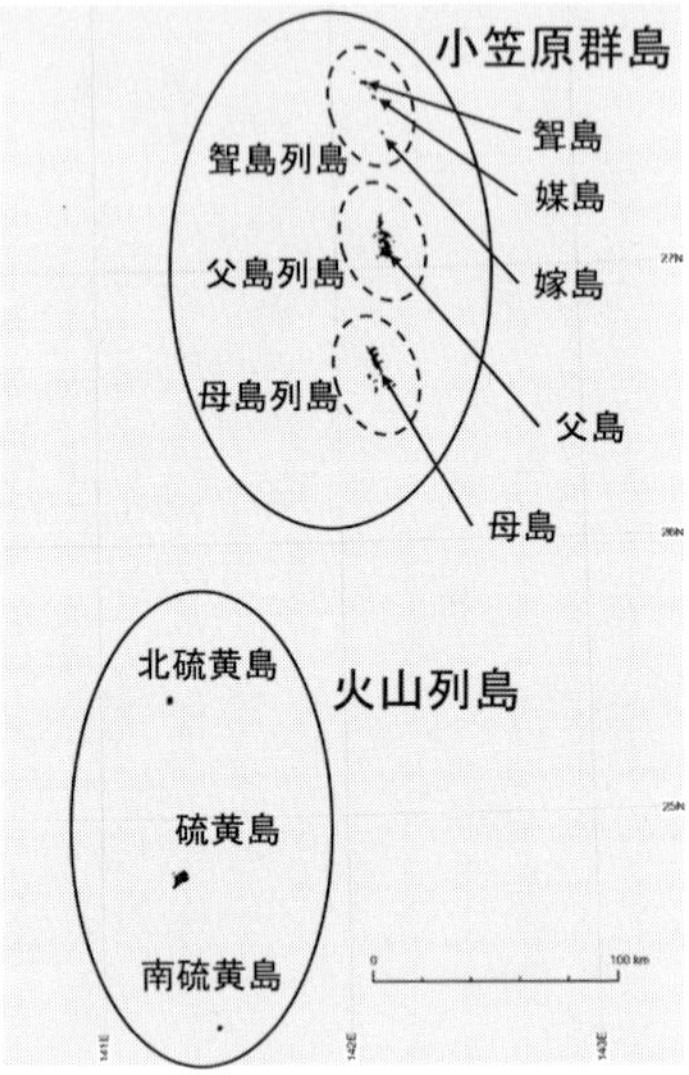

図2　小笠原諸島における島の位置関係.

父島に着くと、聟島での現場リーダーである山階鳥類研究所の出口智広博士が出迎えてくれた。他のスタッフとも合流し、食料品などの買い出しを行ったのち、その日は父島に宿泊した。翌朝、漁船に荷物を積んで聟島に向け出航。父島から約七十キロメートル北上した。船はそこそこ揺れたが、気を張っていたので酔わなかった。ずっと、前方のデッキに張り付いて景色を見ていた。途中、嫁島と媒島《なこうどじま》の脇を通過した。分析したサンプルが採取された島だ。自分が分析対象とした島の大きさや距離感を、やっと実感することができた。約四時間の船旅を経て、漁船は波静かな聟島の湾内に入った。早速、卒論で研究対象としたクロアシアホウドリ *Phoebastria nigripes*（図3）とコアホウドリ *Phoebastria immutabilis* が出迎えてくれた。その大きさに驚いた。アホウドリ類は長い翼をグライダーのように使って飛行するので、近くを通るとゴーッと風を切る音がする。それもまた迫力があった。現地滞在中、クロアシアホウドリとコアホウドリを観察する機会は何度もあった。アホウドリ類は、巣立った場所に戻る生地回帰習性が強いといわれているが（Tickell, 2000）、私が卒論で扱った分析結果は、繁殖地となっている島々を個体が移動し、遺伝子の交流が起きていることを示すものだった（Ando et al., 2011）。繁殖地である島々を実際に見てみると、思ったよりも近い。聟島から、約五キロメートル離れた媒島はすぐ目の前だし、約二十キロメートル離れた嫁島もはっきりと見える。あれだけ長い翼をもち、飛翔能力の高いアホウドリ類なら

図３　聟島上空を飛行するクロアシアホウドリ.

図4　聟島でのキャンプ地のようす．写真は5人用テントだが2人で利用する。長期滞在のため、中には簡易ベッドが設置されている．

ひとっ飛びだ。日頃から広大な大海原を飛び回って暮らしているわけだから、たとえば聟島から媒島に繁殖地を移すことは、アホウドリ類にとっては隣の家に引っ越す程度のことなのだろう。DNAの分析結果から、従来の知見に反する驚くべき結果が得られたように思い論文に書いていたが、こうやって現地を見るとむしろ当たり前のことのように感じ、なんだか恥ずかしい気分になった。

聟島での活動は、出口さん、雇用スタッフの島民、全国各地から集まった私のようなボランティアスタッフなどで構成され、一度に六人程度が集まって共同生活をする（図4）。小笠原どころかキャンプも初めてだった私にとって、見ること聞くことすべてが新鮮だった。最初に驚いたのは、生まれて初めて、本物の夜の暗闇に包まれたことだ。日が暮れると、ヘッドライトなしでは身動きがとれない。夜は暗いなどという、言葉にすれば当たり前のことを実感する機会が、私たちの日常生活の中にはほとんどないのだ。聟島では、午前中にヒナへの給餌を行い、午後は諸々の片付けや関連調査、自由時間となる。夜は飲み会だ。風呂に入れないことをのぞけば、忙しい現代社会においてはかなり恵まれた暮らしといえるだろう。

私は二〇〇九年から二〇一二年までの四年間にわたり、このアホウドリ再導入事業に関わった。滞在中、テントの張り方、山の歩き方、天気図の見方・書き方、植物や鳥の名前、鳥の保定の仕方、シュノーケルなど、小笠原諸島での野外調査に必要なさまざまな技術を学ぶことができた。出口さんや、当時鹿児島大学の院生だった栄村奈緒子さんの調査に同行して、鳥類を対象としたさまざまな研究アプローチがあることを知った。ＮＨＫの番組「ダーウィンが来た！」の取材班が滞在していた時期には、自然を扱うテレビ番組の裏側を知ることができた。現地の食材を使った料理も教えてもらった。とにかく、人との出会いが貴重だった。さまざまな人が、さまざまな目的をもってこの事業に参加していた。研究者、行政関係者、マスコミ、現地のガイドなどは、仕事の一部として関わっているし、自然保護に貢献したい、動物が好き、自分の人生を見つめ直したいなどの理由で参加するスタッフもいた。共同生活のなかで、仕事について、人生観について、小笠原における自然保護のあり方についてなど、いろいろな話をした。さまざまな考え方に触れるなかで、自分の視野が広がっていくのを感じた。そして、自分は研究者としてどうありたいのか、小笠原のために何ができるのか、真剣に考えるようになった。この事業をとおして、私は小笠原に関わる多くの研究者や保全関係者と繋がりをもつことができ、共同研究もできたし現地での友人も増えた。勢いで申し込んだアホウドリ再導入事業だったが、私が小笠原で研究をする基盤を築くうえで、不可欠な存在だった。小笠原の研究を始めたばかりの学生時代に、この事業が走っていて本当に良かったと思う。

幻のハト

アホウドリ事業でのキャンプ生活を終え、父島の宿に戻ってきた。鏡を見てギョッとした。ひどく日焼けしたのはもちろんだが、一か月間自分の顔を見ていなかったので、どのような顔だったか忘れていたのだ。翌日、父島を一回りした後、アホウドリ類のDNA分析で共同研究をしているNPO法人小笠原自然文化研究所（IBO）の堀越和夫博士、鈴木 創研究員、佐々木哲朗研究員らと会った。話の内容は、幻のハトとも言われていた絶滅危惧種アカガシラカラスバト *Columba janthina nitens* のDNA分析についてだった。アホウドリ類の分析で成果が出ていたので、引き続き共同研究として取り組みたいとのことだった。卒業研究でDNA分析しかできなかったので、修士過程の研究ではフィールドワークをメインにした研究テーマに変えることを考えていた。しかし、自分のもっている技術が絶滅危惧種の生態調査や保全に活用されることは嬉しかったし、何より小笠原に来たことで、小笠原の動物に関わる研究をもっと続けたいと強く思っていた。最初はDNA分析でも、いずれ小笠原のフィールドで自分の研究をする機会が訪れるのではないかと思い、引き受けることにした。私の所属研究室では絶滅危惧種の生態調査とDNA分析を組み合わせた研究が行われていた。当時は小笠原諸島の希少植物を対象としたプロジェクトも走っていたが、小笠原で動物を扱っているのは自分だけで、現地で野外調査を行う伝手やノウハウはほとんどなかった。フィールドで研究をするにしても何から手をつけて良いかわからず、当時は相談できる鳥研究者も少なかった。そのため、どんな形でもよいから現地に行って、対象種の生態を理解することに努めようと思った。

新しい対象種であるアカガシラカラスバトは、小笠原固有の亜種であり、有人島の父島と母島を含む小笠原群島と、そこから約百五十キロメートル南に位置する火山列島に分布している（Seki et al., 2007）。基亜種のカラスバト *Columba janthina janthina* が全身黒っぽい色をしているのに対し、アカガシラカラスバトはその名のとおり頭が赤いのが特徴だ（図５）。また、カラスバトと共通して、頸から胸にかけて紫や緑の美しい金属光沢が見られる。アカガシラカラスバトは、人の定住による生息地の破壊や、ノネコなどの外来哺乳類による捕食によって個体数を減少させたと考えられており、個体数は当時百羽程度と推定されるほどの希少種である。絶滅危惧種ＩＡ類や国内希少野生動植物種にも指定されており、生息域内外における早急な保全策が必要とされていた。しかし、その生態の多くは謎に包まれていた。

図５　アカガシラカラスバトのオス成鳥.

ＤＮＡ分析の傍ら、私は共同研究者であるＩＢＯの研修生に登録し、現地でのアカガシラカラスバトの生態調査に参加した。調査内容は、生息個体数や行動範囲を推定するための個体の捕獲と標識装着（足環）の補助、標識された個体を追跡し、いつどこで何をしていたか記録する作業、食物となりうる植物の記録など、基礎的なものだった。アホウドリ事業で滞在していた聟島と比べて、父島は深い森林や急な斜面、複雑な地形が多いので、最初のうちはハトを探すどころか、調査ルートを迷わずに歩くことすらままならなかった。しかし、堀越さんや鈴木さん、当時調査員として働いていた梅原祥子さんらに教えてもらううちに、だんだんとハト探しのノウハウが身についていった。とはいっても相手は幻ともいわれた絶滅危惧種だ。何日間も見られないことは珍しくなかった。アカガシラカラスバトを初めて見たのは二〇〇九年の冬で、場所は父島の東平だった。一緒に調査をしていた梅原さんが指差した方向を見ると、一羽のハトがゆっくりと地面を歩きながら、餌を探していた。薄暗い森の中で、頭の赤と、頸から胸の紫、緑が時折神秘的に光る。どこまでも謎めいたオーラを放ちながら、そのハトは藪の中に消えていった。距離も遠くてじっくり観察できなかったが、この鳥についてもっとよく知りたいと、強く思ったのを覚えている。研修生として父島に約一か月間滞在し、毎日のように野外に出てアカガシラカラスバトを探し、観察した。滞在時期がちょうど年の瀬だったので、大晦日の深夜まで忘年会で盛り上がった後、元旦の朝から調査に入って初日の出ならぬ初ハトを観察したりもした。

アカガシラカラスバトを探す時は、おもに鳴き声と足音を頼りにする。「ウッ、ウー」という、うめき声のような声なのだが、とくに繁殖期のオスはよく鳴くので、その声を頼りに居場所を探すことができる。しかし、風が強い日にはその音にかき消されてしまうので、聞きとるのが難しい。もう一方の足音だが、アカガシラカラスバトは地面を歩いて餌を探すことが多いので、これも見つけ出すための手がかりになる。「ガサッ、ガサッ」と、落ち葉を踏む音が聞こえたら、近くにいる証拠だ。同じように地上で採食するトラツグミ *Zoothera dauma* はもっと早足で「カサカサカサカサ…」と連続した足音を立てるので、慣れると聞き分けられる。アカガシラカラスバトが歩くペースは、トラツグミよりも人に近いようで、人の足音と間違うこともあった。

観察を続けているうちに、アカガシラカラスバトが沢沿いによく出現すること、アコウザンショウ *Fagara boninsimae* やキンショクダモ *Neolitsea aurata* など特定の樹木に集まる傾向にあること、繁殖期には力の強い個体がなわばりを維持していること、一日に二回、オスとメスが交代でヒナに餌を与えることなど、文献や人伝手に何となく知っていたその行動の特徴を、実感として理解できるようになった。そして何より、アカガシラカラスバトの生態がいまだ謎だらけである、ということをよく理解した。現地では毎日のように調査員が森に入り、アカガシラカラスバトの観察をしているが、とにかく個体数が数ないために、得られる情報がどうしても断片的なものになってしまうのだ。なかでも調査員を悩ませていたのが、その食物だった。絶滅が危惧されるアカガシラカラスバトにとって好ましい採食環境を把握し、保全するには、まず何を食べているのかを正確に知ることが不可欠だ。アカガシラカラスバトが一部の樹木に集まることは知られているが、それも冬の一時期のことで、他の季節の食物についてはほとんどわかっていなかった。餌を食べるところを観察しても、地面を歩いているハトが果実をくわえ、飲み込むまでの一瞬の間にその種類を特定するのは、とても難しいことだった。糞の分析も行われたが、こちらも困難を極めていた。採取した糞を篩の上で洗浄し、残った断片を実体顕微鏡で観察すると、中身のほとんどは植物の種子であることはわかるのだが、大部分がハトの砂嚢で粉砕されている。黒くて硬い種皮をもつアコウザンショウなど、識別が容易な一部の種をのぞいて、糞に含まれる食物を正確に把握することはできそうになかった。これでは何年経っても、アカガシラカラスバトの食物はわからないままだ。他に方法がないか、あれこれ考えた。そして思いついたのが、私が研究で扱ってきたＤＮＡ分析だった。

アカガシラカラスバトの糞の中には、ハトが食べたあらゆる食物のＤＮＡが含まれている。消化によって形状が変化した食物の断片でも、ＤＮＡの塩基配列は変化しない。このため、目視での識別ができない食物でも、ＤＮＡの塩基配列を解読することで、どの生物のものか確かめることができるはずだ。種不明の生物について、そのＤＮＡ塩基配列の一部を解読し、データベースと照合することで種を特定する方法は、ＤＮＡ塩基配列をバーコードのように使うことから「ＤＮＡバーコーディング」と呼ばれている（Hebert and Gregory, 2005）。アカガシラカラスバトの糞に含まれるＤＮＡ塩基配列を解読し、小笠原諸島に生育する植物のＤＮＡデータベースと照合すれば、食物を正確に把握できると考えられた。一つの糞に多くの種類の食物が含まれている場合でも、次世代シーケンサーと呼ばれる、大量のＤＮＡ塩基配列を同時に解読する装置を用いることで、すべての食物を検出できると期待された。当時、ＤＮＡバーコーディングと次世代シーケンスという二つの技術を、野生生物を対象としたさまざまな研究に活用するための方法が模索されていた（Valentini et al., 2009）。この機に乗じて、私もＤＮＡを使ったアカガシラカラスバトの食性研究に乗り出すことにした。

毎月の小笠原通い

アカガシラカラスバトの食性研究を行うにあたり、やるべきことはたくさんあった。まず、糞から得られたＤＮＡ塩基配列を参照し、生物を特定するためのデータベース作りだ。当時は動植物を問わずあらゆる生物について、データベース整備のための生物標本の収集と塩基配列の解読が進められていた。小笠原諸島の植物はというと、まさにデータベースの整備が始まろうとしているところだった。私は、小笠原諸島を担当することになっていた森林総合研究所の鈴木節子博士と協力し、植物標本の採取とDNAデータベースの作成を行うことになった。次に糞の採取だ。これまでの調査で集められた糞のほとんどは、アカガシラカラスバトがよく観察される冬に採取されたものだった。アカガシラカラスバトの食物の全容を明らかにするためには、すべての季節で糞を採取する必要があった。気になっていたのが、アカガシラカラスバトによる外来植物の利用だ。前述のとおり、小笠原諸島では外来種の侵入によって固有の生物の生息環境が破壊されている。アカガシラカラスバトの生息地である森林にも、多くの外来植物が生育しているのを目にしてきた。とくに、ガジュマル *Ficus microcarpa* やアカギ *Bischofia javanica* などの樹木は大量の果実をつけるので、アカガシラカラスバトの食物になっている可能性があった。アカガシラカラスバトが外来植物を食べているのか、食べているとしたらいつどのくらい利用されているのかを知りたかった。また、アカガシラカラスバトにとって重要な食物を把握し、外来植物が駆除された際の影響を予測するためには、アカガシラカラスバトがどのように食物となる果実を選んでいるかについても、調べる必要があった。そのためには、糞の採取と同時に生息地で結実している樹木を調査し、それらの栄養成分も知る必要があった。というわけで、私はアカガシラカラスバトの食物利用の実態を調査するため、その後二年半の間毎月小笠原に通い、DNAデータベースに使う植物の採取、糞の採取、生息地の結実状況の調査、栄養分析に使う果実の採取という四つのフィールドワークを行うことになった。気づけば博士課程の一年目にな

231——絶海の孤島に通いつめた日々

っていた。小笠原に出会って三年、ようやく私は、フィールドワークによって自分の研究を進めることができるようになったのである！

京都と小笠原の往復はなかなか大変だった。ずっと小笠原に滞在すればいいと思われるかもしれないが、京都ではDNA分析の実験があり、どちらもサボるわけにはいかなかった。定期船おがさわら丸は六日に一度、午前十時に出航するため、乗り遅れないためには前日のうちに東京に移動するのが無難だ。一度、交通費を節約するために夜行バスに乗ったことがある。時間には十分ゆとりをもっていたはずが、なんと交通事故の渋滞に巻き込まれ四時間遅れ。船が出た直後の午前十時半に新宿駅に放り出された。そこから六日待ちという残念な結末になり、それ以降はお金がかかっても前日に新幹線で東京入りするようにした。台風が近づくとかなりピリピリした。船が遅れるだけなら良いのだが、進路によっては出航前日に東海道新幹線が止まって東京に行けず、翌日船が定刻に出てしまう可能性もあるからだ。天気図と睨み合いをしながら、出発するタイミングを考えた。海は度々荒れるので、そういう時は寝てすごすしかない。台風のうねりは大きくゆっくりしていて、冬の低気圧のうねりは小刻みに激しかった。おがさわら丸は屈強な船なので、波高が六メートルを超えるような大しけでも進んでいく。そんな時は一つ波を超える度に体が跳ね、常に震度四くらいの地震に見舞われているようだった。調査中、父島ではＩＢＯ事務所のロフトに寝泊まりしていた。毎月通うには資金繰りが厳しかったので、無料で宿を提供してもらえたのはとても助かった。母島では、田澤さんご夫妻が経営するユースホステルに宿泊していた。ここは、母島で調査をする研究者や学生もよく利用していたので、一般の観光客も交え、飲みながら研究の話で盛り上がることもあった。

最初の一年は、DNAデータベースに用いる植物標本の採取に力を入れた。といっても、調査を始めたばかりの頃は植物の名前もろくにわからなかったので、植物を覚えるところから始めなければならなかった。植物図鑑を片手に森の中を歩き回った。名前のわからない植物については、小笠原ビジターセンターにある詳細な図鑑で調べたり、現地の植物に詳しい方々に聞いて覚えたりした。種名がわかった植物は、標本にするため新聞紙に挟んで森林総合研究所の鈴木節子さんの元に送り、後日抽出したDNAをいただいた。最終的に二百三十二種の種子植物の葉を採取し、DNAデータベースを作成した。DNAデータベースの方は木本だけでなく草本も対象にしていたので、イネ科やカヤツリグサ科などの識別には、詳しい方の力を借りても苦労した。何年か後に誤同定が発覚したこともあり、こうした間違いをきちんと把握して修正するためにも、識別に使った標本を残しておくことは大切だと痛感した。

植物採取と同時にルーチンとして行っていたのが結実調査だ。決められたルートを歩いて、結実している樹木と結実量を記録した。アカガシラカラスバトが利用できる食物がどのくらいあるのかを把握するために、アカガシラカラスバトの生息情報があり、かつ島の典型的な植生を反映している場所を調査ルートに設定した。できるだけ広い範囲をチェックしたいと思い、父島で約六キロメートル、母島で約五キロメートルのルートを設定し、父島で二年間、母島で一年間の調査を行った。最初は母島でも二年調査しようと思っていたのだが、アカガシラカラスバトの生息に関する情報が少なく山も深いことから、現地に慣れるまでに時間がかかり、調査ルートを決めるのに一年を費やしてしまった。ルートを歩きながら、結実している樹木の種と、結実量を三段階に分けて記録した。ルートの中には急な斜面も含まれるので、夏には歩くだけで汗だくになった。最初のうちは道に迷い、一日のうちに予定していたルートの半分も進められないこともよくあった。しかし毎月通うことで、父島と母島での季節の移り変わりを肌で感じられ、折々の花や果実を楽しむことができた。春先には固有種のムニンネズミモチ *Ligustrum micranthum*、タチテンノウメ *Osteomeles schwerinae*、シラゲテンノウメ *Osteomeles lanata* などが白くかわいらしい花をつけた。初夏には父島で優占する固有種ムニンヒメツバキ *Schima mertensiana* が一斉に開花し、森の中に爽やかな香りが漂っていた。秋から冬は結実のピークで、アカテツ *Planchonella obovata*、シマホルトノキ *Elaeocarpus photiniifolius*、アコウザンショウ、キンショクダモなどが次々の実をつけ、落としていった。冬の沢筋にはアコウザンショウの独特な香りが立ち込めた。外来種のガジュマルは夏と冬の二度結実し、個体数は少ないが一本の木に大量の実がつくので、アカガシラカラスバトにかぎらず、ヒヨドリ *Hypsipetes amaurotis* やメジロ *Zosterops japonicus* など多くの鳥が集まっていた。調査の結果、父島と母島では結実している樹木の構成や結実量がまったく異なること、種によっては、年ごとにはっきりとした豊凶が見られることが明らかになった。調査期間の後半には、栄養分析用の果実の採取も行った。種によっては分析に必要な量をなかなか確保できなかったが、さまざまな色や形の果実を集めていく作業は楽しかった。集めた果実は、調査終了後、京都大学霊長類研究所の半谷吾郎博士にお世話になりながら分析した。

もっとも苦労させられたのは、何といってもアカガシラカラスバトの糞採取だ（図6）。結実調査のルート上にねぐらや餌場があれば、そこで糞を拾うことができるのだが、ほとんどの場合そう簡単にはいかない。とくに、春から夏にかけてはアカガシラカラスバトが観察されにくくなるため、かなりの広範囲を調査しなければならず、一か月近く滞在してもサンプルが取れないこともあった。毎月のハト探しは、共同研究者が設置している自動撮影カメラに映った画像、調査員やガイド、島民、観光客からの目撃情報などを手掛かりに行った。情報のあった場所に着いたら、地面に糞が落ちていないか注意深く探した。糞は地面や岩、植物の葉などくっついていることが多いので、糞を見つけたらピンセットを使ってはがすように採取した。ハトの食物以外の植物が混入しないように、糞にくっついている落ち葉などは注意深く取り除いた。また、異なる糞の間で食物のＤＮＡが混ざらないように、糞を一つ採取する度に、ピンセットをアルコールで洗浄した。採取した糞は小さめのチャック付きビニール袋に入れ、宿に戻ってから冷凍保存もしくはシリカゲルで乾燥保存した。落ちている糞を探すと同時に、研修生時代に習ったように、ハトの鳴き声と足音に耳を澄ませた。アカガシラカラスバトに出会うのは大変だが、外敵のいない島の環境で進化したため警戒心が低く、一度見つけてしまえばすぐに逃げられることはない。地上で餌探しに夢中になっている時は、人が近くにいてもお構いなしだ。残念なことだが、アカガシラカラスバトが外来捕食者のノネコに食べられてしまう理由が、よく理解できた。採食を邪魔しないように距離を取りながらハトを観察、追跡し、糞をしたらハトが離れるのを待って採取した。枝の

図６　アカガシラカラスバトの糞．湿っているため比較的新しいと思われる．ねぐらでは一度に多くの糞が見つかることもある．

図7　自動撮影カメラが捉えた著者の調査風景.
写真提供：IBO

上で鳴いたり、休んだりしているところを見つけた場合は、ハトが移動するのを待ってその枝の下に行き、糞を探した（図7）。時々、糞探しに夢中になっている私が逆に観察された。ハトが移動したのを見届けてから糞集めを始めたはずが、気配を感じて顔を上げると、数羽のハトが私を取り囲むように枝に留まっていてドキッとさせられた。なかには、私の頭やリュックに糞を届けてくれるハトもいた。ハトがなかなか糞をしてくれない時は、長い時間粘って観察をしなければならなかった。そうしている間に日が暮れてしまったり、台風が近づいて飛ばされそうになったりしたこともあった。毎回の調査で、糞が採取できる保証はまったくない。常にギリギリのところで勝負を強いられていた。それでもどうにか、調査期間中のほぼすべての月で糞を集めることに成功し、最終的には六百二十七個の糞を分析することができた。神出鬼没で神秘的、でもどこかユーモラスなハトたちと共にすごした時間は、苦しいながらも楽しく貴重だった。

調査回数を重ねるにつれて、現地では「ハトの糞を毎月集めに来る変な人」として認識されるようになった。調査地周辺で仕事をしている人には毎回のように出会うので、「ハトいたかー?」と声をかけられたり、目撃情報を教えてもらえたりすることもあった。父島の滞在先だったＩＢＯの皆さんや、母島の一

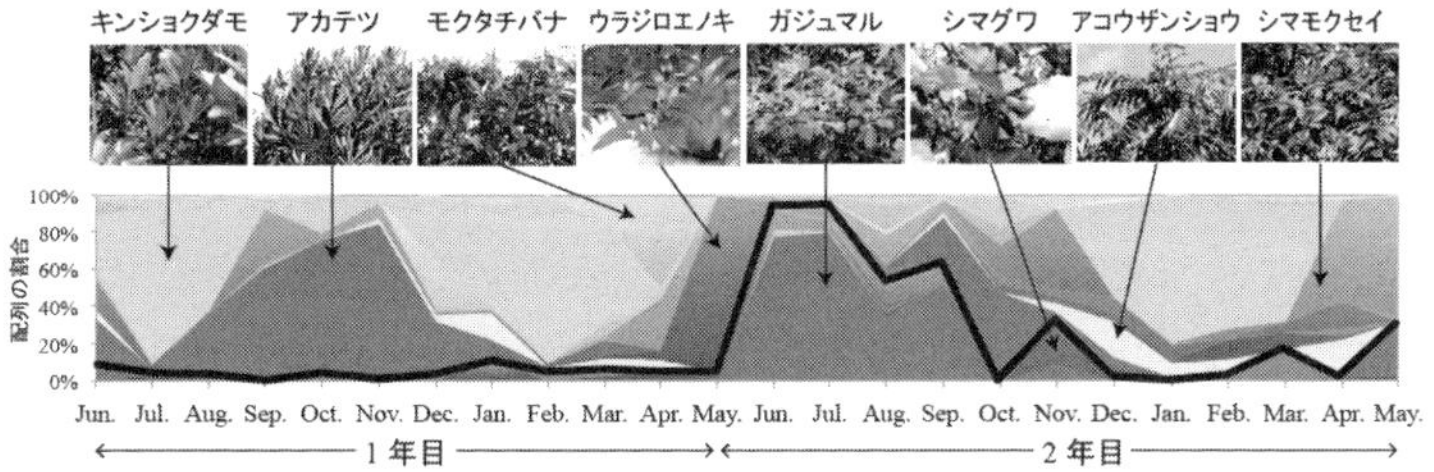

図8　糞から検出されたDNA塩基配列の割合によって示された，父島におけるアカガシラカラスバトの食物構成．太線の下は外来種の割合を示す．

般社団法人小笠原環境計画研究所の皆さんなど、糞集めを手伝ってくれる人々の存在がとても励みになった。母島ガイドの茂木雄二さんは剣道をしておられたので、度々道場にお邪魔して稽古をさせてもらった。共同研究者がいる父島とちがって、母島はハトの情報も知り合いも少なかったので、剣道を通して地域に馴染んでいけたことは、調査をうまく進めるために重要だったように思う。私が糞採取に奔走している頃、アカガシラカラスバトの天敵であるノネコの捕獲が進められていた。それによってアカガシラカラスバトの個体数が増え、以前よりも観察しやすくなったことも、この一見無謀なサンプリングを成功させる要因となった。諸々のタイミングがかみ合って、無事に調査を終えることができ、自分は本当に運が良かったと思う。

　糞の分析の結果、百二十二種類もの植物が、アカガシラカラスバトに利用されていることが明らかになった（Ando et al., 2016）。アカガシラカラスバトは、脂肪含有率の高い一部の在来種を好む一方、生息地の結実状況に合わせてかなり柔軟に食性を変化させていた。そして、在来の食物が不足する時期に、外来種を高い頻度で利用していた（図8）。小笠原諸島では、固有の生態系を保全するために外来植物の駆除が盛んに行われているが、もし、アカガシラカラスバトによく利用される外来植物が一方的に駆除された場合、アカガシラカラスバトの食物が不足するかもしれない。今回の結果は、アカガシラカラスバトの食物が明らかにしただけでなく、小笠原諸島における、絶滅危惧種と外来種の難しい関係を示すものだった。アカガシラカラスバトの生息地において外来種駆除を行ううえでは、ハトが駆除対象の植物にどの程度依存しているのか、駆除後に利用できる食物資源がどの程度あるのかなどを詳細に調査したうえで、方針を検討する必要があるだろう。

島々を飛び回るハト

アカガシラカラスバトには、島々を飛び回るという興味深い行動が見られる。島では鳥類の飛翔能力が低下することが知られており(Carlquist, 1974)、島の鳥としてドードーのような飛べない鳥を想像する人も少なくないだろう。しかし、近年の標識調査により、アカガシラカラスバトが、小笠原群島内で最大約七十キロメートル離れた島間を移動することがわかってきた(鈴木ほか、二〇〇六)。私がアカガシラカラスバトの研究を始めるきっかけになったDNA分析は、アカガシラカラスバトの島間移動が、小笠原群島内だけでなく、百五十キロメートル離れた火山列島にまで及んでいるかどうかを調べるという目的だった。分析の結果、小笠原群島と火山列島の集団は遺伝的なちがいがほとんどなく、個体の移動に伴う遺伝子の交流が起きていることが示された(Ando et al., 2014)。しかし、DNAを調べただけでは、アカガシラカラスバトがどのくらい頻繁に、何のために遠く離れた島々を飛ぶのか理解することはできない。

二〇一四年の六月、私は火山列島でのサンプルが採取された北硫黄島へ行く機会を得た。北硫黄島は、母島の南約百五十キロメートルに位置する面積五・五七平方キロメートルの小さな島だ。戦後無人島となっており、ノネコが生息しないことから、アカガシラカラスバトにとって比較的住みよい環境が残されている可能性があった。調査の目的は、アカガシラカラスバトの生息状況の確認、個体の捕獲と標識の装着、そして私が父島と母島で実施したのと同様、食物分析のための糞の採取と結実調査だ。北硫黄島はそのほとんどが急峻な斜面に覆われており、調査を行うには大変危険な島だ。上陸から撤収までの工程、緊急時の対応などについて、綿密な打ち合わせが行われた。また、調査に入ることで外来種をもち込まないよう、すべての荷物を一度冷凍、消毒するなど、対策を徹底した。父島を出港して漁船で一晩、翌朝目の前に現れた北硫黄島は、海から山が生えているような様相で、急な斜面は人を寄せつけない威圧感があった（図9）。船をつける港がないため、漁船でギリギリまで岸に近づいた後、泳いで上陸した。海岸付近で繁殖しているカツオドリ *Sula leucogaster* たちは、見慣れぬ客にずいぶんと落ち着かないようすだった。海岸にテントを張り、その後標高六百メートル地点にある小規模な平地まで、他のメンバーと藪を切り開きながら進んだ（図10）。父島と母島で行ったのと同じように、ルート上に出現する樹木の結実状況を記録した。初めての場所で歩きにくいうえに、一歩間違うと崖下に

図9　北硫黄島.

図10　北硫黄島での調査のようす．藪を切り開きながら急な斜面を登っていく．

真っ逆さま、緊張の連続だった。過去の調査でアカガシラカラスバトが観察された地点では、時間をとってハトを探したり、捕獲の準備を行ったりした。アカガシラカラスバトに出くわした際には、じっくり観察して糞をしてくれるのを待った。四日間の滞在期間中に、合計二十三個の糞を採取することができた。

調査三日目のことだった。調査メンバーの一人がアカガシラカラスバトを見つけた。どうも足環が付いているようだ、ということで、足環が見える距離まで慎重に近づいて番号を読んだ。「Y17」。二〇一〇年に父島で足環が装着され、父島での繁殖も確認されている個体だった。私も何度か糞の提供を受けていたので、久しぶりの再会に心が躍った。じつはこの個体、二年前の北硫黄島調査でも観察されており、その二か月後に父島に戻っている。今回も二か月後の八月に再び父島で観察され、Y17が父島と北硫黄島の間を少なくとも二往復したことが確認された。調査期間中、Y17の他にもう一羽、父島で捕獲された個体が観察された。観察事例は少なかったものの、北硫黄島の調査によって、小笠原群島と火山列島の間には、遺伝子の交流を保つレベルで個体の移動しており、その移動は、数か月単位の比較的短い間隔で起きているだろうと推測された（Ando et al., 2017）。

北硫黄島での結実調査と糞分析の結果は、同じ季節の父島、母島の結果とはまったく異なるものだった（Ando et al., 2017）。アカガシラカラスバトは、異なる食物資源が存在する島々を広範囲に飛びまわり、各島で異なる果実を食べていたのだ。単に結実量の多い果実を食べているわけではなく、それぞれの島で好みの食物があるようだった。父島、母島、北硫黄島では、アカガシラカラスバトが好む果実が結実する時期や量がちがっている。年によって豊凶もあるだろうし、すべての島で食物が不足し、広く探し回らなければならない時期もあるだろう。アカガシラカラスバトは、個々の島面積が小さく資源に乏しい小笠原諸島で食物を確保していくために、環境の異なる島々を飛び回っているのかもしれない。地面を歩き回り、枝の上でのんびり昼寝をする姿からは想像もつかないが(図11)、アカガシラカラスバトは、絶海の孤島で生き抜くための優れた戦略をもっているようだ。アカガシラカラスバトが島々の結実状況にどのように応答して移動するのか、そのパターンまでを明らかにするためには、さらに調査を進める必要があるだろう。

図11　樹上でうたた寝をするアカガシラカラスバト.

私が研究に取り掛かるきっかけは、決まってDNAの分析依頼だ。分析をする技術をもっている研究室に属していると、研究者や行政機関、NPOなどさまざまな方面からの分析依頼や相談が絶えない。その中で舞い込んできたアホウドリ類やアカガシラカラスバトの話だった。所属研究室に小笠原諸島の鳥を扱った実績はなかったため、自分の研究にフィールドワークを取り入れようと思ったら、効率の悪いことをしても、時に周囲の反対を押し切ってでも、自分から強く求めて行動しなければならなかった。出会うこともままならなかった絶滅危惧種を相手に、半ばギャンブルのような形でフィールドに突っ込んで調査をしてきた。そのお陰で、アカガシラカラスバトの興味深い生き方を目の当たりにすることができ、さまざまな人とのつながりを深めることもできた。かなり荒い調査データになってしまったが、結果的に自分にしかできない研究ができたと思っている。私にとってフィールドワークとは、いつも憧れの的であり、求め続けるものだった。だからこそ、いつまで経ってもおもしろいのだ。

＊本章で紹介した研究は、平成二十三年度笹川科学研究助成（23-505）、平成二十四年度、二十五年度日本学術振興会特別研究員奨励費（24.437）、ＪＳＰＳ科研費（20248017）の助成を受けて行われた。北硫黄島における調査は、東京都による平成二十六年度北硫黄島アカガシラカラスバト等生息調査において行われた。

引用文献

Ando H, Kaneko S, Suzuki H, Horikoshi K, Chiba H, & Isagi Y (2011) Lack of genetic differentiation among subpopulations of the black-footed albatross on the Bonin Islands. J Zool *283*: 28-36.

Ando H, Ogawa H, Kaneko S, Takano H, Seki SI, Suzuki H, Horikoshi K, Isagi Y. (2014) Genetic structure of the critically endangered Red-headed Wood PigeonColumba janthina nitensand its implications for the management of threatened island populations. Ibis 156: 153-164.

Ando H, Sasaki T, Horikoshi K, Suzuki H, Chiba H, Yamasaki M, & Isagi Y (2017) Wide-ranging Movement and Foraging Strategy of the Critically Endangered Red-headed Wood Pigeon (Columba janthina nitens): Findings from a Remote Uninhabited Island. Pac Sci 71: 161-170.

Ando H, Setsuko S, Horikoshi K, Suzuki H, Umehara S, Yamasaki M, Hanya G, Inoue-Murayama M, Isagi Y (2016) Seasonal and inter-island variation in the foraging strategy of the critically endangered Red-headed Wood PigeonColumba janthina nitensin disturbed island habitats derived from high-throughput sequencing. Ibis 158: 291-304.

Carlquist S (1974) Island biology. Columbia University Press, New York & London.

Hebert PD & Gregory TR (2005) The promise of DNA barcoding for taxonomy. Syst Biol *54*: 852-859.

小笠原自然情報センター（オンライン） http://ogasawara-info.jp/. 参照 2018-04-01.

Seki SI, Takano H, Kawakami K, Kotaka N, Endo A & Takehara K (2007) Distribution and genetic structure of the Japanese wood pigeon (Columba janthina) endemic to the islands of East Asia. Conserv Genet 8: 1109-1121.

鈴木　創・柴崎文子・星　善男（2006）小笠原諸島におけるアカガシラカラスバト *Columba janthina nitenns* の島間移動. Strix 24: 99-107.

Tickell W (2000) *Albatrosses*: Yale University Press, New Haven.

Valentini A, Pompanon F & Taberlet P (2009) DNA barcoding for ecologists. Trends Ecol Evol 24: 110-117.

山階鳥類研究所（オンライン）アホウドリ復活への展望. http://www.yamashina.or.jp/hp/yomimono/albatross/ahou_mokuji.html. 参照2018-03-25.

コラム

小笠原諸島でフィールドワークの裏側

安藤 温子

世界自然遺産である小笠原諸島では、固有の自然環境を保全するため、法律によるさまざまな規制や自主ルールが定められている。そのため、誰でも自由に森に入って調査ができるわけではなく、適切な許可申請とルールを守った行動が求められる。たとえば、林野庁の保護林制度によって指定されている「森林生態系保護地域」は、立ち入ることができるルートが限られており、しかも講習を受けたガイドの同行が必要だ。この地域で自分の調査をしようと思ったら、林野庁関東森林管理局で利用講習を受け、調査の許可を得る必要がある。また、小笠原国立公園の特別保護区、特別地域では、動植物の採取が禁止されているため、調査目的で採取を行うためには、環境省関東地方環境事務所の許可を得る必要がある。これらは私が調査を行ううえで関連のあった許可申請だが、調査の目的によっては他にも考慮すべき規制があると思われる。小笠原のフィールドで調査をしたい人は、最新のルールを参照してほしい。一般向けには、小笠原自然情報センターのホームページ(小笠原自然情報センター、二〇一八)にわかりやすく掲載されている。

さて、許可を得て調査に繰り出そうというところで気をつけなければならないのは、外来生物を持ち込まないことだ。東京の竹芝桟橋、父島の二見港、母島の沖港には、靴底の泥を落とすためのマットが設置されている。おがさわら丸と、父島と母島を結ぶ連絡船ははじま丸に乗船した人は皆、外来植物の種子や虫などを別の島に運ばないよう、マットを使って靴底をきれいにしなければならない。遊歩道の入口には、泥落としマット、掃除で使う粘着ローラー、霧吹きスプレー容器に入った酢が置かれている(図1)。これらは、島の市街地から、保護区である山林に外来生物を運ばないように設置されたものだ。遊歩道に立ち入る前に、まず粘着ローラーで服についた植物の種を取り除く。次に靴底を泥落としマットで拭ってから酢を吹き付ける。この酢は、小笠原に固有のカタツムリを捕食する外来のプラナリアを退治するためのものだ。一般の人が入れない場所で調査ができるのは、いわば研究者の特権だ。しかし、外来生物対策をおろそかにしていると、自然保護に貢献する立場にいるはずの研究者が、森の中を歩き回ることで返って外来生物の分布を拡大させてしまうという、本末転倒な事態が起きかねない。これには細心の注意を払いたい。ちなみに北硫黄島調査の際は、調査員の服、リュック、靴などをすべて新品で取り揃えるという徹底ぶりだった。

亜熱帯の小笠原諸島は、とにかく夏の日差しが強い。とくに梅雨が明ける六月下旬は、それまでの梅雨寒とうって変わって焼けるような日差しが照りつけてくる。この時期は天気が安定するので調査には出られるが、日向に長時間いると頭がぼーっとして倒れそうになることもある。日焼け止めや帽子など、日差し対策は重要だ。湿度も高いため、通気性の良いTシャツやズボンを着ると良いだろう。突然の雨に備えてカッパは必須だ。少し高額になるが、通気性と撥水性の高いものを着た方が快適に過ごせる。あとは水。以前屋久島でサルの調査に参加した時は、いたるところに湧き水や川があり、水には事欠かなかったのだが、小笠原はとにかく水源が少ない。調査前に十分な水を用意していかないと命取りになる。父島、母島では一日一・五〜二リットル、北硫黄島では四リットル必要だった。健康管理に気をつけながら調査を行いつつ、たまには早めに切り

図1　遊歩道の入口に設置された外来生物除去セット．箱の中に粘着ローラーが入っている．写真提供：小笠原環境計画研究所

図2　研究成果を一般向けに発表する講演会のようす．写真提供：IBO

上げて、海でクールダウンするのもいいだろう。

汗だくのフィールドワークのすえに得られた研究成果を発表する場は、論文や学会発表だけではない。小笠原諸島では、研究者や学生による一般向けの講演会が定期的に開かれている。講演当日には、防災無線で全島民にアナウンスされるのだ。小笠原諸島には、その自然の魅力に惹かれて移住した人、自然再生事業の関係者、エコツアーのガイドなど、自然環境に高い関心をもつ人が多い。このため講演会はなかなかの賑わいを見せる（図2）。私も、自分の研究成果について何度も講演会を行ってきたが、時に想定外の質問を食らったり、わかりにくいとクレームを受けたり、こういう研究をしてほしいという要望を受けることもあった。とにかく、多くの人に関心をもってもらえるのは嬉しいことだった。こうした講演を行ったところで、私が対象としてきたアカガシラカラスバトの保全方針が変わったり、事業が進んだりするわけではない。ただ、当時できることがかぎられる学生という立場にあって、小笠原諸島の自然保護に関わる人々、自分を研究者に育ててくれた人々に対して、自分のメッセージを伝えられる唯一の場がその講演会だった。外来種対策や希少種をめぐる会議続きで大人たちが忙しくするなか、自分はひたすらフィールドを駆け回ってデータを集め、結果をシンプルに発表する。それで十分だったかはわからないが、学生として小笠原諸島の自然環境の保全に貢献するためにもっとも大事なことだと考えていた。自分の研究成果が、将来的に現場での保全に役立つとしたら、大変嬉しいことだと思う。

バイオロギング海鳥学

山本誉士

私はこれまで日本国内をはじめ、世界各国で十四種の海鳥の生態研究に携わってきた。周りからすると私は「海鳥研究者」なのだろう。しかし、海鳥がとくに好きという訳でもない。「どうして研究者になろうと思ったのですか？」「なぜ海鳥を研究しようと思ったのですか？」とよく聞かれる。それに対して、何と答えるのが適当なのか今でも悩むことがある。なぜなら、私は大学に入るまで動物を研究する仕事について詳しく知らず、また海鳥という存在についてもほとんど知らなかった。あえて言うなら、「なんとなくそうなった」のである。とくに志をもたずに研究の世界に飛び込んだため、これまでの研究過程ではさまざまな悩みもあった。たとえば、鳥類の研究者にはバードウォッチャーも多く、鳥の名前や生態について知識が豊富であり、自身の知識のなさに引け目を感じることもあった。一方で、私が現在まで研究を続けて来られたのは、多くの人々の助けと支え、そしてフィールドワークの魅力にどっぷりはまってしまったからかもしれない。

この章では、私のこれまでの研究活動の過程について、その時々の思考も含みつつ回想する。研究を難しいと考える人や、私なんかに研究ができるのかと悩んでいる若い世代の人々にとって、私の体験が参考の一つになれば幸いである。

オオミズナギドリとの出会い

初めて研究した種は思い入れが強いもので、私の場合はオオミズナギドリ *Calonectris leucomelas* である（図1）。オオミズナギドリは、ミズナギドリ目ミズナギドリ科オオミズナギドリ属の海鳥で、東アジアの島々で営巣・繁殖している（山本ほか、二〇一六）。その内、約八割の繁殖島は日本の周辺海域に位置しており、日本の海鳥といっても過言ではない。私は大学院博士過程の学位論文では、本種の非繁殖期の生態について研究した（Yamamoto, 2012）。この本の読者の内、オオミズナギドリを知っている人はどの程度いるだろうか？　日本は周囲を海に囲まれており、約三十五種の海鳥が繁殖している（綿貫、二〇一〇）。しかし、フェリーなどに乗らないかぎり、私たちが日常で海鳥を目にする機会は少ない。じつは私も、研究を始めるまでオオミズナギドリという海鳥の名前すら知らなかった。では、なぜオオミズナギドリの研究を始めたのか？　特定の種を研究したいという志をもった人をのぞき、大学院での研究テーマというのは指導教員からの勧めという場合が多い。そして、その出会いが多かれ少なかれ、その後の自身の研究の方向性を形作る。ここで少しだけ、私が進学する大学院を決めた経緯についてお話しししたい。

図1　オオミズナギドリ.

広島の高校を卒業した後、私は山梨県上野原市にある帝京科学大学アニマルサイエンス学科に入学した。動物の「研究」をしたいと思っていた訳ではないが、幼少期から漠然と動物や自然が好きであったこともあり、担任の先生に紹介された大学を受験した（まあ、あまり勉強していなかったので選択肢もそんなにないのだが）。大学での授業は犬や猫などのコンパニオンアニマルから野生動物まで幅広い内容を学ぶことが出来たが、その中でフィールドワークなるものがあることを初めて知り、私は心惹かれた。だが、当時アニマルサイエンス学科はまだ出来たばかりで、私は一期生であった（前身に他学科のアニマルサイエンスコースがあったので、実質的には二期生となる）。そのため、動物に関するサークルや、研究をしている先輩もおらず、どうしたら動物のフィールドワークが出来るのか模索していた。動物に関する書籍を読んでいたある時、「ペンギン会議」というものの存在を知った。ペンギン会議は年に一度開催されており、全国の動物園・水族館の飼育員をはじめ、一般の人々も参加可能な集まりで、ペンギンに関するさまざまな発表があるらしいとのことである。私は動物の中でも、とくにペンギンに興味があった。ペンギンは鳥類なのに潜水し、広く深い海でどうやって彼らは餌を見つけているのか疑問であった、と言えればカッコイイのだが、ただ単純に見た目が可愛いから好きだった。何はともあれ、私は早速ペンギン会議に参加してみることにした。当時、私は学部二年生であり、研究集会に参加するのは初めてだったため、とても緊張したのを今でも覚えている。私が参加した年、後に大学院の指導教員となる高橋晃周先生（当時、北海道大学大学院水産科学研究院）が、南極に生息するペンギンの採餌行動に関する招待講演をされていた。初めて聞くペンギンの研究発表は本当におもしろく、講演終了後に高橋先生にお話をうかがっていたところ、何か相談があったら連絡してくださいと名刺をいただいた。その一年後、先生が東京にある国立極地研究所の教員として着任されたとうかがい、研究所を訪ねることにした。その際、高橋先生が伊豆諸島の御蔵島に営巣するオオミズナギドリを対象として、ジオロケータという新しく開発されたデータロガーを使って研究を始めようとしていることを知った。そして、卒業研究の一部および大学院の研究テーマとしてやってみないかと提案していただいた。これが、私がオオミズナギドリを研究するようになったきっかけ、そしてバイオロギングという研究手法を用いるようになったきっかけである。ところで、バイオロギングとは何かというと、小さな記録計（データロガー）を動物に取り付けることで、個体の体の動きや移動といった行動を記録する研究手法のことである。データロガーを用いることで、人間が直接観察することや追跡することが難しい動物の未知の行動を明らかにすることができる（日本バイオロギング研究会HP：http://japan-biologgingsci.org/home/）。

はじめてのフィールドワーク

私の初めてのフィールドワークは学部三年生の八月下旬、東京から南へ約二百キロメートル、フェリーで約八時間のところにある伊豆諸島《いずしょとう》・御蔵島《みくらじま》でのオオミズナギドリ調査であった。この島には三百数十人が暮らしている。御蔵島は多くのミナミハンドウイルカ *Tursiops aduncus* が周囲の海に生息する島としても有名であるが（本シリーズ②海の哺乳類編を参照）、オオミズナギドリの世界最大の繁殖地として約八十二万羽が営巣している。帝京科学大学では三年生の後期から研究室に配属になるが、私が所属した研究室の森 貴久先生と高橋先生が知り合いであったこともあり、高橋先生の調査に同行することを快諾していただいた。なお、鳥を捕獲したり触れたりする可能性がある場合には環境省の鳥獣捕獲許可、調査地が国有地や私有地の場合には市町村役場や管轄機関から立ち入り許可を事前に得る必要がある。さらに、

図2　オオミズナギドリの巣穴.

調査地が鳥獣保護区や特別保護地区などに指定されている場合には、文化庁の現状変更願の申請が必要になる(竹内、二〇〇四)。フィールドワークをしたいからといって、勝手に森や私有地に入って動物を捕まえてはいけない。また、フィールドワークでのケガや事故に備えて保険会社の保険に入っておくことを勧める。

調査は村の反対側に位置する、南郷山荘《なんごうさんそう》に滞在しておこなった。南郷山荘は御蔵島の故 栗本節夫さんの別宅であり、他に人家が一軒もなく、周囲を深い森に囲まれている。南郷山荘から見える日没や日の出、星空、こだまする鳥や虫の鳴き声は心をとても豊かにしてくれる。雄大な景色を目の当たりにしたり、自然を感じたりできるのもフィールドワークの醍醐味であり、私が現在まで研究を続けてくることができたモチベーションの一つである。陸上に生息する鳥類とちがい、多くの海鳥は集団で営巣する。また、オオミズナギドリは地中に掘った巣穴で繁殖する(図2)。森に一歩踏み入ると、そこら辺に直径十五センチメートルほどの穴がある。森の中に海鳥？　最初はとても違和感があった。なによりも驚いたのは臭いである。当たり前だが、海鳥の餌は魚や動物プランクトンであり、糞尿は魚や礒の臭いがする。しばらくフィールドにいると臭いに鼻が馴れてきてとくに不快に感じなくなり、なんなら年に一度は嗅ぎたくなる臭いになる。だが、海鳥調査をしていない人にとっては悪臭らしく、調査で使用した服や道具を研究室に置いているとクレームを受ける。そんな海鳥類の糞尿に含まれる窒素やリンといった無機栄養塩は、植物の成長に利用される。そして、豊かな森が育んだ土壌が雨などにより海へ流出することで植物プランクトンが増え、海洋生態系を支える基盤となる。生態系は循環しているのだ。

オオミズナギドリは六月下旬に卵を一個産み、八月中旬頃にふ化したヒナは十一月に巣立ちを迎える。ヒナを育てている期間、オオミズナギドリの親鳥は、日中はヒナを巣内に残して海に餌採りに出かけ、日没後に繁殖地に帰巣する。静寂な昼間の森は一転、夜になるとオオミズナギドリの鳴き声で森中が喧騒に包まれる。日没の頃、ピューイという空に響き渡る鳴き声を皮切りに、空一面を黒い点が舞い始める。そして、しばらくすると森の方から「ガサガサ、ドスン」という音が聞こえてくる。オオミズナギドリの帰宅である。オオミズナギドリは細長い大きな翼をもつことで、海では風を利用してあまり羽ばたかずに移動(滑空)できるが、その反面小回りが利かない。そのため、森の樹に上空から突っ込み、十数メートル下の地面にまさに落下する。だが、林床は下草や腐葉土で柔らかいため、とくにケガすることはない。繁殖地に無事着地し、彼らがそれぞれの巣に戻った夜九時頃から調査は始まる。真っ暗な森の中をヘッドライトで進み、目印を頼りに目的とする巣を見つける。捕獲調査やモニタリングしている巣には番号が付けられており、それらの位置関係を記した手書きの地図はあるが、夜の森では方向感覚がなくなる。ある時、夜に一人で巣のチェックをすることがあったのだが、途中で道に迷ってしまった。こういう時には無闇に

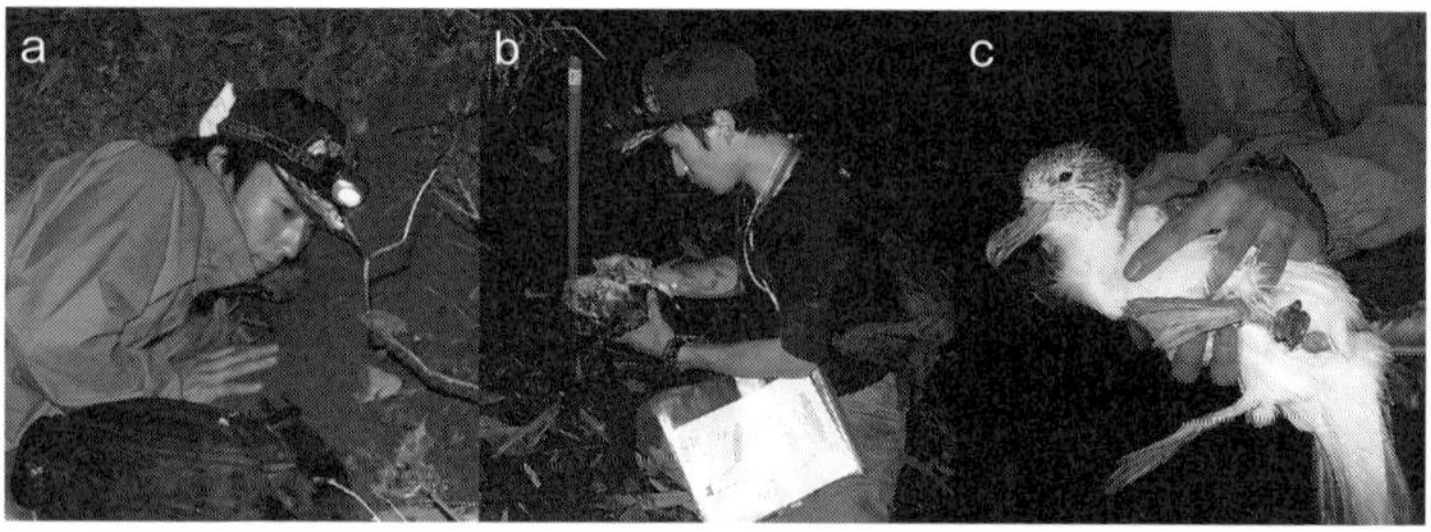

図3　オオミズナギドリを巣穴から取り出すようすとジオロケータを足に装着した個体.

歩き回らず、少し明るくなって周囲のようすを確認できるようになるまで待つのが無難である。夜の森に一人でいて怖くないかとよく聞かれるが、幽霊よりも夜の森で知らない人間に会う方がよっぽど身の危険を感じる。

さて、今回の調査目的は昨年にジオロケータを装着して放鳥したオオミズナギドリを再捕獲して、機器を回収することである。まだ正確なデータはないが、オオミズナギドリは毎年同じ巣穴を利用する割合が高く、ペアが変わった場合にもオスかメスのどちらかは同じ巣で見つかることが多い。地面に這いつくばって、巣穴の中に手を深く突っ込んで鳥を探す（図3a）オオミズナギドリの巣穴の長さは浅いもので五十センチメートル程度、深いものは数メートルになる。そこで、長い巣穴の場合には通路の上に地上からアプローチホールを開け、今度はその穴に手を突っ込んで産座《さんざ》と呼ばれるヒナがいる少し開けた空間まで手を伸ばす。そして、侵入者に対して親鳥が噛み付いてきたらくちばしを掴み、穴から取り出す。捕まえた個体の足に一年前に装着したジオロケータが付いていることを確認する瞬間は、いつも嬉しさと驚きで感慨深い気持ちになる（図3b、c）。ところで、先ほどから話に出てくる「ジオロケータ」とは何か？ ジオロケータは環境照度を記録するデータロガーで、装着個体が滞在した場所の日長時間と南中時刻から、それぞれ緯度と経度を推定できる（Wilson et al., 1992）。たとえば、冬の北海道では午後四時頃には暗くなってくるが、沖縄では午後五時頃まで明るく、緯度によって日長時間は異なる。一方、ジオロケータの内蔵時計はグリニッジ標準時に設定されており、経度によって南中時刻（正午）が異なる。具体的例として、ジオロケータを持って日本にいた場合、南中時刻はグリニッジ標準時で午前三時、アメリカ（ロサンゼルス）にいた場合はグリニッジ標準時で午後八時に記録される。このように、個体が経験した環境照度の記録から、位置を推定することができる（詳しくは、山本、二〇十六を参照）。なお、照度から位置を推定しているため、推定誤差は数十～百十数キロメートルと大きく、たとえば東京と埼玉のちがいは区別することができない。だが、ジオロケータの最大の利点は照度を一年以上記録できること、そして大きさが小さいことである。バイオロギングはその名のとおり、生物（バイオ）に装着したロガー内部のメモリーにデータが記録（ロギング）されていく。そのため、装着個体を再捕獲してデータロガーを回収しなければデータを得ることができない。だが、鳥のほとんどは繁殖を終了した後、翌年の繁殖期まで数か月以上繁殖地に戻ってこない。さらに、繁殖終了後には換羽するため、鳥類のバイオロギング研究では一般的な、防水テープを使って羽毛にデータロガーを巻きつけて装着する方法は使えない（口絵18）（日本バイオロギング研究会、二〇〇九）。そこで、長期間データを記録でき、かつ小さいため足輪に固定して鳥に装着できるジオロケータを用いることで、繁殖地から数か月姿を消す期間の彼らの未知の生態を明らかにできる。

多くの鳥類は、繁殖期が終わった後の非繁殖期には長距離の移動（渡り）をする。日本に四季があるように、環境は季節的に変化する。そこで、鳥たちは餌資源や好ましい環境を追い求めて移動するのだ。だが、陸上に比べて海上では人による観察の機会が少ないため、多くの海鳥種で越冬海域や渡り経路・タイミングといった非繁殖期の行動・生態が不明である。非繁殖期の生態を明らかにすることは、いくつかの理由で重要である。まず、海鳥類は漁業活動の際に誤って網や釣り針に引っ掛かる混獲が主要な死亡原因の一つであるが（Anderson et al., 2011）、多くの場合、海鳥の混獲回避対策は彼らの繁殖期の生息海域でのみ検討されている。また、非繁殖期は子育てをした親鳥が自身のボディーコンディションを回復することに加え、次の繁殖のための栄養を蓄える時期でもある。そのため、越冬海域での環境や餌資源の変化は、その後に繁殖できるかどうかに影響し（これをキャリーオーバー効果という：Norris, 2005）、延いては個体数変動を左右する。さらに、非繁殖期は一年の三分の一から半分の時間を占めるため、彼らの行動・形態・生理的特徴を理解するうえで、繁殖期の生息環境への適応のみならず、非繁殖期の生息環境も考慮する必要がある。

バイオロギング手法を用いたフィールドワークは、基本的には個体を捕獲してデータロガーを装着し、放鳥して一定時間後に再捕獲することでデータロガーを回収するというルーティーンを繰り返す。研究目的によっては、再捕獲時に外部計測をしたり、羽毛や血液、胃内容物などの試料を採取したりする場合もある。一見するとバイオロギングのフィールドワークは楽だなと思われるかもしれないが、巣に行けば必ずお目当ての個体を再捕獲できる訳ではない。オオミズナギドリの場合は数日から一週間ほど海に餌採り（採餌トリップ）に出かけるので、彼らが戻ってくるまで毎晩巣を見回る。また、毎年の繁殖モニタリングや行動との関連を調べるため、日中は巣の利用有無の確認やヒナの計測をする。調査手法は新たなものや効率的なやり方が日進月歩で考案されるが、鳥の捕まえ方やモニタリングはいまだ泥臭い作業である(実際に土で泥だらけになる)。個体の帰巣を知らせてくれるシステムや、鳥を自動で捕獲したり計測したりする装置を開発できないかと思案しているが実現していない。

フィールドワークは楽しいが、終わった後は疲れ切って脱力してしまう。しかし、フィールドワークの後には取得したデータを解析し、結果をまとめる作業が続く。そうでなければ、単に動物を捕まえて必要のないストレスを与えただけになってしまう。そしてなによりも、まだ誰も知らない彼らの新たな生態を知ることができない。ジオロケータに記録されたデータを解析した結果、日本で繁殖するオオミズナギドリたちは、非繁殖期には日本から数千キロメートル離れたニューギニア島の北方海域やさらに南に行ったアラフラ海、そして南シナ海まで移動し、数か月それらの海域で越冬することが明らかになった(図4)(Yamamoto et al., 2010, 2014)。

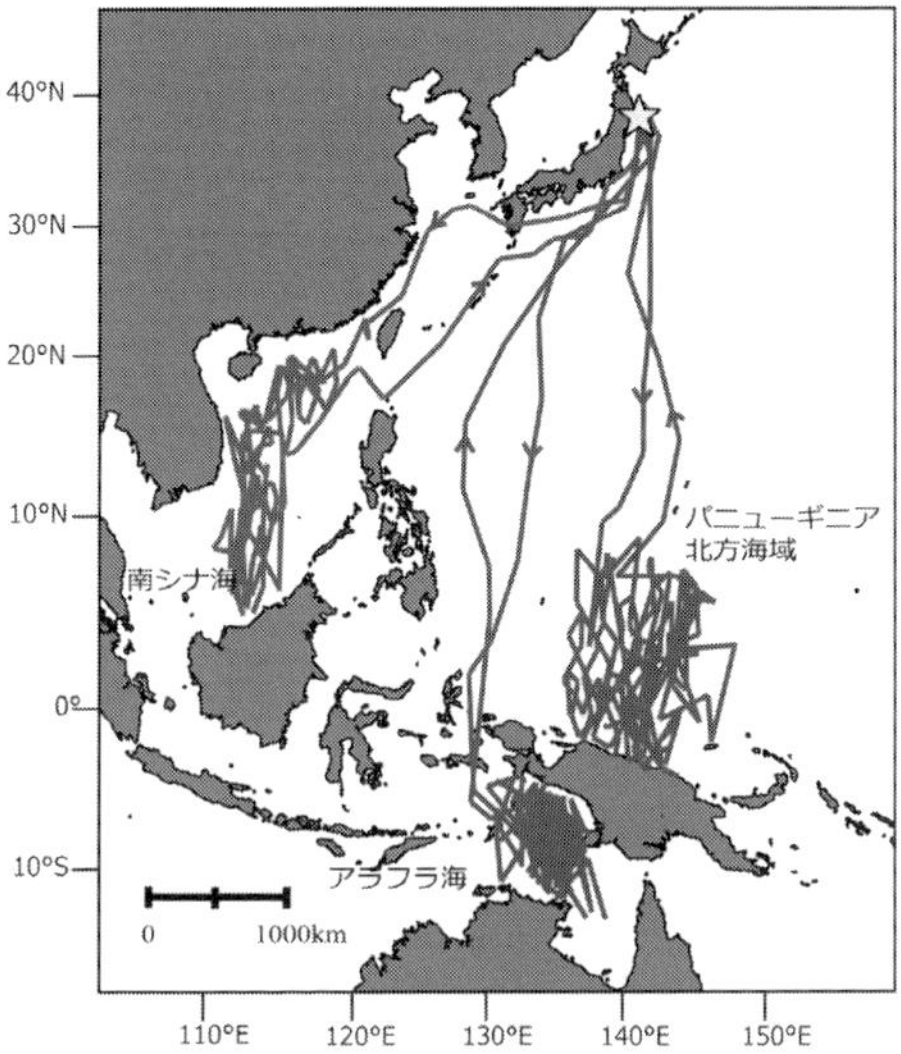

図4　ジオロケータに記録された照度データから推定されたオオミズナギドリの非繁殖期の渡り移動(Yamamoto et al., 2010を改変).

図５　無人島でのキャンプ生活のようす．岩場に張ったテント（左）と食事兼集いの場（右）．

無人島でのフィールドワーク

海鳥は無人島で営巣していることも多い。その場合、調査中はキャンプ生活になる。舞台は岩手県釜石市の沿岸に位置する三貫島《さんがんじま》。この島にもオオミズナギドリが営巣しており、東京大学大気海洋研究所の佐藤克文先生の研究室のメンバーによって継続的に調査・モニタリングが実施されている。私は大学院博士課程前期から、三貫島でのフィールドワークに参加させてもらうようになった。数日分の飲料と食料を荷物に詰め込み、最寄りの漁港から地元の漁師さんに船で島まで渡してもらう。無人島なので整備された船着場などなく、船の舳先から岩場まで飛び移る。人と荷物を無事に渡し終えたら船は島を去り、数日後にまた迎えに来てくれるのだが、無人島に取り残される気分は毎回少しの不安と寂しさがある。もちろん、急病やケガの際にはすぐに迎えに来てもらえるよう、携帯電話の電波がない場所では衛星電話などを持って行き、常に外部と連絡が取れるようにしている。島に上陸後、まずは各自のテントと皆で食事する場所に天幕を設置する（図５）。森の中はオオミズナギドリの巣穴があるため、海岸の岩場にテントを張るのだが、比較的平坦なところを見つけても微妙に傾斜しており、毎朝起きるとテントの隅に転がっている。無人島にはもちろんトイレもお風呂もない。用を足したい時は岩場から海に直接排泄する。だが、そこかしこでトイレをする訳にもいかないので、男性用の場所と女性用の場所をそれぞれ離れた場所に決め、誰かがトイレに行っている時は近づかないようにしている。調査地によっては、森の中に深い穴を掘ってその上に簡易トイレと目隠しのビニールシートを設置することもある。お風呂は夏ならば海で水浴びという手もあるが、海から出た後に真水である程度体を洗い流さなければ逆にベトベトして不快になる。そこで、ボディーシートや水のいらないシャンプーが重宝する。男性だけ（もしくは私だけ）かもしれないが、下着や服は数日同じものを着ても、靴下だけは毎日取り替えると気分がとても良い。食事に関しては、生鮮食品は痛んでしまい、飲料水にも限りがあるため、調査中はレトルト食品がメインになる。鍋に海水を汲み、ガスコンロで沸かしてご飯パックとカレーや各種丼のレトルトを温める。最初の方はキャンプ気分で楽しいが、段々と味に飽きてくる。そこで、一個数百円する高級レトルトを数食持って行き、フィールドワークに疲れた頃に食べるのがモチベーションを保つ秘訣である。気分が落ち込むと予期せぬ失敗や事故に繋がることもあるので、フィールドワーク中は良い気分を保つ自分なりの工夫が必要である。それに関連して、無人島でのフィールドワークで気を付けたいことの一つに、濡れないことがある。日中に干して乾けばよいが、そうでないとずっと湿った衣類を着続けることになる。夏とはいえ、濡れている衣類を着ていると冷えて風邪をひくこともあるし、なにより非常に不快である。無人島での一回のフィールドワークは、多くの場合で二泊三日か三泊四日ほどである。町に戻って食料を買い込み、鋭気を養い、そして再び島に戻る。繁殖期の間はこのルーティーンを繰り返す。

図6　無人島まで泳いで着岸する筆者．荷物はカヤックで運ぶ．

数日間お風呂に入っていなかった後のシャワーとその後のアイスクリームは格別である。ある先輩は、他の人が島に入る時に食料を持って来てもらうことで一週間以上連続して島に滞在していたが、私には到底真似できない。先にも言ったが、思わぬケガや事故に繋がる可能性があるため、フィールドワークは無理をせず、自分の力量にあった作業内容や調査計画を立てれば良いと思う。

無人島でのフィールドワークと言っても、一概には言えない。西表島の南西十五キロメートルに位置する仲《なか》ノ神島《かみしま》は周囲一・二六キロメートル・標高一〇二メートルの無人島で、オオミズナギドリの他にも、カツオドリ *Sula leucogaster* やセグロアジサシ *Sterna fuscata*、マミジロアジサシ *S. anaethetus*、クロアジサシ *Anous stolidus*、アナドリ *Bulweria bulweri* などが営巣・繁殖している（河野ほか、一九八六）。本島は東海大学沖縄地域研究センターの河野裕美先生および水谷 晃氏によって保全のための調査・モニタリングが継続的におこなわれており、私は大学院博士課程後期から海鳥生態調査に携わらせていただいている。仲ノ神島の場合、島周囲にサンゴ礁の浅い海域が広がっているため船が着岸できず、シュノーケルとフィンを着けて少し離れた場所から泳いで渡島する（図6）。亜熱帯域に属する本島は暑く、食料がすぐに傷んでしまううえに、夜間の調査ですら水を四リットル以上消費する。そのため、フィールドワークは基本的に日帰り、もしくは一泊二日である。一泊といってもテントを張る訳ではなく、鳥のいないところを見つけて地面に寝転んで仮眠するだけである。時にはムカデやヘビが体の上を這っていることに驚いて目を覚ますこともある。体力的にはとても大変な調査地ではあるが、満天の星の下ですごす島の夜や、島から見る景色と空を舞う無数の鳥たちの美しい情景は、やはり私を自然やフィールドワークの虜にする（図7）。

図7　仲ノ神島の風景.

海外での海鳥調査

幸いなことに、私はこれまでスコットランドやアラスカ、アルゼンチン、仏領リユニオン島でフィールドワークをする機会に恵まれた。バイオロギング分野では海外の研究者と共同研究している先生も多く、その恩恵を受けて国際研究プロジェクトに参加できるチャンスも多い。海外のフィールドワークだからと言って日本でのフィールドワークとちがう点はとくに思いつかないが、言葉も文化もちがう環境に身を置くことや、さまざまな人に会うことで多様な価値観を知ることが出来るのはとても刺激になる。これはフィールドワークに限ったことではないかもしれないが、海外で調査をする時に心掛けることは、Don't be shy である。現地の言葉があまり話せない場合にはどうしても引っ

図８　海外での調査時の談笑のひととき．さまざまな国籍や人生背景を持った人々との出会い．

込みがちになってしまうが、きちんと自身がやりたい調査内容を相手に伝え、必要があれば協力を仰ぐことが重要である。意思疎通がうまくいかないと思わぬトラブルの原因や、期待していたデータを得ることができない結末になりかねない。また、文化によるのかもしれないが、調査で疲れていて直ぐに自分の部屋に戻ってばかりいると、彼は機嫌が悪いと誤解されることもある。私は誰に気兼ねすることなく一人でのんびりとすごす時間が好きなのだが、海外での調査では出来るかぎりリビングでお茶をしながら仲間と談笑するように努めている（図８）。郷に入っては郷に従えである。それに、せっかく海外でフィールドワークをしているのだから、少し時間に余裕をもった調査内容やスケジュールを計画し、海外の研究者とゆっくり話す時間も重要な経験の一つかもしれない。

現地の習慣という点では、ある困った出来事があった。国内外問わず、フィールドワークにおける集団生活では、定期的に食事当番が回ってくることがある。どんな料理が外国人の口に合うのかいつも悩む。また、調査チームの中にベジタリアンがいる場合には、別に料理を作る必要がある。大学院博士課程後期にスコットランドにあるメイ島でフィールドワークをした際、十数人分の夕食を一人で担当した。さすがイギリス文化であるが、必ずではないにしろ、食事当番は食後のデザートとコーヒー・紅茶まで準備することを期待されていた。もし日本でそのことを知っていたら何か簡単に作れるデザートを持参できたと悔やんだが、そこにあった材料で何とかシュークリームらしきものを作った。ちなみに、これまでの経験から、簡単かつ外国人の口に合う料理はカレーであると思っている。カレールーは国によって持ち込めないので、カレーパウダーを持参すると重宝する。ある時、せっかくなので日本食を紹介しようと思い、付け合わせとして納豆パスタを出したところ、とても渋い顔をされた。

予期せぬことが起こるのも、海外でのフィールドワークの面白味の一つかもしれない。大学院博士課程を修了した後、国立極地研究所国際北極環境研究センターの特任研究員として同行したアラスカでのフィールドワークは大変であった。調査は南東ベーリング海にあるプリビロフ諸島セントジョージ島でおこなった。アラスカのアンカレッジから小さな飛行機で約五時間、上空から一望できるほどの小さな島である。この島には空港と呼べる立派な施設はなく、滑走路の近くにコンテナが一棟置いてあり、飛行機が発着する時だけ受付兼待合室となる。ツンドラ気候に属するこの島には木が生えておらず、苔と草本類に覆われた原野が広がる（図9）。堆積して厚いマット状になった苔の大地は足が沈み込み、歩くのに一苦労する。島には海鳥十一種が二百万羽以上も繁殖している一方、人口は百人未満である。この繁殖地ではアメリカ海洋大気庁（National Oceanic and Atmospheric Administration: NOAA）とアラスカ大学フェアバンクス校のAlexander Kitaysky博士の研究室メンバーなどによって、海鳥類や鰭脚類の研究およびモニタリングが

図9　セントジョージ島の風景.

図10　断崖に営巣する海鳥.

実施されている。

高緯度に位置するセントジョージ島は夏には白夜のため深夜〇時頃まで明るく、良くも悪くも長い時間フィールドワークに取り組むことができた。今回のプロジェクトでは海の表層で餌を採るアカアシミツユビカモメ *Rissa brevirostris* と深く潜水して餌を採るウミガラス類（*Uria aalge*・*U. lomvia*）の採餌行動を調べ、北極海の海氷減少に起因する海洋環境変動が海洋生態系に及ぼす影響を明らかにすることが目的である。さて、研究対象としている三種の海鳥は高さ数百メートルの断崖のくぼみや岩棚で営巣している（図10）。ではどうやって鳥を捕獲するかというと、数メートルの長さの釣竿の先端に丈夫な釣り糸で作った輪っか（くくり罠）を取り付け、崖の上からそっと鳥の首に引っ掛けて、首に締まったところを釣り上げるのである（図11）（綿貫・高橋、二〇十六）。念のために補足しておくと、この捕獲方法によって窒息死した鳥を私は今まで見たことがない。捕獲した鳥に位置を毎分記録するGPSデータロガーを装着・放鳥し、数日後に再び同じ方法で捕獲してロガーの回収および試料を採取した。そして、得られたデータを解析し、それぞれの種の採餌行動のデータから、海洋環境変動に対する海洋生態系の動態を明らかにした（Yamamoto et al., 2016a）。

図11　海鳥捕獲のようす．釣竿の先端に取りつけた輪っかを鳥の首に引っ掛けて手繰り寄せる．

さて、前置きが長くなってしまったが、一年目の滞在時、フィールドワーク終了後に私たちは島に十日間も閉じ込められてしまった。セントジョージ島の周囲は湧昇によって冷たい深層水が表層に運ばれるため、外気との温度差が生じ、頻繁に濃い霧が発生する。滑走路の近くに丘がある地形的な制約と、空港としての設備が整っていない機能的な制約により、島に霧が発生すると飛行機は着陸することができない。着陸できない日が続くと、現地との連絡で霧が少し晴れている瞬間を狙って飛行機が来ることがある。空港は島の村がある場所の反対側に位置しているので、急な着陸に備えて毎日荷造りをして、朝から夕方まで空港で祈りながら待ちぼうけの日々が続いた。何よりも辛かったのは、食べる物がないことであった。夕方まで空港で飛行機を待ち、宿舎に帰る頃には島で唯一のスーパーは閉まっている。万が一を考えて、お米だけは帰りの荷物に入れていたので、海岸に生えている植物を毎日摘んでおかずとして食べていた（なお、現地の人は食べない）。また、海藻が良く育つセントジョージ島の海岸では、ウニが沢山生息している。干潮の時に岩の隙間を探れば、五分ほどでスーパーの袋一杯になる。ウニを獲って食べることを現地の人や外国人の研究者仲間に言うと、よくあんな気持ち悪いものを食べられるなと怪訝な顔をされる。一方、島の滞在時にはオットセイのシチューをご馳走になったが、獣臭くて中々のものだった。それ以来、嫌いな食べ物はあるかと聞かれると、私はオットセイと答えるようになった。

仮説検証型とデータ先行型

生態学における研究の基本は「仮説検証」と呼ばれるスタイルである。まずは興味のある行動もしくは現象に関連する先行研究を調べ、「彼らはきっとこういう理由で、こういう行動をするだろう」という見当をつける（仮説）。そして、その真偽を明らかにするための調査デザインを考えて実施する（検証）。一方、私が得意とするバイオロギング手法では、ある程度は仮説に基づいて研究を始めることも多いが、わからないからとりあえずデータロガーで調べてみようということも多分にある。そして、得られたデータを見てから解析方針を考える。このスタイルはメリットもあればデメリットもある。仮説検証スタイルの場合、ある特定の行動に注目してデータを取得するため、それ以外のデータを得づらい。この点において、バイオロギングではデータロガーによって調査者の主観を排除したさまざまなデータを記録することができる。そのため、時に当初は予想していなかった発見もある。私が初めて発表した学術論文は、「オオミズナギドリの海上での行動が月の満ち欠け周期とぴったり同調して変化する」という内容であった（Yamamoto et al., 2008）。あまり声を大にして言うべきことでもないかもしれないが、この発見はまったくの偶然であった。ジオロケータによりオオミズナギドリの非繁殖期の行動データが得られた当初、照度データから位置を推定する以外に何を解析すべきか悩んでいた。そこで、環境照度と併せてジオロケータに記録されている着水データ（三秒に一度、着水の有無が記録される）の解析に取り組んだ。明確な解析方針をもっていなかったため、ひたすらデータをこねくり回していた時に、ふと日毎の着水割合に周期性を見つけたのである。当時、夜間の明るさを左右する月齢によって海鳥類の行動が変化するという知見は繁殖地における観察からいくつか報告されていたが、私の論文のように数回の月周期を含む時系列変化が示されたのは初めてであった。その後、月の満ち欠けによる海鳥の行動変化に関する論文が他の海鳥種でも報告されるようになった。

データロガーを鳥に装着すれば何かしらの行動データが得られる反面、研究の位置づけがある程度定まっていないと非生産的なループに陥る危険性がある。たとえば、海鳥がどこで餌を採っているのか知りたいと考えた場合、ＧＰＳデータロガーを装着すれば採餌域を明らかにできる。だが、採餌域を明らかにすることの意義や位置づけを理解していないと、何について解析すれば良いのかわからず解析が進まないまま慣例的に毎年データを取り続けたり、解析結果が何を意味するのかわからないために新たな解析に次々に取り組んでしまって結果がまとまらなかったりすることがある。また、その場合は必然的に論文の序論や議論を書くのが苦手なことが多い。先ほど、バイオロギング研究はデータ先行型スタイルであると述べたが、データを取得した後はこのデータを解析してどんな行動を明らかにすることができるのかを考える必要があり、ある時点からは仮説検証型スタイルに近いかもしれない。斯く言う私も、大学院生の頃は研究の位置づけがわからず、学会の要旨や学術論文で序論と議論をどのように書くべきかわからず悩んだが、現在では昔ほど苦労しなくなった。では、どうやってそれを克服したのか？

研究の位置づけを理解するためには、さまざまな文献を読み、生態学の基礎をしっかり学ぶことがきっと正解かつもっとも早い方法だと思う。しかし、私のようにあまり勉強が得意ではない者にとって、文献を読むことは非常に時間と気力が必要な作業であり、まず越えるべき大きなハードルとなる。そんな私がどうやってハードルを越えたかというと、やはりフィールドワークであった。これまでの研究過程で一つの転機となった出来事がある。ちょうど研究に行き詰まって悩んでいた頃、先ほど紹介した河野先生から、「研究ばかりでなく、もっと生き物や自然を見ろ。そして、海でいっぱい遊べ。海鳥が生きている海のことを知らずに、なぜ海鳥のことがわかる」との言葉をいただいた。目から鱗とはきっとこういうことかもしれない。これまでは文献から生物や環境のことを知ろうと試みてきたが、いままさに目の前にその生物が暮らしている環境があるのだ。この日を機に、私はできるかぎり自然をよく観察するように努めた。観察といっても、とくにメモを取ったりすることはせず、単に自然の中でボーッとするのだ。そうしていると、さまざまな疑問が浮かんでくるようになった。そして、興味や好奇心をモチベーションとすることで、以前よりも意欲的かつ焦点を絞って解析や知識の修得に取り組めるようになった。

私事で恐縮だが、いくつか具体例を紹介したい。先ほど出てきた三貫島で調査していた際、フィールドシーズンの最初の方は海で汗を流していたが、シーズンも終わりに近づくと寒くて水浴びができなくなった。水温の季節変化はきっと魚の分布に影響するはずだが、オオミズナギドリは一体どうやってそんな餌資源の動態に応答しているのだろうか？という疑問が生まれた。季節変化は当たり前の知識として知ってはいたが、実際に感じることで疑問に結びついた。そして、オオミズナギドリの海上分布の季節変化を調べてみたところ、彼らは春から夏にかけて採餌域を繁殖地の南から北に徐々に北上させていることが明らかになった(Yamamoto et al., 2011)。また、御蔵島と三貫島、仲ノ神島の他にも、新潟県の粟島《あわしま》や京都府の冠島《かんむりじま》でフィールドワークをする機会に恵まれ、それらの経験からオオミズナギドリの体の大きさが繁殖地によってちがうように感じた。生息する緯度によって体の大きさが異なることはベルクマンの法則としてよく知られていたが、体サイズの種内変異に関する報告は乏しく、また海鳥では過去に研究例がなかった。そこで、その後六年かけて北は三貫島から南は仲ノ神島まで、全国各地にある八か所の繁殖地で合計四百羽の外部計測をおこない、オオミズナギドリでは北の繁殖地ほど体が大きいというベルクマンの法則(種内変異はジェームスの法則とも呼ばれる)が存在することを証明した(Yamamoto et al., 2016b)。ここでは紹介しないが、私がこれまで発表してきたその他いくつかの学術論文は、フィールドワークの際に感じた疑問がベースになっている。

時々、学生から「なにを研究していいかわかりません」、「どうやったら論文が書けるようになりますか?」と相談を受けることがある。そんな時、私は決まってフィールドでボーッすることを勧める。フィールドワークではどうしてもデータを取ることに精一杯になりがちだが、調査の合間にはぜひ自然を眺めてみてほしい。無駄に思える時間はじつは無駄な時間ではなく、フィールドにはさまざまな研究の種(ふしぎに思うこと)がある。また、せっかくのフィールドワークなのだから、そのような豊かな時間をぜひ目一杯満喫してほしい。

フィールドワーク事始め

さて、ではどうすればフィールドワークに参加できるのか？　通っている学校に自然環境系のサークルがあればその活動に参加するのが良いと思うが、その他にも学会や一般の人にもオープンになっている研究集会・勉強会に参加して情報収集したり、学会のホームページに掲載されている調査ボランティアの紹介に応募したりすることもできる（たとえば、日本鳥学会：http://ornithology.jp/iinkai/kikaku/index.html）。私が調査をしているアルゼンチンにあるマゼランペンギンの繁殖地でも、一般の人々が調査ボランティアとしてモニタリングを手伝ってくれている。このプロジェクトは「アースウォッチ」と言い、日本でもいくつかの調査地でボランティアを募集している（http://www.earthwatch.jp/）。また、私たちは千葉県柏市にある東京大学大気海洋研究所で、毎年三月に海鳥に関する研究集会を開催している（山本ほか、二〇一六）。日本および韓国の海鳥研究に携わる人々が集まり、さまざまな研究発表と議論がおこなわれる。誰にでもオープンな会なので、興味があればぜひ参加してみてほしい。最近は大学の学部一年生も参加してくれている。詳細は、二月中旬頃に東京大学大気海洋研究所ホームページの「AORI News」の欄に掲載されるので、それを確認してほしい（http://www.aori.u-tokyo.ac.jp/）。研究関連の集まりやボランティアに参加するのは少しハードルが高いという人は、天売島《てうりとう》（北海道羽幌町）や蕪島《かぶしま》（青森県八戸市）、粟島（新潟県岩船郡）などで観光として海鳥繁殖地を見ることができる。若い人たちは積極的に行動して、ぜひ多くの経験をしてほしい。

こだわらないというこだわり

冒頭で述べているように、現在私が海鳥の研究をしているのは「なんとなくそうなった」からである。もし哺乳類を研究する研究者に最初に出会っていたら、きっと今の私は哺乳類を研究しているだろう。一方、当初は特定の志もなかったので、機会があれば動物に限らず植物などいろいろなフィールドワークに参加してきた。なにしろ、ペンギンがきっかけで国立極地研究所（総合研究大学院大学 複合科学研究科極域科学専攻）に進学したが、ペンギンはおろか、南極でのフィールドワークでもなく、日本に生息するオオミズナギドリを研究することになり、その後も亜北極やさらには熱帯域で調査・研究をしてきた。語弊を招くかもしれないので補足しておくと、当時の私は知らないことばかりであったので、どんなこともおもしろいと感じ、興味があった。一方、そのおかげで幅広い視点と知識を得ることができたとも思う。

また、研究手法においてもとくにこだわりはなく、興味のあることを明らかにするためにバイオロギングのみならず、衛星リモートセンシングデータを用いた環境動態解析や試料の生化学分析、統計数理モデリングなど、さまざまな手法を分野横断的に修得してきた。「バイオロギング海鳥学」。研究を始めたばかりの頃、私が明確な研究視点をもっていなかった所為でもあるが、動物の行動を直接観察せずバイオロギングに依存する私の研究に対して否定的な意見を受けることもあった。しかし、今ではバイオロギングをおもな手法として研究することに何の引け目も感じない。そう思えるようになれたのは、やはりフィールドワークをとおして自分の研究スタイルを確立することができたからだと思う。だが、研究スタイルはさまざまであるし、人よって合う・合わないもある。あくまでも、一つの例として寛容に受け止めてほしい。

図12　アルゼンチンにあるペンギンコロニーにて．

さて、この本を執筆している現在、私はアルゼンチンでマゼランペンギンの調査をしている（図12、口絵19、20）。十数年の時を経て、やっとペンギンに辿り着いた。また、フィールドワークではないが、南極に行く機会にも恵まれた。紆余曲折もあるが、続けていれば望みのいくつかは叶うこともある。話は変わるが、二〇一八年一月にペンギン会議の飼育技術者研究会に講演者として呼んでいただき、マゼランペンギンの生態に関する発表をした。私にとってはフィールドワークと研究の始まりの場所であり、とても感慨深い瞬間であった。

最後に、私がこれまでフィールドワークおよび研究に取り組んで来られたのは、現地の方々や先生、先輩・同期・後輩の方々の助けと支えがあったからに他ならない。本書の最後に一覧として謝辞に名前を掲載させていただいたが、ここに改めて御礼を申し上げる。

＊この章で紹介した研究の一部は、日本学術振興会の特別研究員奨励費（#10J01252・#15J07507）と科研費（研究活動スタート支援 #24810031・若手研究B #16K18617）、東京大学大気海洋研究所共同利用およびGRENE北極気候変動研究事業の助成を受けておこなわれた。

引用文献

Anderson, O.R.J., Small, C.J., Croxall, J.P., Dunn, E.K., Sullivan, B.J. Yates, O. and Black, A. (2011) Global seabird bycatch in longline fisheries. Endangered Species Research 14: 91-106.

河野裕美・安倍直哉・真野 徹（1986）仲の神島の海鳥類．山階鳥類研究所研究報告 18: 1-27.

日本バイオロギング研究会（2009）バイオロギング—最新科学で解明する動物生態学（WAKUWAKU ときめきサイエンスシリーズ），京都通信社，京都.

Norris, D.R. (2005) Carry-over effects and habitat quality in migratory populations. Oikos 109: 178-186.

竹内正彦（2004）食肉目研究における法的手続き．哺乳類科学 44: 59-73.

Yamamoto, T., Takahashi, A., Yoda, K., Katsumata, N., Watanabe, S., Sato, K. and Trathan, P.N. (2008) The lunar cycle affects at-sea behaviour in a pelagic seabird, the streaked shearwater, *Calonectris leucomelas*. Animal Behaviour 76: 1647-1652.

Yamamoto, T., Takahashi, A., Katsumata, N., Sato, K. and Trathan, P.N. (2010) At-sea distribution and behavior of streaked shearwaters (*Calonectris leucomelas*) during the nonbreeding period. Auk 127: 871-881.

Yamamoto, T., Takahashi, A., Oka, N., Iida, T., Katsumata, N., Sat, K. and Trathan, P.N. (2011) Foraging areas of streaked shearwaters in relation to seasonal changes in the marine environment of the Northwestern Pacific: inter-colony and sex-related differences. Marine Ecology Progress Series 424: 191-204.

Yamamoto, T. (2012) Seasonal movement patterns of streaked shearwaters *Calonectris leucomelas* during the non-breeding period. 博士論文（総合研究大学院大学 複合科学研究科 極域科学専攻）.

Yamamoto, T., Takahashi, A., Sato, K., Oka, N., Yamamoto, M. and Trathan, P.N. (2014) Individual consistency in migratory behaviour of a pelagic seabird. Behaviour 151: 683-701.

山本誉士（2016）海鳥の渡り行動とその個体差．日本バイオロギング研究会（編）バイオロギング 2—動物たちの知られざる世界を探る—：101-105．京都通信社，京都.

山本誉士・塩見こずえ・白井正樹・米原善成・坂尾美帆（2016）シンポジウム「オオミズナギドリ研究集会」．山本誉士・塩見こずえ（編）月間海洋「大水薙鳥—外洋性海鳥の研究最前線—」：369-370．海洋出版株式会社．東京.

Yamamoto, T., Kokubun, N., Kikuchi, D.M., Sato, N., Takahashi, A., Will, A.P., Kitaysky, A.S. and Watanuki, Y. (2016a) Differential responses of seabirds to environmental variability over 2 years in the continental shelf and

oceanic habitats of southeastern Bering Sea. Biogeosciences 13: 2405-2414.
Yamamoto, T., Kohno, H., Mizutani, A., Yoda, K., Matsumoto, S., Kawabe, R., Watanabe, S., Oka, N., Sato, K., Yamamoto, M., Sugawa, H., Karino, K., Shiomi, K., Yonehara, Y.and Takahashi, A. (2016b) Geographic variation in body size of a pelagic seabird, the streaked shearwater *Calonectris leucomelas*. Journal of Biogeography 43: 801-808.
綿貫 豊（2010）海鳥の行動と生態—その海洋生活への適応—．株式会社生物研究所，東京.
綿貫 豊・高橋晃周（2016）海鳥のモニタリング調査法（生態学フィールド調査法シリーズ），共立出版，東京.
Wilson, R.P., Ducamp, J.J., Rees, G., Culik, B.M. and Niekamp, K. (1992) Estimation of location: global coverage using light intensity. In: Priede, I.M. & Swift, S.M. (eds) Wildlife telemetry: remote monitoring and tracking of animals: 131–134. Ellis Horward, Chichester.

コラム

フィールドワークとコミュニケーション能力

山本 誉士

フィールドワーカーに重要な要素は何かと聞かれたら、私はコミュニケーション能力であると答える。なぜならば、フィールドワークを一人ですることはほとんどないからである。崖からの滑落や水中作業中の沈溺、ハチに刺されることによるアナフィラキシーショックといった事故やケガ、また突然の病気や炎天下の作業による熱中症など、フィールドワークでは常に危険が伴う。そのため、可能なかぎり調査は二人以上でおこなう。また、多くの場合、調査の際はキャンプ生活や民家を借りての共同生活になる(図1)。フィールドワークを円滑かつ効率的に遂行するためには、他者と適度に意思疎通を交わし、必要に応じて相互に協力し合える関係を築かなければならない。それに、なにより良好な関係でないとフィールド生活が楽しくない。

図1　フィールドワークでの集団生活．著者は右下．

さらに、調査関係者のみならず、フィールドワークでは地元の人たちの理解と協力も必要不可欠である。たとえば、私はよく無人島でフィールドワークをするが、島に渡るには漁師さんに船を出してもらわなければならない。私たちは研究という名目で現地を訪れているが、そんなことは地元の人にとってはどうでもいい事情であり、彼らには調査に協力しなければならない義務はまったくない。必ずしも「とても」仲良くなる必要はないと思うが、地元に入ってきた部外者として誠心誠意、真摯な態度で相対すべきである。その一環として、研究結果の地元への還元にもある程度努める必要があるだろう。たとえば、すでに

図2　地元の祭り(海神祭)で開催されたハーリー競漕に参加.

刊行されている地元誌に研究内容を紹介する記事を載せてもらったり、ある調査地では定期的に冊子やパンフレットを自主作成して住民に配布したりしている。よく研究者は変わっているとか、コミュニケーションが苦手な人が多いとか思われる節があるが、少なくともフィールドワークは人間関係の上に成り立っていると思う。

私もコミュニケーション能力がとくに高いわけではないので苦労することもあるが、そこでの生活ならではの楽しみも多くある。その一つとして、地元のお祭りがある。沖縄では、航海の安全や豊漁を祈願してサバニと呼ばれる十数人乗りの伝統漁船で競漕を行うハーリー(海神祭)が、毎年旧暦の五月四日に開催される。私が調査に関わらせていただいている西表島でも開催され、地元、東海大学沖縄地域研究センターの一員として何度かサバニ競漕に参加させてもらった(図2)。調査の合間に学生とともに海上に船を漕ぎ出して練習をするのだが、これがなかなかの激しいトレーニングで音を上げたくなる。しかし、本番のレースが終わった後の爽快感と皆との一体感は、いつもたまらなく気持ち良い。そしてなにより、傍観者としてではなく、地元のお祭りに一緒になって盛り上がることができるのが嬉しい。いつもは話す機会のない地元の人とも、気軽に話すことができる好機でもある。フィールドワークに付随する、ふだんの生活では味わうことのできない体験もぜひ存分に楽しんでほしい。だが、いくら楽しいからといって、あまり羽目を外しすぎないように注意は必要である。

雲上で神の鳥を追う

小林　篤

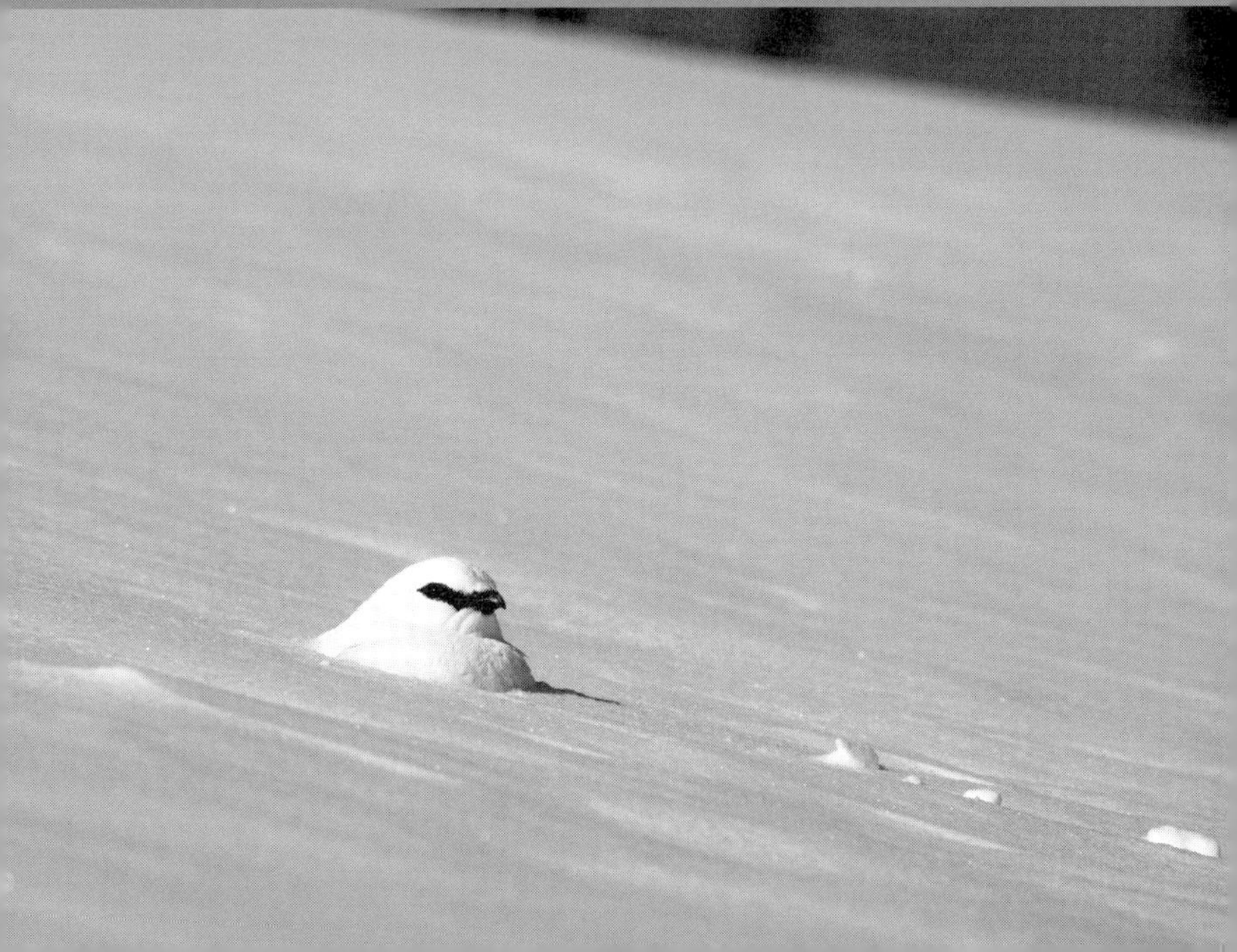

図1　月に照らされた乗鞍岳の山岳道路(長野県エコーライン)．除雪されてできた雪の壁を両脇に見ながら調査地である高山帯をめざす．

日の出との勝負

六月中旬、乗鞍岳。日の出から一時間以上前の午前三時五分、風が木々を揺らす音しか聞こえない山の中を高山帯に向け歩きだす。人工的な明かりは一切ないが、半月でも昇っていればヘッドライトはいらない。むしろ、月は直視すればまぶしく、自分の影が道に残る。残雪があれば明るさはさらに増す(図1)。中国晋時代の孫康は、貧しいながらも勉学に励むため、冬の夜窓辺に雪を積み上げて、雪に反射する月明かりで勉強し続けたエピソードが、「蛍雪の功」という故事成語の語源の一つとなったそうだ。なるほど、これほど月が明るいなら確かに本も読めるかもしれない。そんなことを考えながら山を登る。いや、そんな悠長なことを考えながら歩いていてはいけない。日が昇ってしまう。

三時四十五分、まだ暗い中高山帯まで来ると、ぼやっと見える山のシルエットをたよりに観察する場所を決める。多くは見晴らしの良い岩の上だ。六月とはいえ三千メートル級の山はまだまだ寒い。じっとしていると体の熱が飛んでいく。まだ風の音しかしない。観察地点について一〇分、静寂を破って突然「ゲーゲゲー」という鳴き声が聞こえた。ライチョウのオスだ。薄明るくなっていくなか、耳だけをたよりに鳴き声がした方を凝視する。ちょこちょこと歩く影がうっすらと見える。動いている影は一つではない。二つだ。しだいに明るくなる景色のなかで、その二つのシルエットを見失わないよう懸命にその姿を追う。山肌がオレンジに染まり始める四時十五分頃、目で追っていた二羽がほぼ一斉に同じ方向に飛んだ。先に飛んだ一羽は五、六十メートルほど飛び、ハイマツが薄く広がる群落の近くに着地した。もう個体の模様もわかる。先に飛んだ方がメスだ。メスの足取りを注意深く観察すると、着地点から五メートルほど歩いてハイマツの中に姿を消した。オスはというと、メスが姿を消した場所から少し離れた岩の上で見張り行動を始めていた。急いで観察していた岩から下り、メスが消えたハイマツに近づくと、メスがハイマツの下でじっと座っているのがわかった。卵を抱いているのだ。早起きした甲斐があった。卵を温めているメスに謝りながら巣に近づきメスをどかす。少々乱暴だが、この後メスが巣を放棄した例はない。ハイマツの枯れ葉を集めて作った簡便な巣の中に産み落とされた卵の数を数え、GPSで地点を記録し、写真を数枚とる(図2)。これら一連の作業を終えたらすぐさま巣から離れ、野帳になわばりと観察した足環の組み合わせを記録する。これで朝一番の大仕事が終わった。巣から十分離れたところに腰を下ろし、前日の夜に握っておいたおにぎりをナップザックから取り出す。まだ昇ってきたばかりの朝日を受け朝食を

図２　ハイマツ群落の下に作られていたニホンライチョウの巣．周囲にあるハイマツの枯れ枝やコケを使って作り，比較的簡易的な構造をしている．

食べながら、次はどのなわばりを回るかを考える。この日は、狙いどおりに巣を見つけることができたが、うまくいかない日も当然ある。その時食べるおにぎりのわびしさと朝日の眩しさといったらない。

これが、私がライチョウの巣を探すための方法の一つだ。ライチョウは、メスが一羽で抱卵を担当するため、一日数回採餌と排泄のために巣を離れる。メスが巣を離れるのは一回二〇～三〇分程度で、早朝や夕方遅くに多い。そのため、この時間帯にあらかじめ調査しておいたなわばり周辺でメスが出てくるのを待ち、抱卵中のメスを追跡することで巣を発見するのである。昼間もなわばりを回りながらメスが巣を離れるのを待つが、朝夕に比べれば巣を発見できる確率は低い。早朝を逃せば、次はいつメスが出てくるか見当もつかないからだ。しかし、抱卵期である六月中旬から下旬は、一年でもっとも日が長い時期にあたり、日の出前になわばりに到着するためには午前三時台に滞在している山小屋を出なければならないのだ。この時期はとくに起床時間が早いが、他の季節も日の出時間に合わせて起きるのは変わらない。ライチョウも他の鳥同様に朝一番、夕方近くになると行動が活発になるため、この時間帯を逃さないためである。季節が進み、五時に起きても問題ないようになるとなぜか得した気分になる。

調査は、山小屋を離れてから天候が許すかぎり日の入りまで一日中行う。昼食も多くの場合外でおにぎりを食べてすませる。日がしだいに傾き、足元が見づらくなってきたら山小屋に戻る合図だ。季節によって調査時間は変わるが、なるべく多くの個体を観察するために十二時間以上も高山帯を歩き回っていることも少なくない。

ライチョウとの出会いまで

こういった調査の話を人にすると、小さい頃から山に登っていたのか、山が好きだったのかと聞かれることが多々ある。しかし、けっしてそんなことはない。東京都中央区日本橋。私が生まれた街だ。さまざまな会社が集まり、大きなビルがいくつも並び立つ。山の上ではあれだけ眩しい月も、ここでは街の明りに負けて存在感が薄い。ビルばかりが目につくため、人が住める街なのかと問われることも少なくない。確かに山どころか土が露出しているところも少なく、私の実家の目の前を流れる隅田川の護岸は完全にコンクリートで覆われ土手すら存在しない。高山とは対極の世界だ。

こんな土地で育ったが、私は小さい頃から生き物に興味をもっていた。最初は、珍しい動物や美しい動物が写っている図鑑を眺めたり、絵を描いたりするのが好きだった。しかし、生物への興味は、幼稚園の頃から通い始めたアウトドアクラブの影響で、より明確なものになっていった。このアウトドアクラブは佐藤 学氏（池袋アウトドアクラブ代表）が主催する教室で、週末や長期休暇を中心に子ども向けの観察会や、さまざまな野外でのアクティビティを企画していた。この教室で、夏は新潟の河で網を持って一日中魚や昆虫を探し、冬はゲレンデでのスキーだけでなく、林の中をクロスカントリースキーで散策するなど実際に自然の中でさまざまな経験を積んだ。この教室での体験により、本の中の世界から、実際に自然に浸り、観察することに興味が移っていった。ここでの経験は、私の基本的な生物観や自然の歩き方などを作り上げる基盤となった。とくに、スキーや雪遊びは、雪の斜面で滑らないようにどうやって足を置いたらよいか、片足にどれだけ力をいれたらよいかといったことを学ぶことができた。この感覚は残雪期のライチョウ調査でもおおいに役立っている。

アウトドアクラブではさまざまな生物を観察したが、とくに鳥に興味をひかれた。なぜ鳥だったのかといわれてもはっきりとは覚えていないが、図鑑で見る世界の珍しい鳥の姿や、空を飛ぶという行動そのものに惹かれたのだと思う。小学生になってもどこか出かけるときには必ず双眼鏡を持って行っていたのを覚えている。その後、中学高校では生き物と無縁の生活をおくっていたが、東邦大学理学部生物学科に入学して「自然観察の会」という部活に入ったことで再び生き物と触れる機会を得た。この部活は鳥だけなく、さまざまな分類群の生物に詳しい学生が集まっており、興味がある観察会に参加するのである。私はもっぱら鳥の観察会に参加し、大学近くの谷津干潟や、渡良瀬遊水池、奄美大島などさまざまな場所に友人と鳥を見に行ったが、高山は未踏の地として残されていた。

東邦大学では三年の秋から研究室に配属され、四年生になるまでに研究テーマを決めたり、予備学習をしたりする。私は卒業研究を選ぶにあたり、漠然と鳥の研究がしたいと思っていたが、どのようなテーマで研究するかを決めかねていた。鳥は遠くから観察することしかできないうえ、空を自由に飛び回る彼らは追跡するのは困難だと思い、どのような研究ができるのか見当がつかないままでいた。とくに、この頃コンラード・ローレンツの『ソロモンの指輪―動物行動学入門―』(早川書房)を読み、鳥の行動学的な側面に興味があったことが、より視野を狭めていたのかもしれない。そんな折、後の私の調査地でもある乗鞍岳でハイマツやオオシラビソなどの研究を行っていた植物生態学研究室の丸田恵美子先生(当時、東邦大学理学部)と卒業研究の話をしていると、山の上に棲むライチョウの話になった。飛ぶことが苦手な彼らなら詳細な行動観察ができるのではないか。しかし、ライチョウは特別天然記念物であるうえ、生息地である高山帯のほとんどは国立公園に指定されているため、登山道から外れて高山帯を歩き、ライチョウの調査をするためにはさまざまな省庁の許可が必要で、一学生が思いつきで研究できる種ではない。幸い、丸田先生が調査を行っている乗鞍岳で、後の指導教員である中村浩志先生(当時、信州大学教育学部)がライチョウ調査を行っていた。そこで、丸田先生に中村先生を紹介していただくことで、ライチョウ研究を行うことができることになったのである。高山の厳しさなど何も知らない私は「あ、これは楽しそうだな」と安易に思ってしまったのである。

ライチョウとは

一口にライチョウといっても、ライチョウの仲間は世界で二十種類おり、すべての種が北半球に生息している（BirdLife International, 2018）。そのうち日本には北海道に生息しているエゾライチョウと、本州の高山に生息し、私が研究の対象としているライチョウの二種が生息している。日本語ではどちらも「ライチョウ」という表記に変わりはないが、英語では冬に体羽が真っ白に換羽する種をPtarmigan（ターミガン）、冬になっても体が真っ白にならない種をGrouse（グラウス）と使い分けている（ただし、GrouseもPtarmiganも使われていないライチョウの種もいる）。そのため、英名ではライチョウはPtarmigan、エゾライチョウはGrouseに分類される。Ptarmiganと名のつく種は一属三種、ヌマライチョウWillow ptarmigan *Lagopus Lagopus*、ライチョウRock ptarmigan *L. muta*、オジロライチョウWhite-tailed ptarmigan *L. lecutura*しかいない。日本のライチョウはRock ptarmigan、直訳すれば岩ライチョウという種に含まれる。日本には、ライチョウのことをかつて「岩鳥（がんてう）」と呼んでいた地域もあり、日本と海外のネーミングセンスに共通する部分があるのは興味深い。

Ptarmiganは、どの種も基本的に一夫一妻で、外見もよく似ている。冬に白くなるという特徴からも推察できるかもしれないが、Ptarmiganと呼ばれる三種はすべてツンドラや、亜高山帯より高い寒冷な環境に生息していている。しかし、その生息環境を細かくみると微妙に異なっている（Wilson and Martin 2008）。Willow ptarmiganとRock ptarmiganはどちらも北半球に広く分布し、分布が重なる地域もあるが、Rock ptarmiganの方がより水平方向でいえばより北部、垂直方向でいえばより標高の高いところに生息している。White-tailed ptarmiganは北アメリカ大陸の一部の高山地域のみに分布が限られており、Rock ptarmiganと同所的に生息している場合はより標高の高い地域に生息している。

一方Grouseには森林性や草原性のものが多い。北海道のように雪が降るような環境でも、林の中に棲んでいる種は冬季に白くならないようである。Grouseと分類される種の中にはかなり派手で日本のライチョウの姿を想像しているとかなり驚くものもいる。繁殖スタイルも一夫一妻のものから、レックと呼ばれる集団繁殖場を形成し、一羽のオスが多くのメスを独占するスタイルまでさまざまである(Wiley, 1974)。興味のある方は、キジオライチョウやソウゲンライチョウという名前をインターネットで検索してみてほしい。オスの派手な姿は鳥というより、ゲームに出てくる空想上のモンスターに近いと個人的には思う。しかし、検索して画像を見たならば彼らの足元までしっかり見てほしい。日本のライチョウ同様フショ(踵から足の付け根までの部分)も毛に覆われているはずだ。これは、寒い環境に適応したライチョウ類の形態的特徴の一つである。さらに、オスたちがとても派手であるにも関わらず、メスはみな地味で同じような体色をしている。メスだけの画像を並べられたら、種を判別するのはとても困難だろう。

ところで、日本ではライチョウのことを漢字で「雷鳥」と表記する。このため、ライチョウの英語名が「Ptarmigan」ではなく「サンダーバード(Thunder bird)」であると思っていた人も少なからずいるのではないだろうか。時々山小屋のお土産としてライチョウの絵とともにでかでかと「Thunder bird」と書かれているTシャツをみることがある。今思えばあのTシャツを買っておけばよかったと悔やまれる。

ではなぜ、ライチョウは「雷鳥」になったのだろう。ライチョウという名前が日本の歴史上に登場したのは、西暦一二〇〇年、つまり平安の世のさなかに後鳥羽上皇が読んだ「しらやまの　まつのこかげにかくろいて　やすらにすめる　らいのとりかな」(夫木和歌抄)という和歌の中だ。「しらやま」とは、霊山として有名な石川県白山、「まつ」とは、日本の高山帯に特有のハイマツだ。つまり、この和歌は霊山として有名な白山には、ハイマツの木陰でやすらかに棲んでいるらいの鳥という名前の鳥がいるという意味で、この和歌に出てくる「らいのとり」がライチョウを指していることは間違いないだろう。江戸時代以前は、このライチョウに「鵜鳥」、「来鳥」などさまざまな字が当てられていた。雷という字は江戸時代からしだいに広まり、明治期の百科事典には「雷鳥」として記録されている(大町山岳博物館、一九九二)。雷鳥と記されるようになった説として、ライチョウは雷のなりそうな天候の悪い時に活発に活動するからというものがある。この説は実際の生態とも合致しているが、読み方が先にあったことを考えるとあまりありえそうにない。もっとも、雷鳥にまつわる火難や雷難よけの信仰は古くからあり、一七〇八年の京都火災で御所が焼けた際、前述した後鳥羽上皇の和歌が添えられた絵が飾られた蔵のみが焼け残ったという有名な逸話もある(大町山岳博物館、一九九二)。この話は当時広く流布され、ライチョウの和歌が添えられた護符が火災除けとして広まったといわれている。私は、この厄災除けにその名前の音から雷除けの意味が加わり、雷が鳴りそうな天候で観察しやすい生態が知られるようになったことでしだいに雷の字が定着したのではないかと想像しているが、本当のところは一切不明である。

日本に生息するライチョウの特徴

日本に生息しているライチョウは、Rock ptarmigan の中でもっとも南に生息する個体群で、日本の固

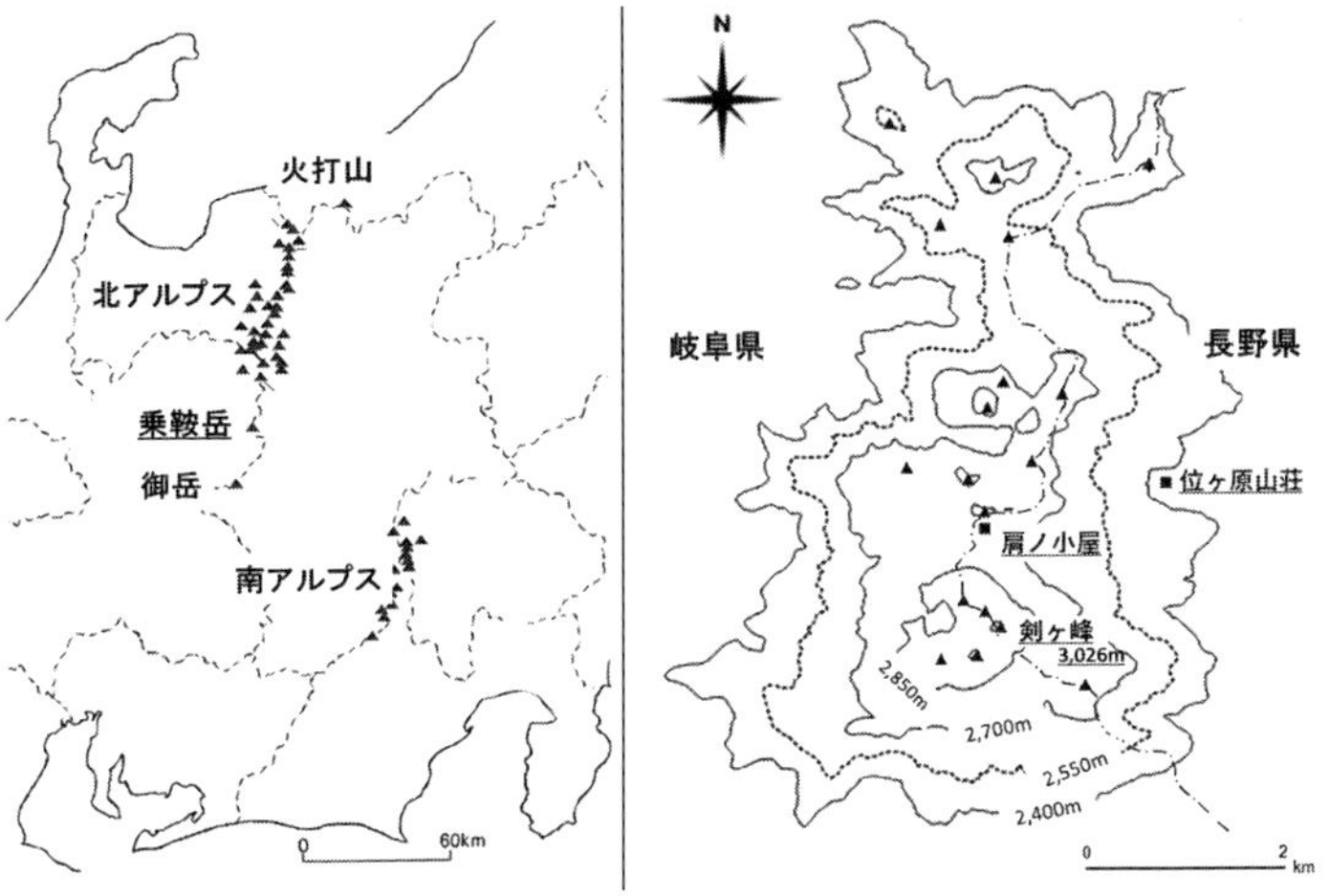

図３　ニホンライチョウが繁殖している国内の山岳(▲)の分布(左)(中村，2007を一部改変)と調査地の乗鞍岳(右)．右図の三角は2,500m以上のピーク，点線はおおよその森林限界，一点鎖線は県境を示す．

有亜種 *L. muta japonica* に分類されている（以降、日本に生息しているライチョウを指す場合はニホンライチョウを用いる）。寒冷環境に適応している鳥にたがわず、冬には高山帯を離れ森林限界付近まで下りるものの、ほぼ年間を通して高山帯で生息している国内唯一の鳥で、日本の高山環境を代表する生物でもある。国内における繁殖集団は、北は新潟県火打山から、北アルプス、乗鞍岳、御岳、そして南アルプスの五つにわかれる（図３左）。かつては後鳥羽上皇が和歌を詠んだ白山や、八ヶ岳、中央アルプスなどでも分布が記録されているが、現在は絶滅してしまっている（中村、二〇〇七）。

ニホンライチョウは、この種の中で最南端に生息している個体群というだけでなく、日本の文化ともつながりが深い鳥という意味でも貴重な存在である。人が近づいても逃げず、登山者のなかにはヒナ連れのメスに近づいても登山道をどいてくれなくて困ったとか、自分の行く先を道案内するように先導してくれたと話す人も多くいる。ニホンライチョウを見た多くの人が、人を恐れないという特徴がライチョウという種共通の特徴だと思ってしまうのもしょうがないだろう。しかし、世界を見渡せばライチョウが人を恐れないというのは非常に珍しく、この特性は日本人の文化的な背景とのつながりが強いのと言われている（詳しくは中村、二〇〇六を参照）。

稲作が中心であった日本では高山は水源として重要だったうえ、狩猟の場、雄大な容姿や火山への畏敬の念などから、山岳信仰が発達していた。この山岳信仰は後に神道や大陸から伝来した仏教と融合し、修験道という特殊な宗教が誕生するにいたる。修験道は、神が宿る高山で修行することで神と一体になることをめざす宗教で、平安時代頃から盛んに信仰されていた。ライチョウの名が平安の時代から和歌にその名前を残していたのも修験道のおかげである。これらの信仰では里と里山を人の領域、奥山は神が棲む領域として区分してきた。神が棲む高山に生息しているニホンライチョウは、神の鳥として高山環境とともに大事にされてきたのだ。さらに、江戸時代に入ると白山や立山を有する加賀藩では、むやみにライチョウや高山植物をとるなという御触れを出している（「御制札旧記」加越能文庫）。この御触れは日本で初めての自然保護に関する令であるという説もあり、それがライチョウに関わるものであることは、日本人が高山、ひいてはライチョウをいかに大事にしてきたかを示している。このように、日本のライチョウは高山そのものとともに大事にされ、これまで人に捕まることが少なかったため、人を恐れることがないのである。

一方、高緯度地域ではライチョウは標高の低い人里近くに棲む鳥であるため、古くから狩猟鳥としてメジャーな鳥だった。今でもライチョウを食べる文化は各地に残っており、海外の研究者にはライチョウを食べるならばうちに来いとよく言われる。ある研究者に聞いたところ、ノルウェーではライチョウが家の窓に当たって死に、死んだ個体をそのまま食べることもあるらしい。また、ヨーロッパは日本とは異なり牧畜をおもな生業としており、古くから高山まで家畜を上げて高山の上までも人の領域として利用してきた。そのためヨーロッパの高山に生息するライチョウも人に捕まる機会が多く、日本同様に高山に棲んでいても人を見ると逃げてしまうのだ。

生態的にも人との関わりを見ても世界的に貴重なニホンライチョウだが、私が調査を開始した頃には保護の必要性が認識されていた。ニホンライチョウの生息個体数は、中村先生の師匠である故 羽田健三先生(元 信州大学教育学部)が一九六〇～八〇年代にすべてのニホンライチョウの生息山岳を踏査することで三千個体しかいないことを初めて明らかにした(羽田、一九八五)。さらに、二〇〇〇年代に入り中村先生が全国の主要な山岳で調査を行うと、多くの山岳で個体数が減少していることがわかった。この時推定された全国の生息個体数は一七〇〇個体程度と、羽田先生の調査から三十年もたたずに個体数が大きく減少していることが判明したのだ(中村、二〇〇七)。中村先生は、この減少に大変驚き、保全策立案のために二〇〇一年から個体標識に基づいた個体群のモニタリングを乗鞍岳で開始していた(図3右)。乗鞍岳は、日本でも数少ない個体数が比較的安定している個体群であるうえ、他の生息集団からは隔離された独立峰である。生息個体数も一五〇個体程度と、全個体を対象としたモニタリングが可能だった。さらに、雪が解ければ高山帯まで定期バスで上がることができるため、調査地までのアクセスも容易である。

これらの理由から、中村先生は乗鞍岳をモニタリングサイトに選択したのだ。私がこの研究に参加したのは二〇〇九年からで、この頃には中村先生と研究室の先輩方により、乗鞍岳で繁殖している個体の約九割に足環がついていた（個体の標識方法については後述する）。しかし、いまだ具体的な保全策等の開発にはいたっていなかった。

高山での調査が始まる

中村先生と相談し、卒業研究では、高山での調査に慣れることもかねてニホンライチョウの行動を直接観察することで、何をどれくらい食べているのか、つまり食性の季節変化を年間通して明らかにすることになった。ライチョウは基本的に草食で、ニホンライチョウでもこれまでどれくらいの品目の植物をついばんだかをリストアップした研究はあったが、年間通した食性の変化を定量的に明らかにした研究はまだなかった。そこで、人が近づいても逃げないという利点を利用し、ニホンライチョウがどの植物を何回ついばんだかを直接観察することでライチョウの食性を評価することにした。観察結果の個体による偏りを少なくするために一個体の観察時間を一〇分までに決め、次々に観察する個体を変え、双眼鏡による観察、もしくは目視により直接ついばみ回数を数えることになった。二〇〇九年は中村先生が調査を開始してから乗鞍岳で繁殖したニホンライチョウの個体数がもっとも多い年だったため、高山帯で個体を発見し観察することじたいは難しいことではなかったが、高山帯を歩くことが初めてだった私はさまざまなことを覚

図4　残雪期(5月上旬)の調査風景.

えなければならなかった。

まず何より山を歩くことに慣れず、体力がもたない。通常の山登りは頂上をめざして登り、登り切れば下山するのみだ。しかし、私たちの調査は高山帯全域を広く歩き回り、なるべく多くの個体を見つけることを目的としているため、高山帯の歩き方がまったく異なる。私たちにとって頂上は通過点にすぎず、むしろ目的がなければ近づかない。また、登山道から外れた場所も調査を行うために特別な許可を取得し、高山帯全域を対象に調査を行った。ニホンライチョウがいそうな尾根があれば下り、調べ終えれば再び登り返すことを丸一日繰り返す。お昼を食べる時間を除けば、日の出から日の入りまでほぼ歩きっぱなしだ。しかも調査を開始した春先はまだ多くのエリアが雪で覆われており(図4)、慣れない雪上を歩くためには、履いたこともないスノーシューやアイゼンを付けて歩かなければならなかった。とくにアイゼンは何本ものとがった刃を雪に刺して歩くものであり、慣れないと非常に危ない。刃を引っかけて新品のレインウェアを破ったこともある。だいたい春は新品をおろしたばかりで、かなりへこむ。しかも、一見一様な硬さに見える雪面も、氷のように硬くツルツルな場所、柔らかく足がとられる場所とモザイク状になっており、日によってもそのコンディションは大きく変化する。そのため一歩一歩足元を確認しながら歩かなければならず、ニホンライチョウを探すために頭を上げたり、足元を見たりとかなりせわしなかった。油断しているとハイマツ近くの雪を踏み抜き、足を取られて抜け出すのに一苦労になることも多々ある。空気の薄い高山帯、しかも大学に入ってからはろくに運動していなかった私にとって、この調査はまさに修験道の修行のようだった。

第二に、山では地形や天候を見て何が危険かをしっかり覚えなければならなかった。雪崩、滑落、落石、転倒、山には多くの危険がある。毎回中村先生と一緒に調査できれば問題ないが、日程が合わず一人で調査を行う必要も多くあった。ニホンライチョウ調査をするためには、まず高山で安全な行動ができなければならなかった。乗鞍岳は比較的なだらかな斜面が多いため雪崩の心配はあまり必要なかったが、調査開始当初は徹底的に山での安全な行動について教え込まれた。さらに、どこを調査するか、その日どれほど山小屋から離れた場所まで行くかは天候を見ながら判断しなければならない。寒い環境に適応したニホンライチョウにとって、天候は関係ない。むしろ天候が悪い方が天敵である猛禽類が少ないため、元気に行動していて観察しやすいくらいである。天候が悪い日にニホンライチョウが隠れてしまって出てこないならば調査に行かなくてもいいかもしれないが、天気が悪くても元気に活動しているいじょう、雨だろうが、雪だろうが、風が強かろうが調査は行われる。風雨が強いと、顔にあたる雨が痛く、風上を向くのがつらいこともある。そんな天気の中でも餌を食べている彼らの姿を見ると驚嘆する。しかし、悪天候の中で無理をしすぎて私たちが山の上で動けなくなってしまっては大変なことになる。そのため、雨や雪の強さや風向きを見て、どこなら安全に調査できるかを判断しながら調査場所を決めなければならない。

これらの注意点は一朝一夕で覚えられるものではない。研究を始めた頃はまだ判断があまく、ホワイトアウトに巻き込まれることもあった。残雪が多い時期に霧に包まれると、世界が本当に白一色になり、雪面を登っているはずなのに足元の感覚が不明瞭で、まるで空の上をふわふわ歩いているように感じた。こうなっては即撤退だ。一方で、雨が強くても視界があれば調査を行う。その日その日の天候で調査をどこまでやるのか、撤退するのか、的確な判断が求められる。初年度から徹底して教えられた安全管理術のおかげで、今日まで幸い大きなケガや事故を起こすことなく調査ができている。

しかし、高山での調査はつらいことばかりではなかった。とくに高山の美しい景色はいつも調査の疲れをいやしてくれた。私が一番好きなのはゴールデンウィーク(GW)頃、まだ雪の残る春の山だ。この時期、オスのニホンライチョウは純白から黒い羽に換羽途中で、一年で一番美しい時期だ(図5)。その姿もさることながら、晴れた日の純白の北アルプスの山並みに真っ青な空のコントラストには目を見張るものがある。乗鞍岳長野県側は、GWから定期バスの運行が開始され、週末や休日は多くのスキー客が訪れる。しかし、平日となれば人はまばらで、まるで高山帯には自分しかいないのではないかと思う日もある。雲の下に広がる松本市の街は小さく、山の上すべてがまるで自分のものになったような気さえする。この時期のお気に入りは他にもある。春の山は一日の寒暖差が大

図5　5月上旬頃のニホンライチョウのオス.

きく、雪の表面は凍ったり溶けたりを繰り返す。風当りの強い緩やかな斜面では前日に溶けた雪の表面が夜のうちに凍り、表面が薄い氷に覆われる。翌朝この斜面を歩くと、表面の氷がパキパキと割れ、割れた氷は斜面に沿ってカラカラ、サラサラと音を立てながら流れ落ちていく。誰も歩いていない雪面を、薄氷が流れて落ちていく音を聞きながら歩く。私が一年でもっとも好きな瞬間の一つだ。

山小屋での生活

高山での調査は、調査方法を覚える以外いにも大きな問題があった。それは調査中の宿泊地だ。乗鞍岳は中部山岳国立公園に含まれているうえ、高山帯でのテント泊が禁止されているため、高山帯に宿泊するには山小屋に滞在するしかない。食性の季節変化を明らかにするためには、さまざまな季節にわたりまとまった日数の調査が必要になるが、学生である私にすべての滞在費を賄うことはとてもできなかった。そこで、私は中村先生に仲介してもらい山小屋に居候させてもらうことにした。私がお世話になったのは二三五〇メートルにある位ヶ原山荘と二八〇〇メートルにある肩の小屋の二つの山小屋だ(図3右、図6)。肩の小屋はライチョウの生息地である高山帯のただなかにあり、調査の拠点としては最適だが、七月～九月末までの約三か月しか営業していない。そのため四月～六月末までと、一〇月以降は標高の低い位ヶ原山荘、七月～九月までは肩の小屋と、季節によって二つの山小屋にお世話になることになった。これらの山小屋では、土日や祝日など忙しい日は山小屋の仕事を手伝う代わりに、寝床とご飯を無料で提供

図6　お世話になった位ヶ原山荘(左)と肩の小屋(右)．位ヶ原山荘は最大50人程度が泊まれる雰囲気ある小屋，肩の小屋は最大200人も泊まれる大きな小屋である．

していただくことになった。二つの小屋との関係は、今でも続いており、位ヶ原山荘のご主人である六辻徹夫さん、肩の小屋のご主人である福島実さん、敬さん親子には感謝してもしきれない。これらの山小屋での生活は研究とはちがう意味で多くのことを学ばせていただいた。

位ヶ原山荘も肩の小屋も、小屋に備え付けた発電機で発電する。発電機は九時に落とされ、その後は真っ暗になる。夜中トイレに行ったり、夜明け前に小屋を出たりするときにはライトが必要になる。また、どちらの小屋でも水は近くの沢や池から汲み上げている。とくに位ヶ原山荘は春先も営業しているため、沢が雪の下から顔を出す六月末までは、小屋に水を引くことができない。そのため、春先の位ヶ原山荘では、ポリタンクに入れた水を車で持ち上げたものを使っている。水が限られているため洗いものでも洗剤は使わない。そこでお皿をお客さんに出したお茶のティーバッグやキッチンペーパーで一度汚れを拭いてから水洗いをする。とくにお茶のティーバッグは洗剤などなくても油汚れも落としてくれることに目を丸くした。自分たちが食事をする際にも、食後のお茶を、食べ終わった茶碗やお皿に移し、器をお茶で軽く洗ってから飲む。当然お風呂もなく、四、五日調査を行い平地に下りるまでは体を拭くことしかできない。まあ私はめんどくさくて体を拭くことすらほとんどしなかったが…。位ヶ原山荘での春の生活は、私がこれまで生きてきた世界の完全に外側、想像すらしたことのない世界だった。しかし、極力山を汚さず、日の出と日の入りとともに活動する、まさに山と生きていく生活を私はとても気に入ってしまった。また、山小屋で丸一日仕事を手伝うときは、定期バスで上がってきたスキーヤーや観光客にコーヒーや軽食を提供したり、宿泊客の食事の配膳や片づけをしたりした。登山客との触れ合いは、単調な調査のよい気分転換になり、私にとっては苦になることはなかった。

肩の小屋は、安定して水が確保できるようになってから開業するため、春の位ヶ原山荘のような水の制限はなかった。一方で肩の小屋は最大二百人近く泊まれる大きな小屋で、最盛期には最大八人ものアルバイトが働いていた。翌日小屋の仕事を手伝う予定の日などは、起床時間に余裕があるため、発電機を落とした後も他のアルバイトの人たちと夜更かしをした。月明りの下でスリッパ飛ばしをしてビールを買う人を決めたり、ロウソクの明かりでトランプをしたり、今でも非常によい思い出となっている。また、山小屋で働く人たちの生き方や人生観も位ヶ原山荘での生活同様私の想像の外側で、これまで経験したことがない多くのことを経験することができた。

季節によって変わるライチョウの食性

私は二〇〇九年の四月から一一月まで合計六十九日間調査を行い、春から秋のニホンライチョウのついばみを四万四八六八回観察した（小林・中村、二〇一一）。一二月から三月の冬季調査は、山岳経験の少ない私には早かったこともあり、中村先生が以前に取得した十八日分のついばみ一六五五回のデータをいただき、年間のライチョウの食性変化を明らかにした。この調査でオス二万二二七七回、メス一万五二九五回、ヒナ八九五一回のついばみを観察し、四十種の植物と、昆虫、小石なども食べていることが明らかになった。さらに、この調査により、乗鞍岳に生息しているライチョウの食性は四月、七月、一〇月、一二月の年四回大きく変化していた。これらの変化はそれぞれ、雪解けによる高山植生の露出、草本植物の芽吹き、秋の実り、積雪による高山植生が利用できなくなる時期と対応しており、ニホンライチョウは高山環境の変化に伴って食べ物を変えていることがわかった。また、ニホンライチョウは周りにある植物を何でも食べるわけではなく、栄養価の高い部位や植物を選択している可能性が示された。たとえば、ガンコウランという高さ五センチメートル程度の常緑矮性低木は乗鞍岳のニホンライチョウの主食で、春先から秋まで枝葉や実など季節によって利用部位を変えながら常に食べられていた植物の一つである。一方、アオノツガザクラは、ガンコウランとよく似た葉をもつにもかかわらず葉はほとんどついばまれず、花と種子のみが盛んに利用された。また、ニホンライチョウの営巣場所や隠れ場所として重要な植物であるハイマツも、葉はほとんど利用されなかったが、花粉を飛ばす前の赤紫色の雄花と結実した種子のみが利用されていた。

　さらに、年間を通したついばみの九割が植物だったニホンライチョウだが、産卵前のメスやふ化した直後のヒナは昆虫も盛んに食べることが明らかになった。とくに、産卵前に成鳥がついばんでいた昆虫は、低地から吹き上げられ残雪上に落ち、低温で身動きがとれなくなったものだった。この時期ライチョウは換羽が進み、冬の白い羽からオスは黒、メスは斑模様（図5、口絵23）に変化し、残雪上ではかなりめだつ。それにもかかわらず残雪上で盛んに昆虫をついばんでいたことは、メスにとって産卵のためのタンパク質やカルシウム摂取のために重要な栄養源になっていることを示している。このように、ライチョウは目まぐるしく変わる高山環境の中でその時々で栄養価の高いものを食べて生きていることがわかった。

進学という選択

高山の美しさと厳しさに初年度からバンバン当てられながら、私は何とか卒業研究を終えた。ただし、つらいという感情よりも見るものすべてが目新しく、多くのことに感動したことを覚えている。私は、卒業研究を始める前には大学卒業後は教師になろうと思い、卒業に必要な科目の他に、中高理科の教員免許取得のための科目も履修していた。しかし、ニホンライチョウの研究を始めてみると、その生態を追うことや、初めての高山での生活がすっかり楽しくなってしまっていた。公立校の先生になるための教員採用試験は、東京および近隣の県では七月中旬に設定されていた。しかし、この時期はヒナのふ化時期と完全に一致していた。さらに、本気で教員採用試験に臨むならば、事前にしっかり勉強しなければ意味がない。せっかくニホンライチョウを年間通して追う機会を得たのに、採用試験によって長期間山に登ることができないことがとてももったいなく思えたのだ。そこで私は、卒業研究を行っている途中で、中村先生のいる信州大学（長野県）に進学することを決めた。この決断が私の人生を大きく変えた。修士から博士課程へ進学する際も進学か就職かで葛藤があったが、自分のやりたいことをとことん追求した方が良いという親の助言にも後押しされ、進学の道を選択した。私が博士課程を卒業した年に中村先生も退職を迎えたため、博士課程では東邦大学に戻り、長谷川雅美先生（現、東邦大学理学部）の下で研究を続けることとなった。

新たな研究テーマ

修士進学後の私の研究は、ニホンライチョウの具体的な保護施策を立てるための個体群研究に移行していた。個体群研究は毎年のなわばり数を数え、巣を発見することで一腹卵数と卵のふ化率を推定し、産まれたヒナが成長に伴いどれだけ減少するかを追跡する。秋には成長したヒナとメス親を独立した若鳥に標識を施す。冒頭の巣探しもこの調査の一環だ。これらの情報から、一つの卵から繁殖に無事いたることができる個体の確率と成鳥の年生存率を推定し、ニホンライチョウの生活史の中でどの成長段階がもっとも生存率が低いのか、個体数の変動にどの成長段階が影響しているのかを明らかにし、ニホンライチョウの個体数を効率的に増加させるためにはどの成長段階を保護すればよいかを特定するのが目的であった。

この研究課題は中村先生が乗鞍岳で個体標識を始めた目的でもあった。私はこのテーマを担当し、博士課程まで研究することになった。食性の季節変化を明らかにするためにも春から秋にかけて連続した調査

ナ、若鳥、成鳥とニホンライチョウの一生の生存率を切れ目なく推定することができた。これを何年も行うことによって、それぞれの生存率が年によってどの程度変動するかという情報も蓄積した。私たちが乗鞍岳で明らかにすることができたこれらの情報を海外のライチョウのものと比較することでニホンライチョウの特徴を明らかにすることができた。まず、乗鞍岳の七年間の調査で発見した七十二巣から算出された平均値は五・八卵だったが、これは世界中に生息するライチョウの中でもっとも少ない一腹卵数だったのだ。ライチョウの一腹卵数は極ツンドラに生息する個体群の方が多きく、もっとも一腹卵数が大きいアイスランドの一〇・九卵と比べると半分くらいの卵しかなかったのだ。また、ニホンライチョウは、ライチョウの生息地の中で日本でしか見られない梅雨と捕食の影響によりふ化直後の生存率も著しく低いことがわかったのだ（Kobayashi and Nakamura, 2013）。ふ化直後のヒナは、自身で体温調節ができないため、寒くなるとメス親のお腹の下に入って温めてもらわないと死んでしまう。また、ふ化して数日の間は、晴れていても五〜一〇分ほど餌を食べ、一〇分ほどメス親のお腹の下で暖めてもらうことを繰り返さなければ生きていけない。そのため、ふ化直後の天候が悪いとヒナは寒さで衰弱し、死亡してしまう。さらに天候が悪くメス親のお腹の下にいる時間が長くなれば、おのずと餌を食べる時間が短くなる。餌をあまり食べられず弱ったヒナは、捕食者の格好の的になってしまう。そのため、ニホンライチョウはふ化直後に多くのヒナが死亡してしまうのだ。しかし、ふ化して一か月もたてばヒナは自身の体温調節もできるようになるうえ、かなりの距離を飛べるようになる。そのため、この時期まで無事に生き残ることができれば、あまり死ななくなる。

一方で、乗鞍岳に生息するニホンライチョウの一腹卵数はライチョウという種の中ではもっとも小さいが、五・八卵という値は鳥類全体で見れば比較的多い。そこで、もっとも生存率が低いふ化後一か月間にわたりヒナを人の手で守ることができれば、個体数の減少に歯止めをかけられると考えたのである。そこで開発されたのがケージ保護法である。ケージ保護法は、高山帯にケージを数個設置し、その中に野生でふ化したヒナをメス親とともに誘導し生存率のもっとも低い一か月間にわたり、捕食と悪天候からヒナを守る方法である。ケージ保護は、乗鞍岳で三年間の試験を行い技術的に可能であることを確認し、二〇一五年には実用を迎えることとなった。

調査員、土木作業員そして飼育員

中村先生が明らかにした個体数の減少と将来的な絶滅の可能性の高まりから、二〇一二年に改定された第四次レッドリスト（絶滅のおそれのある野生生物の種のリスト）では、ニホンライチョウは近い将来に野生での絶滅の危険性が高い絶滅危惧ＩＢ類に指定された。この改定と同時に、ニホンライチョウは環境省が策定する保護増殖事業対象種に指定された。保護増殖事業は大きく生息域内で行われる域内保全と、生息地の外で行われる域外保全に分けられる。私たちの研究によって開発されたケージ保護法は、生息域内保全の一環として個体数の減少が著しい南アルプス北岳において実施されることとなった。白根三山と呼ばれる北岳、間ノ岳、農鳥岳にかけては、一九八一年に行われた調査では六十三のなわばりが確認されていた（羽田ら、一九八五）。しかし、二〇〇四年に同様の調査方法で行われた調査では、十七しか確認されず、国内でもっとも個体数の減少が激しい地域だったからである。

北岳は富士山に次ぐ日本二位の標高を誇る山（三一九三メートル）であり、乗鞍岳とはちがいかなり山深い。というか、乗鞍岳がお手軽すぎるのだ。北岳は、甲府駅からバスで二時間で登山口に到着し、ここからケージを設置した北岳山荘まではコースタイムで歩いて約六時間かかる（図8左上）。二〇一五年にケージ保護事業が始まって以降、いったい何度この道を往復しただろう。ケージ保護事業では、段階が進むにつれ調査員、土木作業員、飼育員と役割を変えながらケージ保護を進めていく。

調査員として…ケージ保護でも、事前になわばり数を確認し、巣の探索を行うのは乗鞍岳の調査とはかわらない。なわばり分布調査から、ケージ保護を行うなわばりの候補を選定し、それらのなわばりの巣を探索する。巣がわかっていれば、ふ化直後からケージ保護を行うことができ、ヒナの死亡を最小限に抑えることができる。もちろん冒頭で示したように早朝や夕方にも巣の探索を行うが、少しでも発見の確率を上げるために日中に行うこともある。日中に探す場合は、オスの見張り場、抱卵中のメスに特有の大きな糞である抱卵糞の位置などから、抱卵中のメスが餌を食べに出てくるところを予想する。あとはひたすらメスが出てくるのを待つしかない。

土木作業員として…ケージ保護では、巣の探索と並行して、ケージの設置を行う（図8右上、左中）。ヒナが産まれるまでにケージは北岳山荘のテント場の一部を借りて設置する。ケージ設置の際にはいつも持っている双眼鏡と野帳は置いて、つるはしやスコップ、ドライバーを代わりに持つ。とくに大

図８　ケージ保護が行われた南アルプス北岳と拠点となった北岳山荘(左上)．高山帯に設置したケージ(右上，左中段)．家族を一晩だけ収容するための移動式小型ケージ(右中段)．散歩中には家族に人が必ず付き添う(左下)．ケージ内のようす(右下)．

変なのは、組み立てたケージの設置である。テント場といっても高山帯の地面は意外と凸凹しており、岩も多く顔を出している。ケージをただ地面に置くだけでは、地面とケージの間に隙間ができてしまう。地面とケージの隙間はケージ保護にとっては致命的だ。もっとも警戒しなければいけない捕食者であるオコジョやテンなどの哺乳類はかなり小さい穴にも潜り込んでしまうからだ。一匹でも捕食者が侵入してしまえば逃げ場のないケージでは一巻の終わりとなる。そのため、ケージの端を地面に埋めて、掘り返されることもないようにする。これがかなり骨の折れる作業なのである。まず、ケージの底四辺が埋められるように大きな石をつるはしやスコップで取り除き、枠を埋める部分を掘る。四辺を土に埋めた後も溝に石を詰め、さらに土を盛り固める。オコジョたちが穴を掘って枠の下からも侵入できないようにするためである。ゲージ設置場所はテント場のため植物は一切生えていないが、高山帯でつるはしを振る姿はかなり異様だ。さらに、ケージに入れた家族が金網に衝突してケガをしないように、ケージの内側にネットを張る。ネットも、ネットと金網の隙間にヒナが入ってしまわないように隙間なく張らなければならない。しかも、ケージは一つではない。二〇一五年は二つ、二〇一六年、二〇一七年は三つのケージを設置した。また、この時期は梅雨真っただ中であり、晴れを待っていては作業が一向に進まない。北岳は開山が遅く、調査開始時期はおのずと抱卵後期にぶつかってしまい、ケージの設置を悠長に行っていてはケージ設置前にヒナが産まれてしまう。そのため雨でもゆっくり小屋で休んでいる暇はない。レインウェアは毎日どろどろだ。

飼育員として：ヒナが産まれると毎日の作業がまた一変する。工具を置き、今度は飼育員としての生活が始まる。ヒナが産まれたら、家族をケージに向けて誘導を始める。けっしてヒナを捕まえてケージに押し込めることはしない。まずは、家族を人に慣らすことから始める。いくらニホンライチョウが人を恐れないといっても、常に人が近くにいては緊張もする。まずはメス親とヒナに近くに人がいる状況に慣れてもらう必要があるのだ。メス親が警戒しているかどうかは目を見るとわかる。こちらを気にせず自由に餌を食べているときはメス親が緊張していない時、餌を食べながらもこちらと目が合うときは私たちを警戒している証拠である。こちらを警戒する距離は個体によって異なる。個体ごとにどこまで近づけばいいかを図りながら徐々にケージの方に近づけていく。イメージとしては、私たちは羊の群れを統率する牧羊犬だ。ただし、速度はとても遅い。ヒナがメス親のお腹の下で温まっているとき(口絵23)は私たちも座って彼らを見守り、ふたたび移動し始めれば私たちも腰を上げる。寒くてヒナが頻繁にお腹の下に入る場合は、遅々として進まない。ケージを設置した近くでふ化してくれれば、ふ化したその日にケージに収容することができるが、すでに個体数が減少してしまった北岳では北岳山荘近隣で三家族が都合よくふ化することは難しい。そのため、毎年北岳頂上付近や、隣のピークである中白根岳頂上付近から家族を誘導しなければならなかった。これらの場所からケージまでは私たちが歩いても三十分以上は十分かかる。生まれたばかりのヒナの移動速度を考えると、一日では誘導できない。そんな時は小型移動式ケージを使って一晩をすごさせ(図8右中)、テント場に設置した固定ケージ収容までの捕食も防いだ。しかし、何といっても難関なのは固定ケージへの収容である。ヒナは何も気にせずケージに入っていくことが多いが、メス親は初めてケージに入る時は躊躇することが多い。この時焦ってはいけない。メスが慌てたようにきょろきょろして、体をかがめたらヒナを置いて飛んでしまうサインである。その時は私たちもすぐに体をかがめ、家族から離れる。何とかケージに入れることができればようやくほっとできる。

収容された家族は数日間ケージに慣らすためにケージから外に出すことはない。しかし家族がケージに慣れれば、日中はケージの外に出し私たちの監視の下で自生している植物を自由に採食させる。これで、ヒナは親から餌となる植物や空を飛ぶ猛禽類への対応を親から教えてもらうことができる。この点がケージ保護の大きな利点である。ただし、オコジョは忍者のように私たちのすきを見てヒナを襲ってくることがあるため、ケージから外に出した家族が襲われないよう、常に一人か二人が家族について周囲を警戒する(図8左下)。また、遠くに行ってしまいすぎないように家族の行動をコントロールする。三家族を順繰りに散歩させるため、それぞれの家族は午前中に一回午後に一回ずつ、一回の散歩時間は一～二時間だ。低カロリーな植物が主食のライチョウは常に餌をついばんでいる。そのため、一日二回の散歩だけでは餌のすべてをまかなうことができない。また、雨の日は家族を散歩に出すことができないため、ケージ内にも食べ物を準備する必要がある。ケージ保護事業ではなるべく野生と同じ状態で家族を生活させるため、ケージ内に用意する餌は、特別な許可をもらい採取した高山植物をケージ内に給餌した(図8右下)。ヒナとメス親は、クロウスゴ、ムカゴトラノオ、クロマメノキ、イワツメクサ、オンタデなどを好んで食べた。ただし、食性の季節変化でも示したように、ヒナは昆虫も多く食べる。ケージ内では十分な昆虫を食べることができないため、唯一平地から持ち込んだ餌として市販されているミルワームを少量給餌した。ケージへの給餌は、明け方、お昼、夕方の三回。餌の採取、給餌、ケージ内の掃除、散歩とヒナを保護し始めたら連日休むことができない。

これら一連の作業は私と中村先生の他に、数人のアルバイトの方に手伝ってもらい、常に三〜六人が常駐して行う。アルバイトの方は一週間程度で入れ替わるが、私と中村先生の二人はケージ保護期間のほとんどを山の上ですごす。これも滞在先となっている北岳山荘の方々の協力なくては成り立たない。

日本の高山は美しい

これらの研究に従事している間に、何度か国際学会にも参加した。とくに印象深いのが二〇一二年に松本（長野県）で開催された国際ライチョウシンポジウムである。国際ライチョウシンポジウムは世界のライチョウ研究者が一堂に会し、三年に一度開催される。二〇一二年大会は、中村先生が大会委員長となって開かれ、私にとって初めての国際学会であったとともに、初めて開催準備からたずさわることができた学会でもある。学会期間中も多くの刺激をもらうことができたが、もっとも印象的だったのはエクスカーションでの出来事である。学会終了後、希望者のみを対象に二泊三日のエクスカーションを行った。一つは乗鞍岳や立山といった、高山帯まで交通手段が確保されている場所に生息しているニホンライチョウを観察しにいくコースで、もう一つは北アルプス燕岳から常念岳までを山小屋に泊まりながら二泊三日自分

図9　第12回国際ライチョウシンポジウムエクスカーションでの1枚．北アルプス燕山荘にて．筆者は一番右．

の足で高山を歩くコースである。私は、二十人ほどの参加者を連れて、北アルプス縦走コースの引率をした（図9）。

最初は参加者が北アルプスに登れるのか心配もしたが、さすがフィールド研究のプロたちである。なんなく登ってしまった。このエクスカーションで複数の家族を海外の研究者に見せることができた。参加者はいまだかつてない距離からライチョウを観察できたことにおおいに感動していた。海外の研究者は、逃げないニホンライチョウに驚いただけでなく、日本の高山環境そのものの美しさにもおおいに感動していた。日本はかつて急激に経済発展を遂げたことを世界中の人が知っている。そして多くの研究者は経済的な発展は、環境の破壊を伴うことも知っている。ヨーロッパ諸国では、産業革命に伴って多くの原生林を失ったという。世界各地の研究者たちは、経済的に大きく発展した日本の高山にいまだに美しいお花畑が残っていることにおおいに驚いていた。この時、私は日本人がどれだけ貴重なものをもっているかを実感し、日本人が古くから大切にしてきたニホンライチョウ、そして高山環境を次世代につなげることが私たちの目標であると実感した。日本の高山は美しい。これまで私が当たり前のように見てきた乗鞍岳の景色も、じつは当たり前のものではなかったのだ。

しかし、現在ニホンライチョウひいては日本の高山帯にも多くの脅威が迫っている。最近の調査により、ニホンライチョウの個体数の減少は、キツネ、テン、チョウゲンボウ、ハシブトガラスといった元々低山にいた動物たちが高山に侵入し、ニホンライチョウの新たな捕食者となっていることが原因であることが明らかになりつつある。この他にもシカやイノシシ、ニホンザルなども高山に進出しており、ニホンライチョウの餌である高山植生そのものを破壊している。さらには地球温暖化も大きな問題となるだろう。温暖化については言わずもがなだが、高山帯への動物たちの侵入も、高山帯の観光開発などだけでなく、私たちが住んでいる平地での生活の変化、たとえば狩猟人口の減少や都市化の進行、里山の荒廃などが大きく関与している。高山と平地はつながっている。高山帯の変化ははるか遠い場所での話ではなく、私たちの生活の変化にも影響されるのだ。日本人は、日本の美しい高山環境の価値を再認識し、いかに次世代にこの自然を残すかを本気で考えなければいけない時期にきている。私は、ニホンライチョウの研究が、高山生物保全のモデルケースになれればよいと思っている。

ニホンライチョウの保護が、自分の行った研究をもとに新たなステップに進んでいくことは大変うれしく、誇らしい。しかし、本当にこの方法でいいのか、不安になることもある。そこは、自分の見てきたもの、そして導きだされた結果を信じるしかない。今後もそんな思いと闘いながらニホンライチョウとともに生きていこうと思う。

図10　繁殖羽のメスと筆者．この美しい鳥と花々が将来も見続けられることを切に願う．

おわりに

卒業研究を始めたときには、ニホンライチョウ研究をここまで続けることになるとは想像していなかった。ニホンライチョウとの出会い、そしてこの道に進むことでしか出会うことができなかったすべての人に感謝の意を示し、私の話の結びとしたい（図10）。

＊この章で紹介した研究の一部は、ライチョウ保護増殖事業と環境省総合推進費（4-1604、代表：牛田一成）の助成を受け行われた。

引用文献

BirdLife International (2018) Phasianidae. IUCN Red List of Threatened Species. Version 2018.2. International Union for Conservation of Nature.

羽田健三（1985）日本におけるライチョウの分布と生息個体数および保護の展望．鳥 34: 84-85.

羽田健三・中村浩志・小岩井彰・飯沢　隆・田嶋一善（1985）南アルプス白根三山におけるライチョウ *Lagopus mutus* のなわばり分布と生息個体数．鳥 34: 33-48.

小林　篤・中村浩志（2011）ライチョウ *Lagopus mutus japonicus* の餌内容の季節変化．日本鳥学会誌 60(2): 200-215.

Kobayashi A & Nakamura H (2013) Chick and juvenile survival of Japanese rock ptarmigan *Lagopus muta japonica*. Wildlife biology 19(4): 358-367.

中村浩志（2006）ライチョウがかたりかけるもの．山と渓谷社，長野.

中村浩志（2007）ライチョウ *Lagopus mutus japonicus*．日本鳥学会誌 56(2): 93-114.

大町山岳博物館（1992）ライチョウ—生活と飼育への挑戦—．信濃毎日新聞，長野.

Weeden RB & Watson A (1967) Determining the age of Rock Ptarmigan in Alaska and Scotland. The Journal of Wildlife Management 31: 825-826.

Wiley RH (1974) Evolution of social organization and life-history patterns among grouse. The Quarterly Review of Biology 49(3): 201-227.

Wilson S & Martin K (2008) Breeding habitat selection of sympatric White-tailed, Rock and Willow Ptarmigan in the southern Yukon Territory, Canada. Journal of Ornithology 149(4): 629-637.

コラム

春山調査における装備について

小林 篤

一度外に出ると拠点である山小屋までなかなか戻って来られない高山帯の調査では、長時間にわたり高山の気候に耐えなければならない。とくに残雪のある春の山は環境の変化が著しい。風のない晴れた日であれば、日中は薄い長袖ですごせることもあるが、天候が悪ければ気温は零下まで低下し、雪に合うことも少なくない。ザックのサイドポケットにペットボトルを入れておくと、いつの間にかシャーベットのようになっていることもある。ここでは、そんな目まぐるしく変わる厳しい高山での調査の装備、とくに春山での装備についてお話したい。

今示したように温度の変化が著しいため、服装は常に脱ぎ着によって温度調節することに重点を置いている。上半身は、冬用の厚手のインナーに脱ぎ着しやすい中間着、そして最外には風と雨を防ぐレインウェアを着用する。インナーはウールと化学繊維の複合で、温かさもあるが速乾性もあるものが望ましい。ヒートテックなどの安価なものもダメではないが、速乾性に乏しく、汗冷えから逃げられないことが多い。ヒートテックはあくまで街用で、極限環境での運動には対応していないからだ。少しでも快適に調査を行うためには、少し値段が張ってもアウトドアメーカーが作成したインナーが望ましい（図1）。

レインウェアは雨や溶けた雪からの濡れを防ぐだけでなく、高山の強風も防ぐことができる。山の上で風をシャットアウトできると体感温度はかなり変わる。そのため、調査中に暑くなってもレインウェアを脱ぐのではなく、中間着を脱ぎ、レインウェアは常に着用している。レインウェアはほぼ着っぱなしになるため、ハイマツや岩に引っ掛けて破けてしまわないように、比較的生地が厚手であることが望ましい。また、濡れに対する性能はもちろん高い方がよい。ライチョウ調査は天候に関わらず行われるうえ、雨やどりできる場所もほとんどないため、雨に打たれる時間は当然長くなる。そのため、レインウェアでどれだけ雨風がしのげるかは命に係わる。あまりにも使用頻度が高いため、レインウェアはほぼ一年ごとに買い替えている。とくにお気に入りのメーカーがあるわけではないが、レインウェアの色だけは毎回似た色を使うようにしている。自分のためというより、一緒に調査する中村先生や、パトロールの人たちがパッと見て自分だとわかるようにするためである。もちろん高山帯を離れて調査することを許可されている証として腕章も付けているが、ぱっと見の色味で私だと判断できるようにするためである。もしかしたらライチョウもいつもの青いやつと覚えてくれているかもしれない。

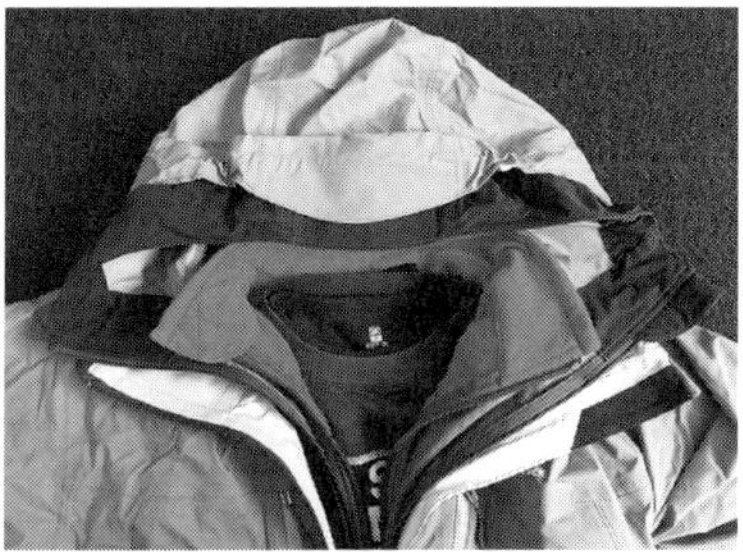

図1　春先の調査着．下から長袖のインナー，半袖シャツ，中間着1(保温用厚手の長袖)，中間着2(ソフトシェル)，レインウェア(ハードシェル)．気温や天気によって中間着1，2とレインウェアを脱ぎ着することで温度調節を行う．

下半身は、冬用の厚手のタイツに動きやすいズボン、そしてレインウェアのパンツを着用する。当然、登山靴もしっかりした防水であることが望ましい。とくに雨に濡れたハイマツの水分保持力は驚異的で、まるで小さな池に足を突っ込んでいるようだ。防水性の低い登山靴では一瞬でずぶ濡れになる。さらに雪面を歩くうえで大事なのは、ソールと呼ばれる靴底の硬さである。雪の斜面を歩く場合、つま先を雪面に刺しながら歩くと歩きやすい。その際ソールが柔らかいとつま先がなかなか雪に刺さらないうえ、すぐつま先が痛くなってしまうのだ。また、雪が溶ければ登山道を離れ岩場を歩くことが多い。硬いソール

図2　アイゼンとレインスパッツを装着した登山靴.

は岩場を歩く際に足が痛くなるのも防いでくれる。長い時間険しい山道を歩く際にはいかに足に負担をかけないのが重要だ。登山靴もハードに使用するため、だいたい二年でダメになってしまう。防水性がなくなるとともに、靴底がすり減ってしまいグリップ力がなくなってしまうからだ。レインウェアと登山靴を揃えるだけでかなりの出費になる。厳しい。しかし、ここを妥協すると本当に死にかけるので妥協はできない。

ちなみに、調査開始当初、中村先生に夏の調査は長靴でも十分だと言われ、滞在していた肩の小屋でゴム長靴を借りて先生と一緒に調査に出た。乗鞍岳では大雪渓と呼ばれる雪渓があり、夏でも短い距離だがスキーができる。この雪渓の一部を横切ろうとしたときのことである。夏まで残った雪は思ったよりもかちかちで、遠くからではわからなかった大小の凸凹があった。小さな雪渓だったが滑れば十メートルほど滑落し、その先は岩場だ。硬い雪面には長靴は一切足が刺さらない。一歩一歩とても慎重に歩くが一瞬でも気を抜けばあっという間に滑り落ちてしまいそうだった。そんな雪渓を中村先生は長靴でサクサク歩いていた。やはり長年の経験はちがう。まるで天狗だと思いながらよく見ると、長靴は滑り止めのピンがついているものだったのだ…。そりゃ滑らないわ。長靴でも大丈夫ってそういうことだったのか…。確かにピン付のスパイク長靴なら雨でぬれた岩でも滑りづらく、長靴であるため水濡れの心配もまったくない。しかもスパイク長靴は二〜三千円で買え、コストパフォーマンスがめっぽうよかった。登山靴の消耗を防ぐ意味も兼ねてしばらくはこのスパイク長靴を使っていたが、高山植生への負担が大きいという話を聞き、最近は利用をやめている。

話を元に戻そう。残雪期の調査で意外と重要なのがレインスパッツだ（図2）。スパッツを付けないで歩いていると、雪を踏み抜いた際に靴下と靴の間から雪が侵入してしまうからだ。うかつに忘れるとひどい目に合うアイテムの一つである。この他には手袋、帽子、サングラスを装備する。帽子やサングラスは寒さ対策の他に、高山の強い紫外線から頭や眼を守る意味が大きい。とくに春先はもっとも紫外線が強い時期であり、残雪の照り返しと合わさるとこの時期の紫外線は凶悪だ。そのため日焼け止めも忘れてはならない。

この他にザックの中には、朝食と昼食としておにぎり、おやつの菓子パン、水、そして標識セット、ザックカバーが入っている。また、本編でも述べたように残雪の状況に合わせて使用するアイゼンも入っている。もちろん首には双眼鏡、ポケットには野帳だ。最後にライチョウ捕獲用の釣り竿を持ち、準備万端だ。

これは春先だけでなく高山での調査全般に言えることだが、高山環境での調査には万全の準備で臨まねば痛い目を見る。しかし、これらの装備を一度にそろえるには相当の金額が必要になるため、春先ならばスキーウェアなどで代用してもいいだろう。お財布と相談しながら徐々に準備を進めてもらいたい。

鳥博士のキビタキ暮らし

岡久雄二

幼少期

鳥類の専門家という立場で生活していると、「鳥を好きになったきっかけは何ですか?」という質問をされることが多い。正直に言って、そのきっかけを自分自身さえも記憶していない。それほどに、私の人生の最初から、いつでもそばにあるものが鳥だった。

幼少期をすごした山口県岩国市はいわゆる地方の田舎であり、自然に恵まれていたため、海に潜ってはエビやハマグリ、ナマコなどを捕まえ、山でワラビを摘んで、川にホタルを見に行くことが日常だった。鳥についても幼稚園の庭にゴジュウカラ *Sitta europea* を見つけて喜んだり、自宅の庭の木にミカンを刺してメジロ *Zosterops japonicus* を観察したり、小学一年生の頃に当時は珍しかったアカガシラサギ *Ardeola bacchus* を見つけて日本野鳥の会の論文誌『Strix』に名前を載せてもらったり、春の渡り鳥の時期には日本海側の離島である見島《みしま》を訪れてさまざまな渡り鳥を観察するなどといったことを楽しんでいた。こうした生活は、自分にとっては何も特別ではない、本当に日常の出来事だったのだが、気がつけば周りの誰よりも鳥類に詳しくなっていた。

そんなわけで、小学生の頃から「鳥博士」と呼ばれはじめ、三十歳になっても「鳥博士」と呼ばれながら、原稿を執筆している。

夢中ですごした学生時代

子どもの頃から鳥を見ていたのだが、じつは、鳥類の専門家を志したのは大学院に進む際だった。大学への進学でめざしたのは、「人間と野生動物との軋轢」に関して学ぶことであり、進学先は東京農工大学を選んだ。当時、東京農工大学には梶 光一教授と神崎伸夫准教授がいらっしゃり、山口県を含む中国地方の獣害についても神崎先生が中心的に研究を行っていた。日本の野生動物の保護管理における学術拠点であったため、ぜひそこで野生動物の保護管理を学びたいと考えて大学へ進学した。大学一年生の頃から研究室に遊びに行かせていただき、人口減少へ向かう縮小社会の中で、どのように野生動物保護管理を実践するのかの戦略や、そもそも希少鳥類を保護することの意義はどこにあるのか等について神崎先生と頻繁に議論させていただいた。その中で、野生生物の保護管理を対象として生きていくことへの意欲を高めさせていただき、学んだことを実践できるような人生を歩みたいと思うようになっていった。

図1　野生動物研究会で梨ケ原を訪れ，鳥を観察しているようす．

そんな東京農工大学だが、鳥類の専門家を志すきっかけになった大きな存在が、入学してすぐに出会った「野生動物研究会」という

図2　調査中に出逢った屋久島のヤクザル．小型で可愛らしい．

学生サークルであった（図1）。名前のとおり、野生動物が好きな学生の集まりだったのだが、おもしろいことにサークル単独での活動がほとんど存在せず、NPO法人等の主催する調査活動や教授の研究の手伝い募集などに関する情報を共有して、希望者がボランティアやアルバイトとして参加するということを繰り返していた。唯一のサークル活動は年に数回の活動報告会で、各個人がそれまでに参加した研究や野生動物保護管理に関する報告をするということだけだったのだ。

外に開いた団体と言うべきか、大学の枠に囚われない団体であったため、サークルの新入生歓迎会では、鳥類を調査・研究するNPO法人であるバードリサーチの方々がお好み焼きを焼いていたり、入学してすぐに山階鳥類研究所の実施している鳥類標識調査（かすみ網等を用いて鳥類を捕獲して足環を装着し、その再捕獲や再観察で鳥の移動を把握したり、血液等を採取して感染症の保有率などを調べる調査）に参加したりと、大学の外に飛び出してばかりのハードな日々が始まった

長期休暇には、京都大学の半谷吾郎准教授が取り仕切るヤクザル調査隊に入り、屋久島の山中でキャンプしながらニホンザルの群れを追いかけたり（図2）、梶先生が行っている北海道洞爺湖中島のシカ調査

で雪山を歩いてシカの数を数えたり、関東圏でのカワウ調査で無人島に上陸してヒナを捕まえたりするなど、ひたすらに野外調査に励んでは、シンポジウムや勉強会にも片端から参加した。さらに、サークルでも鳥類相などに関する独自の小さな研究活動を始め、学外のシンポジウムで学生として講演したり、NPO等の機関紙や各種学会のニュースレターに自分たちの活動を執筆したりしていた。

また、野生動物研究会は、野生動物医学会学生部会の東京農工大学支部を兼ねていたため、獣医学生も多く参加していた。野生動物の研究や保護管理よりも傷病鳥獣救護に関心がある学生も多かったため、「東京農工大学リハビリケージプロジェクト」を大学外のNPO法人である自然環境アカデミーと共同で立ち上げ、傷病鳥獣救護勉強会を重ねているうちに、傷病鳥のリハビリ施設を大学構内にプレハブ小屋で建ててしまった。そして、東京都内で保護されたアカアシカツオドリ *Sula sula* やチョウゲンボウ *Falco tinnunculus* などの飛翔訓練やリハビリや餌やりをNPOと協力して学生が行う日々が始まった。私も個人として活動を少しだけ手伝わせてもらうと同時に、千葉県の傷病鳥獣救護施設である行徳野鳥観察舎友の会の野鳥病院でも一年間インターンシップとして研修させていただくなどして、多くのことを学ばせていただいた。

東京都の自然環境アカデミーや千葉県の行徳野鳥観察舎友の会がもつ野鳥病院には、各地でケガをした野鳥が搬入され、飼育される。それらの多くは人工物への衝突、交通事故、飼い猫によるケガなど、人間の影響によって傷を負った鳥たちである。また、巣立ち後間もないヒナは飛翔力が弱いため、ケガをしていると誤認されて、持って来られる事例も多い。そうしたさまざまな状況によって搬入された個体を飼育し、野生に戻すことが傷病鳥獣救護の主目的である。ただ、実際に野生に放鳥できるのは保護された鳥のうちおよそ四割であり、完治せずに病院で終生飼養される個体も多い。

東京農工大学のプロジェクトでは、学生は短期的に人が入れ替わるため、長期的な取り組みの継続性が保証されないということから、元気を回復した鳥をリハビリして野外へ放すという、最後の部分を中心に取り組んでいた。一方、千葉県の野鳥病院では完治できない鳥も多かったため、より飼育という側面が強かったように思う。毎日の掃除、餌やりと水替えが基本だ。ヒナの巣立つ時期になると、ヒナの口に餌を放り込んで回り、その合間に鶏頭を砕いて猛禽類用の餌を作るというなかなかおもしろい日々だった。

そうした保護・愛護活動の一方、狩猟に興味をもって狩猟をする部活動を新たに立ち上げる学生がいたりもして、野生動物という主軸は保ちつつ、主義主張の異なる学生が集まって議論することが日常であった。私自身水を得た魚だか、空を得た鳥のように、跳ね回って、飛び回って、野生動物に夢中な日々をすごした。

上級生が少なかったこともあって、すぐにサークルの代表になってしまい、暇な時間など、少しもなかったような気がする。当時は部員から「活動家」だとか「触れると火傷する」だとかさまざまなことを言われたことをよく覚えている。「口下手でも文章下手でも良いから、学生という視点で自分の思ったことと経験を対外的に発表しろ！」「大学の外に出ろ！」と後輩を指導していたせいかもしれない。

そうこうしているうちに、学外のネットワークが広がり、結実した一つのイベントとして「関東野生動物学生交流会」が生まれた。大学に入る時点で、「野生動物を研究したい！」といった熱意をもっている学生は多いにも関わらず、大学の教養課程で学べるのは高校の授業の焼き直しの事項も非常に多いのが実態である。さらに、特定の大学に入学すると他大学の授業を聴講する機会はほとんどない。そこで、大学の枠をすべて取り払って野生動物を学びたい学生を集めて皆で勉強する機会を作ろう！　という趣旨で野生動物に関するさまざまな大学の学生を集めて、交流会を始めた。

内容は各大学サークルの活動紹介と開催地の大学の野生動物関係の研究者による講義、そして交流会だ。研究室配属前の学生に野生動物に関する幅広い学習の機会を提供することに主眼を置いたため、特定の分野の授業に偏らないように、国内外の野生動物の生態研究、動物園動物、傷病鳥獣救護、野生動物の個数管理、狩猟学、景観生態学、系統地理学など幅広い講師をお招きして講義を行っていただいた。単純な勉強会ではなく、野生動物の病理解剖や観察会などの実習も織り込み、どんどん規模が拡大していった。

多くの若者の熱意が集ったため、百人規模のイベントとなり、幸いにも野生動物関係の研究者の方々も好意的に捉えてくださったため、無償で講師を務めていただいた。年に二回東京都内でイベントを開催すると東北地方や西日本からも学生が来たりして、私の想像以上に大きな流れになっていった。当時の野生動物関係の学生の活性化にはおおいに貢献する機会となったと思う。学生活動なので流行り廃りは多いと思うが、私の手を離れ、開始から十年近く経った二〇一八年現在もまだ続いているようである。

書き始めると、当時に行ったことは本当に数限りがないが、こうして飛ぶように過ぎた大学生活の間に、多くの方々にさまざまな指導をいただいて、少しずつ前に進んできたように思う。多角的に物事を捉える能力と野外調査能力については、この時期に自分の基礎基本が固まったといえるだろう。本当に楽しかっ

図３　キビタキが飛来する４月の富士山．残雪が多い．

たこともあって、全力で学び、経験を積んでいるうちに、大学を卒業して一般的な就職をめざすという選択肢は徐々に忘れ去られていき、研究者・専門家として生きる道を模索していった。

　夢中で走り抜けた結果、研究室に配属される前に鳥類に関する簡単な短報などはすでに出版していた。とはいえ、だからこそ、自分自身の研究で何をするべきかを非常に悩んだ。保護管理に関わることがしたい一方で、純粋理学的な研究にも興味があり、対象もサルでもシカでも鳥でもよいというのが本音だった。さんざん悩んだ結果、だったら、すべてを並行して実施してしまえ！　という結論に至り、鳥については誰よりも詳しいという自負があったことから、卒業論文には鳥を対象としつつも、シカの胃内容物分析の研究を手伝ったり（Seto et al., 2015）、種子散布の研究を手伝ったり（東郷ほか，二〇一二）、生態学ならなんでも研究対象として論文も執筆していった。

キビタキとの出会いと直面した困難

　そんな私が十年近くを費やすことになったのが富士山でのキビタキ研究である（図３）。

　キビタキはおもに夏鳥として九州から樺太に飛来して繁殖する体長十四センチメートル、体重十四グラムほどのスズメ目の小鳥である(図4、口絵26)。英名はNarcissus Flycatcher、学名は*Ficedula narcissina*。どちらもスイセンの花のような黄色をした鳥という意味である(Higgins et al., 2006)。学名のとおり、スイセンのような非常に鮮やかな黄色い羽色をしているのが特徴である。オスの喉はオレンジ色から黄色への鮮やかなグラデーションがあり、それらとコントラストをなすような漆黒の羽と白斑を頭や翼にまとっている。一方、メスは黄土色で非常に地味である。体型が丸みを帯び、鮮やかな色をもつため、可愛らしく、バードウォッチャーにとっては憧れの鳥と言われることも多い。さらに、その美しさゆえに、日本の鳥類図鑑の表紙にもっとも多く登場している鳥でもある。

図4　キビタキのオス．若鳥のため，翼や後頭部は褐色をしている．

そのため、キビタキを研究していると、「綺麗だからキビタキを研究対象に選んだ」のだと早合点されることも多いのだが、正直にいって、キビタキとの出会いはとても唐突だった。

理由はごく単純で、NPO法人バードリサーチの高木憲太郎氏から誘われたからであった。当時、鳥類学に携わる博士課程の学生や研究員(ポスドク)を中心にLASP(Long term study of avian species project)という計画が立ち上げられ、富士山のキビタキを長期的に皆で研究することを試みていた。おもなメンバーは立教大学上田研究室に関係する博士の方々だ。しかし、この研究プロジェクトに手を挙げた研究者は、それぞれが日本中で別の研究テーマをもっていたため、主体的に動ける人材がおらず、理想はあれども何も進展しなかったのである。

そこで、お声がかかったのが一人で富士山に放り込んでもデータを収集できるだけの野外調査能力があって、研究テーマに飢えていた私だったのだ。そういうわけで、大学三年の春、唐突に富士山でキビタキの研究を始めた。


ここで改めてキビタキについて紹介したい。

キビタキには日本国内に広く分布する亜種キビタキ *F. n. narcissina* と南西諸島のみに生息するリュウキュウキビタキ *F. n. owstoni* の二亜種が認められている(日本鳥学会、二〇一二)。私が研究対象としたのは、前者の亜種キビタキである。

亜種キビタキはおもにボルネオ島で越冬し、九州以北の日本全国で繁殖する。興味深いことに春の渡りでは日本列島を北上する個体群の他に、韓国、ロシア南東部などを北上する個体群がいるにもかかわらず、ユーラシア大陸を移動する個体群は最終的には北海道に渡ってしまい、なぜかほぼ日本でしか繁殖しないとされている(Polivanov, 1981)。キビタキの分布について、きちん情報を精査して記述している文献はほぼないうえに、東南アジアの情報は不足しているが、世界的な分布はおおむね図5のとおりだ。稀な記録として、オーストラリア北西部のバロー島(Barrow Island)やアラスカのアッツ島(Attu Island)でも発見されたことがある。

日本国内では標高千八百メートル以下の落葉広葉樹林、針広混交林、常緑針葉樹林、照葉樹林、カラマツ林、農耕地、住宅地、竹林など、多様な環境で繁殖しているほか、渡りの途中には都市公園やヨシ原で観察される（中村・中村、一九九五／藤巻、二〇〇七）。さらに、近年は密猟の減少や里山の放棄等によって個体数が増加していると考えられており、都市部で繁殖する個体も増えつつある。

図５　キビタキの分布図．越冬地や渡り経路については情報が不足している．

なお、もう一方の亜種リュウキュウキビタキには琉球列島で留鳥の個体群（アマミキビタキ *F. n. shonis* とリュウキュウキビタキ）と渡り鳥の個体群（ヤクシマキビタキ *F. n. jakusimae*）があるが（Kuroda, 1925）、これらは現在も基本的な生態や分布すら判明していない謎の鳥である。おそらく、個体数が減少していると考えられるため、絶滅危惧種に指定するべき希少鳥類である。

世界に目を向けると、キビタキの仲間は三十種程度確認されており、これらの進化の歴史を遡ると、東南アジアに行き着くことが知られている。キビタの仲間は五百万年前頃に東南アジアで進化し、その後、気候変動と島の分裂に伴って、種分化していったと考えられている(Outlaw and Voelker, 2006 ; 2008)。とくに、長い翼を獲得し、渡りの習性を身に着けたものが繁殖地を北に移し(Outlaw, 2011)、現在もキビタキの他にもムギマキ *F. mugimaki* やニシオジロビタキ *F. parva*、オジロビタキ *F. albicilla*、マミジロキビタキなどの鳥類がユーラシア大陸の北方と東南アジアとを渡って生活している(del Hoyo et al., 2006)。

キビタキ属鳥類約三十種のうちアジアに生息している種は二十六種いるのだが、これらについての研究例はほとんどない。とくに、キビタキについては生態研究の例がなく、私が研究を始める以前には、学術資料でさえも、限られた情報からの推測を記述していたり、情報がないとまとめたりしていた(たとえば del Hoyo, 2003; Higgins et al., 2006)。

どれだけ調べても生態に関する情報がほとんどなかったため、私はまず、富士山においてキビタキの生態をじっくり追跡することにした。生物のすべての研究は、観察から始まる。とくに行動生態学的研究では、「鳥の行動や形態が彼らの生活にとってどのような機能をもつのか、どのような利益をもつのか」を研究することが多く、究極的な利益を測るために、生態と繁殖成績の追跡がきわめて重要である。何を観察できるかしだいで、可能な研究の幅も大きく変化してしまう。事前情報がない分、気合を入れて、キビタキを研究するぞ！　巣を探すぞ！　と意気込んで調査に臨んだ。

調査地は山梨県南都留郡富士河口湖町から鳴沢村にかけて広がる「青樹ヶ原樹海」である。とくに富士五湖の一つ精進湖から富士山へ上る精進登山道の周辺を対象とした。青樹ヶ原は山手線の内側とほぼ同じ面積（約三十平方キロメートル）もの広大な天然林である。富士箱根伊豆国立公園に属し、富士山原生林および青木ヶ原樹海という名称で、国の天然記念物に指定されていることから、人為がほとんど及んでいない原生林でもある。富士山の噴火によって溶岩が流れた場所には、ツガ・ヒノキを主体とした針葉樹林が広がっている。一方、噴火を免れた地域（焼間）にはイヌブナやミズナラなどを中心とした落葉広葉樹林が広がっている。

青木ヶ原と言えば、入ると出られないというイメージをもたれている方も多い場所だと思われるが、道に迷いやすいことには理由がある。まず、見かけは平坦な林のだが、かなり複雑な起伏に富んだ溶岩流の上を樹木の根が覆っているため、まっすぐ歩くことができない。さらに地形が平坦なために、地形図等から現在位置を特定することがきわめて難しい。また、登山道からは周辺が見えるために、登山道から離れても簡単に戻れるように感じるのだが、一度登山道を外れると溶岩の起伏によって登山道が見えなくなるため、戻れなくなる。さらに、溶岩の隙間に落ち葉が堆積した天然の落とし穴がたくさんあり、山歩きに慣れていないとケガをしやすい。山岳に関する一定の技術がなければ、本当に簡単に遭難してしまうような環境である。なお、溶岩に近づけるとコンパスがおかしな方向を向くことがあるが、ふつうに手に持っている分には影響はない。

そんな調査しにくそうな青樹ヶ原だが、低木が少ないために鳥類の観察が容易であり、キビタキの密度がきわめて高いため、「キビタキを研究するなら、ここしかない」、というような環境でもあった（図6）。

キビタキの他には、ミソサザイ、オオルリ、センダイムシクイ、ヒガラ、アカハラ、ヤマガラ、クロツグミ、アカゲラ、アオゲラ、コガラ、コゲラ、ゴジュウカラ、コサメビタキなどの小鳥類が生息しており、富士山の噴火の歴史に合わせてそれらの種類が生息環境をそれぞれ選択していた(Okahisa et al., 2014；岡久ほか、二〇一六)。

最初に調査を始めたのは二〇一〇年三月だ。キビタキは夏鳥であるため、日本には五月頃到着すると記述されることが一般的だが、南日本では三月に初認されることがある。そもそも、誰も研究したことがない対象であったため、すべてを早めにスタートしたのだった。当然ながら三月の富士山は雪が降る。熱帯からやってくる夏鳥のキビタキを研究する予定だったにもかかわらず、なぜか膝まで雪が積もる山でキャンプ生活をしながら、巣箱を設置して、キビタキの飛来を待った。一人で、毎朝四時頃に起きて、鳴いている鳥を探してキビタキがいないことを確認し、日中は巣箱を設置して回った(図7)。

そして春を心待ちにしながら、一晩で雪が三十センチメートル以上も積もった翌日、雪上にキビタキが飛来したのだった。富士山でキビタキを待つこと一か月。長い間、待ちわびた春の訪れであった。

図6　青樹ヶ原樹海に木漏れ日が差し込むようす.

富士山のキビタキは、広葉樹林から針葉樹林まで広く生息しており、夏鳥の優占種である(Okahisa et al., 2014)。森林の中でいえば、樹幹を覆う樹木の少し下の木、いわゆる「フライキャッチャーゾーン／亜高木層」で行動することが多い。そのため、さえずっているオスを見つけるのは、他の森林性鳥類に比べれば比較的簡単だが、メスを見つけて追跡することはなかなか難しい。さらに、典型的な樹洞性の鳥とは異なり、さまざまな場所に営巣できるため営巣場所が絞り込めない。オスは捕食者(調査者)を引きつけるようにヒッヒと威嚇して鳴き、その間にメスが巣に出入りする。なかなかに巧妙に巣場所を隠してしまうのだ。日中は、「捕れない、鳴かない、見つからない」という三拍子がそろってしまい、まるで仕事にならない日も多かった。

図7　キビタキに使われなかったキビタキ用の巣箱.

また初年度は、五十個以上の巣箱を設置し、確認して回ったのだが、残念ながら利用はなく、巣箱にヤマネが入ったのが唯一の成果だった。さらに、週に数回調査地を訪れて巣を探して回ったのだが、本当に絶望的なほど巣は見つからなかった。

一人で何日間も山にこもって鳥の巣を探して歩き、毎日見つからずに夜を迎えることほど、切ないことはない。イライラしながら、時間をすごし、なんと気がつけば、一年目は一巣も見つからなかったのだった。

キビタキの巣は見つからない一方で、代わりに見つかるのは、遭難者や自殺志願者、遺体ばかりであり、救急車やパトカーを頻繁に呼んですごしていた。キビタキを見ていると人骨を蹴飛ばすこともあったりして、人命救助や遺体捜索を行っているのか、鳥の研究をしているのかも定かではない日々でもあった。改めて振り返っても、警察の携帯電話の逆探知能力に感心したり、人体に関する刑事用語に詳しくなったり、警察からの謝礼を調査費用にあてたり、いろいろなことがあったのが富士山調査の初年度であったといえる。


二年目を迎えるにあたり、どうするべきかひたすら考えた。こんな鳥も調査地も辞めてやる！　と思うこともしばしばだった。だが、若かったゆえにプライドも高く、進まなかったプロジェクトを進めるために入ったのに、何もできずに辞退することは耐えられず、もう一年間キビタキに挑戦することを決断した。

まずは気合を入れなおすとともに、巣探しを優先しない方針に切り替えた。巣を見つけることが前提の調査計画は富士山ではきわめて非効率的である。そこで、キビタキのなわばり追跡を優先して、一定の研究成果を出しつつ、巣は見つかるようになれば探すという心構えに変えた。

さらに、一人で調査して落ち込むくらいなら、協力者を募って楽しく調査しよう！　ということで、東京農業大学昆虫学研究室の大久保香苗氏と共同研究を行って、おもにキビタキの餌生物について分析を行ってもらい、同じフィールドでの生態系に関する調査の幅を広げていくとともに、以前からの知人である鳥類標識調査員の小西広視氏にキビタキの捕獲調査を協力してもらい、さらにはNPO法人バードリサーチのイベントとして学生ボランティアを募って巣を探し、体制の立て直しを図った(図8)。

そうして、二年目にはなんとか七巣を発見し、年々見つかる巣が増えていった。幸い研究がうまく進展しそうだったため、キビタキ研究グループLASPの発祥地、日本の鳥類学の王道、立教大学上田研究室に進学してさらに研究を継続した。

図8　噴火を免れた焼間での調査のようす.

繁殖地での生活

生態学でよく言われる言葉に、「鳥は朝が早く、哺乳類は夜が長い」がある。動物を研究する場合、対象生物の行動に合わせて人間が生活スタイルを変える必要があるため、一般社会と生活時間はズレてしまう。多くの鳥類は、早朝に活発に行動する。とくに繁殖期の森林性鳥類であれば、日の出前後一時間程度「ドーンコーラス(Dawn Chorus)」と呼ばれる、さまざまな鳥が一斉にさえずる時間帯があり、その時間以外にはほとんど見つからなくなる種も多い。鳥の研究をする場合、朝が早いことは覚悟せねばならない。

調査スケジュールは日の出・日没時刻により変化していくが、調査地での生活はこんな感じだ。

四時：起床。調査用具を準備して、朝食用のパンをリュックに詰め込む。

四時三〇分：ヘッドライトを付けながら、日の出前に森へ入る。しばらく待つと、まだ真っ暗な中、徐々に鳥たちがさえずり始める。そのうちにキビタキも一羽ずつさえずり始め、森がキビタキの声で溢れ返る。キビタキのさえずっている位置を特定するとともに、個体の足環を確認して個体を識別する。キビタキの動きを追跡する場合、急な動きに対応できるよう広い視野を確保するため、目視観察を行う。個体を特定する瞬間のみは、双眼鏡（一〇倍）または一眼レフカメラ（六百ミリメートル）を用いて足環を判読する。キビタキが集中的にさえずる時間は限られるため、歩きながら簡単な食事をとる。

九時：キビタキのさえずりが徐々に収まるため、かすみ網を用いた捕獲調査の準備に移る。狙うのはその朝に新しく確認された新顔のオスである。かすみ網を複数箇所に設置すると、二回目の朝食を取りながら、鳥がかかるのを待つ。無事に捕獲できると、足環を装着して、くちばしや脚の長さ、翼の形状や羽色など全身の各部を計測、羽をサンプリングする。さらに次の場所に移動して別の個体を捕獲することを繰り返す（図9・図10）。

鳥が捕獲されるまでの間に時間がかかるようであれば、周辺のなわばりでメスの造巣行動がないかを確認。メスを発見すると、ひたすらに粘って追跡し、巣を見つける。すでに見つかった巣がある場合も、この時間に巣を確認して繁殖状況を確認。

巣が八メートルくらいまでの高さの場合、タモ網の柄にカメラを設置して、巣の中の状況を撮影し、それよりも高い巣の場合、昇柱機、ロープクライミング等で木に登って、巣の中をモニタリングする。

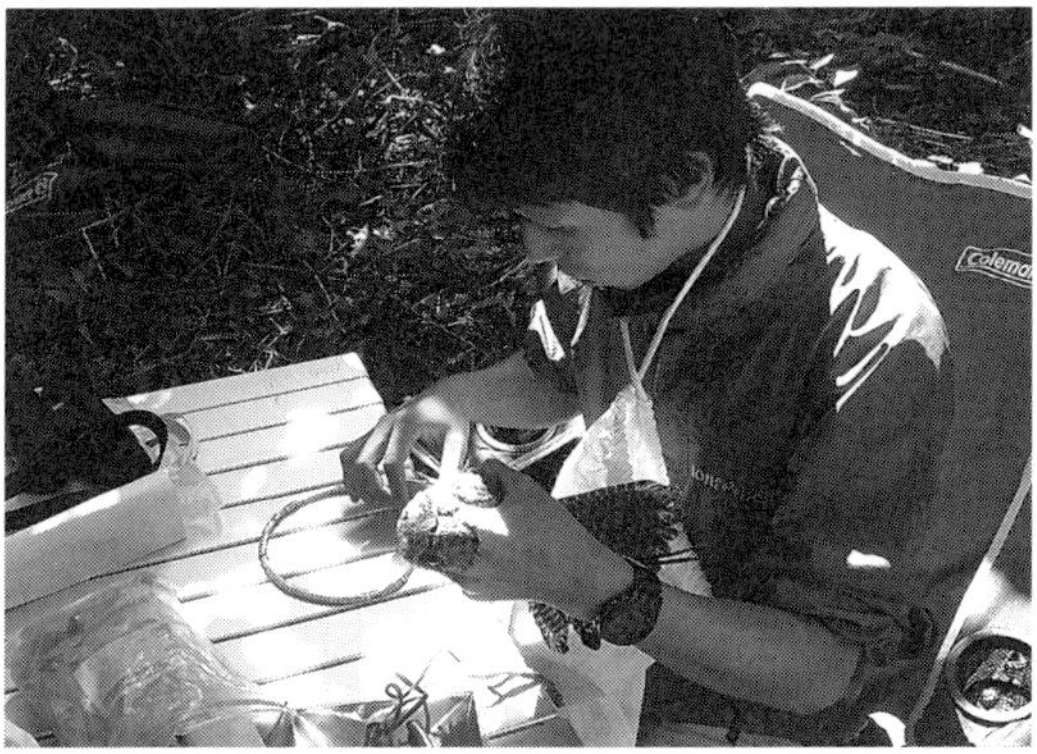

図9　鳥を捕獲して標識をしているようす．手に持っているのはヨタカ．

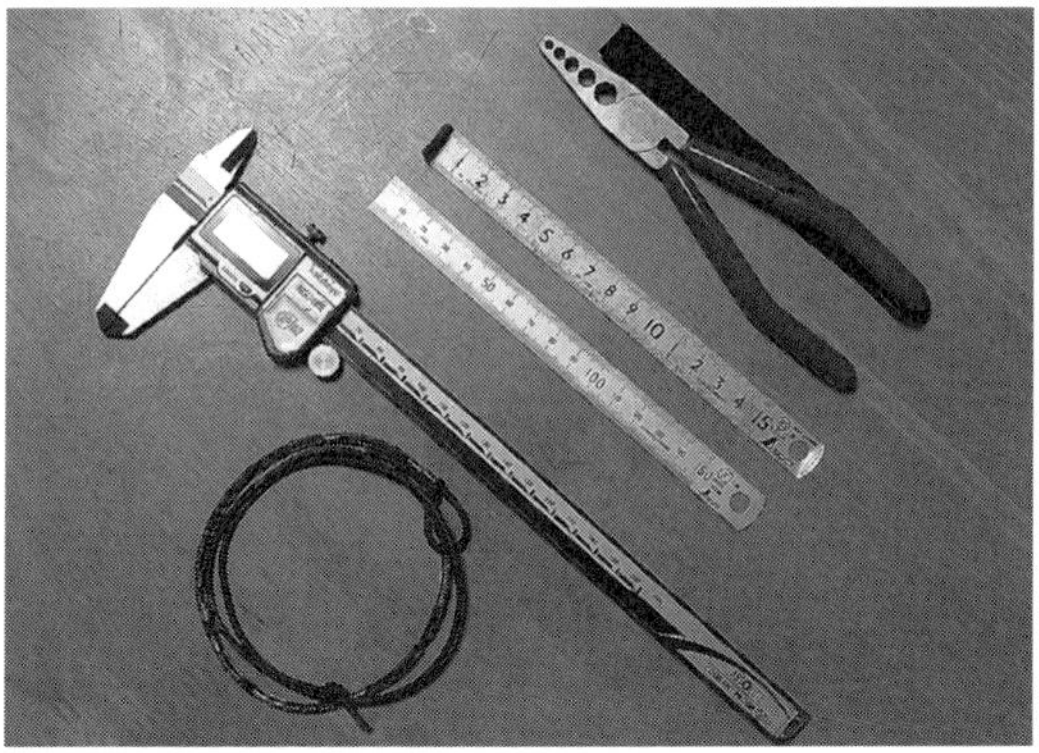

図10　鳥の計測に使う道具．上から，プライヤー(足環装着用機材)，ウィングメジャー(翼計測用)，物差し(尾羽計測用)，ノギス，キビタキ用の足環．

十六時三〇分：キビタキの行動追跡を終了。夕方の集中的な捕獲作業の準備に取り掛かる。
十七時：キビタキの捕獲準備が整うと日暮れをひたすら待って真っ暗な森の中で捕獲を行い、足環装着、計測、羽のサンプリング。キビタキ以外の種類が多数捕獲される場合にはそれらもすべて足環を装着。
二十時：機材をすべて撤収して、森から出て携帯電話が通じる場所へ移動。登山用のクッカーで夕飯を作りながら、データ整理とメール確認を行う。ラジオを聞きながら夕食を食べる。
二十一時：テントか自動車内で寝袋に入って就寝。翌朝の調査に備える。

なお、研究上どうしても見つけなければいけない個体の巣の場合、朝から全身迷彩服で森の地面に張り付いて、さらにブラインドネットを被って眼だけ出すといった方法で巣を探したこともある。冗談のようだが、巣を見つけるためだけに一日中地面に張り付いていた日もある。

また、学会発表や論文の投稿作業等が重なる場合には、早めに森を出て、街のマクドナルドで電気を借りながら作業したり、本格的に一日デスクワークが必要な事態が生じた場合には、少し車で移動して図書館へ行って一日中仕事をしたりする。

幸か不幸か、富士山近辺には温泉が多いため、立地的には毎日でも温泉に入れるのだが、お金のない学生にはとても毎日温泉に入るだけの金銭的余裕はなく、三〜四日に一度程度の入浴をめざしていた。また、食料などの買い出しは週一回程度だったのだが、調査地近辺に新しいショッピングモールができ、コンビニエンスストアが増え、徐々に買い物がしやすい環境になっていったことで頻度が上がっていってしまった。

調査期間はキビタキの渡来する四月中旬から繁殖が終わる八月初旬までである。小鳥の繁殖を調査する場合、繁殖期には休みがないことがふつうである。鳥の巣を見つけるのは、巣の出入りが頻繁な造巣期がもっとも容易であり、次にヒナに餌を運んでいる育雛期が容易である。ただ、育雛期に見つけても、すでに繁殖が終わってしまうため得られる情報はほとんどない。当然だが繁殖を失敗した巣は育雛まで到達しないため、そもそも育雛期には見つからない。繁殖成績を評価するためには、造巣期に巣を見つけることが必要である。キビタキであれば、巣作りには三日程度しかかからないため、巣を見つけられるのはほとんどその期間のみである。三日間休むと、永遠にデータが取れなくなる。休んでいる場合ではないのだ。

こうした必死な生活を行う間、人とほとんど会わず、言葉を話す機会がなかったせいで、一時は失語症のようになり、日本語がまともに話せなくなってしまった。そのかわり、キビタキのさえずりを全個体分記憶し、声で繁殖段階を把握できるようになり、キビタキ語の方は上達していった。今にして思えば、調査の度が過ぎていたのだろうが、その代わりに、少しずつだがキビタキの生態が見え始めた。

キビタキの生態

キビタキのオスは四月二十四日頃に富士山へ最初の個体が渡来することが多く、その後一週間ほどでメスや若いオスが渡来する。オスは渡来後すぐにさえずり始め、繁殖期間を通して、およそ一・一ヘクタールのなわばりを防衛する(Okahisa, 2014)。一度繁殖したオスは翌年以降も同じ場所になわばりを形成しており、最長で六年間ほど富士山で繁殖したオスがいる。

六月の富士山では日の出前の三時三〇分過ぎから十九時十五分頃までさえずることが多い。さえずりは地域や個体ごとに異なる。コジュケイ *Bambusicola thoracinus* やツクツクボウシ、ジュウイチ *Hierococcyx hyperythrus*、ノゴマ *Luscinia calliope*、ノスリ *Buteo buteo* など他の鳥とよく似た声を出すとされる。富士山では他種に似た声で鳴く個体は少ないが、個体ごとにさえずりは異なっており、慣れてくるとさえずりだけで個体を識別することも可能であった。

メスは、繁殖地に渡来するとつがいを見つけるために、さえずっているオスに近づいていく。なわばりにメスがやってくるとオスはディスプレイダンスを踊り、自分の羽色をメスに見せつける。ちょうど8の字を空に描くようにブンブンブンと音を立てながら飛び回り、メスのそばに止まって喉のオレンジ色を見せつけながら頭を振る。こうしたようすは何とも奇妙である（岡久、二〇一四 ※動画閲覧可能）。

メスはオスのディスプレイを見て、オスのことが気に入るとつがいを形成する。もし、オスが気に入らないと、さっさと次のオスを探しに行ってしまう。多くの場合、メスは繁殖地に渡来した日のうちにつがいになる相手を決めるようだ。足環を装着してメスの行動を追跡できた例は少ないが、少なくとも四羽程度のオスのなわばりを回ってオスを選ぶようである。

もし、オスのなわばりに他のオスが侵入すると、オス同士の激しい闘争が始まる。オスたちはブンブンという羽音のような声とグリリリという警戒声を鳴き、くちばしをパチッパチと叩き合わせて音を出して威嚇する。さらに行動がエスカレートしてくると、オス同士は追い合いを始める。しまいには、空中でホバリングしながらつつき合いを始め、地面に落ちてからも馬乗りになって相手をつついて攻撃する。可愛らしい鳥だと思われているキビタキだが、オス同士の闘いは本当に命懸けのようだ。

さて、こうして徐々に繁殖地でのペアとなわばりが固定されると、ようやく一夫一妻で繁殖を始める。メスオスで巣場所を決め、メスのみが造巣する。おもな営巣環境は、二十六センチメートル×七センチメートルほどの広い入口をもつ半開放性樹洞だが、キツツキの古巣、自然樹洞、折れた木や枝の先端、枝の基部の窪みなど、さまざまな場所に営巣する(図11)。そのうえ巣の高さも〇・五メートルから二十メートルまでさまざまだ。巣材はおもに落ち葉、コケ、樹皮、植物の繊維、根状菌糸束、動物の毛を利用してカップ型の巣をつくる。巣の内径は六・五センチメートル、深さは三・二センチメートルほどである(Okahisa et al., 2012)。

図11　抱卵するキビタキのメス．入口が広いため，外が丸見え．

産む卵の数は三〜六卵。卵はわずかに青みがかった白色であり、褐色斑が入ることが多い。大きさは長径 十八ミリメートル、短径十四ミリメートル、重さ一・八グラムほどである。抱卵期間は十〜十三日、育雛期間は十〜十六日、富士山における卵のふ化率は九十六・八パーセント、巣立ち率は七十三パーセント程度であった。年に二回繁殖を行うものは意外と少なく、全体の十パーセ

図12　巣内で成長するキビタキのヒナが5羽並んでいるようす.

ントしかいなかった。

キビタキを調査して、意外に感じたことは、小さな鳥なのに入口が広い樹洞で営巣していることだった。樹洞営巣性の鳥といえば、捕食者の手やくちばしが届かないような狭くて深い隙間に営巣することが一般的である。同然だが、キビタキのような入口が広い樹洞に営巣した場合、捕食者に見つかるとひとたまりもない。富士山では巣立ち率が比較的高かったが、地域によっては巣立ち率が三割を下回ることもある。とくにハシブトガラス *Corvus macrorhynchos* やアオダイショウの多い地域では、ほとんどが捕食されてしまうこともあるようだ。さらに、メスが巣を離れて餌を食べに行っている間、巣の入口が広いため、卵やヒナが雨や雪にさらされてしまう。それにも関わらず、彼らは入口の広い樹洞を利用している。

これは、おそらく、入口が狭く天敵から逃れるのに適した樹洞は留鳥のカラ類（ヤマガラ *Poecile varius* やシジュウカラ *Parus minor*、ゴジュウカラ等）が先に利用してしまうため残っておらず、それよりも遅く繁殖を開始するキビタキは留鳥の好みに適さなかった樹洞を利用するように進化してきたためではないかと考えている。

ただし、「少し不利な営巣環境」を利用し続けてきた結果、キビタキは繁殖を短期で終えることができ

図13　キビタキの成鳥(左)と若鳥(右).

るように進化しており、産卵からたった十日でふ化し、十日で巣立ってしまう。近縁のキビタキ属鳥類の抱卵日数が通常十二〜十六日、育雛が十二〜十八日であることを考えるとキビタキの繁殖期間の短さは異常ともいえる。成長の早さから、共同研究者からは「キビタキは鳥ではなくて、虫の一種だ」とよく笑われたほどである(図12)。

キビタキの羽の色の不思議

こうやってキビタキを調査する中で、何よりも気になったのが羽色の個体差であった。

キビタキのオスに着目すると、初めて繁殖を行うオスの第一回夏羽では後頭部や上面、尾や風切などに淡褐色の羽が残っており、不思議なことに褐色部の広さは個体ごとに大きく異なっていた。さらに、二歳以上の高齢なオスには褐色部が存在しない(図13)。

じつは、若いオスのこうした羽の色は、江戸時代には知られており、当時は半分だけオスという意味で「半ナリ」と呼んでいたらしい。半分だけオス、半分はメスのような不思議な色の羽をもっている若いオスは、キビタキを見ていると誰しも気になってしまう特徴だろう。

キビタキのように、鳥類の若鳥が成鳥と異なる羽の色をもつという特徴を専門用語で「羽衣成熟遅延」と呼ぶ。この形質は何もキビタキに特徴的なものではなく、たとえばルリビタキ *Tarsiger cyanurus* の若いオスがメスと同じ褐色をしているなど、他種鳥類でも報告がある (Morimoto et al., 2006)。ただし、キビタキでは、この羽衣成熟遅延の個体差が大きく、羽色で個体識別ができるほどであった。

捕獲してよく観察すると、キビタキの羽色の個体差は、換羽する羽の枚数が個体ごとに異なることによって生じていることに気がついた。褐色の羽は生まれて最初の秋に身につけた羽であり、黒色の羽はその後に新しく身につけた羽らしい。傷んだ羽が抜け、新たな羽を生やす換羽は、羽の飛翔能力を保ち、美しい羽を身に着けることで社会的な情報伝達を行うために重要な機能を果たすものの、全身の羽を入れ替えるためには多くのエネルギーが必要である。日本のスズメ目鳥類は、秋と春、年に二回換羽を行うことが多く、その換羽様式は種ごとに一定である場合が多い。それにも関わらず、キビタキでは、換羽の際に入れ替える羽の枚数が個体ごとに異なっていた。

こうした形質が進化した理由を考えてみると、換羽する枚数を減らしてエネルギー消費を下げつつ、重要な部分は換羽することで羽の機能を保つという二つの戦略を並行して行っており、どちらに重点を置くかが個体ごとに異なっているためではないかと思われた。キビタキが換羽することにはエネルギー的なコストがあり、繁殖地で利益となる羽色の発現と換羽によるエネルギー消費の間にトレードオフが生じるのではないだろうか。もしそうならば、キビタキの脂肪蓄積量と換羽の関係を調べてみれば、負の相関が検出されるはずである。そこで、富士山に渡来した日のキビタキを捕獲し、その換羽枚数と脂肪蓄積量との関係を調べることにした。

富士山に引き籠り、春に渡来したばかりのキビタキを狙ってかすみ網を張り、一羽ずつ捕獲した。そして、すべての個体について羽の一枚一枚が春に換羽した新羽であるか、前年の秋に換羽した旧羽または換羽していない幼羽かを記録した。その結果、キビタキの若鳥について、羽を多く換羽している個体ほど渡来時に脂肪を多く蓄積している傾向にあることが明らかとなった（図14、Okahisa et al., 2013）。つまり、キビタキの若い個体が多くの羽を換羽し、オスらしい羽色になるには何かしらのエネルギーコストがあるということである。換羽は非常に大きなエネルギーを消費する渡り鳥にとっては一大イベントであるため、こうしたエネルギー消費は換羽によって起きている可能性がもっとも高い。ただし、オス間闘争などの社会的な機能がエネルギー消費に影響している可能性もあった。

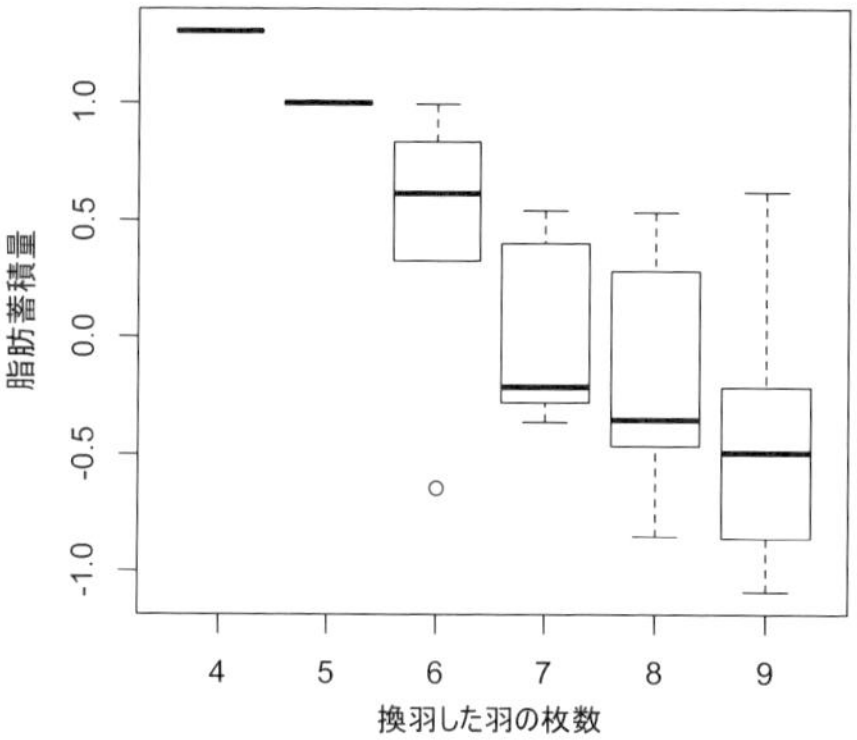

図14　換羽の枚数と脂肪蓄積量の関係
（Okahisa et al., 2013を改変）.

そこで引き続いて、キビタキの羽の色がキビタキの社会でどのように機能しているのかを調査した。

若いオスが高齢オスと異なる色をもつことの機能として「地位伝達信号仮説」がある。この仮説は、若いオスが自分は若く、闘争に弱いということを他のオスに羽の色によって伝え、オス間の闘争コストを下げるという仮説である。つまりは「自分は弱いから、攻撃しないでください」とアピールしているという仮説である。もし、キビタキがもつ羽の色のうち、褐色と黒色の程度がオス間闘争の勝率や激しさに影響するのであれば、キビタキの「半ナリ」は地位伝達信号であるかもしれない。

そこで、オス同士の闘争の激しさと羽色の関係を調査した。実施した調査は、すべてのオスを捕獲し、換羽・羽色の状態を確かめ、今年の渡来時期となわばりの位置を特定し、闘争しながら飛び回る複数のキビタキの足環を判別し、追跡したうえで闘争を記録するという、データ収集が非常に難しい内容だった。とくに、なわばりを巡るオス間闘争は渡来期にしか起こらず、データが収集できる期間は非常に短い。年によってはほとんどまともにデータが取れないこともあり、十分なデータを収集するためには五年もかかってしまった。

さて、長い時間をかけて闘争を観察すると、渡来した個体が作ったなわばりに、後から別個体が侵入した場合、防衛者は勝率が高く、侵入者の勝率は低かった。さらに、侵入者は褐色部が広いほど、闘争の勝率が低くなっていた。その一方で、侵入者の羽の褐色部が広いほど、闘争が穏やかに終わることが明らかとなった。つまり褐色部の広い個体は闘争に弱く、メスと似た褐色の羽を見せることで激しい闘争を避けていたのだ。

キビタキの「半ナリ」は繁殖地において、自分が弱いという地位を他のオスに提示することで、闘争の労力やケガの危険性を回避するのに役立っており、羽を入れ替えるエネルギーコストも避けているという二重の意味でエネルギー消費の少ない生き方だったのである。一方で、多くの羽を換羽して黒い色を発現するにはエネルギーを消費し、さらにオス間の闘争にもエネルギーを消費するが、黒いオスは闘争に強くなるようであった。

こうした結果を総合すると、キビタキの羽の色の個体差は、渡りと換羽、繁殖というエネルギーを消費する三大イベントのすべてと繫がっており、個体ごとに必死にそれらを乗り切るために生じた形質なのだといえるだろう。

これからの研究

富士山でのキビタキの研究は自分の中では一段落したと思っている。ただし、まだまだ調べたいことは溢れている。羽の色に関して言えば、まず地域差を調べたいと思っている。富士山の研究に基づけば、北海道まで渡る個体群は渡りのために多くのエネルギーを蓄積する必要があることから、おそらく換羽の枚数が少ないはずだと考えられる。一方で、九州などで繁殖する個体であれば、渡りのためのエネルギー消費が比較的少ないため、多くの羽を換羽している可能性がある。そこで新潟と北海道でもキビタキの調査を開始している。これから九州か山口県あたりでも調査ができれば、一定の地域差を検討できるのではないかと考えている。

それから、渡り鳥を研究していると日本でだけ研究をしたところで、越冬地での生態はまったくわからないという困難がある。冬のキビタキはどこで、何をしているのだろうか？　本当に、春と秋で渡りのルートがちがうのだろうか？　こうした疑問についても渡りルートを特定するための装置をキビタキに装着することで解明したいと考えている。ぜひとも東南アジアですごしている足環のついたキビタキを見つけてみたいものである。

引用文献

del Hoyo J, Elliott A & Christie DA (2006) Handbook of the Birds of the World vol. 11. Lynx Editions, Barcelona.

藤巻裕蔵（2007a）北海道中部・南東部におけるキビタキとオオルリの繁殖期の生息状況．Strix 25：17-26.

藤巻裕蔵（2007b）北海道におけるキビタキの繁殖期の分布．北海道野鳥だより（149）：10-11.

Higgins PJ, Peter JM & Cowling, SJ (2006) The Handbook of Australian, New Zealand and Antarctic Birds. Vol. 7: Broadbill to Starlings. Oxford University Press, Melbourne.

Kuroda N (1925) A Contribution to the Knowledge of the Avifauna of the Riu Kiu Islands and Vicinity. Published by the Author, Tokyo.

Morimoto G, Yamaguchi NM & Ueda K (2006) Plumage color as a status signal in male–male interaction in the red-flanked bushrobin, *Tarsiger cyanurus*. J Ethol 24: 261-266.

中村登流・中村雅彦（1995）原色日本野鳥生態図鑑 陸鳥編．保育社，大阪．

日本鳥学会（2012）日本産鳥類目録改訂第 7 版．日本鳥学会，三田．

Okahisa Y, Morimoto G & Takagi K (2012) The nest sites and nest characteristics of Narcissus Flycatchers *Ficedula narcissina*. Ornithol sci 11: 87-94.

Okahisa Y, Morimoto G, Takagi K & Ueda K (2013) Effect of pre-breeding moult on arrival condition of yearling male Narcissus Flycatchers Ficedula narcissina. Bird study 60:140-144.

Okahisa Y & Sato NJ (2013) Mutual feeding by the shining cuckoo (Chrysococcyx lucidus layardi) in New Caledonia. Notornis.60: 252-254.

Okahisa Y, Okubo K, Morimoto G & Takagi K (2014) Differences in breeding avifauna between Aokigahara lava flow and a kipuka. Mt. Fuji Research 8: 1-6.

Okahisa Y（2014）Plumage colour function in the Narcissus Flycatcher Ficedula narcissina. Ph.D. thesis. Rikkyo University, Tokyo, Japan.

岡久雄二・小西広視・高木憲太郎・森本　元（2012）青木ヶ原の繁殖鳥類相．富士山研究 6：39-42.

岡久雄二（2014）キビタキの求愛ディスプレイ　動物行動の映像データベース．http://zoo2.zool.kyoto-u.ac.jp/ethol/showdetail.php?movieid=momo140506fn01b

岡久雄二・佐々木礼佳・大久保香苗・東郷なりさ・小峰浩隆・高木憲太郎・森本　元（2016）青木ヶ原における森林性鳥類の営巣環境．富士山研究 10：41-45.

Outlaw DC (2011) Morphological evolution of some migratory Ficedula flycatchers. Contributions to Zoology 80.

Outlaw DC & Voelker G (2006) Systematics of Ficedula flycatchers (Muscicapidae): A molecular reassessment of a taxonomic enigma. Molecular phylo-

genetics and evolution 41: 118-126.
Outlaw DC & Voelker G (2008) Pliocene climatic change in insular Southeast Asia as an engine of diversification in Ficedula flycatchers. J Biogeography 35: 739-752.
Polivanov VM (1981) Ecology of Wood cavity nesting birds in Prmorye.（Polivanov, V.M. 藤巻裕蔵（訳）（2005）プリモーリエの樹洞性鳥類の生態．極東の鳥類 22：81-86.）
Seto T, Matsuda N, Okahisa Y & Kaji K (2015) Effect of Density and Snow Depth on Winter Food Composition of Sika Deer. J Wildlife Manage: 10.1002/jwmg.830

コラム

野外調査の安全管理

岡久 雄二

野外調査はとても楽しいが、けっして忘れてはいけないことが、「事故の危険性」である。たとえば、大学実習なら集団で行うことも多く、大学教員の目の届く範囲での活動に留まるだろう。しかし、野生動物の野外調査に基づいて卒業研究を行ったり、修士・博士号取得をめざしたり、独立した研究者として調査を実施する場合、野外調査は個人で行うことがふつうである。そのため、安全管理を自分で行いながら調査を遂行する能力が不可欠である。

フィールドの危険性は調査地と調査手法によって大きく異なるが、目的とする環境での行動・調査技術、危険性を想定したうえでの事故対応力、事故が起こった場合の救援体勢の確保はどのような環境でも必須である。

行動技術は何よりも野外ですごした経験に比例する。一度もキャンプ生活をしたことのない人が、雪の降る樹海において一人で無事にすごせるはずはない。研究を始めるまでの間に登山したり、ダイビングしたり、野外活動経験の幅を広げておくことが重要だ。登山部やワンダーフォーゲル部などに入って活動するのも良いだろうし、野生動物の調査研究の体験をするのも良いだろう。野外遊びをたくさん行って、経験と技術を蓄積したい。

鳥類調査のなかでもとくに習得に時間を要し、死傷リスクが大きいのは、高木等への登攀と鳥の捕獲である。登攀を伴う調査では落下による死亡事例が複数ある。捕獲等を行う調査の場合、不慣れな調査者では対象生物を誤って死傷させてしまう可能性がある。これらについては十分な技術力が備わっていなければ実施するべき行為ではない。個人的に勉強するだけなく、経験豊富な調査者のもと、徹底的な修行が必要である。筆者の場合、幸いにも学生時代から数多くの方々のもとでこうした能力を培う機会に恵まれていたが、場合によっては、調査を諦めるか、経験豊富な調査者に協力を依頼する必要があるだろう。データを取ろうとして、自分が死んだり、対象生物を殺したりしてしまっては意味がないのだ。

次に、事故対応力は、どれだけ危険を想定しておくかで大きく異なる。たとえば、筆者の場合は富士山で四か月程度の調査を実施するため、交通事故、道迷い、気象遭難、危険生物（クマ、ヒト、野犬、スズメバチ、マダニ等）、栄養失調等が想定される。

図1　木登って鳥の巣を探しているようす.

交通事故については、自動車保険等の加入、安全運転、そして無理な調査スケジュールを立てないことが一番重要である。分野によっては徹夜で調査することがふつうであり、十分な睡眠時間が確保できずに交通事故を起こす事例が多く見られる。筆者は幸いこれまで事故は起こしていないが、運転中に一瞬意識が飛びかけたことがあるし、同じ富士山で研究していた研究者が調査帰りにシカを撥ねて事故を起こしている。本当に無理は禁物なのだ。

道迷いや気象遭難は、無理のない行動スケジュールと調査前の機材準備が重要である。道に迷う可能性を想定して、GPSや携帯電話、地形図、コンパス等を携行し道迷い防止に努める。なお、電子機器は水に塗れたり、電池

図2　キャンプ用のクッカーで料理しているようす.

が切れたりして使えなくなることがあることを注意しておく。けっきょく、最新機器よりも動力を必要としない古き良き道具ほど信頼性が高いということもある。また、何らかのアクシデントで動けなくなった場合にも数日程度現地で生き延びられる程度の水（一リットル）や食料（飴、チョコ、ぬれ煎）、装備を携行する。青樹ヶ原樹海は本当に迷いやすいため、調査を手伝いに来た学生が一時的に迷ってしまったこともあったほか、別グループの学生が洞窟へ滑落して背骨を骨折したことさえもあった。

危険生物は突発的な事故としかいえない場合も多い。富士山ではキビタキを見ていたら、イノシシを踏んでしまったり、ツキノワグマが背後にいたり、自殺志願者を見つけてしまったりすることがあった。正直いって、正気でない人間が一番怖い。基本的には、焦らず、相手が去るまでおとなしくすごすことが必要だ。人間についても野生動物と同様に扱う。会話が成立すると思ってはいけない。また、スズメバチなどに刺されることを想定して、ポイズンリムーバーを携行することも必要である。毛虫に刺されることも多いため、毛虫の毒毛を抜くためのガムテープもあった方が良いかもしれない。

最後に、栄養失調だが、鳥類学者には意外と多いようである。調査に集中していて食事不足で倒れたという話も間々聞く。繁殖期の調査を行うと五か月間程度は毎日調査になってしまうことも多い。こうした長期調査を樹海や無人島で行っていると、新鮮な野菜が食べられなかったり、運動量が多い割に肉類が不足したり、そもそもカロリーが不足してしまうことも多い。解決策はとにかく食べることである。筆者はリンゴ、グレープフルーツやアボガドを大量に調査地に持ち込み、プロテイン等の補助栄養食品もかなり活用していた。

最後に、事故が起きた場合の救助体制である。一番確実なのは、調査地外と定期連絡することである。筆者の場合、調査地が携帯電話の圏外で外部との連絡が取れないということもあって、二日おきには外部と連絡を取ることにしていた。連絡が途絶えれば、何らかのアクシデントがあったということである。調査前には、緊急連絡先、血液型、生命保険等の加入状況を整理し、定期連絡担当に預けておく、さらに調査車両には連絡先を貼り付け、警察へあいさつなどを行っていた。

なんだか、怖い話が多くなってしまったが、調査研究を立てると同時に前述の安全管理を見直すことが必要である。野外調査では、時間やお金といったコストを惜しまず投資する一方、死傷などのリスクを極力低下させることが求められる。最近は独自の安全管理マニュアルが整備されている大学も多く、どの程度の野外調査が実施可能か、大学が判断する場合もある。日本生態学会等の学会でも野外調査の安全管理マニュアルを公開している（http://www.esj.ne.jp/safety/manual/）。よりよい野外生活をおくるためにも、こうした情報を参考にしつつ、安全に楽しくフィールドワークを進めるよう心掛けてほしい。

コウノトリのハチゴロウが運んでくれた“つながり”

武田広子

野鳥との出会い

私は小さい頃から外で遊ぶのが好きで、毎日芝生や校庭などを駆け回って遊んでいたが、特別に生物が好きというわけではなかった。そんな私が野鳥に強く興味をもったのは、小学校二年生のときだった。その頃、私の家は引っ越しをして、新しく住む地域はどんなところだろうか?と思い、父親について近所を散歩していた。私たち二人は散歩の途中で数種類の野鳥を見つけるのだが、全部の種類の名前がわかるわけではなく、知らない鳥もいた。そこで父親が野鳥のフィールドガイドブック(高野ほか、一九八八:志村ほか、一九八九)を購入し、散歩中に見つけた野鳥の名前を調べ始めた。野鳥の名前を調べていくうちに、私はガイドブックに載っている野鳥の姿に魅せられて、野鳥にはまっていくこととなる。これが自分の将来の行き先を決めるきっかけになるとは、このときの私は知る由もなかった(もし父親が野鳥以外の生物の図鑑も買ってきていたら、私が歩んだ人生も変わっていたかもしれない)。

野鳥に興味をもった私は、父親とともに財団法人日本野鳥の会(当時)に加入し、会で開催していた探鳥会に参加した。探鳥会では、リーダーについてガイドブックで覚えたばかりの種や知らない種を観察して、毎回新しい発見があってワクワクしていた。数回目の探鳥会に参加したとき、日本野鳥の会支部会報に載せる探鳥会活動報告を書くことになり、書いた文章の詳細は思い出せないのだが、小学生の私は自分が探鳥会で味わった楽しい思いをいっぱい詰め込んだ報告を書いた記憶がある。

ただ中学校に上がってからは、遠方の学校に通い、バスケットボール部に入部したこともあり、野鳥観察とは縁遠くなってしまった。そんななか、高校三年生になって進路を決める際、自分は何をしたいのか？を考えたとき、小学生のときに出会った野鳥への興味を思い出す。他にもいくつかやりたいことの候補があがったが、小学生の頃にもった野鳥への純粋な興味を追究したいと思い、大学の生物学科を受験することを決めた。そして一浪した後、千葉県にある東邦大学理学部生物学科に入学する。

コウノトリとの出会い

二〇〇三年に大学三年生となり、卒業研究で所属する研究室を決める時期となった。大学に入った目的でもある、野鳥の生態について研究したいと思い、動物生態学研究室への所属希望を提出した。この研究室は、アホウドリの長期個体群監視調査と保護研究を行っている長谷川　博助教授（当時）の研究室で、学生は鳥類にかぎらず、動物全般の生態学について自分が興味をもったテーマを研究している研究室であった。

卒業研究のテーマを決めるため、研究室の配属がほぼ決まった大学三年生の冬に動物生態学研究室へ相談に訪れた。私は野鳥の生態について研究したいと漠然と考えていたが、研究対象の鳥種については決めていなかった。長谷川先生から「街路樹にかけられている野鳥の巣について調べてみるのはどうか」とアドバイスをいただいた。早速地元の街路樹を歩いて見てみると、冬の街路樹は葉を落としていて枝が見やすく、まず枝にかかっている野鳥の巣を探すことにした。そして一、二週間経ってから再び街路樹を見に行くと、なんと枝が伐採されているではないか！　住宅地の道路沿いの街路樹は、定期的に伐採をして管理しているため、枝の伐採とともに野鳥の巣もなくなってしまっていた。これでは巣のデータを取ることができない。私の研究テーマ探しはふりだしに戻った。

研究テーマをどうしようかと悩んでいたところ、同じ研究室に配属となった友だちが私に声をかけてくれた。

「豊岡で野外コウノトリの研究を一緒にやらない？」

彼女は兵庫県豊岡市に親戚がおり、その縁で、豊岡で野生復帰を進めているコウノトリについて卒業研究でやってみないかと誘われたそうだ。そして彼女は、私が野鳥の生態について研究したいことを知っていたので、声をかけてくれたのである。私は、

「うん、やる！」

コウノトリもおもしろそうだと思って、気軽に返事をしたのだが、これが私とコウノトリを結んだ瞬間であり、現在もコウノトリに携わっている私の人生を決めた瞬間でもあった。自分の人生を振り返っていつも思うことは、何がきっかけでその先の人生が決まるかわからないということだ。

豊岡でのコウノトリ野外調査 ―採食行動の観察

コウノトリ *Ciconia boyciana* は、コウノトリ目コウノトリ科に属する、全長約一・一メートルの大型の水

鳥で、外見上は雌雄同色である（図1）。大陸ではロシア極東部と中国東部〜南東部に分布して渡りを行い、日本へも数羽が飛来する。

推定生息個体数は約二五〇〇羽で、世界ではEndangered、日本でも絶滅危惧ＩＡ類に分類されている希少鳥類である（IUCN, 2016：環境省、二〇一八）。日本にはかつて、東北〜九州地方まで分布していたが、明治期の一般の狩猟解禁による乱獲、その後の生息環境の悪化などにより個体数が減少し、一九七一年に日本の野外から姿を消した。一九六五年より、日本最後の生息地である兵庫県豊岡市でコウノトリの保護・増殖が始められ、二〇〇五年から野外への放鳥が始められている（菊地・池田、二〇〇六）。二〇〇七年には野外で初めての繁殖が確認され、二〇一八年七月現在、約百四十羽が野外の空を飛んでいる。二〇一七年八月には放鳥されたコウノトリが飛来し目撃された箇所が全国四十七都道府県となり（兵庫県立コウノトリの郷公園、二〇一七）、朝鮮半島に渡って生息している個体も確認されている。

図1　コウノトリ．翼の黒い羽（風切羽，雨覆，肩羽，小翼羽）以外は白い羽で，くちばしが黒く，目の周りが赤い．全長約1.1m．放鳥された個体もしくは野外で巣立ちした個体はかかと部分に足環が装着されていて，色の組み合わせで個体番号を判別する．

コウノトリは一年に一回繁殖を行い、日本では冬から交尾行動や巣作りが始まる。コウノトリは基本的に一夫一妻で、造巣、抱卵、育雛を雌雄で行い、野生では大木の頂上部に、

図２　(a) コウノトリが水田の田面で採食しているようす．(b) コウノトリの人工巣塔．水田に建てられた巣塔で，育雛期間中，親鳥とヒナの姿が外から確認できる．

二〇〇七年から野外で繁殖が始まった豊岡では、人工巣塔や電柱上に営巣する（図２ｂ）。また、三月下旬～四月下旬に卵を約二～五個産卵し（抱卵期間三十一～三十五日）、ヒナは六月中旬～七月下旬に巣立ちする（育雛期間六十三～七十四日）（Hancock et al, 1992；Ezaki and Ohsako, 2012）。近年では、二月中旬に産卵するペアも確認されている（兵庫県立コウノトリの郷公園、二〇一八）。

コウノトリは水田や河川、水路、湿地などの水辺でおもに採食し、魚類や両生類、昆虫類などを捕食する肉食性である（扉絵、口絵28、図２ａ、図５：Hancock et al, 1992：Naito and Ikeda, 2007：田和ほか、二〇一六）。

野外コウノトリの追跡調査は、まず調査対象のコウノトリが前日まで行動していた地区の水田や河川などを中心に、飛来している可能性が大きい場所から車で回って見ることから始める。一日追跡調査の場合、前日のねぐらを確認できていれば、夜明け前にねぐら場所へ向かう。コウノトリのねぐらは人工巣塔や電柱、鉄塔上など高い場所が多く、河川の浅水域や冬期湛水田の田面《でんめん》でねぐら入りすることもある。

図３　水路で採食しているようす．頭を下げて水路内を探索していると水路の外からコウノトリが見えないことが多い．

コウノトリは立った状態で高さ約一・一メートルもあり、翼の風切羽や雨覆などの黒い羽以外は全身が白い羽のめだつ鳥なので、水田の田面で採食していたり、人工巣塔や電柱上に立っていると遠くからでも確認しやすい（図2a、b）。

しかし、いつも開けた見やすい場所にいるわけではない。コウノトリが水路に入って採食している場合、頭を下げて水路内をくちばしでつついて探索しているため、外から姿が見えないことが多い（図3）。そのため、水路内を見渡せる、水路に対して垂直に交差している農道や堤防上を通って確認する。水路にコウノトリがいることを知らずに車で近づいて、水路内をのぞいて見たら、車から約十メートルのところで採食していて、あわてて水路からコウノトリが出てくることもあった。

また、コウノトリは巣立ちして数か月すると鳴き声を出せなくなるという特徴的な鳥で、他の鳥類のように鳴き声を頼りに見つけることができない。その代わり、コウノトリや近縁種のシュバシコウ *Ciconia ciconia* などは音声のコミュニケーションである、上下のくちばしを打ち鳴らして音を出す「クラッタリ

図4　ビデスコ．望遠鏡にアタッチメントを取り付けてビデオカメラとつなげている．35mm カメラ換算で5160mm 相当．

ング」を行うが、その頻度は少なく、コウノトリを見つけるにはもっぱら視覚的な情報に頼ることになる。

コウノトリを何時間も捜して見つからず、疲れきってくると、思わぬ見間違えをしたこともある。ある日、車であちこちを走り回り、水田でやっと白と黒の大きな姿を見つけた。「コウノトリが見つかった～」と喜び勇んでその水田へ近づくと、なんと水田の稲の補植や雑草抜きの作業をされていた、白いシャツに黒いズボン姿の農家のおじさんであった。その姿はコウノトリが田面をつついて探索している姿と似ているのだ。そんな見間違えがあるのかと読者の方は思われるだろうが、コウノトリを一刻も早く見つけたい焦りと野外での疲れから、実際にこんな見間違えがあるのだ（来館されたお客様への自然解説のときに、このエピソードを披露すると皆さまが笑ってくださるので、話のネタの一つにもなっている）。

さて、調査対象のコウノトリが見つかったら、次はコウノトリが警戒したり、その場から飛び去ってしまわないように個体との距離を見計らいながら車で接近し、車の中から望遠鏡やビデスコを使って行動観察を始める。ビデスコとは、望遠鏡にビデオカメラを取り付けて行う超望遠撮影システムのことである（図4）。

コウノトリが警戒しない場合は、充分な距離をとって車外に三脚を立て、ビデスコで観察を行った。私は採食行動について研究していたので、採食した餌動物を観察するためには、自分から見てコウノトリが正面もしくは横を向き、逆光にならない位置で撮影するのがベストである。しかし、コウノトリは田面や浅瀬などを歩きながら探索するため、その位置は刻一刻と変わっていく。最初に見つけた水田から、数分で一、二枚離れた水田まで探索しながら移動していることも多いため、採食行動を数分以上連続で撮影できないこともあった。

コウノトリは餌動物を捕獲すると、一回くわえ上げてから、頭と首を前後に動かして餌動物を喉の奥へ放り込む（図5a、b）。そのため、コウノトリが餌動物を食べたかどうかを判断しやすく、餌動物の種類も観察することができる。ただ、餌動物を飲み込む動作は素早いため、目視で餌動物の種類を確認することが難しい。そこで、採食行動をビデオカメラで撮影して記録し、後で再生して餌動物を判別する。私が撮影に使用しているビデスコでは、オタマジャクシなどの数センチメートルの餌動物を判別することも可能だ。超望遠撮影では、コウノトリの頭や体全体を画面に入れて撮り続けるのは難しく、頭の上げ下ろしや歩く方向などの採食時の動きを予測しながら撮影・記録していく。この餌を探している動きのリズムが私と合っていたようで、私は鳥類の中でコウノトリが一番好きになった。

卒業研究では、兵庫県立コウノトリの郷公園（以降、郷公園）や附属保護増殖センターでお世話になりながら、二〇〇二年から豊岡に飛来していた大陸由来の野生コウノトリ一羽の採食行動について研究した。

図5 (a) 水田の田面でカエル類幼生(オタマジャクシ) を採食(撮影場所：豊岡市出石町袴狭). 5～6月の田植え後の水田では、豊岡に生息するコウノトリはおもにカブトエビ類やカエル類幼生を採食. コウノトリはくちばしで捕らえた餌動物を喉の奥に放り投げて飲み込む. 体サイズの大きなナマズやヘビ類などは飲み込む前に弱らせてから、時間をかけて飲み込む. 体サイズの大きなアメリカザリガニは、くちばしで挟んだまま第一歩脚を振り落としてから飲み込む. (b) 捕獲したイナゴ類を喉の奥へ放り込むようす(撮影場所：千葉県野田市) (a, b ともビデスコ映像のキャプチャー画像).

豊岡で保護・増殖したコウノトリが野外へ放鳥される前年のことである。その野生コウノトリは、八月五日に豊岡へ飛来したことから、地元では「ハチゴロウ」という愛称で呼ばれて、親しまれていた。野生コウノトリが二〇〇四年秋におもな採食場所として利用していた河川浅水域での採食行動型について分類した。この採食行動型は、くちばしの触覚を用いた採食と視覚による採食の二つに大別された。触覚採食は水中や泥の中、湿地や河川の草むらなど、餌動物を目で見て探すのが難しい場所にくちばしを差し入れて探索する方法で、視覚採食は地面や草の上などを目で見ながら餌動物を見つける方法である。触覚採食については首の上げ下ろしの動きとくちばしの開閉回数によって細かく分類した。また、河川浅水域では陸上から水深三十センチメートルまでの水域が採食に多く利用されていた。水深三十センチメートルとは、コウノトリの脚の踵付近までの高さである。

修士課程では、二〇〇五年に放鳥された個体が郷公園周辺に留まっていたこともあり、引き続き野生コウノトリが採食に利用していた湿地と水田での採食行動について調査した。野生コウノトリは季節ごとに利用する採食場所が異なっていて(Naito and Ikeda, 2007)、二〇〇五年秋に採食に利用した湿地は、農業基盤整備促進事業を行うために二〇〇四年秋から耕作が中止された戸島地区の休耕田で、一時的にできた湿地(長さ約一八〇メートル、幅約一〇〇メートル、面積約五・二ヘクタール)であった(図6)。

コウノトリは一日のうちに数回は採食場所を変えることが多いのだが、その時期、野生コウノトリはこの湿地で一日採食していた。この場所は円山川と丘陵の間に位置し、三方を道路に囲まれて視界が開けているうえ、湿地内への人の出入りがほとんどなく、採食行動が妨げられることはなかった。私は湿地の西

図6　戸島地区の湿地(2005年10月撮影).

側に位置する道路上から観察を行った。また、この湿地への水路は常時閉められているが、海抜が低いため、たびたび円山川の氾濫した水が流入し、川に生息する魚類が入り込んだ。湿地の開水面では、首を左右に大きく振りながらくちばしを水中に差し入れて広範囲を探索する採食行動型が観察され、水田の採食では観察されなかった採食行動型であった。コウノトリはこの採食行動型で、水中や水底にいる餌動物を追い込んだり、おびき出していると推察された。湿地ではおもに魚類を採食していて、春に採食場所に利用していた水田と比較して、湿重量の大きな餌動物を捕食していた。

野外で調査をしていると

①地元の方との交流

野外で調査をしていると、地元の方に差し入れをいただくことがあった。戸島湿地で野生コウノトリを朝から夕方まで観察していたとき、地元の方が「うちの冷蔵庫にあったものだけど、良かったら食べて」と袋一杯に入った食料を差し入れてくださった。その方いわく、朝出勤するときに私が道端で観察していて、夕方に仕事を終えて帰ってきたときもまだ観察している姿を見て、この暑い中で一日観察してさぞかし大変だろうと、差し入れを持って来てくださったのだ。知り合いの方もお昼ご飯にと、お寿司を差し入れてくださったり、飲み物をくださったり、豊岡の方は本当に優しい。コウノトリの写真を撮りに来られる地元カメラマンの方とも顔見知りになった。コウノトリが雄大に飛翔する姿は多くの人々を魅了する。私はコウノトリが但馬地方以外にも飛来する地が広がってから、その飛来先にもコウノトリを見に行くようになり、コウノトリを温かく見守る地域の方々やコウノトリが生息できるように餌場作りなどに尽力されている方々にも大変お世話になった。豊岡ではコウノトリ「ハチゴロウ」、他の地域は放鳥や繁殖して生まれたコウノトリが運んでくれた大きなつながりである。また、修論当時、韓国でコウノトリの野生復帰を進めるために日本へ留学していたチョン・ソクファンさんにも調査でお世話になった。私は多くの皆さんに支えられて、野外調査を続けてこられた。

②気まぐれな豊岡の天候

私は卒業研究で初めて豊岡を訪れ、そこでこの地の天候を身をもって知ることになる。まず驚いたことは、豊岡は一日の天気の変化が激しいことである。私の出身地である関東南部では、朝の天気予報で今日は一日晴れと言っていたら、ほぼ百パーセントの確率で雨が降らないので傘を持たずに出かけていた。しかし豊岡の場合、天気予報が当たらないことが多い。兵庫県北部に位置する豊岡市は面積が広く、北部、中部、南部の各地域でも天気が異なるほど、天気がめまぐるしく変わる。冬の場合、天気予報で大雪と言っていても、実際には雪が降らずに晴れたり、その逆に天気予報で晴れると言っていても、暴風雪だったこともある。一つの天気で一日が終わる日（たとえば、朝から晩まで晴れる）が非常に少ない（卒論の調査期間中、一日中晴れたのは、月に三日程度だった）。一日のうち、雨が短時間でも降るのが日常茶飯事で、私のおもな調査道具であるビデスコやデジタルカメラなどの機器が雨や雪で濡れてしまわないように、雨ガッパや傘は常に車に準備していた。豊岡には、「弁当忘れても傘忘れるな」という言葉が昔からあるくらいである。

豊岡にいると、頻繁に発生する濃霧にも驚く。豊岡を含む但馬地方では秋から冬にかけて、早朝の冷え込みで濃霧が頻繁に発生する。観光名所である朝来市和田山町の竹田城跡の雲海や、円山川河口から日本海へ滝のように流れ出る霧の風景をご存知の方もいらっしゃるだろう。その霧の中では、百メートル先が見えないこともしばしばである。コウノトリが早朝ねぐらを出発するところから観察を始めた日、調査地区が濃霧であると、ねぐらを出発した数秒後には濃霧で姿を見失ってしまう。その後は、その時期に利用している餌場を一つずつ回って捜す。コウノトリがすぐに見つかることもあれば、見つからないことも多い。見つかった場合でも、早朝の薄暗さと濃霧によって、足環が判別しにくく、採食している餌動物が見えにくいなど、野外調査にとって濃霧は非常に厄介である。

また、卒論の野外調査で豊岡に滞在していた二〇〇四年十月には、大型台風二十三号が豊岡を直撃し、河川は増水して、中心部を流れる円山川の堤防が決壊し、市街地や水田などが水没する甚大な被害に遭った。ここまで大規模な自然災害に見舞われたことがなかった私は、自然の力の大きさと恐ろしさを身に染みて感じることとなった。

③一人での調査と人見知りという壁

卒業研究でコウノトリの研究を勧めてくれた友だちは学部で卒業し、修士課程からは私一人で調査を進めていくことになった。最初はホテルに宿泊して調査を行っていたが、学生が長期で調査をするには金銭的に厳しくなってきた。そんなとき、お世話になっていた郷公園の研究部長であった故 池田 啓さんが、「学生はお腹が空いているだろうから、たらふく食べていきなさい」と郷公園で開かれていた受賞記念パーティーに招いてくださった。そこでお腹も満腹になったうえ、出席者の一人であった大字路子さんが「調査の間、空いている部屋を貸しましょう」と申し出てくださった。その申し出のおかげで、コウノトリの野外調査を続けることが可能になった。また、借りた家で故 田中忠夫さんと、すま子さんのご夫妻に出会うことができた。お二人は、豊岡で調査する私を温かく見守って支え続けてくださり、お二人がいなかったら、私は今日までコウノトリに携わっていなかったと思う。

私は元々人見知りの性格で（大学院時代以降に知り合った人には信じてもらえないことが多いが）、豊岡に来るまで、見ず知らずの人にみずから声をかけることができなかった。卒研時は友だちと二人で調査をしていたので、そこまで問題にならなかったのだが、修士課程からは一人で野外調査を行うため、この〝人見知り〟というハードルを越えなくてはならなかった。コウノトリの一日の行動範囲は数キロメートルに及び、盆地である豊岡は山に囲まれて谷津田《やつだ》が多く、一つ山を飛び越えられるとすぐに見失ってしまい、一人では追いきれないことが多い（この当時は、放鳥されて間もなかったため、野外で行動する個体も数羽で、各地区にコウノトリがいるわけではなかった）。そのため、水田や畑で作業をされている農家の方や散歩をされている方などに、「コウノトリがこちらへ飛んで来ませんでしたか？」とみずから尋ねて目撃情報を得ることが調査を進めるうえで必須となった。人間は必死になると、できるようになるらしい。豊岡の方々が優しいのもあり（コウノトリを捜していると言うと、嫌な顔をせずに応対してくださる）、調査のたびにみずから声をかけられるようになって、今ではお互いに名前を知らなくても顔見知りの農家さんが何人もいる。

博士後期課程からは、長谷川 博先生の定年退職に伴って、地理生態学研究室（長谷川雅美教授）に所属し、引き続き野外コウノトリの採食生態について研究した。卒論、修論の調査対象であった野生コウノトリ（ハチゴロウ）は二〇〇七年二月に野外で死亡が確認されたため、出石川加陽湿地や出石町袴狭地区を中心に行動し、放鳥当初から郷公園西公開ケージの餌に依存していない自活個体J０３６３（メス）と他数個体を調査対象とした。コウノトリ一羽が野外で生存するために必要な餌生物量がどれくらいであるのかを調べるため、一日に利用する採食環境や採食量を調査した。採食量は、コウノトリが捕食した餌動物の体長をコウノトリのくちばしの長さと比較し、その長さの数値を餌動物湿重量換算式に代入して算出した。J０３６３は田植えが始まる前の三月は採食場所として水田と水路をおもに利用し、水田で稲が育っている湛水期の六月は水田を利用していた。また、三月はアメリカザリガニやドジョウなどを採食し、一日に約四二十グラム以上を採食していることが確認されたが、博士後期課程の途中のタイミングでコウノトリ飼育員の募集が出ていて、私は飼育員となる。

コウノトリ野外調査から、コウノトリ飼育員へ

二〇一二年四月より、千葉県野田市でコウノトリ野生復帰に向けて開始される飼育事業に合わせて飼育作業を担当する、株式会社野田自然共生ファームでコウノトリ飼育員として働き始めた。野生復帰を進めている豊岡で野外コウノトリの調査を行ってきた経験を活かして、コウノトリ野生復帰の現場に少しでも貢献できたらという思いから飼育員に就いた。飼育の基本的なことを学び、飼育開始の準備をするため、野田市のコウノトリ飼育事業に協力いただいている公益財団法人東京動物園協会多摩動物公園で飼育研修を受けた。研修では、コウノトリ担当の飼育員に同行し、実際の飼育作業を行いながら、飼育の心得や作業のやり方について教わった。飼育作業でケージの中に入る際は、ケージ内のコウノトリの動きを見ながら、コウノトリが驚いて網などに激突しないように、かつケージの外へ逃げ出してしまわないように、慎重に入って扉をすぐに閉める。ケージ内ではコウノトリとの距離を充分にとって、ゆっくりと動く。コウノトリが見えている場所では、ケージの外であっても、けっして走らない。ケージの外へ出る際は、作業で使用した道具をすべて持って出たか、施錠をしたかを再度確認する。研修中はこれらの動作に慣れるまで、何回も確認しながら作業をしていたが、いまは体に染みついている動作である。また、多摩動物公園

では、一人の飼育員が数種の動物の飼育を担当しており、研修中はコウノトリ以外の動物を飼育する機会もあり、飼育員は常に動物の生死と隣り合わせにいるということを学んだ。

飼育作業をするにあたり、コウノトリの野外調査と飼育作業では同じコウノトリに相対していても見ているところが異なった。野外調査ではおもに個体や個体同士の行動を観察するのに対して、飼育作業では個体の行動観察も行いながら、健康状況を把握する観点から個体の体や動きを中心に観察する。給餌後に餌を食べに来ているか、糞の形状はどうか、翼や足の動きなどに異常はないか、ケガや出血しているようすはないかなど、その個体のふだんのようすとのちがいはないかを作業時に常に確認する（現在は逆に、この視点が野外調査にも活かされていて、巣立ち前の野外ヒナの羽が抜け始めていることに気付くことができた）。これまで数年間の野外調査から、コウノトリの行動や人を警戒する距離などについてはわかっていても、コウノトリを飼育管理するのは初めてで、飼育を始めてからわかったこともたくさんあった。その一つがコウノトリの捕獲。ケージ移動や健康診断などでコウノトリを捕獲する際、最初にくちばしを掴んでから体を保定する。コウノトリはくちばしで相手を攻撃するため、飼育員の身の安全を確保するために一番危険な部位から捕まえなくてはならないからだ。

二〇一二年一二月、多摩動物公園からコウノトリ一ペアを譲り受けて、野田市江川地区に完成した新しい飼育施設（名称：こうのとりの里）（図7a、b）でのコウノトリ飼育が始まった。

飼育環境は各飼育施設で異なるため（飼育個体数や飼育ケージの形状・面積、気候など）、多摩動物公

図7　（a）野田市こうのとりの里飼育ケージ（2018年1月撮影）．（b）飼育作業のようす（写真提供：野田市）．筆者が餌場を清掃している間，飼育ペアは餌場近くで給餌を待っていた．

園や郷公園に飼育・繁殖についてご指導いただき、野田の飼育施設に合った、コウノトリを第一に考えた方法を模索しながら飼育・繁殖作業を行っていった。その一つに、ペアの巣作りがある。

ペアが野田へやってきた翌年の二〇一三年四月、ペアは交尾を行うが、巣作りをなかなか始めず、私は巣作りをさせるにはどうしたらいいのか悩んでいた。飼育しているケージには当時、直径約一・二メートルある円形の巣台二台を設置して、ペアの巣作りを促すため、巣台上に巣材の枝や枯れ草を置いてペアのようすを見ることにした。数日後のある日、ペアは巣台ではなく止まり木に巣材の枝を運び始めた。止まり木に置いた枝は不安定で、巣が完成するのか疑問であったが、ペアが巣作りを始めたことを重視して、枝が置きやすいように止まり木を補強することにした。産卵時期も終盤に差し掛かっていたため、今回巣作りしなければ今シーズンは繁殖しない可能性もあった。しかし飼育員の心配をよそに、その後もペアは止まり木に枝を運び続け、幅約一・八メートルの巨大な巣を作り上げた（図8a、b）。

完成した巣は、これまで多摩動物公園でも郷公園でも見たことのない形状の巣だったそうだが、ペアはその巣でヒナ二羽を巣立たせた。常に心配がつきまとう飼育のなかで、最初のヒナがふ化したときは手放しで喜んだのを鮮明に覚えている。この巣作りをとおして、コウノトリの行動を観察し、コウノトリの状

図8　(a) 野田ペアが止まり木上に作り上げた巣(真ん中). 手前と奥には設置された巣台がある. (b) 同巣で育つヒナと親鳥(右). (2013年7月撮影, 写真提供：野田市)

況に合った飼育方法を選択することが大切であると実感した。

　飼育開始から三年後の二〇一五年七月二十三日、その年の五月下旬に飼育ケージ内で巣立ちした幼鳥三羽（J0115（メス）、J0116（メス）、J0117（オス））に個体識別用の金属足環を踵部分に、個体の位置情報を得るための発信機を背中に取り付けて、飼育ケージ屋根のネットを開放して野外へ放鳥された。兵庫県豊岡市とその周辺地域以外での初めての放鳥であった。前年の二〇一四年に、巣立ちしてまもなく幼鳥一羽が死亡してしまったこともあり、幼鳥の巣立ち直後から放鳥までの間は細心の注意を払っての飼育が続いた。放鳥後、幼鳥三羽は飼育施設から数キロメートル離れた場所で生息していた。飼育下から野外へ放鳥され、幼鳥は生存に必要な量の餌を食べられているのだろうかととても心配であったが、ここで豊岡で培った野外調査の経験が役にたった。装着された発信機の情報や目撃情報を元に、幼鳥がいるおおまかな地区を把握して、休日に幼鳥の状況把握のため観察へ出かけた。該当地区に到着後、コウノトリが採食や休息に利用しそうな場所（水田や水路、河川など）を車で回り、幼鳥を捜した。放鳥数日後に幼鳥を観察したときは、採食回数が少なく、餌が充分に食べられていない可能性もあったが、八月中旬には稲丈の高くなった水田の中畔をしきりにつついて探索し、餌生物を捕食している姿が確認できた。データがきちんと取れたわけではなかったが、幼鳥が豊岡の野外コウノトリの採食回数とあまり変わらないようすで採食しており、飼育員としての私の心配がなくなりホッとしたのを覚えている。

図11　(a) シュバシコウのヒナ(撮影場所：Hemmestorps Mölla). (b) ヒナへの給餌作業．ヒナが小さいときは1羽1羽がしっかり食べられるように餌をヒナの前まで持っていって補助することもある．ヒナの健康状態も同時に確認する(撮影場所：Karups Nygård).

ボランティアに参加し始めた五月はヒナがふ化する時期で、卵とヒナのカウントと、ヒナと親鳥への給餌を行う、ボランティアにとって忙しい時期であった。シュバシコウのヒナは目の周りとくちばしが黒く、最初にヒナを間近で見たときは、日本で描かれるイラストの泥棒を連想してしまった（コウノトリのヒナの方がかわいいなぁ、とも思ってしまった。シュバシコウのヒナも後々かわいく見えてきたことも併せて記しておく）（図11 a）。

スウェーデンの給餌作業でまず驚いたのが、ヒナへの給餌はボランティアが直接巣台まで行って給餌することである（図11 b）。日本でコウノトリを飼育していたときは、飼育個体への影響を考慮して、飼育員が餌場の池に魚を給餌し、それを親鳥が食べて巣で吐き出し、ヒナへ給餌していた。スウェーデンでもプロジェクトを始めた当初は親鳥に給餌を任せていたが、ヒナへ給餌をしない親鳥がいたため、やむをえず現在の給餌スタイルにしたそうだ。また、スウェーデンではすべての餌を民間から無償で提供してもらっていた。シュバシコウはコウノトリと同じく肉食性で（Hancock et al, 1992）、給餌はヒナには魚、親鳥には鶏のヒナを与えている。魚は湖の水質管理のために駆除された淡水魚を地元の漁師から、鶏のヒナは産卵しないオスのヒナを養鶏場から譲り受けていた。四つのケージではシュバシコウ約六十五ペアとヒナ約七十五羽を飼育しており、餌代が無料であることはプロジェクトを継続していくうえで、非常に重要なことである。プロジェクトマネージャーのエマ・オーアドールさんが「私たちはラッキーだ」と言っていたのも頷ける。

ボランティアは給餌作業の他にも、ヒナへの足環装着作業の手伝いや繁殖を終えた巣台の清掃・補修作業、イベントの手伝い、データ入力などを行っていた。これらの作業は私が野田で飼育員をしていたときにも行っていた作業なので、「Storkprojektet」のボランティアは日本での飼育員だ！と思うほどであった。ただ、ボランティアの大多数が六十、七十代であるため（ボランティアに携わっている方々は本当にパワフルだったので、この年齢にはまったく思えなかったのだが）、若い世代の獲得がプロジェクトの課題となっていた。三十代の日本人（私）が突然やってきて、コウノトリの飼育経験を活かして飼育ボランティアに参加したい！というのは相当珍しいケースだったのだ。豊岡の市民ボランティアについても、若い世代の獲得が同じように課題となっていて、野生復帰という現場において共通の課題であることを知った。

ヒナも成長してきた六月、シュバシコウの足環装着作業に参加した。野外のヒナが巣立つ前に個体識別のための足環（プラスチック製）を装着する作業だ。足環は二種類あり、個体番号・スウェーデン（SVS）・連絡先の文字が入った黒い足環と、一～九までの番号が割り当てられている色足環三つを取り付ける。建物の屋根や煙突上にある巣には、高所作業車で巣の高さまで上がり、ヒナを巣から一度取り出して

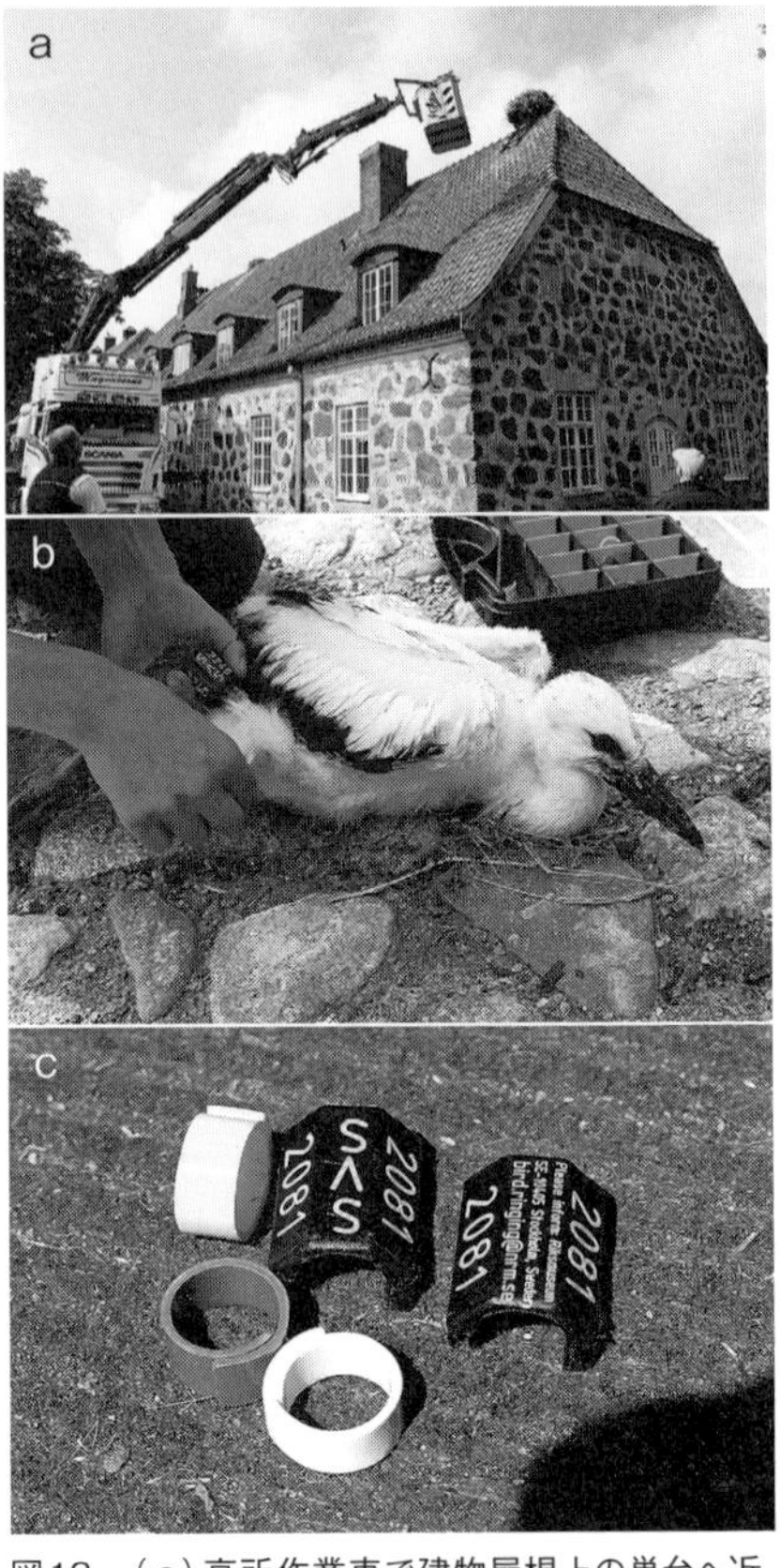

図12　（a）高所作業車で建物屋根上の巣台へ近づき、ヒナを一時捕獲.（b）ヒナに足環を装着.（c）装着する足環.

から足環を取り付けた（図12a、b、c）。シュバシコウのヒナも、コウノトリと同様に、敵が近づくと基本的には死んだふりをしてじっとしているので、足環装着自体は数分で完了し、ヒナを巣へ戻す。

足環装着作業の流れについては、日本もだいたい同じである。日本とのちがいは、プロジェクトマネージャーと一緒に、作業を見学に来た市民が高所作業車に乗って、ヒナを巣から下ろしてくることだ。エマさん曰く、市民にシュバシコウ野生復帰プロジェクトについて知ってもらえる良い機会なのだという。また、足環装着作業に使用している高所作業車は、プロジェクトのスポンサー企業が用意してくれており、

図13　シュバシコウ幼鳥の放鳥のようす(2016年7月30日)(撮影場所：Hemmestorps Mölla).

ときには消防署がご厚意で梯子車を上げてくれることもあるそうだ。餌やボランティアも含め、スウェーデンの野生復帰プロジェクトは市民の力によって支えられているのだと強く感じた。

足環を取り付けられた飼育ヒナと一部の野外ヒナは、七月には飼育ケージの一つ「Hemmestorps Mölla」に集められる。約三十メートル四方の区画に、その数なんと百羽以上！　給餌作業時に、なぜこの区画は空いたままなのだろう？と疑問に思っていたが、答えは放鳥させるヒナの収容スペースだったのだ。この区画の側面の一部が開閉できるようになっていて、放鳥当日にここを開き、百羽もの幼鳥が一斉に自然界へ放たれるのである。シュバシコウが大空を何十羽も飛び回る放鳥を想像していたのだが、実際にはケージの側面が開かれても、幼鳥たちはケージから外へ出ず、三分間の静かな時間が流れた後、幼鳥たちが一羽、二羽と出てきたのを見て、私は拍子抜けしたのを今でも覚えている(図13)。

スウェーデンでは、野外に繁殖するシュバシコウの観察にも出かけた。シュバシコウを観察するため、日本からビデスコなどの野外観察道具一式も持参していった。ただ、スウェーデンでは車をもっていなかったため、目的地まではバスと徒歩を駆使して移動した。観察は四つの飼育ケージ上と周辺建物にあるシュバシコウの巣を中心に行ったのだが、飼育ケージは一つをのぞき、バス停から三十分以上の距離にあった。リュックに双眼鏡や野帳、食料を詰め込んで背負い、ビデスコと三脚を両肩に担いで、林道や牧草地の道を歩いていく。帰りはバスの時間ぎりぎりまでシュバシコウを観察してしまうので、毎回急いでバス停まで戻ることになり、バス停に到着したときにはいつも大きく肩で息をして汗だくになっていた。そのおかげと言ってはなんだが、野外観察で初めて体力と筋力がついた（日本での調査では、常に車で移動するので、残念なことに体力・筋力は落ちていく）。Karups Nygård の飼育ケージ上の巣では親鳥のヒナへの吐き出しを観察することができ、ヒナが小型哺乳類やカエル類を食べているのが確認できた。親鳥がこれらの餌動物を捕獲している採食場所や採食行動を実際にこの目で確かめたかったが、前述のとおり、車がないために観察はできなかった。

再び、豊岡のコウノトリ

スウェーデンには当初二年間の予定で行ったのだが、再び夫の仕事の関係で二〇一六年一〇月に日本へ戻ることになった。次の新たな行き先は、なんと兵庫県。それも自分が大学、大学院にフィールドとして研究していた豊岡の近くへ行くことになった。現在は、豊岡市立コウノトリ文化館の自然解説員として一般の方々にコウノトリ野生復帰について普及・啓発を行いながら、コウノトリ市民レンジャーとして豊岡市出石町に生息する野外コウノトリの行動調査を中心に、餌生物調査など現地で調査を続けている（図14）。コウノトリ市民レンジャーとは、コウノトリのことを考えて活動する（たとえば、コウノトリ観察や餌場づくり、生物調査、絵本作成など）市民の集まりで、二〇〇二年に野生コウノトリ「ハチゴロウ」が豊岡に飛来した頃から活動をしている方もいる。二〇一八年七月現在、豊岡近辺では巣塔九か所で野外コウノトリのヒナが巣立ち、一か所でヒナがもうすぐ巣立つところである。私が観察を続けている出石町袴狭では、七月頭にヒナ二羽が巣立ったが、内一羽の羽の一部が抜け落ちてしまっていて、今後もこの幼鳥の観察を続けていく必要がある。シーズン毎にコウノトリの生態に関する新たな発見や課題がある。

図14　コウノトリ市民レンジャーのロゴマーク．卒研で一緒に研究した平尾安美さんがコウノトリ調査を応援して描いてくれた．

二〇〇五年に豊岡で行われた第一回目の放鳥から、野外コウノトリの個体数は少しずつ増加して、福井県越前市や千葉県野田市でも放鳥が始まり、二〇一八年七月時点で約百四十羽となった。新たな繁殖地が豊岡近辺以外の地域（徳島県鳴門市や島根県雲南市）にも広がり始めた段階である。コウノトリの野生復帰はまだ始まったばかりだ。私がおばあちゃんになったとき、日本のどの地域に住んでいるかわからないけれど、近所へ散歩に出かけて水田にいるコウノトリを見たいという私の個人的な夢が実現するのにはまだまだ時間がかかるだろう。コウノトリが日本各地で普通種として観察できるようになるまで、私はコウノトリに関わっていこうと思っている。

おわりに

小学生の頃に野鳥に興味をもち、大学で友だちにコウノトリの研究に誘われたのがきっかけで、私は今もコウノトリに関わり続けている。これまで何度も壁にぶち当たり、心が折れそうになったけれど、最後は周囲の支えとコウノトリが好きという気持ちで乗り越えてきた。コウノトリが好きというのは、自分にとって最大の強みだと思っている。大学生のときにはまったく想像していなかった未来だが、いろいろな経験をしてきて、なんとも楽しい人生である(自分のやりたいことをやらせてくれて、温かく見守り続けてくれた両親には本当に感謝している)。私はこの本の他の著者のように大学や研究所に所属する研究者ではないため、この章の内容は読者の方が想像していたものと少しちがったものだったかもしれないが、コウノトリの野生復帰という保全の現場ではさまざまな関わり方があることを知ってもらい、興味をもってもらえたら嬉しいかぎりである。

＊この章で紹介した研究は、豊岡市「コウノトリ野生復帰学術研究補助制度」(平成十六年度～二十三年度)、公益財団法

人自然保護助成基金「二〇〇八年度プロ・ナトゥーラ・ファンド助成」、豊岡市「平成二十九年度小さな自然再生活動支援助成事業」の助成を受けておこなわれた。

参考文献

Ezaki Y and Ohsako Y (2012) Breeding biology of the Oriental White Stork reintroduced in Central Japan –Effects of artificial feeding and nest-tower arrangement upon breeding season and nesting success-. Reintroduction 2: 43-50.

Hancock JA, Kushlan JA & Kahl MP (1992) Storks, Ibises and Spoonbills of the World. Academic Press, London.

兵庫県立コウノトリの郷公園（2017）キコニアレター No. 13. 兵庫県立コウノトリの郷公園，兵庫.

兵庫県立コウノトリの郷公園（2018）キコニアレター No. 16. 兵庫県立コウノトリの郷公園，兵庫.

IUCN. The IUCN Red List of Threatened Species. http://www.iucnredlist.org/details/22697691/0. Accessed 2018-3-8.

環境省．環境省レッドリスト 2018．環境省．（オンライン）https://www.env.go.jp/press/files/jp/109278.pdf，参照 2018-6-6.

菊地直樹・池田 啓（2006）シリーズ但馬V　但馬のこうのとり．但馬文化協会，兵庫.

Naito K and Ikeda H (2007) Habitat Restoration for the Reintroduction of Oriental White Storks. Global Environmental Research 11: 217-221.

Naturskyddsföreningen i Skåne, Storkprojektet. http://www.storkprojektet.se/, Accessed 2018-3-8.

志村英雄・山形則男・柚木 修（1989）野鳥ガイドブック　バードウォッチングのための市街地・野山・水辺の鳥 186 種．永岡書店，東京.

高野伸二・水野仲彦・高木清和・森岡照明・宮崎 学・池尾喜壽（1988）野外ハンドブック・4 野鳥．山と渓谷社，東京.

田和康太・佐川志朗・内藤和明（2016）9 年間のモニタリングデータに基づく野外コウノトリ *Ciconia boyciana* の食性．野生復帰 4: 75-86.

コラム　コウノトリの野外調査に必要なもの

武田 広子

野外調査に必要なものはいろいろあるが、ここでは野外調査を円滑に進めるための物とスキルについて紹介しよう。

自動車と運転技術

コウノトリは大型鳥類で移動する距離が長いため、野外調査には自動車が欠かせない。私の場合、大学院生のときは豊岡に長期滞在して調査をしていたので、レンタカーを借りるにも費用が高くつくため、毎回調査では実家の車を拝借していた。調査のたびに調査道具と生活用具を車に積み込んで、関東から数百キロメートルの道のりを運転して、豊岡入りしていた。コウノトリの野外調査では、コウノトリが水田や水路、河川などで採食しているため、細い農道や堤防上を走らなければならないことが多く、自動車は小型のものが運転しやすいだろう。また、雪の走行に備えて、四輪駆動車であるとなお良い（そのため豊岡の方の車は四輪駆動車が多い）。もちろんスタッドレスタイヤの準備も忘れずに。

野外調査では自動車の高い運転技術と緊急時の対策準備も必要となってくる。私の運転技術は、野外調査での運転で経験を積んだと言っても過言ではない。車で調査をしていると、たびたび車のトラブルに見舞われる。調査中に一度、細い農道を上手く曲がり切れずに、農道脇の細い水路に脱輪してしまったことがあった。角を曲がるときに、もう少し早めにハンドルを切っていれば、と悔やんでも後の祭り。そのときは偶然近くを通りかかった知り合いの方が助けてくださり、事なきを得た。このときの教訓から、調査期間中はロードサービスに必ず加入することにしている。また、冬の調査では、農道の雪に注意が必要となる。豊岡は多いときで数十センチメートルの積雪がある地域で、幹線道路は除雪車が入って除雪してくれる。しかし、農道の雪は自然に溶けるまで積もったまま（図）。

図　雪の水田のようす(撮影場所：豊岡市出石町宮内)．雪が降ると水田の田面や農道は雪に覆われ、車両の通行が難しくなる．また，コウノトリは雪が溶けるまで田面を餌場として利用できなくなるため，一時的に採食場所が減少する．

このくらいの積雪なら走行できるだろうと農道に車を入れたら雪にはまり、近くの道を通りかかった見知らぬ地元の方が一緒に車を押してくださって脱出したこともあった。このとき、雪道にはまったら車の前進と後退を繰り返すと脱出できることを教えていただき、今は雪道でも焦らずに対処できるようになった。冬はタイヤの下の雪を取り除いたり、駐車スペースを確保するなど、除雪するためのスコップも車に常備している。

地名と場所を覚える

袴狭、水上、加陽、木内、百合地、野上。これらは豊岡のコウノトリ目撃情報に出てくる地名だが、どう読むかご存知だろうか。はかざ、むながい、かや、きなし、ゆるじ、のじょう、と読む。豊岡にはこの他にも読み方の難しい地名が多く、野外調査では場所に加えて地名の読み方も覚える。ときには調査地区にある水田の位置や所有者の名前、川の橋の名前を覚えることもある。コウノトリの目撃情報を得るために農家や地元の方に尋ねると、「○○地区のAさんちの田んぼにコウノトリがよう下りとるらしいわー」、「最近、△△橋の下の川でコウノトリをよーけ見るでー」と地元ならではの情報を教えてくださるからだ。最初はそこがどこだかわからなかったことも多く、地図で調べたり、尋ねた方に詳細な場所を教えていただいたりしていたが、しばらくすると場所もすぐにわかるようになった。そして私も「昨日は□□地区の下の田んぼにコウノトリが下りとったでー」と但馬弁で会話するようになり、相手は「地名もすらすら出てくるし、但馬弁も話しとるし、本当に関東の子なんか!?」と驚きながらも、警戒せずに話してくださるようになった。調査に必要な地名を覚えることが地元の方とのコミュニケーションにもつながるのである。

コウノトリとの距離を把握する

コウノトリを見つけて車で接近する際、この個体はどこまで近づいても行動に支障がないかを見極めることが重要になる。車の接近で飛び去られたり、警戒して立ち止まられたりしては採食に関するデータを取ることができない。どこまで接近しても大丈夫かは、個体と状況によって異なる。ある個体は百五十メートル以上離れていても、人の姿を見れば飛び去ってしまうが、別の個体は約五十メートル離れていれば逃げ去ることはない。また、人が接近するのには警戒するが、車での接近にはそこまで警戒しない個体もいる。しかし同じ個体でも夕方のねぐら入りに近い時間では、少しでも接近しただけで飛び去ってしまう。これらのちがいを把握するには、やはり日々の観察が大切である。

怪しまれない

何に？と思った方もいらっしゃるかもしれないが、コウノトリに怪しまれて逃げられるのはもちろん困るのだが、人間に怪しまれないことも野外調査では必要になってくる。コウノトリは里山に生息している鳥のため、人の往来がなければ、集落の横の水田や水路でも採食している。調査ではコウノトリの採食行動をビデスコなどで観察、記録するのだが、このとき観察機材がどの方向を向いているのかも考えなくてはいけない。場所によっては、観察機材を家のある方向へ向けて観察しなければならないからだ。車の窓を開けて、ビデスコなどを出して観察している姿は、傍から見るととんでもなく怪しい（と思う）。集落と小学校が近くにある水田でコウノトリを捜している最中に、一度お巡りさんから「何をしているのですか？」と声をかけられたことがあった。「調査でコウノトリを捜していまして…」と答えると、「あぁ、そうなんですか、調査頑張ってくださいね。」とお巡りさんは納得したようで、パトカーで走り去った。豊岡において、コウノトリ調査がいかに認知されているかというエピソードでもある。このようなこともあり、以後、野外調査中は「コウノトリ観察中」のステッカーを車に貼って、アピールしている。その他、地元の方に怪しまれない要素として、女子学生であったことも大きかったようだ。

青い鳥ブッポウソウを追いかけて

ゲゲゲ…謎の生態に迫る

黒田聖子

写真提供：香西宏明さん

ブッポウソウとの出会い

高校三年生の冬、よく通っていた図書館で『甦れ、ブッポウソウ』(二〇〇四年、山と溪谷社)を見つけたとき、これがブッポウソウ *Eurystomus orientalis* との初めての出会いだった。背表紙の「甦れ」というタイトルから、恐竜の話かな?と思ったくらい、当時は鳥の知識はなかった。手に取ったら、表紙に綺麗な青い鳥が描かれていて驚いた。

小さい頃から生き物や自然が好きで、裏山で遊んだり、庭にやってくるヒヨドリやモズを観察したりしていた。専門的な知識はなかったが、自然の中にいるのがとても好きだった。また、小学校生のときに環境問題に強く関心をもち、環境破壊で野生動物がすみかをなくしていくことを防ぎたい、自然を守ることができる人になりたいと漠然と考えていた。

中学・高校と硬式テニス部に所属し、朝練と休日の部活にも休むことなく参加するくらいテニスが大好きな傍ら、本を読むことが好きで、高校生のときには星野道夫の世界にどっぷり浸かっていた。アラスカに行きたい!と本気で親にお願いしたくらいだった。大学受験を考えるようになった頃、自然や野生動物の保全について学べる大学に行きたかったが、自宅から通える範囲内という条件があり無理だった。オープンキャンパスで訪れた岡山大学の敷地の広さと新しく始まる「マッチングプログラムコース」に魅力を感じ、受験することに決めた。マッチングプログラムコースは、「自分の導は自分で切り開く」をモットーに、学部学科横断型のコースで、自分でさまざまな学部の授業を選択し時間割を決めることができるようになっていた。自分が何をしたいか定まらずにいた私にはぴったりだった。無事に合格通知を受け取り、誰よりも進路に迷っていた私が友人たちの中で一番に決まってしまった。

合格から入学までの間、大学から毎月読書レポートの課題があり、私は『甦れ、ブッポウソウ』のレポートを書くことにした。信州大学の中村浩志先生の著書で二〇〇五年度中学生用課題図書にもなっており、とても読みやすく、すっかりブッポウソウの世界に魅了された。また、岡山県で巣箱による保護活動が盛んに行われていることを知り、大学生になったらブッポウソウを実際に見に行きたい、私も保護活動に携わりたいと思った。私のレポートを読んでくださった鳥好きの化学科の先生が、「ぜひブッポウソウを見に行きましょう」とコメントをくれた。

本の世界が現実へ

大学生になり、先生からお誘いがあったのは七月に入ってからだった。先生の車で吉備中央町（旧加茂川町）へ出かけた。本の世界が現実になっていく、新鮮な気持ちでいっぱいだった。この日二〇〇六年七月十六日は、午前中にブッポウソウ探鳥会、午後からは「ブッポウソウ保護フォーラム2006 in 吉備中央町」が日本野鳥の会岡山県支部主催で開催された。探鳥会の集合場所である道の駅かもがわ円城に到着し、大勢の人がいることに驚いた。現在も毎年行われており、百名弱ほどの参加者が集まる人気の探鳥会である。人生初の双眼鏡を使って、餌運びする親鳥を観察でき、とても感動したのを今でもよく覚えている。

スズメくらいの大きさだと勝手にイメージしていたので、ハトくらいある大きさに驚き、また赤い口ばしがめだち、光線で羽の青色がとてもきれいに見えた。

午後からの保護フォーラムには、中村浩志先生が来られて基調講演された。野鳥の会の方だけでなく、町内在住の方や県外からも参加者が集まり、大勢の人で盛んに意見交換され、熱気に包まれていた。初めてブッポウソウを知ってから半年後には、実際に見ることができ、また研究や保護活動の最先端を知ることができた。すっかりブッポウソウの世界に魅了され、大学での研究テーマはブッポウソウに決まり！とても充実した一日だった。

ゲゲゲのブッポウソウ

ここで、ブッポウソウについて紹介しよう。ブッポウソウは、ブッポウソウ目ブッポウソウ科ブッポウソウ属に分類されている。英名は、翼の白斑が一ドル銀貨に見えることからDollar Birdや広いくちばしをしたローラーのように転げ回るように飛ぶ鳥Broad-billed Rollerなどがある。ブッポウソウ目の鳥は光沢のある色鮮やかな羽をもつものが多いとされ、同じ目のカワセミ科にはカワセミ、アカショウビン、ヤマセミなどがいる。調査中、朝露がまだ残るときに、ヤマセミ、カワセミ、ブッポウソウがそれぞれ少し距離を空けて同じ電線上に止まっているのを一度だけ見たことがある。ブッポウソウ目トリオだ！　とても感動したのをよく覚えている。

さて、ブッポウソウはその美しい姿から森の宝石とも呼ばれ、各地の神社仏閣でみられたことから霊鳥として崇められてきた。名前は、夜に「ブッ、ポー、ソー」と聞こえる鳴き声から名づけられた。漢字で「仏法僧」と書き、三つの宝をもつありがたい鳥「三宝鳥」とされてきた。しかし、実際は「ゲッ、ゲッ、ゲゲゲー」と独特な低い声で鳴く。一度聞くと忘れられない。そして、ブッポウソウは夜行性ではなく、昼行性の鳥。夜にブッポウソウと鳴いていたのは、フクロウの仲間の「コノハズク」だった。この事実が判明したのは、昭和十年のことで、平安時代から千年もの間ずっと勘違いされ続けてきた。コノハズクとブッポウソウの生息地が重なっていたことと、昼間の綺麗な姿から想像を膨らませていたのだろう。今でもコノハズクのことを「声のブッポウソウ」、ブッポウソウのことを「姿のブッポウソウ」と呼ぶ。よく、一般の方(鳥に詳しくない、ブッポウソウの実物を見たことがない人)にブッポウソウの研究をしているとお話しすると、「ブッポウソウと鳴く鳥でしょう。」と言われることが多い。それくらい有名な話のようで、その度に名前の由来の説明から入る。そして、地方名としては、三宝鳥、山烏、青燕などがあり、私が気に入っているのは岡山県真庭市の蒜山地方で呼ばれていた「モンツキガラス」。本章の最初の頁下の写真からわかるように翼の白斑がよくめだつ。また、ブッポウソウはきれいな色鮮やかな羽をもつが、逆光では黒っぽくみえる。大きさはハトぐらいだが、カラスのように翼が大きく、賑やかな声で鳴くなど、特徴をよく表現してあると思う。

生息地と生息数

生息地は東南アジアを中心に、西はインドから中国、北は中国東北部・アムール川周辺・日本、南はオーストラリアにかけて広く分布している。十亜種に分類され、日本にはその一亜種の *E.o.calonyx* (Shrpe, 1892) が繁殖のために渡来する。岡山県では四月末に渡来し、九月上旬には南の国へ渡去する夏鳥である。二〇一七年は四月三〇日に初認し、九月二日に最後の一羽を確認した。

ジオロケータによる越冬地の研究では、ボルネオ島北部で越冬していることが確認された。また、別の一個体は九月上旬に渡りを開始して南シナ海を一昼夜かけて横断し、中国大陸経由で渡ったことが判明した(山階鳥研NEWS、二〇一一)。ジオロケータは、明るさを記録するデータロガーで、重さ約一グラムという超小型の記録装置である。発信機とは異なり装着後に回収が必要であるが、回収したデータの日の出と日没の時刻から、移動経路の緯度経度を推定できる。精度の誤差が大きいため、現在はGPSロガーを用いた越冬地解明の研究が行われている。

国内のブッポウソウの現状について、一九六〇年代まで国内の本州以南の地域に広く分布していたが、近年の繁殖地は局所的で、全国的に減少傾向にある。そのため、近い将来絶滅の危険性が高いとして、環境省レッドリスト二〇一八では絶滅危惧IB類に指定されている。中国地方では、一九五〇年代の電柱が木製だったとき、木柱にあいた穴でブッポウソウが営巣していた(清棲、一九六五)。その後、一九八〇年代後半から電柱がコンクリート化されたことで営巣場所を失い、繁殖数が減少した。しかし、岡山県吉備中央町では、一九九〇年から日本野鳥の会岡山県支部が電柱に巣箱かけを行ったことにより、巣箱での営巣がみられるようになった。一九九五年に五つがいだった繁殖数が徐々に増え、二〇〇二年で九十九つがいが繁殖するまでに急増した（丸山ほか、二〇〇四）。二〇一七年現在、岡山県で巣箱かけの保護活動を行っている地域は、岡山市・吉備中央町・高梁市・井原町・美咲町・真庭市・新見市と生息地が広がり、県内の生息数は五五〇羽ほどと推測される（日本野鳥の会岡山県支部、二〇一八）。そのほとんどが巣箱で営巣しており、撤去されずに残されたままの木柱を除いて自然木での営巣は確認されていない。また、岡山県以外の中国地方、広島県や鳥取県でも巣箱による保護活動で生息数が増加している。

卒論研究

大学一年生でブッポウソウの研究をすることを漠然と決めてから、大学生活では農学部の授業をメインに履修し、硬式テニス部に所属して充実した日々をすごしていた。今から思えば、テニス部で炎天下、練習に励んだおかげで体力も忍耐力もつき、体は小さいがタフで、フィールドワークに活かせている気がする。

野鳥の会の方々には親しくしていただき、ブッポウソウの保護活動の経緯や、さまざまな鳥の知識を教えてもらった。二年生の夏、吉備中央町でブッポウソウの生態研究をしていた信州大学の中村研究室の学生さんのもとを訪ねた。どのように研究しているかお話を聞くことができ、卒業研究に向けて一歩踏み出

図1　繁殖経過の確認のため，巣箱の中を撮影しているようす．

せたように思う。その後も研究手法など多岐にわたって助言をいただいた。

四年生になり、いよいよ研究スタート。大学内に鳥の生態研究をする研究室はなかったが、理学部生物学科でブッポウソウの繁殖生態をテーマに研究することになった。また、信州大学の学生さんが寝泊まりしていたお宅に私もお世話になり、早朝から夕暮れまで調査三昧の日々を過ごした。夕食を一緒にさせていただきながら、調査中の出来事などをお話するのが楽しく、家族のようにあたたかく接していただいた。

おもな調査は、町内に設置された一七九個の巣箱を周り、繁殖の有無、産卵数、ふ化雛数、巣立ち雛数などを確認することだった。どうやって、電柱に設置された巣箱の中を確認するのだろうか、毎回登るのか?と思われるかもしれない。釣り具屋さんに売っている、伸び縮みする竿の先端に携帯を装着して、動画機能で巣箱内を撮影していた(図1)。信州大学の学生さんから伝授してもらった方法である。巣箱の穴の大きさは七センチメートルで、デジカメは入らない。携帯のいいところは小さいことだけでなく、動画撮影中にライト機能が使えることだった。巣箱内は暗いので、ライトをつけずに撮影してもよく見え

図2　巣箱の設置場所. 巣箱は縦長で、柱やポールにとりつけられている. (a) もっとも多い, 田んぼの畔の電柱. (b) 民家の畑の中にある電柱. (c) 独立型のポール式巣箱.

ない。現在も同じ方法で巣箱内の繁殖状況を確認しているが、携帯からドライブレコーダーへと進化し、画質が非常に鮮明になった。

巣箱は、おもに日本野鳥の会岡山県支部が設置したもので、位置は非公開になっている。特別にいただいた地図を頼りに自分で探し周った。道に迷うことも多かったが、すべての巣箱の位置がわかった頃には町内の地理にも詳しくなっていった。多くの巣箱は、田んぼの畔などにある電柱に設置されている（図２ａ）。巣箱の設置場所はさまざまで、民家との距離が近い巣箱（図２ｂ）、藪こぎしなければたどり着けない巣箱もある。また、独立型のポール式巣箱もある（図２ｃ）。ＮＴＴの電柱に巣箱を設置する場合は添架許可申請をしなければいけないが、この場合は不要である。ポールを倒すことができるので、繁殖後の清掃で登る必要がないのも利点である。どの巣箱でも調査を行うためには、地元の方の所有地にずかずかと入っていくしかない。基本的にブッポウソウの保護活動に好意的な方が多く、怒られることは少なかったが、笑顔で大きな声で挨拶をしながら愛想よくお邪魔するように心掛けていた。

この年の調査結果は、一二五個の巣箱で産卵を確認し、巣箱利用率は七割だった。ブッポウソウは白い卵を産み、産卵数は二〜五個確認、四個がもっとも多く四十七パーセントを占めていた。繁殖失敗した巣箱は抱卵期に四個、育雛期に五個あった。おもな捕食者はヘビであると考えられ、調査中にふ化したばかりのヒナをアオダイショウが捕食している現場に居合わせたことがあった。卵を産んでからヒナが巣立つまでの繁殖成功率は、八十五パーセントだった。繁殖生態の基本的なデータの収集方法を学び、何より調査地にある巣箱の位置を把握できたことがよかった。

各巣箱の繁殖成績を調べるほかに、行動観察も行った。タイムマッピング法を用いて、二分おきにどこで何をしているのか、ブッポウソウの行動を記録した。双眼鏡に慣れていなかったため、この調査はいい訓練になった。朝露の残る中、遠くのヒノキの頂点にいる鳥をブッポウソウだと思い込んでいたら、飛び立った瞬間、ヒヨドリだったことに気づき、ガッカリしたことを覚えている。

余談になるが、当初はペーパードライバーで運転に自信がなかったが、友人から借りた車で田舎道を日々運転し上達していった。が、慣れた頃に草むらの道で側溝に脱輪してしまった。そこは、携帯電話の通信圏外でかつ近くに民家もない田んぼの真ん中。途方に暮れていたら、草刈のためにおばちゃんがやって来た。事情をお話すると、土木工事を営んでいる方で、トラックと男性数名を呼びに帰ってくれた。無事に側溝からあげてもらい、本当に助かった。その後、側溝には気をつけるようになり、再び脱輪したの

図３　ブッポウソウのペア．どちらがオスでしょう？

はそれから八年後、やはり調査途中の側溝で地元の方に助けていただいた。三度目がないことを祈るばかりである。

捕獲させて！

大学四年生の一年間の調査では物足りず、そのまま岡山大学大学院自然科学研究科に進学し、研究を続けることにした。

ここで質問。「この二羽はペアです（図3）。どちらがオスでしょうか？」よくブッポウソウのお話をするときに使う写真で、オスだと思う方に手を挙げてもらう。右に写っている方がオスだと思われる方が多いが、じつはわからない。クイズにするなと言われそうだが、ブッポウソウは、雌雄同色で交尾や求愛給餌などの特徴的な行動を観察しないかぎり、雌雄を判別することは難しい。つまり、この写真のような現場に居合わせたとき、瞬時

図4　初めて捕獲したブッポウソウを手にする著者.

に右がオスだ！と断言できないのである。そこで、私は雌雄での繁殖期における行動のちがいに着目して研究を進めることにした。そのためには、捕獲して雌雄を判別しなければいけないが、成鳥の捕獲方法は確立しておらず、雌雄の形態のちがいもわかっていなかった。そこで岡山県在住の鳥類標識調査員の方に協力をお願いすることにした。計画は順調に進んでいったが問題は山積みだった。捕獲する前に、日本野鳥の会岡山県支部に許可をもらわないといけなかった。一九九〇年頃から行われている保護活動の結果、研究ができる環境が成り立っている。先人たちの努力のお陰である。岡山県支部の方々に対する説明会を開き、研究の目的等を伝えて何とかOKをもらった。というより、そんなに捕獲して研究したいなら好きにしなさい、という感じだったかもしれない。

修士課程の二年間は、研究に没頭しとても楽しく充実していた。念願だったブッポウソウの捕獲作戦も上手くいった。初めて捕獲したブッポウソウを手ににっこり（にやにや？）、ブッポウソウは苦しそう（図4）。初めて間近でみて、風切羽の青色や喉元の紫色など、とても綺麗な色に驚いた。目も大きく、くりっとしていてかわいい！　くちばしの先端は黒く鋭くとがっており、ふだん双眼鏡から見ているだけではわからない発見もあった（口絵30）。そして噛まれたときの痛さは強烈で、血がにじみ出ることもしばしばあった。

当初、捕獲した段階でブッポウソウの雌雄を正確に判別することはできなかった。標識して写真撮影や計測を行い、放鳥後の行動観察で雌雄を決定した。また、捕獲時に血液や羽を採取し、DNAを抽出し性判定も行った。その結果、外見的なちがいとしては、初列風切羽の青色の強さが異なっていた。とくに初列風切羽の外側（羽軸から上の部分）で、オスは青色が鮮やかだが、メスは青みが少なく黒いことがわかった（口絵32）。オスの青みは個体差があり、青みが少ないオスもいたがメスの方がより青みがなかった。羽色のちがいの他に、計測値からは抱卵期における体重でちがいがみられ、メスの方がオスよりも重かった。オスの平均体重は約一五〇グラムに対し、メスは約一七〇グラムもあった。体重以外の計測値である、自然翼長、頭長、ふしょ長ではちがいはみられなかった。その後、捕獲時には羽色と体重で総合的に雌雄を判別するようになったが、行動観察や羽から抽出したDNAから性判定も行うようにしている。

ブッポウソウの子育て

巣箱の中と入口に小型カメラを取りつけ、子育ての雌雄の役割について調べた結果、新たな発見があった。ブッポウソウの生態が書かれている「日本の鳥類と其の生態」（山階、一九四一）には、「メスのみ抱卵」と記載されているが、日中は雌雄交代で抱卵し、夜間はメスのみが抱卵していることがわかった。そして、抱雛（ふ化したばかりのヒナを温めること）を行うのはメスのみ（図5）で、オスは、ヒナがふ化すると給餌を開始し、オスが運んできた餌をメスが受け取り、ヒナに与えているようすを観察できた。徐々に抱雛をしなくなり、雌雄ともに給餌を行うようになる。そして、ビデオカメラを解析してもヒナの糞やペリットを運び出すことはなかった（図6）。

そして、ブッポウソウのおもしろいというか、ルーズな?ところがある。抱卵日数にばらつきが多い。ふつう、小鳥類ではだいたい決まった抱卵日数でヒナがふ化する。ブッポウソウの場合、抱卵日数を初卵日からふ化する日の前日までとした場合、早い巣では二十三日、遅い巣では三十日と一週間のずれがあ

図5　抱雛中のメス．ヒナとふ化前の卵が見える．

図6　巣箱に蓄積した3年分の糞やペリット．

った。もっとも多かったのは、二十五日から二十六日（十六巣のうち九巣）だった。なにが影響するのかはわかっていない。また、育雛日数に関しては、最初のヒナの孵化から巣立ち前日までの日数としたとき、二十三日から二十四日とばらつきが少なかった。

あともう一つ、ブッポウソウは巣材をみずから運ばない。しかし、ブッポウソウが産卵する前に、シジュウカラやスズメが営巣することが多々ある。シジュウカラなどのカラ類の場合はコケを、スズメの場合はワラを巣材として運び入れる。なので、巣材としては、コケ、ワラ、何もなしの三パターンがある（図7）。何もなしの場合は、巣箱の底板に卵が転がっている状態である。あなたがブッポウソウだった

図7　巣材の種類.（a）シジュウカラが運び入れたコケ.（b）スズメが運び入れたワラ.（c）何もなし．底板の上に産卵している.

ら、どの巣を選ぶだろうか？　私だったら、コケが敷き詰められたふかふかの上に卵を産みたい。ワラでもいいが、スズメはワラをたくさん運び、空洞を作ってその中に卵を産む習性がある。だから、せっかく産んだ卵が中に落ち込んでしまうことがある。そして、底板に産むのは床の上で寝るような感じで冷たく、コロコロと卵が転がって温めにくそうである。今までの研究からは、他種の巣材があった方が巣材なしの状態よりもふ化率が高くなることがわかった。今後、要因を研究し、巣選択に影響しているかどうか調べていきたい。

悩んだすえに博士課程へ

博士課程へ進学するか非常に迷った。当時、研究活動は楽しくブッポウソウの研究を続けたい気持ちは強かったが、ドクターという厳しい世界でやっていけるのか不安だった。また、このまま岡山大学に残るのか、鳥の生態研究を専門的に行う他大学へ移るのかでも迷った。今でも他大学へ移って研究をした方が良かったのではと後悔することがあるが、岡山大学大学院自然科学研究科の博士課程へそのまま進学した。岡山という土地でブッポウソウの研究を続け、教育や地域活性化などさまざまな活動につなげていきたいと考えていたからである。ＮＰＯでインターンをしたり、小中学校でブッポウソウの授業をしたり、研究をつうじて活動の幅を広げることにとても魅力を感じていた。

進学すると決めたら、学費は自分で支払う、婚期を逃す可能性があるから先に結婚しようと行動に移した。まず、学費の件に関しては、教員免許をもっており学校教育に関心があったため、同じ県内にある私立の女子高校で非常勤講師として週二日勤めることになった。次に、結婚も年度内にしようと、とんとん拍子で話が進み、博士課程へは水野から黒田になり進学した。

いろいろな新しいことが重なりすぎたのか、研究や人間関係が上手くいかず、翌年は妊娠を機に休学することにした。その後、同研究科内で研究室を移り復学し、生後半年の子どもを連れてブッポウソウの調査を再開した。さまざまな方に協力していただき、子どものめんどうも調査地の奥様方にみていただいた。ブッポウソウの研究を途切れさせてはいけないと焦っていたのかもしれない。その後も吉備中央町で調査を続けていたが、さまざまな制約が生じたために、新たな調査地で研究活動をやり直すことに決めた。岡山大学大学院を中退し、兵庫県立大学大学院地域資源マネジメント研究科の博士後期課程へ入学、江崎保男先生のご指導のもと、ブッポウソウ研究を再スタートさせることになった。

新たな調査地は岡山県高梁市で、高梁野鳥の会会長の小見山節夫さんが長年、地元の方と協力しながらブッポウソウの保護活動に取り組まれている。小学校を中心とした地域との連携が非常に上手くいっており、三・四年生の児童が毎年ブッポウソウの学習をするというカリキュラムが根づいている。岡山大学の修士課程のときから、小学校でブッポウソウの授業を行っており、学校裏の巣箱内に小型カメラを設置して、児童たちが観察しやすい環境づくりをさせてもらっていた。高梁市はまったくの新天地ではなく、以前から交流があったのと、小見山さんをはじめ強力な助っ人がいてくださったので、吉備中央町からスムーズに調査地を移すことができた。

謎の生態に迫る

現在、兵庫県立大学院生として行っている調査内容を紹介しよう。岡山大学ではおもに基礎的な繁殖生態について研究してきたが、これからはブッポウソウがどのような空間を利用しながら、また他種や他個体とどのような関係をもちながら子育てしているのか社会構造に着目して研究を進めることにした。

調査地は岡山県の中西部に位置する高梁市。もっとも巣箱の密度が高い、東西二・五キロ×南北三・〇キロの範囲を調査区としており、巣箱は十八個ある。自宅のある岡山市からは車で一時間半ほどである。往復三時間になるが、道中は渋滞することがなく苦にならない。休日は現在四歳の子どもも一緒に連れて行き、おかげで虫取りが大好きな少年に育ち、ブッポウソウがどんな鳥なのか完璧にインプットされている。

さて、ブッポウソウは四月下旬に渡来してくるので、それまでに諸準備を進めていく。まずは、中国四国地方環境事務所に学術研究のため捕獲許可申請をする。二〇一五年から鳥類標識調査員（バンダー）の資格を取り、足輪（通称環境省リング）の装着はできるようになったが、カラーリングやGPSロガー等を装着するためには別に捕獲許可証が必要になる（バンダーについてはコラムで紹介）。

その他、巣箱の清掃や傷みが激しい場合は交換などをしておく。また、三か所の巣箱には巣内カメラを設置しており、繁殖のようすを記録できるようにしている。これらのメンテナンスをしておく。最後に大事なことは調査計画を立て、指導教官である江崎先生と話し合っておくこと。岡山大学時代は、自分で計画を立て、やれることをしようと勢いよく調査に臨んでいた。鳥類の生態研究を専門とする先生に指導していただけることに感謝し、しっかり研究のイロハを身につけていきたい。

二〇一七年のおもな研究内容

（一）渡来前四月中旬から渡去するまでの間、週に一度、巣箱の観察

一日かけて、十八の巣箱を十五分ずつ、約五十メートル離れた定点から順次観察する。

（二）繁殖経過の確認

巣材の種類、卵数、孵化雛数、巣立ち雛数、初卵日、ふ化日、巣立ち日など。

（三）抱卵期、ＧＰＳロガーによる個体追跡調査

その他に繁殖個体の標識を行い、共同研究として山階鳥類研究所の仲村 昇さんとＧＰＳロガーを用いた越冬地解明の調査も行った。

四月中旬から調査スタート

一日で十八の巣箱を周り、各巣箱十五分ずつ観察していく。第一回目は、ブッポウソウはまだ渡来していないということの確認。地元の方から「ブッポウソウはまだ来とらんよ～」と言われながら、「今年もよろしくお願いします！」と挨拶していく。ブッポウソウが渡来してくる頃、ちょうど調査地では田植えのシーズンで、皆忙しく農作業している。先週までは水が入っていなかった田に稲が植えてあり、風景が一変する。第二回目か三回目の観察で数羽確認でき、その後徐々に渡来数が増えていく。渡来してからしば

らくの間は、巣の取り合いなのか巣の周辺で三羽以上のケンカがしばしば観察される。ケンカの声はけたたましく、激しく飛び交う。ふだん、何もなければブッポウソウはおとなしい。枯れ木やヒノキのてっぺんに止まったまま、ほとんど鳴かない。なので、抱卵期に入り、ケンカをしなくなり静かになると、地元の方はブッポウソウが（自分ん家の巣から）いなくなったと勘違いすることがある。

五月は週一回の定点観察以外にも、観察に重きをおき、昨年繁殖していた個体が戻ってきたのか、それとも新しい個体なのか確認をしていく。ふしょ（足）がとても短く、足輪の有無の確認さえ難しく、足輪が見えたときはラッキー！　嬉しくなる。このような観察から、五月初旬にある巣箱で確認していた個体が、ちがう巣に移動して繁殖していることがわかった。また、産卵前は個体が巣を物色するためいろいろと動きまわっているようだ。移動する要因についてはまだはっきりとわかっていない。

五月二十日をすぎた頃から産卵が始まる。今までの調査から、一日おきの午後に産卵することがわかっている。なので、初卵日の確認は、午前中に二日連続で行うことにしている。たとえば、五月二十五日午前に卵を一つ確認し、翌日二十六日午前も一つだった場合、この巣の初卵日は二十四日になる。二十四日午後に一つ目の卵を産み、二十五日はお休み、二十六日午後に二つ目の卵を産む。このような方法で初卵日を特定している。

繁忙期

さて六月、抱卵期に入ったら、一年の中で一番忙しくなる。抱卵期にしか成鳥を捕まえることができないので、時間との戦いである。捕獲して成鳥に何をするのか？　一番の目的は標識である。見た目では識別不可能な個体が、足輪を装着することで、あそこの巣箱で繁殖しているオスという風に識別することができる。行動観察では個体の情報は必要だし、経年的にその個体を追うことができる。

それでは、標識調査の一日の流れを簡単に説明しよう。九時、調査地に集合。車を乗り合わせて、巣箱へ出発。まず、最初の巣箱は捕虫網で捕獲を試みる（図8）。捕獲できたら、車のトランクを開け、そこが作業場になる。車は巣箱の近くの農道や路肩に止めて、地元の方に邪魔にならないように配慮しながら行う。そして、腕に赤い腕章「鳥類標識調査 環境省」をつけることも忘れないようにする。以前、巣箱に登っている怪しい人ということで、警察に通報されそうになったことがある。たまたま近所の人が、ブッポウソウの研究をしている黒

図8　捕虫網で巣箱の入口を塞いでいるようす．ブッポウソウが出てこないので，私が木登り器を設置しにいく．

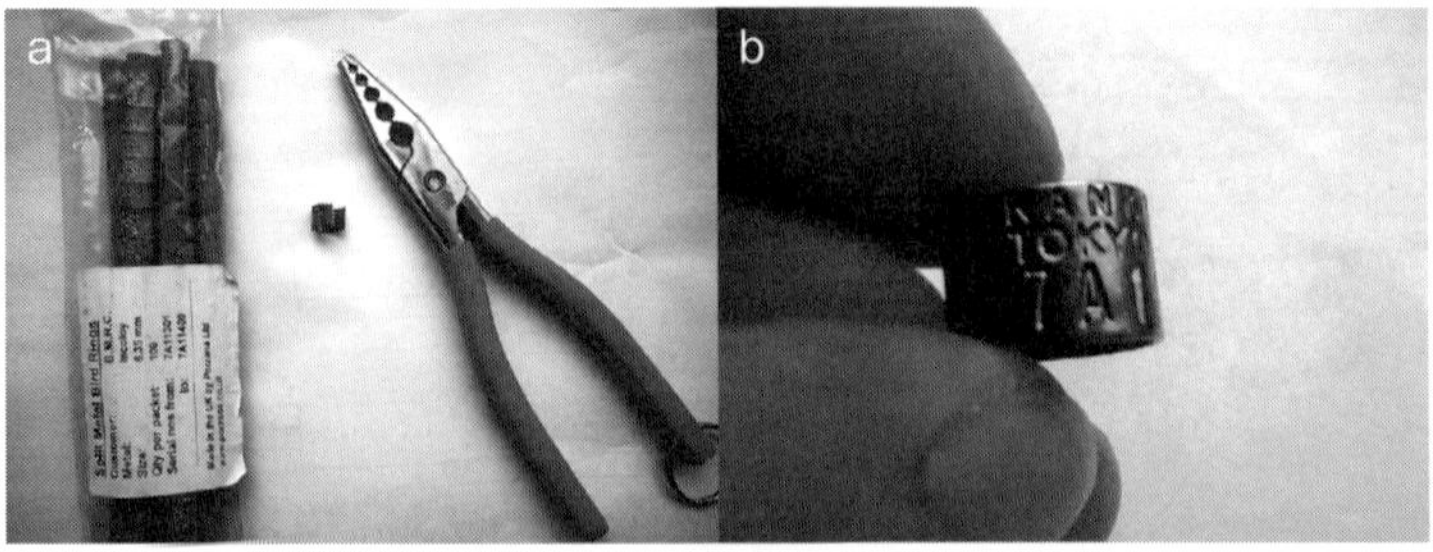

図９　環境省リングと装着する道具．(a) 環境省リング(左) と装着時に使うプライヤー(右)．ブッポウソウに装着する7番リングは，プライヤーの下から２つ目の穴でリングを締める．(b) 7番リングの拡大．このリングには「KANKYOSHO TOKYO JAPAN 7A11304」と印字されている．

田さんだから大丈夫と止めてくれて、警察沙汰にはならなかった。

さて、話を戻そう。捕獲した個体に足輪がついていない「ニュー個体」だったら、環境省リングを最初に装着する（図９）。そして、行動観察で識別しやすいようにカラーリングを装着する。捕獲時に足輪がついている「リターン個体」だったら、環境省リングの番号を記録する。ブッポウソウは成鳥の帰還率が高く、リターン個体の割合が多い。次に、計測は定規やノギスなどを用いて、自然翼長、嘴高、嘴幅、頭長、ふしょ長、尾長、体重の七項目を行う。最後に、写真撮影。足輪の撮影から始まり、初列風切羽、頭部、喉元、尾羽等を撮る。その他に、目視観察でわかりやすく、巣箱の中に取り付けたカメラで雌雄の判別ができるように、頭部にペイントを行うことがある。これらの一連の作業は三十分ほどかかる。

捕まえた個体を放鳥したら、巣箱トラップを設置するため、巣箱に登り、そのついでに巣材の種類と高さを記録し、ノギスを使って卵の計測も行う。次の巣箱でも同様な作業を行いつつ、大体三か所周ったら最初の巣箱に戻り、トラップが作動していたら、巣内の個体を捕獲し、この巣は終了になる。午前中に五羽捕獲できたら上出

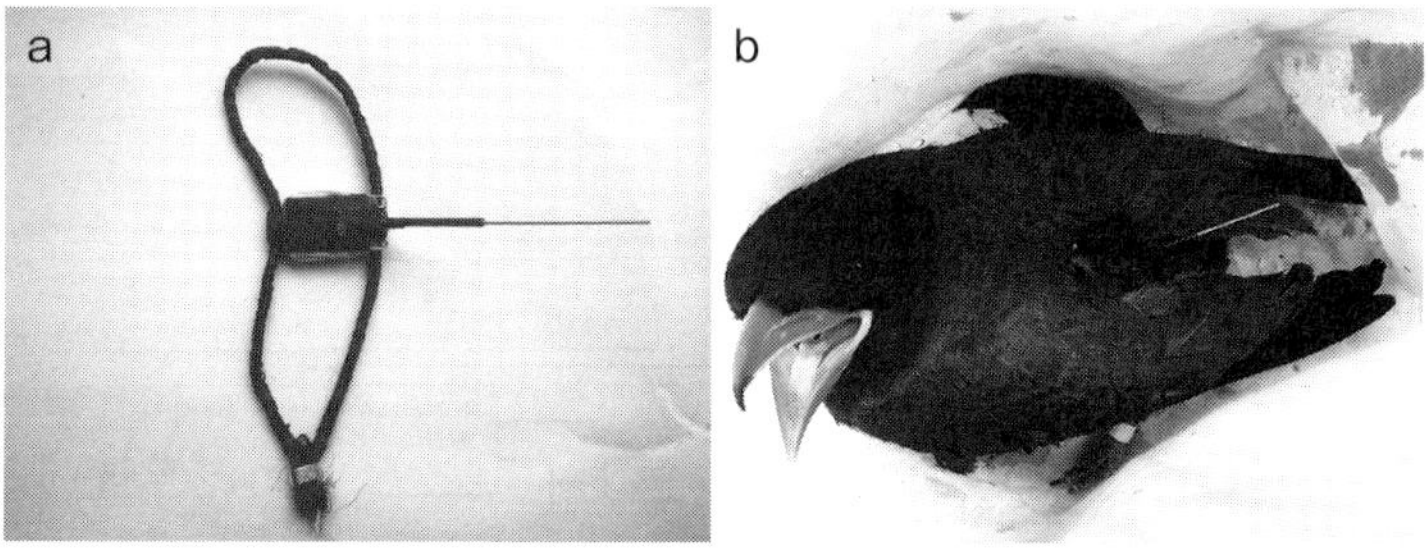

図10　GPSロガーの装着方法．(a) GPSロガーにテフロン紐をつける．(b) テフロン紐を足に通す「レッグハーネスト法」で，ロガーを装着した個体．腰のあたりにロガーのアンテナが見える．

来、昼食は調査地内にある定食屋さんに行くことが多く、ここで午後からの活力をもらう。調査地内の飲食店は一軒だけだが、飽きることなく毎回楽しみにしている。午後からは午前中の続きをし、一日でだいたい十羽くらい。悪戦苦闘する日もあれば、すんなり予定していた数をこなせる日もある。そして、梅雨時期なので天気に左右されることもあるが、基本カッパを着て作業する。雨で電柱が濡れると木登り器が滑る可能性があるので使用しない方がいいと、野鳥の会の方は言われるが、私は逆に濡れた電柱の方が登りやすく感じるので、使用している。何よりも、雨の中でも調査に付き合ってくださる協力者の方々に本当に感謝である。

GPSロガーによる個体追跡

標識調査のときに、GPSロガーを装着し、抱卵期の個体追跡調査も行う。GPSロガーの商品名は「PinPoint10（LOTEK社製）」で、重さ約二グラムという超小型のデータロガーである（図10）。装着前に「六月十日の九時から二時間おき」というような細かい設定が可能で、設定した日時に装着した鳥がいる緯度・経度を記録するという優れものである。しかし、発信機ではないため、機器を回収しないとデータを得ることができない。また、イギリス製のため、機器内蔵の時計はグリニッジになっている。このことを忘れて、日本時刻で記録日時の設定を行ったことがあった。昼間の行動を記録する予定が九時間後の真夜中のデータになってしまったのである。装着・放鳥して帰宅した後に気づき、ガッカリ。しかもその日、ロガーの記録が正確か確かめるために、放鳥後に数名で目視観察を行っていた。せっかく蒸し暑い中、観察に付き合っていただいたのに、無駄になってしまった、謝るしかなかった。しかし、その個体のロガーを回収しデータを見てみるとおもしろいことがわかった。なんと、巣箱から直線距離五・五キロも離れたところで夜をすごし、朝四時四十五分には巣箱に戻ってきていたのである。これにはびっくり！　抱卵期、オスは巣箱の外で寝ていることは知っていたが、こんなに離れたところまで移動しているとは想像していなかった。この経験から、設定時に間違えないよう、ロガーとパソコンをつなぐ装置に「グリニッジ！マイナス九時間」と大きく張り紙をしたのと、昼間だけでなく、夜間のデータも取るようにした。これらの個体追跡調査に用いたＧＰＳロガーは、山階鳥類研究所と共同研究で行っている越冬地解明研究用のものを使わせていただいた。調査後、改めて充電し、越冬地用のプログラムに変更して装着し放鳥している。

図11　餌を運ぶようす．巣箱に設置した小型カメラで撮影した画像．(a) カナブン，(b) オニヤンマ，(c) アブラゼミ．

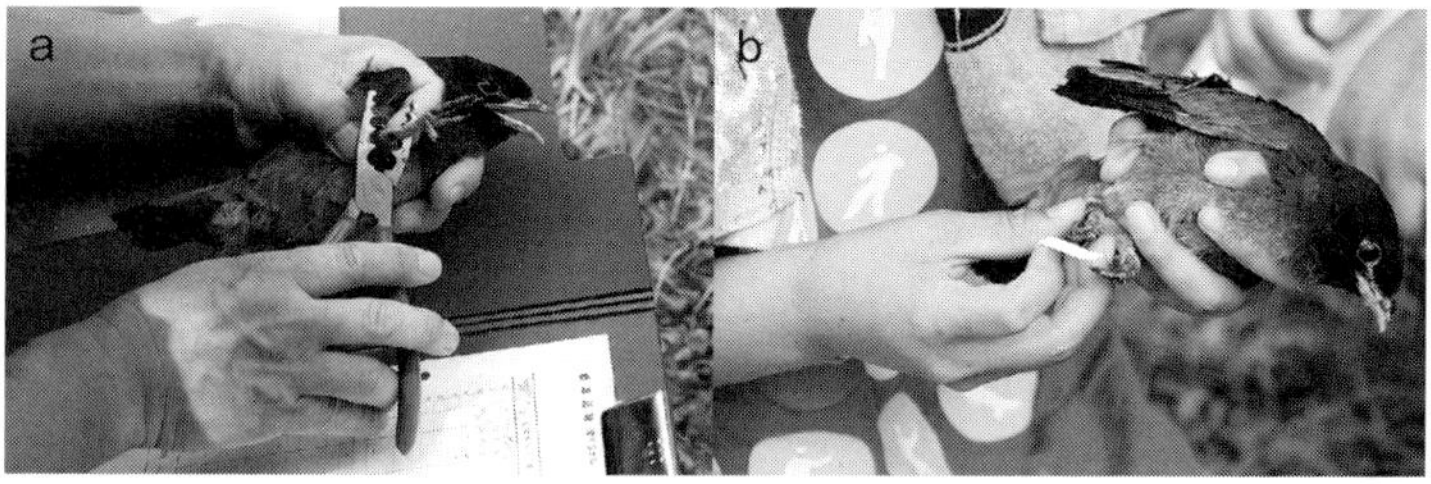

図12　ヒナバンディングのようす．(a) ヒナの右足に環境省リングを装着する．(b) 環境省リングの上からテープを巻く．

いよいよ終盤

六月二〇日をすぎた頃からヒナがふ化し始め、ここからは観察がメインになる。雌雄ともおもな餌は飛翔性の昆虫など（図11）で、飛びながら空中で虫を捕まえるが、どこでどのように餌を捕まえているのか採餌行動をくわしく観察する。もっとも給餌活動が活発になるのは薄暗くなる十九時以降（松田ほか、二〇〇七）。修士時代の研究からも同様の結果を得ていた。その時間に観察できたらいいのだが、平日は子どもの保育園のお迎えがあり、休日もなかなか難しい。調査地に寝泊まりできる家が欲しいと思う。

七月上旬、巣箱の中にいるヒナに足環を装着する。成鳥と同じく環境省リングを装着し、その上からテープを巻くようにしている（図12）。テープは、年ごとにちがう色にしており、たとえば二〇一五年生まれは青、二〇一六年生まれは緑といったようにしている。そうすることで、ヒナが成鳥になり帰還したときに観察だけから、何年生まれの個体か識別することができる。この方法で、一歳個体が繁殖地に戻ってきていることを観察することができた。標識調査から繁殖開始年齢は二歳ということがわかってきたが、一歳個体がどうしているかは不明だった。

七月中旬、ネムノキの花が満開になる頃に巣立ちが始まる。巣立ちしたばかりの幼鳥は、くちばしが赤色ではなく黒っぽい黄色をしている。そのため、観察では幼鳥と成鳥を見分けることができる。しかし、幼鳥は羽色も黒っぽく保護色で、なかなか見つけ出すことができない。そのため親子で観察できたときは嬉しくなる。巣立ちが始まると、調査地はにぎやかになり、しばしば五羽以上の集団が観察されるようになる。幼鳥が混じっているのではなく、成鳥の集団である。なぜ集団をつくるのか、メンバー構成もよくわかっていない。二〇一六年七月下旬に最大十二羽の集団ができ、数羽が林縁部の砂地に下りて、羽を広げているようすを観察したことがある。何のための行動なのかわからなかったが、初めてのことでとても驚いた。フィールドワークをしていると、予想していなかった驚きの現場に出くわすことがあり、これが非常に楽しい。

八月に入ると観察される個体数が少なくなっていき、数羽のみの確認である。巣の近くで観察されることはほとんどなく、周辺の山にいないか一生懸命探していく。遠くにブッポウソウのシルエットが見えたときは、やっといた！と嬉しくなる。そして九月上旬に観察したのを最後にいなくなる。今シーズンも終わり、達成感と同時に少し寂しい気持ちを残して調査地を後にする。

おわりに

現在、二児の母になり、仕事もしながら、大学院生として研究活動をする。三足のわらじを履いての生活をさまざまな方々に助けていただきながら、何とかこなしている状態である。でも、みずから選んだ道で、一冊の本との出会いからすっかりブッポウソウにのめり込んでしまった。研究が進まず、しんどいと感じるときもあったが、ブッポウソウから離れることはできなかった。まずはしっかり研究活動をして論文を書き、博士号を取得したい。私が元気なかぎり、ブッポウソウを追いかけ続けて、まだまだわかっていない謎の生態を明らかにしていく。そして、ブッポウソウの生態研究をつうじて，地域の資源を新たな角度から見直し、生かす仕組み作りにも挑戦していきたい。それがブッポウソウの保護にも繋がり、今までお世話になった方々への恩返しになるはずである。

今までを振り返り、独りではここまで研究できなかった。協力者の方々がいてくださることを心から感謝しつつ、これからも頑張りたい。子育てしながらの研究はもちろん大変だけど、子育てをしているからこそ、周りの方々があたたかい手を差し伸べてくれているように思う。出産前日まで調査地でブッポウソウを観察していたことも、いい思い出である。そして、そんな破天荒な母をそっと見守ってくれる家族にもお礼を言いたい。

*本章で紹介した研究は、公益信託増進会自然環境保全研究活動助成基金（二〇一〇年度）の助成を受けて行われた。

引用・参考文献

江田伸司（2014）倉敷市立自然史博物館第 23 回特別展展示解説書「幻の青い鳥ブッポウソウ」. 倉敷市立自然史博物館, 倉敷.

吉備中央町（2012）私たちの町にやってくるブッポウソウ. 吉備中央町協働推進課, 岡山.

木村裕一・水野聖子（2012）ブッポウソウ *Eurystomus orientalis* 捕獲用巣箱トラップ. 日本鳥類標識協会 24(1): 14-19.

清棲幸保（1965）日本鳥類大図鑑 I . 講談社. 東京.

公益財団法人山階鳥類研究所（2011）計量記憶装置（ジオロケータ）で希少な小鳥類の越冬地が初めて判明. 山階鳥研 NEWS 237: 4.

松田　賢・植田秀明・上野吉雄（2007）ブッポウソウの給餌活動の日周変化と餌内容. 高原の自然史 12: 57-73.

丸山健司・遠藤裕久・大谷良房（2004）ブッポウソウの巣箱設置による保護活動について. Strix 22: 155-163.

中村浩志（2004）甦れ、ブッポウソウ. 山と溪谷社. 東京.

日本野鳥の会岡山県支部（1992）岡山県におけるブッポウソウの生息状況調査報告書. 日本野鳥の会岡山県支部. 岡山.

日本野鳥の会岡山県支部（2018）森の宝石ブッポウソウ. 日本野鳥の会岡山県支部, 岡山.

Sharpe, R.B. (1892) Catalogue of the Birds in the british Museum 17: 33-35. British Museum, London.

山階芳麿（1941）日本の鳥類と其の生態第 2 巻. 岩波書店, 東京.

コラム

研究をつうじて身につけたこと

黒田 聖子

誰でも最初は初心者である。初めから上手くいくこともあれば、経験を積むことでできるようになることもある。私が研究を通じて身につけたことを二つ紹介したい。

まず一つ目は、身軽に電柱を登り降りすること。私が初めて電柱に登ったのは、大学三年生の十月、日本野鳥の会岡山県支部が主催する巣箱清掃に参加したときだったと思う。当時はあまり上手に登ることができず、けっこう怖かったことを覚えている。

図1　木登り器を使って，巣箱の中にいるヒナを取り出すところ．この巣箱には入口を撮影する小型カメラが設置してある．

木登り器は、もともと生木の枝打ちのために使う道具で、電柱を登るためのものではないが、岡山県支部は保護活動を始めた頃から長く愛用し続けてきた（図1）。他県では、はしごを使用している場合が多い。はしごと大きく異なる点は、コンパクトで持ち運びしやすいところである。また、上に登ったときに安定感があり、両手を使って作業を行うことが容易にできる。

写真からはわかりにくいが、二つのパーツに別れていて、尺取虫のように登っていく。下のパーツに足先を引っ掛けて腰を上げて立ち、上のパーツを持ち上げる。次に上のパーツに座り固定してから、下のパーツを足先で持ち上げる。順序よく繰り返していくうちに上

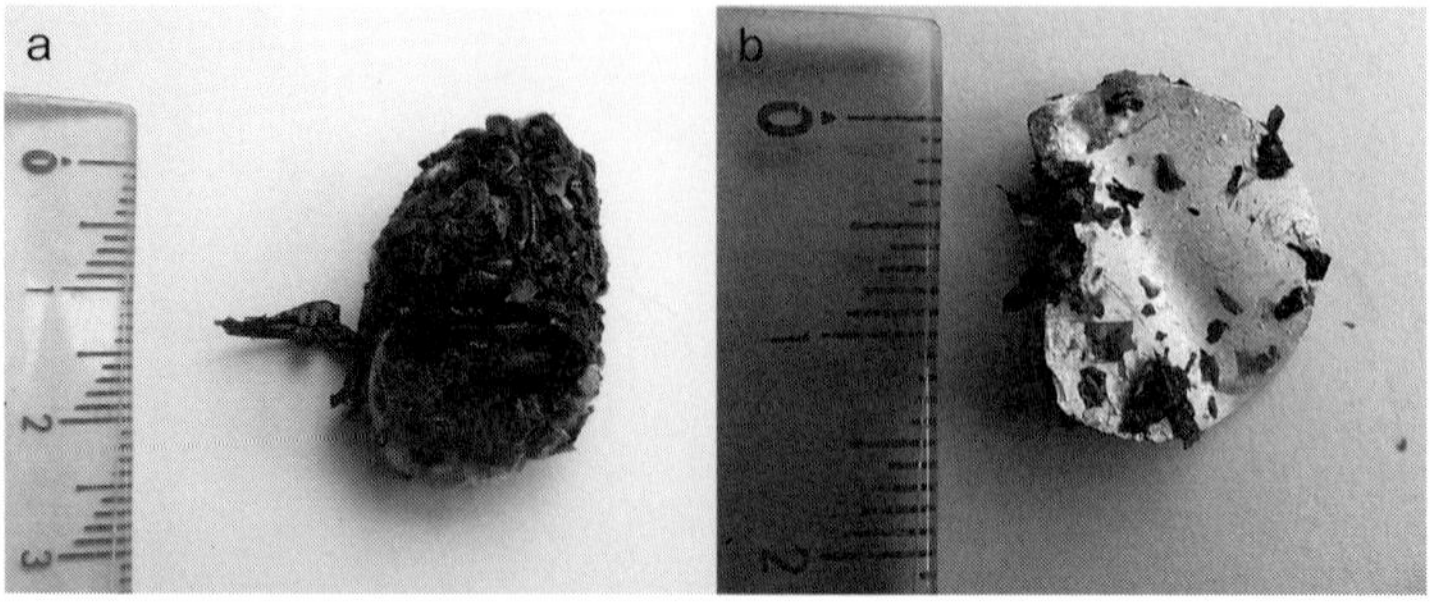

図2　(a) ヒナが吐き出したペリット.(b) ペリットの中から出てきたアルミ片.

へと登っていける。私が使用するときに気を付けていることは、上と下のパーツがちゃんと紐で繋がっていることの確認である。紐で繋がれておらず、上に登ったときに下のパーツが間違って落ちてしまうと、取り残されてしまい、降りられなくなるからだ。また、電柱の太さはさまざまだが、装着時に調節できるため、細いものから太いものまで対応できるようになっている。

私が電柱登りから学んだことは、とりあえず自分でやってみること。怖いと思っても、うまくできなくても、何とかなるという心意気でチャレンジする。単に木登り器を使って電柱に登ることは、すぐに慣れる。私が苦労したことは、巣箱を取りつけることで、巣箱を支えながら針金で上手に固定することが最初は中々できなかった。次に、木登り器が使えないステップ付の電柱での作業も大変で、安全ベルトに体をあずけて、両手を離して作業できるようになるまでに時間がかかった。今では、どの作業もスムーズにできるようになった。それは、岡山県支部の方々が見守ってくれて、電柱の上にいる私にいろいろとアドバイスをくれたおかげである。

岡山県支部では、毎年秋に木登り器を使って、巣箱の清掃を行っている。繁殖後の巣箱には、ヒナの糞やペリットが残っており、どんな餌を食べて巣立ったのかを知ることができる。基本的にはカナブンなどの甲虫の残骸が多いが、カタツムリや陶器のかけら、缶のプルタブなどおもしろいものを運び入れている巣もある。これらのおもしろいものは、甲虫などを胃ですりつぶすための「碾き臼」として利用していると考えられている。ヒナの標識調査中、口から吐き出したペリットの中にアルミ片が含まれていたことがある（図2）。カタツムリに関しては餌として運んでいる可能性もあり、まだよくわかっていない（図3）。

図3　育雛期にカタツムリを巣に運ぶ親鳥．

私が研究を通じて身につけたもう一つのスキルは、鳥を捕獲し標識すること。鳥類標識調査（バンディング）をご存知だろうか。私は、大学生になり研究を始めるまで知らなかった。公益財団法人山階鳥類研究所が環境省から委託を受けて、鳥類の渡りルートの解明やさまざまな生態を明らかにすることを目的に行なっており、全国に約四五〇名の鳥類標識調査員（バンダー）がボランティアで活動している。師匠のもとで鳥類の知識や捕獲等の技術を身につけ、推薦を受けて試験に合格した人がバンダーになることができる。

私が初めてバンディングに参加したのは、ブッポウソウを捕獲する前の修士一年の春だった。このとき、カワセミやヤツガシラを間近で見ることができ、感動したことを覚えている。バンディングはおもにかすみ網を用いて捕獲するため、調査場所を網場と呼ぶことが多いが、岡山県には網場がほとんどないため、島根県の網場に通った。初めから、バンダーになることを志望していたわけではなく、ブッポウソウを捕獲する際に必要な鳥の扱い方を学ぶために参加していた。そんな私がバンダーになろうと思ったきっかけは、ブッポウソウ調査に県外から応援に来ていただいたバンダーの方々から、「バンダーになったら?楽しいよ」と励まされたことである。私は、ブッポウソウに魅了されて鳥の世界に入ったため、鳥の知識がほとんどなかった。しかし、バンダーになるためには、鳥の識別能力を身につけなければいけず、当時の私には遠い道のりだった。

そんな矢先、調査で一番お世話になっていた岡山県在住のバンダーさんが、転勤されることになった。バンダーでないと、環境省リングを装着することはできない。環境省リングは、カラーリングとちがい耐久性が高く、また、山階鳥類研究所が、装着者や場所、日時などのデータを管理している。環境省リングをつけていれば、たとえ海外で捕まった場合でも報告が届くことになる。

いつかバンダーになりたいとのんびり考えていたが、急ぐことにした。広島県の網場で大変お世話になり、技術を何とか習得したうえで、当時一歳前の我が子と子守役の父を引き連れて、福井県と新潟県で技術試験を受けた。子連れ受験は前代未聞で、研究所の方や同じ受験生の方に大変お世話になった。最後は千葉県にある山階鳥類研究所で筆記試験を受け、無事に合格し、念願だったバンダーになることができた。まだまだ未熟だが、とりあえずはブッポウソウの研究で貢献したいと思う。

その他にもたくさんのことを学んできた。「継続は力なり」これからもフィールドワークを通じて、いろいろなことを身につけて自分のものにしていきたい。そして、その技術を若い世代に繋げていきたいと思う。

南の島に移り棲んだモズの生活を追う

松井 晋

二〇〇二年四月十四日、私は南大東島に向かう船の中にいた。一九七〇年代以降に大東諸島(南大東島、北大東島)に新しい個体群を確立させたモズ *Lanius bucephalus* の生態を長期的に追跡する調査を開始することが目的だった(図1)。南大東島は、沖縄本島から東に約三九〇キロメートル離れた太平洋上に位置している。モズが近年になって定着したという大東諸島は、いったいどのような島なのか?

大東諸島は、日本では珍しく、大陸と過去に一度も陸続きになったことのない海洋島の島々で形成されている。赤道付近で火山噴火によって誕生した島々が、フィリピン海プレートにのって沈降しながら日本列島の方に近づいてきた。その際にサンゴ礁を厚く堆積させてきたため、深さ数千メートルの海底から突き出すような島の形になった。

大東諸島の島々は、かつてはダイトウビロウやガジュマルなどが生い茂る森林で覆われた未開の地だった。一九〇〇年に八丈島出身の実業家である玉置半右衛門氏の率いる最初の開拓民が南大東島に入植して開墾をはじめ、一九二〇年代までにはサトウキビ畑を中心とする農耕地が島全体の四割を占めるようになり、現在は約六割が農耕地となった。モズは開けた環境を好む鳥なので、森林から農耕地へと島の環境が大きく変わったことで、大東諸島に定着できたのだろう(図2)。

それにしても大東諸島に定着したモズは、不思議な点が多い。モズは東アジアに分布する全長二十センチメートル程度のスズメ目の小鳥である。自分より大きな鳥を襲うこともある肉食性の鳥で、捕まえた獲物を木の枝や有刺鉄線などに突き刺す速贄《はやにえ》とよばれる行動をとることでも有名だ。日本では北海道、本州、四国、九州で繁殖しており、琉球列島の島々には冬鳥として飛来して越冬する。つまり、モズはおもに温帯域で繁殖する種である。ところが、北緯三十度以南の亜熱帯域に位置する南・北大東島（大東諸島）、父島（小笠原諸島）、中之島（トカラ列島）、喜界島（奄美群島）でも局所的に繁殖が確認されている。

なぜ、琉球列島の多くの島々では冬鳥として飛来するだけなのに、大東諸島にモズは繁殖個体群を形成することができたのだろうか？　繁殖分布の南限となる南大東島で、モズはどのような生活を営んでいるのだろうか？　わからないことばかりの状態で、不安と期待に胸を躍らせながら、前日、友人たちと朝まで飲み明かしたので、船酔いか二日酔いかよくわからない状態で、南大東島に初めて上陸した（図3）。

図1　草地でギンネムの枝先にとまるオス(写真撮影：中川雄三氏).

図2　サトウキビ畑を中心とする農耕地が南大東島のモズの生息環境.

図３　「定期船だいとう」からクレーンに吊り上げられて南大東島に上陸する．

西港から在所の町に向かう途中、サトウキビ畑の脇にあるギンネムの木に止まっているモズを見つけた。サトウキビ畑が広がる場所にモズがいるのは何とも奇妙に感じた。モズが繁殖する環境は、一般的に河川敷や畑などの開けた環境だが、サトウキビを栽培する亜熱帯ではふつうは繁殖期に見られないからからである。これが私にとって最初の亜熱帯に棲むモズとの出会いだった。

鳥類に興味をもったきっかけ

子どもの頃、大阪の実家近くの公園で、秋になると木のこずえでモズが高鳴きする姿をよく見かけた。私がバードウォッチングを始めたのは小学校四年生の頃で、きっかけはクラスの生き物係になったことだった。動物のネタで新聞を書く担当になったため、三歳年上の兄の友人からのすすめもあって、野鳥の観察を始めることにした。このお兄さんは、自分のフィールドをもって繰り返し記録をとることの重要性を中学生の頃から唱えており、毎年、高価な昆虫図鑑を一冊ずつ買いそろえていたのが印象的だった。野鳥の図鑑なら『フィールドガイド日本の野鳥』が良いこと、そこに自分が観察した種の識別ポイントを書き込んでおくと便利だということも教えてくれた。水生昆虫や地上徘徊性昆虫の採集にも一緒に連れていってくれた。淀川の河川敷で、お尻からガスを吹き出すミイデラゴミムシをはじめてみせてくれたときにはとても驚いた(Sugiura and Sato, 2018)。

そんな少年時代からナチュラリストを実践していた友人から、少なからぬ影響を受けて、私は毎朝早起きして、学校に通う前に近所の天野川に鳥を見に行くことが日課となった。淀川に流れ込む天野川は、川岸も含めて幅六十メートル程度の小さな川で、護岸はコンクリートで固められている場所が多かった。自然が豊かといえる環境ではなかったが、国道一号線が通る橋と枚方警察の近くの禁野橋の区間には、当時はまだ川岸にヨシ原が残っていて、鳥も多そうだったので、そこをフィールドにした。

ジョウビタキをはじめて見たときのことは今でもはっきり覚えている。まだ観察をはじめて間もない頃、胸からお腹にかけてオレンジ色のきれいな小鳥を見つけた。その場でノートに特徴を記録し、家に戻ってから図鑑で調べて、ジョウビタキのオスだとわかった。そのときにメスの羽の色は地味だということも知った。一年をとおして観察してみると、家の近くにこれまでまったく気がつかなかったが、合計六十種以上の野鳥が生息していることがわかった。今では数が減っているが、当時は冬になるとコガモやユリカモメ、渡りの時期にはハマシギの群れも見られた。そして、六年生の時に二年間の記録を集計し、各種鳥類の特徴や出現時期をまとめた「天野川の鳥類目録」を自分で印刷・製本して、周囲の大人に一冊五百円で販売した。これは日本野鳥の会大阪支部の「大阪府鳥類目録」を真似て作ったものだった。作成するときには小学校の担任の児島昌雄先生も協力してくれた。今振り返ってみると、周囲の大人たちは、私の変わった趣味を温かく見守ってくれていたということに気づく。

父は私が鳥のことに詳しくなってくると、仕事帰りに本屋に立ち寄って、鳥類関連の図鑑や本を買ってきてくれるようになった。私はその図鑑を細かくチェックして、鳥の名前や特徴を覚えた。父は週末によくバードウォッチングに連れて行ってくれた。父も鳥の名前を覚えようとしていたが、一度見た鳥の名前もすぐに忘れてしまうことが多かった。当時はそんな父をみて不思議に思ったが、今となっては私も似たような記憶力になってしまった。

中学・高校の時には、部活に明け暮れて、あまり野鳥の観察はしなかった。しかし、大学への進学を考えた時に、昔から好きだった動物の生態をもっと学びたいと思って、琉球大学の海洋自然科学科に進んだ。この頃は、私の生まれ育った大阪とは自然環境が大きく異なる北海道や沖縄への憧れが強かった。

琉球大学の学生時代は、週末になるとスクーバダイビングサークルの仲間と車で近くの海まで出かけて潜っていた。おもな活動拠点は、ハードコーラルの多い恩納村にある真栄田岬か、ソフトコーラルが見られる北谷町の砂辺だった。これまで海洋生物にはまったく馴染みがなかったが、不思議な海の生物はとても魅力的だった。また、伊澤雅子先生の研究室に所属する先輩たちの調査に同行させてもらって、イリオモテヤマネコやツシマヤマネコのテレメトリー調査を手伝うことが何よりも楽しかった。西表島ではカンムリワシ、ズグロミゾゴイ、オオクイナ、キンバトなど、温帯域とはまったく異なる南方系の鳥類を見ることができるのもうれしかった。

卒業研究では伊澤先生の研究室でイソヒヨドリ *Monticola solitarius* の行動圏について調べた。イソヒヨドリは本州ではおもに海岸線に生息しているが、沖縄では海岸線だけでなく、内陸部まで分布を拡大させており、琉球大学構内の建物でも多数のペアが繁殖している。大学構内の個体は人に慣れて警戒心が薄いので、近くで行動観察するには最適な対象だった。先輩と一緒にかすみ網で捕獲して、色足環で個体識別した図書館前のペアの行動を朝から夕方まで双眼鏡で追跡し、餌場の位置、餌の種類、なわばりの境界での個体間の対立行動などを詳細にフィールドノートと地図に書き込んでいった。そして野外でデータを集めた後も、データ整理や統計解析、論文をまとめる作業に時間を要することを教わった。

大学院への進学を考えた時、子どもの頃から興味のあった鳥類の生態をさらに深く学びたいと思い、大阪市立大学大学院理学研究科の高木昌興先生の研究室に進学した。研究対象として鳥をストイックに観察し続けると、せっかくの野鳥観察の趣味が台無しになってしまうのではないかとも思ったが、それは杞憂だった。むしろ、じっくりフィールドワークを続けることで、これまで理解できなかった生態系のつながりが見えてくることは、一見地味だが、相当楽しいアクティビティだ。いつも難しいと感じるのは、そのおもしろさを周りの人にどのように伝えるかということの方である。前置きが長くなってしまったが、かくして、後にも先にも人生でもっともフィールドワークに集中できる大学院生となった。

大学院の研究生活

琉球大学を卒業した後、沖縄で友人とドライブしているときに、進学先の大阪市大の高木先生から突然電話が入った。「調査地は南大東島でいい？」と聞かれ、私は思わず「はい」と即答した。南大東島といえば、伊澤研の先輩がダイトウオオコウモリの研究をしていることは知っていたが、島の正確な位置がわからなかった。電話が終わった後、友人とすぐに本屋に立ち寄って地図を見た。それは沖縄本島からはるか東方の太平洋に浮かぶ島だった。けっきょく、その時に乗っていたホンダの軽自動車は、その後、生活用品を詰め込んで那覇から南大東島まで船で運び、調査用の車として活躍することになる。

私が大学院で所属することになった大阪市大の動物機能生態学研究室は、鳥類生態学を専門とする高木先生の学生と、魚類を対象に行動生態学の研究をすすめている幸田正典先生の学生が混在していた。かつては動物社会学研究室と呼ばれており、哺乳類、鳥類、魚類などの社会構造が古くから研究されてきた。大阪市大の動物生態学の研究の歴史は長く、戦後間もない時期には梅棹忠夫先生が教鞭をとっていたところなので、院生部屋には「梅棹研」とかかれたゴミ箱がまだ残っていた。高木先生が大阪市大に来る以前から、鳥類学者の山岸 哲先生がさまざまな鳥類の生態を大学院生らと調べてきた歴史があったので、生態学や鳥類学関連の雑誌や専門書が多数揃っていた。

最初にこの研究室に来て驚いたのは、年齢不詳の大学院生やポスドクの人たちが多数在籍していることだった。院生部屋の奥にはソファーがあって、そこで寝泊まりしている先輩もいた。そしてその先輩は、深夜まで開いている近所の浅香温泉の回数券を持っていた。ゼミなどで使用する部屋には、冷蔵庫、電子レンジ、ガスコンロがあり、鍋、食器、調味料も揃っていた。夕方になると中華鍋で料理を作る音が聞こえてきた。毎年秋になると野外調査を終えて戻ってくるメンバーが多かったので、研究室が賑やかになった。料理上手な先輩の作った晩御飯を一食あたり数百円で食べさせてもらうこともあった。大阪市大の先輩方は、研究計画、統計解析、学会発表のプレゼンなど、いつも気軽に相談にのってくれた。データ解析に行き詰まって試行錯誤するうちに、終電を逃して研究室に泊まり込むこともあったが、そんな時は深夜の浅香温泉で先輩からアドバイスをもらうこともあった。

けっきょく、私は大学院の研究生活を八年間続けた。そしてモズの繁殖期にあたる二〜八月までの少なくとも七か月を南大東島でのフィールド調査に費やし、それ以外の期間は大阪に戻って研究室に通うという生活を毎年繰り返した。

亜熱帯に定着したモズを追って

ここで話を最初に戻す。二〇〇二年四月に大学院の入学手続きを済ませて、フィールド調査に向かうまでの二週間はとても慌ただしかった。四月は研究対象のモズの繁殖がすでに始まっている時期なので、急いでフィールド調査を開始しなければいけない。このため高木先生と短期間で長期野外研究を立ち上げるための準備を進めた。そして入学したばかりの大学院に二週間だけ通って、四月十四日から前期博士課程

（修士課程）の研究として、南大東島のモズの生態調査を開始した。

まず大東諸島にモズが定着した時期について説明しておく。折居彪二郎氏が大東諸島で一九二二年と一九三六年に実施した鳥類調査の記録の中には、モズ類に関する記述がないため、一九〇〇年に大東諸島に最初の開拓民が入植した頃には、南・北大東島にはモズ類の留鳥性個体群は生息していなかったと考えられている（姉崎ほか、二〇〇二）。その後、一九七二年頃には南大東島でアカモズの一亜種であるシマアカモズ *Lanius cristatus lucionensis* が繁殖していたようだ（池原、一九七三）。そして一九七四年にはシマアカモズとモズがほぼ同じ割合で見られるようになり、雑種と思われる中間的な羽色の個体も観察された（日本野鳥の会、一九七五）。その後、一九八八～一九八九年には、ほぼ一年をつうじてモズだけが多数見られるようになった（大沢・大沢、一九九〇）。このような推移が北大東島でもみられたことから、南・北大東島では、一九七〇年代中頃から一九八〇年代後半にかけて、シマアカモズからモズへと繁殖個体群がほぼ完全に置き換わったと考えられている（高木、二〇〇〇）。

指導教員の高木先生は、もともと北海道でモズとアカモズ（亜種アカモズ *L. c. superciliosus*）の種間関係について研究していた。そして、大東諸島や小笠原諸島に新たに形成されたモズの個体群についても調査を行っていた（高木、二〇〇〇）。私はそれらの調査の一部を引き継ぐかたちで、南大東島のモズの生態を二〇〇二年から長期的に追跡することになった。大阪市大の鳥類研究グループは、モズを研究する学生以外に、ダイトウコノハズク *Otus elegans interpositus* やダイトウメジロ *Zosterops japonicus daitoensis* を研究するメンバーもいた。毎年三～五名で共同生活をしながら、フィールド調査を行っていたので、調査地はいつも賑やかだった。

野外調査は試行錯誤の連続だった。私自身はモズの調査がはじめてなので、初年度はなかなか効率よくデータを取れないことも多かった。はじめは高木先生が北海道のモズの調査で用いた手法を直接教えてもらいながら、重要なデータセットを効率よく集めるためのルーティンワークを確立させることに専念した。そして翌年までに長期データを収集するための方法を固めた。二〇〇三年以降は、当時学部生や大学院生だった神田 恵氏、日阪万里子氏、土屋祐子氏、西 敬子氏、野間野史明氏、村上茜氏らと一緒に、毎年二～三名体制でモズの調査を実施した。そして毎年のルーティンワークとして、巣探し、繁殖状況のチェック、ヒナへの給餌頻度を調べるための巣のビデオ撮影、ヒナの外部形態の測定、親の捕獲と外部形態の測定、捕食圧の推定、環境選好性を評価するための調査、各ペアのなわばり内の食物資源量を推定するための調査を、あらかじめ決めたスケジュールに沿って繰り返し実施した。また、これらのデータの他にも鳥マラリア感染症や線虫感染症の検査も調査項目として徐々に増やしていった。

モズの繁殖生態を調べる

巣探しと調査区の設定

巣箱で営巣するスズメやシジュウカラなどの鳥類を研究する場合には、巣箱を見回って繁殖状況を効率よくチェックすることができる。一方で、モズのように巣を作る場所を毎回変える鳥類の場合は、繁殖生態を調べるためにまず巣を探す必要がある。モズは基本的に樹上に巣を作る。巣探しは慣れないうちは難しかったが、いくつも巣が見つかりだすと、しだいになわばり内で巣のある場所の見当がつくようになった。そしてモズの好みがわかってくると、予想どおりの場所で巣がみつかるようになり、鳥の巣を襲う捕食者と似たようなサーチイメージが自分にもついてきたのではないかと感じた。南大東島の場合は、テリハボクやフクギなどの常緑広葉樹の高さ一〜六メートルの位置に巣が作られることが多かった。サトウキビ畑に沿った並木で巣を探す場合、五〜六メートルくらいの高い位置にある巣は農道を歩くだけですぐに見つけることができた。一方で比較的低い位置にある巣は、葉が茂った見えにくい場所に隠されていることが多かった（図4）。

見つけた巣は、少し離れたところにピンクテープを巻いて、巣の番号をマジックで記入した。このように印をつけておくことで、繁殖状況を再度チェックする際に、現場で巣の場所と番号がすぐわかるようにした。また、次の巣探しの時に、すでに見つけた巣と新しく見つかった巣を峻別するためにも、この目印は役立った。

一定面積あたりの巣探しに要する時間がわかってくると、次は調査区をどのくらいの大きさに設定すべきか検討した。ガラパゴス諸島の大ダフネ島（面積〇・三四平方キロメートル）でグラント夫妻が調査しているダーウィンフィンチ類の研究のように、島全域ですべての個体を追跡することが理想的だった（Grant and Grant, 2003）。しかし南大東島は面積が約三十平方キロメートルで、全域で詳細に調査するには広すぎた。このため島の南側に約十平方キロメートルの調査区を設定して、重点的に巣を探した。そして調査区以外の場所では、偶然見かけた巣のみで繁殖成績を調べることにし、調査区内ではサトウキビ畑の境界に植栽された並木を中心に、しらみつぶしに巣のありそうな場所を探しまわった。

調査区の大きさは、少なくとも一か月に一回以上の頻度で全域の巣を探索できる広さに設定した。モズは一般的に四〜六個の卵を一日一卵ずつ産卵し、その後、約二週間かけて卵を温め、ふ化したヒナは約二週間で巣立ちにいたる。つま

図4　(a) モズが営巣するサトウキビ畑沿いの並木. (b) 高い位置にある見えやすい巣. (c) 低い位置にあるみえにくい巣.

り、産卵から巣立ちまでに、少なくとも一か月間を要する。このため一か月に一回以上の頻度で調査区内のすべての営巣可能な場所を繰り返し探索することで、子育て中の巣をより多く発見できるようにした。南大東島のモズの繁殖期間は長いので、繁殖期にあたる一月下旬から八月上旬までの期間は、天気の良い日にはほぼ毎日巣を探しまわった。

二〇〇二〜二〇〇九年の八年間で、一四〇〇個以上のモズの巣がみつかった。南大東島のモズはまず細長い形状の枯葉や茎を粗雑に集めて巣の外層を作り、次にススキの穂の細い繊維を編み込んで産座となる内層を作っていた。しかし不思議なことに、見つけた巣の中には外層が集められた後も、内層が運び込まれないまま、繁殖に至らなかったものが多かった。これは後にわかったことだが、外来種のクマネズミが、産卵前のモズの巣をねぐらとして利用する事例が観察された(Matsui et al., 2010)。このためクマネズミによる巣の乗っ取りが南大東島で産卵に至らない造りかけの巣が多く見られる原因なのかもしれない。

繁殖状況のチェック

発見した巣は、造巣期、産卵期、抱卵期、育雛期、使用済みのいずれかに当てはまる。モズの巣は、外層と内層で巣材が異なり、外層のみの状態であれば、造巣期とわかる。巣の中の卵やヒナのチェックに加えて、親の行動からその巣は繁殖が進行中なのか、すでに使い終わった古巣なのか見当がついた。巣の周りで求愛行動、造巣行動、警戒行動、ヒナへの餌運びなどがみられた場合には、繁殖活動中ということがわかった。

直接中をのぞき込めない高い位置にある巣は、自作の「伸長式角度調節機能付きのぞき鏡」を使って卵やヒナの数を確認した。これは四メートル程度の釣竿の先に手鏡を固定して、鏡に細いロープをつけて下に垂らしただけのシンプルなアイテムである。釣竿の先にある鏡は、手元でロープを引っ張ると角度を調節することができる（図5）。コツを掴むと高い位置にある巣の中の卵やヒナを鏡に映して、地上から数えることができた（図6）。

巣の中で卵やヒナがみつかった場合は、巣を定期的に観察して、繁殖成績を追跡した。一〜六日おきに巣をチェックして、ヒナがぶじに巣立ちに至ったか、もしくは捕食者の襲撃などにより繁殖に失敗したの

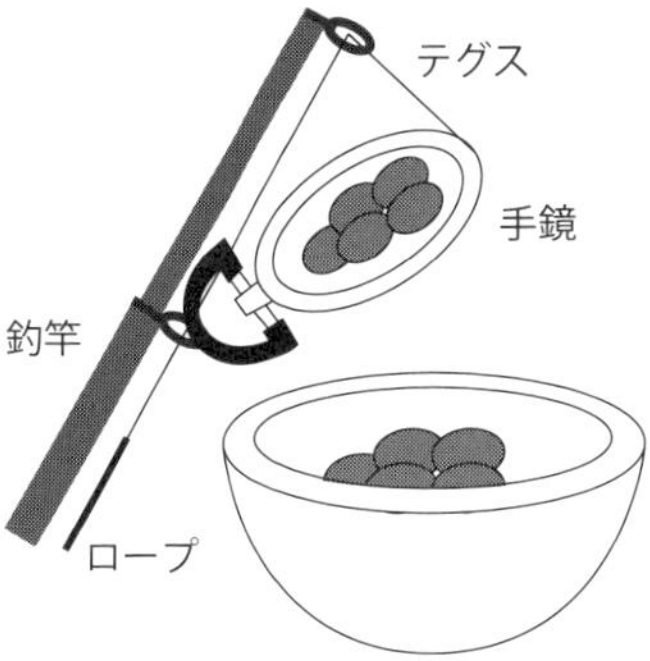

図5　高い位置まで伸ばして角度を調節して巣内をのぞける鏡.

図6　「伸長式角度調節機能付きのぞき鏡」で高い位置にある巣内をチェックする共同研究者.

図7　ふ化後11日齢で巣立ち直前の元気なヒナたち.

かを確認した。一羽以上のヒナを巣立たせた巣を繁殖に成功した巣と定義した。

　モズのヒナはふ化してから約二週間程度で巣立つが、巣立ち直前には巣に近づかないようにした。なぜならふ化後十二日目以降になると、ヒナたちがいつでも巣から飛び出せるような大きさにまで成長しているので、調査の影響で強制巣立ちしてしまう可能性があるからである。このため直接観察で各巣の正確な巣立ち日を確認することが難しかった。このような理由から、ふ化後十一日目までヒナが生存した巣は、便宜的に巣立ちに成功したとみなすことにした（図7）。

　巣の中で子育てする鳥類は、産卵数や子の成長を追跡しやすい対象動物である。繁殖中の巣を定期的にチェックすることで、産卵を開始した日（初卵産卵日）、産卵数（一腹卵数）、ふ化日、ふ化雛数、巣立ち雛数などの繁殖成績を把握することができる。ふ化率（hatching success）は、一般的に、産卵数に対するふ化雛数の割合で示される。そして、巣立ち率もしくは巣立ち成功（fledging success）は、ふ化雛数に対する巣立ち雛数の割合を示されることが多い。また、繁殖成功率（breeding success）と呼ばれている指標は、一般的に、産卵数に対する巣立ち雛数の割合で示される。鳥類の繁殖成績を追跡する際に調べられることが多いこれらの繁殖パラメータを、南大東島のモズでも調査した。

ヒナの計測とふ化日の推定

ヒナの体重、フショ長、自然翼長をそれぞれの巣で比較するために、日齢を統一して外部形態を測定した。基本的には、ふ化日、ふ化後五日目、十一日目に各巣ですべてのヒナの外部形態を測定した（図8）。巣内ヒナは親から餌を与えられて短期間のうちに急速に成長するため、同じ日の朝と夕方で大きさが変わってくる。そこで、すべての巣のヒナを十二時から十四時の間に測定することにした。ふ化後五日目は体重増加率がもっとも大きくなる時期で、ふ化後十一日目は巣立ち直前の時期にあたる。そして、ふ化後十一日目の体重を巣立ちヒナ体重とみなした。

図8　ヒナの外部形態の測定する著者.

モズはすべての卵が同じ日にふ化するのではなく、数個の卵からヒナが同じ日にふ化した後、一日遅れて一～二ヒナ程度、巣によってはさらにもう一日遅れて一ヒナ程度がふ化してくる。このようなふ化パターンのことを非同時ふ化という。モズのように親が子を巣の中で養育する期間をもつ晩成性鳥類では、非同時ふ化によって同じ巣の中のヒナに体サイズの格差ができる種が多い（図9）。このような体サイズ格差によって、一つの巣の兄弟姉妹間で、ヒナ間競争に有利な子や不利な子がでてくる。そこで、非同時ふ化の程度をそれぞれの巣で調べるために、ふ化日、ふ化後一日目、二日目にヒナのふ化状況をチェックした。

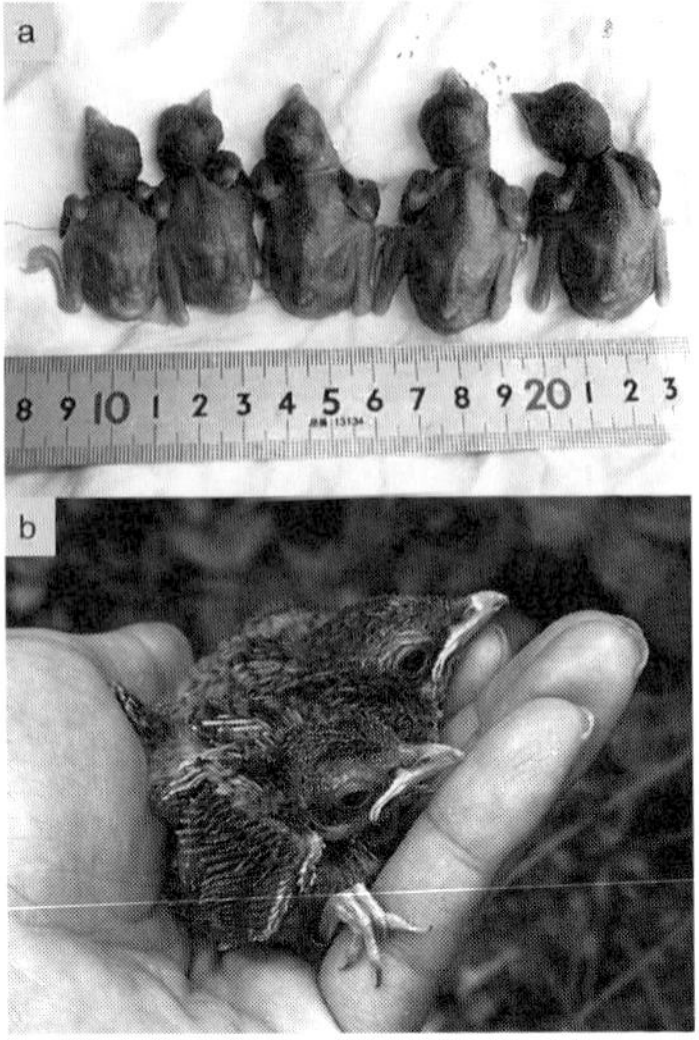

図9　体サイズに格差のある巣内ヒナ.
(a) 育雛中期. (b) 育雛後期.

そして、それぞれの巣でもっとも早くふ化したヒナのふ化日をブルードのふ化日（各巣のふ化日）とした。

しかし、すべての巣でふ化日のずれを直接観察することはできなかった。モズの巣を発見した時点で、すでに卵を産み終えて抱卵を開始している巣の場合は、正確なふ化日を予想できないため、二〜三日に一度の頻度で見回って、ふ化からできるだけ早い段階で体重を測定して各ヒナのふ化日を推定した。またすでに卵からヒナが孵って、巣内育雛期に入っている巣がみつかることもあった。その場合も、体重を測定して各ヒナの日齢を推定した。

各巣の非同時ふ化の程度は、すべてのヒナのふ化日を直接観察できなくても、育雛中期のヒナの体重から推定できることが、のちの分析でわかった（Matsui et al., 2012）。まず、それぞれのヒナの体重をその巣でもっとも重たいヒナの体重で割り算する。つまり、もっとも体重の重いヒナに対する各ヒナの体重比を計算する。この体重比は、大きいヒナほど一に近い値になる。ふ化日のずれを直接観察できた巣のデータを使って計算してみると、初日にふ化したヒナの体重比の九十五パーセント信頼区間（〇・九四〜〇・九八）は、翌日にふ化したヒナ（〇・七三〜〇・八三）、翌々日にふ化したヒナ（〇・五二〜〇・七二）と重複していなかった。このことからふ化日のずれに起因する体重格差は、巣内育雛中期になっても維持されているので、ふ化後五日目の全ヒナの体重データがあれば、その巣のヒナのふ化日がどのくらいずれていたのか推定できることがわかった。

初卵産卵日の推定

鳥類の繁殖タイミングは、親がより多くの子を残すための重要なカギを握っている。ヒナの餌要求量がもっとも多くなる時期が、餌の発生量がもっとも多い時期と合うように産卵を開始している種もいれば、一シーズンの繁殖期に二回以上するために、初回の繁殖を早い時期からスタートさせる種もいる。そして繁殖タイミングの指標として、各巣に最初の卵が産みこまれた日(初卵産卵日)が使われることが多い。

この初卵産卵日は、ふ化日から抱卵と産卵に要する日数を遡って推定することができる。たとえば、三月八日に四卵入ったモズの巣をみつけ、その巣で三月十二日に最初のヒナがふ化した場合、抱卵に十四日間、一日一卵ずつ合計四卵を産むのに四日間を要したと仮定し、ふ化日から十八日遡った二月二十二日が初卵産卵日だったと推定できる。もし巣の発見が巣内育雛期だった場合でも、ヒナの体重から日齢を推定するとふ化日もわかるので、そこから同様に初卵産卵日を推定することができる。

南大東島では、もっとも早いペアは一月下旬から産卵を開始し、もっとも遅い場合は八月上旬に産卵する巣もある。そして、年による変動もあるが、四月上旬に一回目繁殖、六月上旬に二回目繁殖の初卵産卵日のピークがくることがわかった(Matsui and Takagi, 2017)。

親の捕獲

環境省の許可を得て、巣内育雛期にかすみ網を用いて繁殖個体を捕獲した。体重、フショ長、自然翼長、尾長などの複数の外部形態を計測し、それぞれの個体に特有の三色の組み合わせで色足環（カラーリング）を装着してすみやかに放鳥した。色足環で親鳥を個体識別しておくことで、翌年も同じ場所で繁殖するのか？　別の場所に移動して繁殖するのか？　翌年は調査区から消失してしまうのか？　といったことを観察から追跡することができる。親鳥と同様に、巣立ち直前のヒナにも色足環を装着し、次の年まで生存した個体は生まれた場所からどのくらい離れた場所に定着して繁殖するのかを追跡できるようにした。

さて、十色以上のバリエーションのある鳥類の色足環はイギリスの「AC Hughes」というところから購入できる。私が大学院生の時は国際電話のファックス注文だったが、近年はインターネットから注文できるようになりずいぶん便利になった。

鳥類では繁殖経験のある個体の方が、初めて繁殖する若い個体よりも、質の高いなわばりを獲得し、早い時期から繁殖を開始し、たくさんヒナを育てることができる種が多い。このような年齢によって異なる繁殖パフォーマンスを調べるために、捕獲した親鳥の年齢を初列雨覆羽（翼を広げた時に上面の前方外側にある雨覆羽）の羽色から査定した。

モズは生まれた翌年からオスもメスも繁殖を開始する。前年生まれの若鳥の初列雨覆羽は、幼鳥の時の羽がそのまま残っている。このため若鳥の初列雨覆羽は、オス・メスともに先端だけ淡い色になっている（バフ斑と呼ばれる）。二歳以上になると、幼鳥の時の羽はまったく残らないので、初列雨覆羽は一様な茶褐色で、バフ斑はみられなくなる。つまり、モズは初列雨覆羽を見て、一歳の若鳥と二歳以上の成鳥を区別することができる（Yamagishi, 1982）。このように鳥類の齢査定に利用できる羽色は種によって異なり、スベンソン（二〇一二）の識別ガイドなどの本で詳しく解説されている。

ビデオ撮影

野外での鳥類の生態調査にはビデオカメラが欠かせない。南大東島のモズの調査でもハンディタイプのビデオカメラを利用して、各巣で抱卵前期、抱卵後期、育雛前期、育雛後期にそれぞれ四時間程度の撮影を行って、繁殖行動を調べた。

繁殖期のピーク時には、毎日三台程度のビデオカメラを稼働させていたので、突然の降雨や強い日射から機材を保護するため、「温度上昇防止&半防水性ビデオカバー」を開発した（図10）。最初にメーカー純正のレインコートを試したが、雨は防げても炎天下の温度上昇を防げなかった。密閉性の高いタッパーに大量のシリカゲルと一緒にビデオカメラを入れて撮影する方法も試みたが、これでも熱がこもって機材の

図10　突然の降雨や強い日射からビデオカメラを保護する自作のカバー．(a) カバー無．(b) カバー有．

温度が上昇し、レンズが曇ってしまった。そこで、試行錯誤の末にたどり着いたのが、段ボールと梱包材（エアクッション）から簡単に自作できるビデオカバーだった。見た目は安っぽいが、かなりの優れもので、段ボールの外側を覆うビニール製のエアクッションは、雨を凌ぐ効果と温度上昇を防ぐ効果を併せもっており、このカバーを使い始めてから、機械の不具合が格段に減少した。関心のある方は、ネット上に公開されている日本鳥学会のニュースレターの『鳥学通信NO3』を参照していただきたい。

これ以外にも高いところに作られた鳥の巣をビデオカメラで撮影する際に便利な「高伸長三脚」も開発した（『鳥学通信NO4』参照）。これにより高さ三メートルくらいの位置にあるモズの巣でも真横から巣内を撮影できるようになった（図11）。ただし、メス親が卵を温めている時期には、抱卵行動に影響がで

図11　モズの巣を斜め上から撮影したビデオ映像. (a) ヒナを温めるメス親. (b) ヒナにコオロギ類を運んできたメス親. (c) オス親が巣に運んできた餌を受け取った抱雛中のメス親.

ないように、巣から離れた場所に通常の三脚を用いてビデオカメラを設置した。

捕食圧の評価

せっかく苦労して発見した巣でヒナの巣立ちを楽しみにしていても、卵やヒナが何者かに襲撃されて、繁殖が失敗してしまうことがある。じつは捕食者による巣の襲撃は、多くの鳥類の繁殖失敗の主要因となっている。鳥類の巣を襲うことがよく知られているハシブトガラスやアオダイショウは、海洋島の大東諸島には生息していない。このため南大東島のモズの巣を襲う潜在的な捕食者の種多様性は低い。南大東島でモズの巣を襲撃するのは、基本的には人為的な影響で定着した外来種のクマネズミ、ノネコ、ニホンイタチの三種のみである。

しかし南大東島ではモズの巣を襲う捕食者の種多様性が低いからといって、卵や巣内ヒナが他地域より捕食されにくいわけではなかった。南大東島におけるモズの抱卵期の巣の生存確率は五十四〜六十八パーセントで、地上から樹上まで幅広く活動するクマネズミによる卵の捕食が多くみられた(Matsui and Takagi, 2012)。また、巣内育雛期の巣の生存確率は六十一〜六十七パーセントで、ノネコやニホンイタチによるヒナの捕食が多くみられた(Matsui and Takagi, 2012)。そしてこれらの値は、潜在的な捕食者の種多様性が高い北海道のモズの抱卵期(五十九〜六十三パーセント)や巣内育雛期(五十八〜六十六パーセント)の巣の生存確率と同程度だった(松井・高木、二〇一八)。

さて、このように卵やヒナの入った巣の生存確率を評価する際に、注意しなければいけないことがある。

モズのように営巣場所を毎回変えるような種では、調査区を決めて定期的に巣を探しても、すべての繁殖ペアがいつ、どこに巣を作って繁殖を開始するのかを完全には追跡できない。このためすでに卵やヒナの入った巣が見つかることもあり、すべての巣で初卵産卵日から営巣状況のモニタリングを開始できるわけではない。このようなデータセットを用いて卵やヒナの捕食リスクを評価する際には、繁殖ステージの早い時期から見つかった巣や、遅い時期に発見して観察を開始した巣の観察日数を考慮して巣の生存率を評価する必要がある。

もし各巣のモニタリング開始日からの経過日数を考慮せずに、単純に捕食された巣の数を観察した巣の数で割り算すると、巣の生存率はかなり過大評価になる場合がある。たとえば、ほとんどの巣が抱卵期の終盤に見つかった場合、ふ化成功率はほぼ百パーセントとなり、卵の捕食はほとんど見られないだろう。また、ほとんど巣で巣立ち直前のヒナが入っている時期からモニタリングを開始した場合には、巣立ち成功率は百パーセント近くなり、ヒナの捕食はほとんど見られないだろう。

このような問題点を解決するために考案されたのが「メイフィールド法」とよばれる鳥類の巣の生存率を計算するための方法である（詳しくはMayfield, 1961；Mayfield, 1975）。メイフィールド法を用いて巣の生存率を計算する際、まず各巣の観察日数を数える（単位はnest-day）。たとえば、抱卵期に二巣を六日間観察すれば合計観察日数は12 nest-daysとなり、これは三巣を四日間もしくは一巣十二日間の合計観察日数と同じ値になる。もし観察した巣のうちの一巣で卵が捕食されて繁殖に失敗すれば、抱卵期の一日あたりの捕食リスクは十二分の一となる。反対に、抱卵期の一日あたりの巣の生存確率は十二分の十一である。対象とする鳥類の抱卵期が十四日間だとすると、この例では抱卵期の巣の生存確率は、十二分の十一を十四回掛けあわせて、約三十パーセントとなる。このように観察日数を単位として巣の生存率を計算するメイフィールド法は、各巣の観察日数のちがいを考慮して抱卵期や巣内育雛期の巣の生存率を計算できるので、個体群間や種間の比較でもよく用いられる。

環境選好性の調査

南大東島のモズの繁殖期における環境選好性を調べるため、三つのスケールで営巣場所の特徴を測定した。

一つ目は、なわばりレベルのスケールである。モズは巣を中心に半径約百メートルの範囲になわばりを形成する。モズが特定の環境を選好してなわばりを形成しているのかどうかを調べるために、調査区の環境をサトウキビ畑、自然の草地、牧草地、裸地、道路、並木、低木林、高木林、その他に区分した。そして、モズの巣と調査区からランダムに選んだポイントを中心とする半径百メートル以内に含まれそれぞれの環境区分の面積を比較した。各巣の繁殖終了直後に現地でなわばり内の環境区分を地図上に記録し、後から面積計算ソフトを用いて各環境の面積を測定した。また、モズは電線やフェンスなどをとまり場として利用し、地上付近で活動する昆虫を発見すると飛び降りて採餌するため、各巣の周辺の電線やフェンスの長さも測定した。このようにモズの巣とランダムポイントの周辺の環境を比較した結果、繁殖期のモズはトノサマバッタやタイワンツチイナゴなどの食物資源の発生源となるサトウキビ畑と、餌を探索するために利用する電線やフェンスの多い場所になわばりを形成していることがわかった（Matsui and Takagi, 2017）。

二つ目は、モズが営巣する樹種の選好性を調べた。亜熱帯に位置する南大東島では，季節によって葉の量があまり変化しないテリハボクやフクギなどの常緑広葉樹に多くのモズが巣を作っていた。モズはこれらの常緑広葉樹を好んで営巣しているのだろうか？　もしくは、並木にはこのような常緑広葉樹がたくさん植栽されているので、単に環境中により多く存在する樹種ほど利用頻度が高いだけなのだろうか？　このことを調べるために、各巣の半径五十メートル以内からランダムに一本の木を選び、その無作為に選ばれた樹種とモズが実際に営巣した樹種を比較した。その結果、両者の樹種の構成割合に有意なちがいはなく、南大東島のモズでは営巣する樹種の選好性は見られなかった（Matsui and Takagi, 2017）。

三つ目は、さらに狭いスケールで、営巣する樹木の中でどのような位置に巣を作るのか調べた。地上性捕食者からの巣の見えやすさの指標として、各巣の繁殖が終わった後に、巣の露出度を調べた。地上から見たときの各巣の露出度は、巣から五メートル離れた位置から目視で十一段階評価し、八方位から見た値の平均値を算出した。また、捕食者の巣への接近しやすさの指標として、営巣木の胸高直径や地面から巣の底までの高さ（巣高）なども現地で実測した。そしてこれらの巣の特徴をヒナがぶじに巣立った巣と巣内育雛期に捕食された巣で比較してみると、巣立ちに成功した巣はより高い位置にあり、地上から見えにくい特徴をもっていることがわかった（Matsui and Takagi, 2012）。

食物資源量の測定

動物の個体群動態を追跡するときに同時に取っておきたいデータに一つが食物資源量である。動物の寿命や一生のうちに残す子の数は食物資源量によって影響を受けることが多い。食物資源量が多い条件で親は自分のコンディションをあまり低下させることなく、質の高い子やより多くの子を残すことが期待できる。食物資源量の年変動は、ある個体群の各年の平均的な一巣あたりの産卵数や巣立ち雛数に影響するかもしれない。また、ある個体群の中で同じ年の繁殖成績をペア間で比較したい場合、より食物資源量の多い場所になわばりを形成したペアほど、その年の繁殖成績や翌年までの親の生存率が高くなる可能性がある。

そこで南大東島のモズの研究でも、各ペアのなわばり内の食物資源量を推定しようと試みた。しかし最初のうちは、どのようなデータを集めたらよいのかわからなかった。北海道のモズは地上徘徊性のオサムシ類やゴミムシ類を主要な餌としている。そこで南大東島でピットホールトラップを使った食物資源量の推定を試みた。しかし、このトラップでは少数のクモ類などしか入らず、地上徘徊性昆虫は捕れなかった。それもそのはずで、調べてみると、大東諸島は過去に大陸と陸続きになったことがないため、地上徘徊性昆虫がほとんど生息していないことがわかった。

そもそも南大東島のモズは何を食べているのだろうか？　食物資源量の推定より前に、もっとも基本的な課題から解決する必要があった。そこで巣をビデオカメラで撮影した映像を解析して、親がヒナに運んでくる餌の種類の大半は、バッタ目の昆虫だということをまずは突き止めた。

そして、南大東島のモズが餌として利用する主要な昆虫の発生源となっているサトウキビ畑や草地の合計十五か所で二週間に一回の頻度で二十メートルのトランセクトラインに沿ってゆっくりと歩き，両サイド一メートル以内の範囲から飛び出した昆虫の種類（バッタ目、トンボ目、チョウ目などの目レベル）、大きさ（三センチメートル以上、一～三センチメートル、一センチメートル以下）、個体数を目視によってカウントした。

そしてモズの巣から半径百メートル以内に含まれるサトウキビ畑や草地の面積に、巣内育雛期のときに飛び出した昆虫の密度を掛けあわせて、各なわばりの食物資源量をおおまかに推定した。

感染症の検査

南大東島のモズは生態学や鳥類学の教科書どおりのデータが取れないことが多かった。鳥類では繁殖経験のある個体は、若い個体よりも質の高いなわばりをもち、一回の繁殖で残す子の数が多いというのが一般的に知られている。しかし南大東島では、二歳以上の個体が必ずしも一歳よりも食物資源量の高い環境になわばりを形成しているというわけではなかった。また南大東島では喉がはれている繁殖個体が多く見られ、二歳以上の方が一歳の若い個体よりも高い割合で喉がはれていた。この理由は数年間わからなかったが、バッタ類を中間宿主とする線虫感染症が原因だということがのちに明らかになった（Yoshino et al. 2014, 図12）。

さらに別の感染症も見つかった。繁殖個体から少量の血液を採取して、血液塗沫標本を作成して顕微鏡

図12　モズのメス．(a) 線虫感染症により喉のはれた個体と(b) はれていない個体．

下で観察すると、九割以上が鳥マラリア原虫に感染していることがわかった（コラム参照、Murata et al., 2008）。このような南大東島のモズ個体群に特有の非常に高い感染症リスクは、大東諸島に定着したモズが、新たな環境に対して適応的な表現型を進化させる原動力になっているかもしれない。

南大東島でのフィールドワークをとおして

私が初めて南大東島に来てから大学院の博士課程を卒業するまで、いつの間にか八年が経過していた。南大東島の長期フィールド調査は、いつも学生らを気にかけてくれて、食材を持って来てくれたり、車が故障して困っていると調査用に軽トラックを使わせてもらったり、家族のように接してくれた北区長の浅沼 清さんのサポートがなければ実施できなかった（図13）。また、学生らが個別に宿泊できるように、土建屋さんの寮の一棟を改築していただき、現場事務所の一角に研究室まで作っていただいた奥山満規さんのご支援がなければ、毎年半年以上のフィールドワークに専念することはできな

図13　お世話になった浅沼 清さんから農作業を教わる著者.

図14　南大東小学校の総合学習で生態系のつながりについて野外で説明する大阪市立大学の大学院生.

かった。

　毎年五月の愛鳥週間の頃には、私たちがガイド役になって、島の子どもたちと一緒に南大東島の自然を観察するイベントを東 和明さんや教育委員会の方々と開催した。毎年参加してくれる子どももいたので、年ごとに内容を変えて、役場のバスを借りて子どもたちと一緒に島を巡った年もあった。また、小学生の総合学習の授業として、森の中に入って生態系のつながりを実際にみてもらったこともあった(図14)。このような地元の子どもたちとの交流は、貴重な経験となった。さらに、スポーツの盛んな南大東島で私が所属させてもらっていたルーキーズというチームの監督の仲里和喜さん、鳥類の目撃情報や交通事故で負傷した鳥の情報などをたくさんいただいた幸地 聡さん、調査用の車の天井の雨漏りを修理していただいた宮城浩孝さん、元祖大東そばでイケ麺を作る伊佐盛和さん、大東名物のマグロのシージャーキーを作る奥山富子さんなど、島の方々との交流もまたフィールドワークを通じて得られた貴重な経験だった。

　私にとってのフィールドワークの一番の魅力は、教科書や論文をたくさん読んでもなかなか実感しにくい生態系のつながりを自分で実際に観察できることだ。大東諸島のモズは一九七〇年代以降に亜熱帯に位置する島に分布を拡大させたパイオニア集団である。このモズ個体群は、亜種分化の初期段階として、地域性の強い淘汰圧にさらされながら、さまざまな形質を適応させる進化の過程にあるかもしれない。卵やヒナの捕食者となるクマネズミ、鳥マラリア感染症を媒介するネッタイイエカを中心とするカ類、主要な食物資源かつ線虫感染症の中間宿主となるバッタ類は、大東諸島のモズの繁殖や寿命に大きな影響を与えていることが直接観察や、得られたデータの解析からわかってきた。今後はこれらの捕食者、感染症の媒介者や中間宿主との相互関係を複合的に解明して、鳥類が新たな環境に適応的な表現型を進化させるプロセスを探っていきたいと考えている。

＊この章で紹介した研究は、公益財団法人日本科学協会笹川研究助成、公益信託乾太助動物科学研究助成基金、日本鳥学会研究奨励賞の支援をうけて行われた。

引用文献

姉崎 悟・嵩原健二・松井 晋・高木昌興（2003）大東諸島産鳥類目録．沖縄県博紀要 29:25-54.

Grant, R. B. and Grant, P. R (2003) What Darwin' s finches can teach us about the evolutionary origin and regulation of biodiversity. *Bioscience*, 53(10): 965-975.

池原貞夫（1973）大東島の陸生脊椎動物．大東島天然記念物特別調査報告（文化庁編）．文化庁 52-62.

Matsui, S. and Takagi, M (2012) Predation risk of eggs and nestlings relative to nest-site characteristics of the Bull-headed Shrike *Lanius bucephalus*. Ibis, 154: 621-625.

Matsui, S. and Takagi, M. 2017. Habitat selection by the Bull-headed Shrike *Lanius bucephalus* on the Daito Islands at the southwestern limit of its breeding range. *Ornithological Science*, 16: 79-86.

松井 晋・高木昌興（2018）太平洋に浮かぶ海洋島に移り棲んだモズ．［水田 拓・高木昌興 編］，島の鳥類学 南西諸島の鳥をめぐる自然史，pp. x-x. 海游舎，東京.

Matsui, S., Hisaka, M. and Takagi, M (2010) Arboreal nesting and utilization of open-cup bird nests by introduced ship rats *Rattus rattus* on an oceanic island. *Bird Conservation International*, 20: 34-42.

Matsui, S., Tsuchiya, Y., Hisaka, M. and Takagi, M (2012) Size hierarchy caused by hatching asynchrony in the Bull-headed Shrike *Lanius bucephalus* on Minami-daito Island. *Journal of Yamashina Institute for Ornithology*, 44: 31-35.

Mayfield, H (1961) Nesting success calculated from exposure. *Wilson Bulletin*, 73: 255-261.

Mayfield, H (1975) Suggestions for calculating nest success. *Wilson Bulletin*, 87: 456-466.

Murata, K., Nii, R., Yui, S., Sasaki, E., Ishikawa, S., Sato, Y., Matsui, S., Horie, S., Akatani, K., Takagi, M., Sawabe, K. and Tsuda, Y (2008) Avian Haemosporidian Parasites Infection in Wild Birds Inhabiting Minami-daito Island of the northwest Pacific, Japan. *Journal of Veterinary Medical Science*, 70 (5), 501-503.

日本野鳥の会（1975）大東諸島．特定鳥類等調査（環境庁編）．環境庁 269-298.

大沢啓子・大沢夕志．（1990）南大東島で観察された鳥類．山階鳥研報 22: 133-137.

Sugiura, S. and Sato, T.（2018）Successful escape of bombardier beetles from predator digestive systems. *Biology Letters*, 14(2), 20170647.

ラーシュ スベンソン（2011）ヨーロッパ産スズメ目の識別ガイド．村田 健 訳，尾崎清明・茂田良光，監訳．文一総合出版，東京．

高木昌興（2000）南大東島に生息するモズの羽色および形態の記載，島内の分布状況と繁殖生態．山階鳥研報 32: 13-23.

Yamagishi, S (1982) Age Determination in the Bull-headed Shrike *Lanius bucephalus* based on Buff-tips of Greater Primary Coverts. *Journal of the Yamashina Institute for Ornithology*, 14(2-3), 96-102.

Yoshino, T., Hama, N., Onuma, M., Takagi, M., Sato, K., Matsui, S., Hisaka, M., Yanai, T., Ito, H., Urano, N., Osa, Y. and Asakawa, M (2014) Filarial nematodes belonging to the superorders Diplotriaenoidea and Aproctoidea from wild and captive birds in Japan. *Research of One Health*, 38(2): 139-148.

コラム

鳥マラリア感染症の検査

松井 晋

鳥類の血液の中に寄生する原虫がいることをご存じだろうか？　このような寄生者は鳥類血液原虫と呼ばれており、プラスモジウム属、ヘモプロテウス属、ロイコチトゾーン属、トリパノゾーマ属などが知られている。そしてプラスモジウム属とヘモプロテウス属は鳥マラリア原虫と呼ばれることもある。鳥マラリア原虫は人のマラリア原虫と近縁であるが、鳥類とヒトとの間で感染は起こらない。このような話を最初に私に教えてくださったのは、日本大学の村田浩一先生だった。

南大東島のモズは繁殖個体の中に占める一歳の割合が他地域より高く、寿命が短い可能性があった。このため、私は南大東島のモズ個体群の生態を調べていくうちに、感染症について調べる必要性があると強く感じていた。しかし実際にどのように感染症の検査をすればよいのかがわからなかった。

ある日、午前中の調査を終えた頃、伊佐食堂の店主から連絡があり、南大東島に野生動物に関心のある大学生が来ているという話を聞いた。そこで大東そばを食ながら話を聞いてみると、その学生さんの指導教員が鳥マラリア原虫の研究をしている村田先生だった。まさか大東そばを食べながら、異なる分野の先生とのコラボレーションの話が進むとは思ってもみなかった。

そしてこれを機にはじまった共同研究の結果、南大東島のモズは繁殖個体の九割以上が鳥マラリア原虫に感染していることが明らかになった (Murata et al., 2008)。そして南大東島の鳥類血液原虫の媒介昆虫を解明するために、カ類の季節的消長と空間分布を国立感染症研究所の津田良夫先生と一緒に調査した。その結果、九種類計一四三七個体の力類がトラップで採集され、その中でもネッタイイエカがもっとも高密度で，島全域に広く分布していることが明らかになかった（Tsuda et al., 2009）。さらに、この調査で採集した力類の鳥マラリア原虫の保有状況を調べるために、日本大学の佐藤雪太先生らの研究グループが中心となってDNA解析が行われた。採集した力類全体の少なくとも一・二パーセントがプラスモジウム属原虫を保有しており、ネッタイイエカ、ヒトスジシマカ、サキジロカクイカ、キンイロヌマカの一種からプラスモジウム属原虫の塩基配列が検出され、これらの力類が南大東島における血液原虫の媒介者になっている可能性があることが示唆された（Ejiri et al., 2008）。

さて、野外で捕獲したモズは、現地でノギス（図a左下）を用いてフショ長や自然翼長などの外部形態を測定し、体重を計測する。次に個体識別用に環境省の金属足環（個別の番号が刻印されている）と色足環を装着する。金属足環が硬いので専用のプライヤー（図a右下）を使って装着する。そしてDNA分析用に採血を行って、その血液の一部を鳥マラリア原虫の検査に用いる。なお、鳥類の血液を採取する方法はいくつかある。鳥類研究者がよく用いるのは、翼の下にある静脈（翼下静脈）から採血して、止血した後にその場ですぐに放鳥する方法である。

ここでは鳥マラリア原虫を顕微鏡下で観察するための方法を簡単に紹介する。

（一）消毒用のアルコール綿で採血する翼下静脈の周辺をよく拭く。そして注射針を翼下静脈に軽く刺して、滲み出てきた血液をキャピラリーという細いガラス管で吸い上げる（図b）。そして、必要量の血液が採取できれば、採血部分を乾綿で軽く押さえて直ちに止血する。

（二）次に、キャピラリーで採取した血液二～三滴分をスライドガラスの端にたらして（図c）、カバーガラスを使って薄く引き伸ばす。引き伸ばされた血液は、すぐに自然状態でよく乾燥させる。

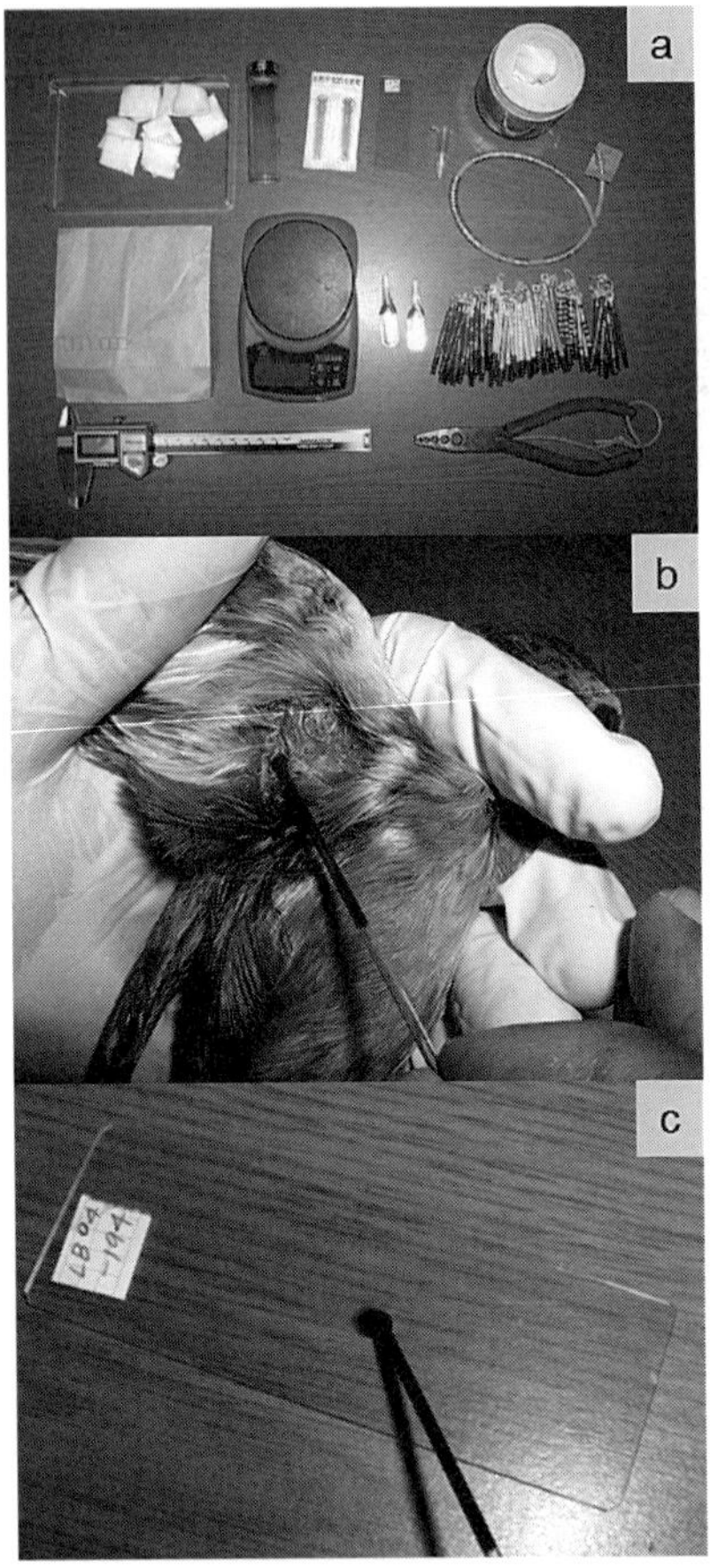

図　(a) モズの計測および採血のための用具．上段左から乾綿，キャピラリー，注射針，スライドガラス，エッペンチューブ，アルコール綿，金属リング．中段左から封筒(体重測定時に利用)，体重計，色足環をつける用具，色足環．下段左からデジタルノギス，プライヤー．(b) 翼下静脈からキャピラリーを使って血液を採取．(c) キャピラリーで採取した血液の2～3滴をスライドガラスにのせて，薄く引き伸ばし、鳥マラリア原虫の検査に用いる．

(三)スライドガラスの表面の血液が乾燥したら、メタノールに浸けて固定する。

(四)メタノール固定後、ギムザ染色もしくはヘマカラー染色で、細胞を染色する。前者はもっとも一般的な方法で、後者は赤い染色液と青い染色液に試料ののったスライドガラスを短時間浸すだけよい簡便な方法である。

(五)カバーガラスをかけてプレパラートをつくる。

(六)光学顕微鏡下で観察する。まず四百倍で十五分以上観察し、次に千倍で赤血球中の鳥マラリア原虫の有無を調べる。

顕微鏡をのぞくと大半は赤血球で、じっくり調べるとヘテロフィル、好酸球、好塩基球、単球、リンパ球、栓球なども観察することができる。南大東島のモズの場合、鳥マラリア原虫に感染している個体の血液塗沫標本を調べると、赤血球千個あたり数個から数十個の細胞内に鳥マラリア原虫がみられる。上記の（一）から（二）の手順を野外で実施し、サンプルを持ち帰った後に（三）以降の手順を室内で実施することで、野生の鳥類でも鳥マラリア感染症の検査を実施することができる。

野生動物の生活史形質（たとえば、子の数や大きさ、成長パターン、寿命）や個体群動態には、気象条件、食物資源量、捕食圧、感染症などのさまざまな要因が作用する。生態系における生物間相互作用は複雑で、従来は野生動物における感染症の影響を定量的に評価した研究が少なかった。しかし近年になって、動物の生活史進化や個体群動態に病気が及ぼす影響が生態学者の中でも注目されており、鳥マラリア原虫などの寄生者が、宿主鳥類の繁殖成績や生存率に影響を与えることを示した実証研究が多数報告されている。

引用文献

Murata et al., 2008 *J Vet Med Sci*, 70 (5), 501-503
Tsuda et al. 2009 *J Am Mosquito Contr*, 25 (3): 279-284
Ejiri et al. 2008 *J Vet Med Sci*, 70 (11): 1205-1210

白いアイリングの中を覗け

亜熱帯の森にメジロを追った十年間

堀江明香

写真提供：高木昌興先生

蛙の子は蛙か

「かあしゃん！」

鋭い声と走る音。目を向けると、日本の昆虫のポケット図鑑を手に、もうすぐ二歳になる娘が飛んでくるところだった。

「これ、すごいきれい！　すごいあかい！」

差し出された図鑑に載っていたのは、アカスジカスミカメというカメムシだった。思わず、「え、どれ？」と聞き返す。ナナホシキンカメムシなど、きらびやかなカメムシを知っている私の目から見てみると、アカスジカスミカメはとにかく地味だった。しかも、米の食害虫である。よく見るとつぶらな眼がかわいいような気がしなくもなかったが、じっと見ても何の感慨も湧いてこない。絶句した私は、一呼吸おいてようやく、「ほんとだね～きれいだね～」と相槌を打つことができた。娘は満足して腰を落ち着け、さらに図鑑の頁を繰っている。そんな娘を見ながら、「やっぱり、蛙の子は蛙になるのかな」と、思った。

魚屋（魚の研究が専門）の夫と、鳥屋（鳥の研究が専門）の私の間に産まれた娘が生き物関心をもつのは、ごく自然な成り行きだった。一歳になる前から、庭や公園で草花を手に取らせたし、絵本に載っている鳥や虫を娘が指させば、図鑑を引いて本物の写真を見せた。初めて発した言葉はネコの絵を指して「にゃー」。とくに物知りになって欲しいとは思わなかったが、自然の造形の美しさにはぜひ気づいて欲しかった。

子育ては不思議なものである。娘が見せる言動や、自分が親として娘に対してとる行動は、そのまま自分の来し方につながっていて、ふとした時に、幼い時の自分の体験と重なる。自分はどんなものが好きだったろうか。どんな思いをもって育てられたのだろうか。

外れ値の父と母をもっと…

私の初めての言葉は、残念ながら「よいちょ」だったらしいが、娘と同じく、生き物に親しんだ幼少期だった。私の場合、生き物との距離感は父から譲り受けたように思う。

私の父は島根の山奥で育ち、大阪の町中に暮らす私からは想像もつかないような体験談をよくしてくれた。小学校へは山を二つ越えて通っていただとか、冬にはその登校路で雪崩に巻き込まれたとか、天井裏でネコとムササビか格闘していたとか、そんな話をよく聞いた。

父とは対照的に、母は都会のお嬢さん育ちで、虫はもちろん、生き物全般が苦手だった。それこそ、私が小学校の作文で「生物が好きです」と書いたのを、「なまものがすきです」と読んでしまうくらい、生き物に縁遠い人だった。しかし、そんな母に、父は「危険なもの以外、子どもの前で怖がるな」とよく言っていたそうだ。親が怖がるものは子も怖がる。父の助言のおかげで、私はトカゲを捕まえてきて洗面器でお風呂に入れたり、冬に迷い出てきたヘビを、脱いだ上着に入れて温めたり、小学校から帰る道すがら、セミの抜け殻を持てるだけ取ってきて、ピアノのカバーにずらりとかけたりするような女の子に育った。

両親は私にとってごくふつうの優しい親であったが、友だちの両親の生き方を知るようになると、どうも世間的な多数派ではないということに気づいた。父は、モンゴルの歴史を専攻して博士課程に進んだ。けっきょく、職業研究者にはならなかったが、研究はライフワークとして続けており、高校・予備校で非常勤の世界史教師をするかたわら、私が小学生の頃は毎年、夏休みにモンゴルへ赴き、遺跡を調べたりしていた。

父が話すモンゴルの話には子どもの興味をひくものがたくさんあった。日本とは異なる生活習慣や食生活、一面に広がる草原の中を蛇行しながら流れる河川の雄大なさま、そんな草原を馬で駆ける人々…。言葉もおもしろかった。ヒツジはホニ、バッタはザルツァー、シベリアマーモットはタルバガン。CDで聞く馬頭琴の音色はすばらしく、写真で見るモンゴルの人は皆、勇者のようだった。非常勤講師で食いつなぎながら、たとえ遭難して死にかけても、翌年にはまたモンゴルへ出かけていく父の生きざまが、私の人生観に影響を与えたことは否めない。

方や母は、そういった生活をおくる父に、しいて定職を求めるわけでもなく、「やりたいなら、やれば」と言っていたそうである。私が乳飲み子のときに、父が急に仕事を辞めてきたことがあったそうだ。「どうもおもしろくないので、辞めてきた」。そんなとんでもないことを言う父に、母は怒るでもなく、「やりたくないいんだから仕方ないね」と言う人だった。父をモンゴルに送り出した際の貯金残高が一万円を切っていたこともあったそうだ。ふつうの人の感覚では、なかなかここまでできない。母は、私に対しても「やりたいなら、やれば」という発想で接していた。幼少期はよくわからなかったが、この言葉は、「本気でやりたいのなら応援しましょう」ということであり、裏を返せば、「本気じゃないなら、やめなさい」ということである。じつは大変、厳しい言葉だったことに後になって気づいた。

こんな両親のもとで育った私は、順調に夢を温め続けた。その夢がどんなものだったかは、中学校の美術の課題で、「十年後の私」の絵を描いたことで、今でも鮮明に思い出すことができる。私が描いたのは、帽子を目深にかぶって捕虫網を持ち、花のついた植物を入れたカバンのようなものを肩にかけた自分の姿で、その周りにはたくさんのチョウが飛び交っていた。十年後の私は博物学者。単純で楽天的なので、過程や苦労については深く考えなかった。こうして私の興味は、中学時代から一貫して生物学・博物学へと向けられるようになった。

海想

都会の子どもはどんな自然に憧れるだろうか。もちろん、人によって答えはさまざまだろうが、私の場合、自分の育った環境にもっとも遠い場所に憧れた。北極とか、高山とか、熱帯雨林とか、海の中とか、空の上とか、そういったところである。寒さの苦手な私は、とくに南への憧憬が深かった。沖縄に行けば、ナウシカに出てくるような巨大なシダの生える森があるそうだ。海は青く澄んで、サンゴ礁には色鮮やかな魚が舞うように泳いでいる。そんな憧れから、志望大学は琉球大学一本に決めた。

二〇〇〇年、希望どおり、琉球大学理学部海洋自然科学科に入学した私は、ダイビング部に入って毎週、海に通い、車持ちの友人と共にやんばるの森に遊んだ（図1a）。実際にこの目で見る沖縄の自然は、想像以上にすばらしかった。初めて潜った沖縄の海はそれまで見ていた海とはまったく別物だったし、念願の木性シダにも出会えた（図1b）。夜にやんばるの森の沢登りに行くと、さまざまなカエルとそれを狙うヘビ類がそこここにいたし、そのまま野宿した早朝にはホントウアカヒゲの澄んださえずりが頭のすぐ近くから聞こえた。イボイモリ、クロイワトカゲモドキ、ヤンバルクイナ、ノグチゲラ、コノハチョウ（図1c）…まさに至福の時だった。

これらの野外活動は、生き物を見る目を養う、非常に貴重な機会になったが、学業の方はだんだんおろそかになり、二年生で生物系・化学系に分けられる際には、成績が足りずに危うく化学系に振り分けられそうになった。事務の手違いもあって何とか生物系に紛れ込むことができたが、今でも思い出すとヒヤリとする。

しかし、専門の授業・実習が多くなると、学業は俄然、楽しくなった。とくに私をその後、鳥の研究に駆り立てたきっかけの一つになったのが、後の指導教員となる伊澤雅子先生の鳥の実習である。ルートセンサスで環境と鳥種・個体数の対応を調べるものと、足環を付けられたイソヒヨドリを大学構内で追跡して行動圏やなわばりの構造を調べるといった、二本立ての実習だった。観察と科学はこうやって結びつけるのか。私は感嘆した。こうして、学業離れも少しずつ治り、卒業研究を始める三年生後期までには、卒業に必要な単位のほとんどを取得することができた。

図1　(a) 新緑のやんばる. (b) 木性シダのヒカゲヘゴと著者. (c) コノハチョウ.
(d) コブラ科のハイというヘビ.

メジロ屋人生のはじまり

いつだって、初めての環境に飛び込む際には、いささかの度胸が必要である。卒業研究を始めるには、どの研究室に所属するかを決めねばならない。私は迷わず、伊澤先生の研究室への所属を希望したが、「鳥の研究がしたいです」と、先生にお願いに上がるときには足が震えたことを覚えている。

海洋自然科学科、という名前のごとく、学科の研究室には海を対象としたものが多かった。入学まで、沖縄の海は私の最大の憧れの一つだったが、ダイビング部の活動をとおして、ある程度その欲求が満たされてしまったこと、また、海の恐ろしさも知ったことで、海の中の生き物を調べたいという気持ちは薄くなっていた。一方で、やんばるで出会った鳥や昆虫は、私の中でその存在感を増し続け、二年生の頃には鳥の生態研究をしてみたいと思うようになっていた。そして、そのような研究ができるのは伊澤先生の研究室しかなかった。

伊澤研は沖縄の陸棲動物、とくに哺乳類の生態を研究している研究室で、所属学生の対象種は当時、イリオモテヤマネコ、ツシマヤマネコ、オリイオオコウモリ、ケラマジカ、ノグチゲラ、カンムリワシなどであった。どれも、聞いただけで少しドキドキする種名である。研究室の横の掲示板には、「ケラマジカ調査員募集」の張り紙が張ってあり、研究室前の廊下では時々、保護されたオオコウモリが翼の音を立てながら飛行訓練をしていた。

そんな伊澤研に私が出入りし始めたのは二年生の秋頃だった。研究室では、ケガをしたオオコウモリの世話をする「コウモリ当番」と呼ばれるバイトを随時、募集していた。気になる研究室に出入りできるうえに、お金ももらえる。私はすぐにコウモリ当番のバイトを希望し、研究室に通い始めた。そしてその間に初めて、卒業研究について伊澤先生と話す機会を得た。

先生は、柔らかい物腰ながら、鋭い目をした方だった。授業を受ける際とは異なり、私はとても緊張した。

「卒業研究で鳥の研究がしたいんです」

私はそれだけ言うのが精いっぱいだった。

「鳥ね。何かはできると思うけど」

先生も少ない言葉ながら、そう答えてくださった。とりあえず私はホッとした。

後日、伊澤先生は、研究室の先輩方の調査への手伝いを勧めてくださった。やんばるで先輩が行っていた、ノグチゲラの生態調査の手伝いだったり、琉球大学構内で先輩が行っていたオリイオオコウモリの食痕調査だったり、時には、山階鳥類研究所がやんばるで行っていた、ノグチゲラとヤンバルクイナの捕獲調査にも同行させてもらった。こうして研究室にも、調査というものにも、少しずつ慣れていった。

私の卒業研究の希望は、やんばるでホントウアカヒゲの調査をすることだった。なんのことはない。初めて見たアカヒゲの愛らしさを忘れかねてのことである。しかし、先生から返ってきた返事は絶望的なものだった。ホントウアカヒゲは絶滅危惧ⅠＢ類、かつ、国内希少野生動植物種、かつ、国指定天然記念物である。四年生には触らせられないし、そもそも、まったくフィールド調査の経験がない学生に、やんばるで調査をさせることも難しい。私は、窮した。他に何をしたいか思いつかなかった。

数日後、悶々としていた私に伊澤先生からメールがあった。立教大学(当時)の上田恵介先生とその学生さんのフィールド、西表島のマングローブ林でメジロの研究をするのはどうか、というのである。私は一も二もなく、承諾の返事を書いた。先行きが決まらなくて不安だったので飛びついた、というのが実情だが、この瞬間、私はメジロ屋としての第一歩を踏み出していたのであった。

かばかりの　調査となりし　四年坊

メジロ *Zosterops japonicus* は、体長十一センチメートル、体重も十一グラムほどの小鳥で、北海道から沖縄まで日本全国に分布する。オリーブ色の背中と黄色いのどが美しい鳥だが、最大の特徴はその白いアイリイング(目の周りの輪)だ。目先で一部切れた白い輪が、メジロの名前の由来である(この章の最初の頁の写真を参照)。国内に六亜種が生息しており、私の卒業研究の対象種となったのは、南西諸島に分布する亜種リュウキュウメジロ *Z. j. loochooensis* である。
調査地となった西表島は、沖縄の島々の中では標高が高く、うっそうとした亜熱帯の森に覆われている。私の卒論のテーマは、「マングローブ林に生息する亜種リュウキュウメジロの採餌生態の解明」に決まり、なかでも、オヒルギ優占林でメジロを追跡することで、オヒルギの花粉媒介にどのくらいメジロが関与しているか、という部分に焦点をあてて研究することになった。オヒルギは熱帯から亜熱帯域に広く分布す

図2　(a) 調査地だった西表島船浦のマングローブ林. (b) 調査地の林の中. (c) 亜種リュウキュウメジロ. (d) 私の足跡でくつろぐトントンミー.

るマングローブ植物で、花が下向きにつき、赤い萼弁をもつことなどから鳥媒花だと予想されている(Tomlinson, 1986)。三年生の秋に予備調査を行い、その後、四年生の春から秋まで、一か月に十一日ずつ西表島に通った。

私の調査は、林の中で見つけたメジロを見失うまで追跡し、とまっていた植物樹種、滞在時間、何をしていたか、採餌内容などを記録するものだった。この調査をマングローブ林と海岸林の両方で行い、各環境でのメジロの食性を季節ごとに比較する。調査は干潮時でないとできないので、潮の満ち干によって調査時間は変わるのだが、雨でないかぎり、毎日、朝・昼・夕のそれぞれ二時間をマングローブ林の中ですごした(図2a)。

マングローブ林でメジロを追跡する。口で言うのは簡単だが、実際はとても難しい。まず、とにかく足場が悪い。マングローブ林は、たとえ潮が引いていても、そこかしこに海水のたまった水たまりがある。そんな水たまりには、沖縄方言で「トントンミー」という、ミナミトビハゼがひょうきんな顔でたむろしていて、見ている分にはおもしろいのだが、メジロの追跡中には足を取られて困る（図2d）。また、林内には無数のカニがいて、そこら中を穴だらけにしている。そんな穴に、ズボッと膝までめり込んで心臓が止まりそうになることも多かった。そうでなくたって、すばしこいメジロはあっという間に葉陰に紛れてしまう。行動観察の内容はボイスレコーダーで記録していたのだが、数秒でロスト、という記録がもっとも多かった。

悪戦苦闘しながら、と、こちらも口で言うのは簡単だが、何もかもが手探りなのである。まさに、初めてのフィールドワーク。目が慣れるまで、メジロの追跡はまったくうまくいかなかったし、植物の名前はわからないし、どこも同じようなマングローブ林で、すぐ方角がわからなくなるし、予想より早く潮が満ちてきて帰れなくなりそうになったこともあった。メジロの追跡中は我を忘れているのでよいのだが、メジロが見つからないときや、疲労が溜まってきたときなどは、とても気が滅入って、マングローブ林の中で鬱々としゃがみ込んだりした。調査を始める前は、あれもこれもデータを取りたい、と意気込んでいたが、実際はそれほど手を広げられるものではなく、ただメジロを追跡し、数種の行動データをとるだけ。ともするとすぐマイナス思考になり、自分の能力のなさに自己嫌悪した。

今の自分がその当時の自分のそばにいたなら、きっと「そういう時はデータの整理と解析をしてみなさい」と言ったことだろう。データは取りっぱなしでは形が見えない。形が見えないと、成果が出ているのか不安がつのる。何より、データ解析は楽しい。しかし、当時の私はまだ、データベースの作り方すら知らなかった。

そんな私の慰めは、やはり西表の自然だった。言わずもがな、西表島は魅力的な島である。前述のトントンミーはいつも気分をほぐしてくれたし、調査地では、八重山固有の生き物を身近に見ることもできた。化粧を施したような顔のキンバトや、夕暮れの迫るなか、のんびりと鳴く亜種チュウダイズアカアオバト、小さな身体で餌をあさる亜種リュウキュウイノシシと、その背中にとまっておこぼれを狙う亜種オサハシブトガラス。調査後にマングローブ林の向こうへ足を延ばせば、砂浜を埋め尽くすようなミナミコメツキガニの群れが、私の足元に近い個体から次々と砂に潜っていく。調査の合間に、青く抜けるような空と入道雲の下を歩いていると、おじいちゃんの田舎ですごす夏休みってこんな感じかな、と思ったりした。

四年生の十月で調査を終え、卒論をまとめた。ボイスレコーダーにたまった膨大な量の音声記録を紙媒体に書きおこし、さらにそれをエクセルに入力する。思い出すだけで、うんざりする作業だった。もう二度とボイスレコーダーでの記録はやるまい。

けっきょく、調査に出た日数はのべ四十七日、総追跡個体数は一八〇〇個体だった。マングローブ林で採餌するメジロは、花蜜を分泌するオヒルギの花の総数（花＋花が散った後の萼弁のみの花）が多い時期ほど、頻繁にオヒルギから吸蜜を行い、総花数の少ない時期ほど昆虫の採餌割合が増えた。海岸林ではとくに餌の季節変化は見られず、オヒルギ優占林でのみ、オヒルギの花数によって餌のシフトが生じていたようだった。ただし、花粉をもつ花の割合は六〜七月にもっとも多く、この時期のメジロが、複数株を次々と訪問して吸蜜を行っていたことからも、花粉媒介へのメジロの重要性はこの時期にもっとも高いと考えられた(堀江、未発表)。

こうして、西表島での卒業研究は終わりを告げたが、安堵感が一段落すると、当初の意気込みよりずっと小さくなってしまった自分の研究への苦い思いがもちあがってきた。今から思えば、初めての研究で曲がりなりにもメジロとオヒルギの種間関係の一端を記述できたのだから、まぁ及第点だと思うが、自分を過大評価していた当時は、自分の結果が小さく見えて辛かった。また、人間としても未熟だった私は、調査地でいくつかの失態を犯しており、大学院では鳥の研究を専門としている他大学の研究室に入るよう、伊澤先生に勧められてしまった。

進学先の候補として挙げてもらった中に、大阪市立大学大学院理学研究科動物機能生態学研究室があった。この研究室は動物の社会や行動について研究しており、その当時、高木昌興先生が鳥を材料に行動生態学的な研究を行っていた。何と、そのキャンパスは私の実家から三十分で通える位置にあり、しかも、高木先生の調査地の一つは沖縄にあった。この大学に進学するしかないではないか。

南の島と初夢

沖縄県南大東島。この地名をご存じだろうか。毎年、台風の時期になると、ニュースの中で「非常に強い台風○号は、現在、南大東島の南南東△キロメートルを北西方向に…」といった具合に島の名前が出てくる。島は琉球の言葉で「うふあがりじま」と呼ばれ、現在は多くのバラエティ番組で取りあげられているために観光客も多くなってきたが、私が学部生だった時分は、南大東島を含む大東諸島の知名度は非常に低く、私自身、島名も場所も知らなかった。高木先生はこの島でモズとコノハズクという二種の鳥の研究を進めていた。

四年生だった二〇〇三年の秋、先生の滞在に合わせて南大東島を訪れた。那覇空港から、琉球エアコミューターのプロペラ機に乗って一時間。空港では、この本の共著者でもある松井晋さんが車で迎えに来てくれていた。そして、松井さんに連れられて行ったのは土建屋さんの女子寮だった。

大阪市立大学の研究メンバーは当時、この寮の一室を研究室として借りていた。大きな机が二つ、所狭しと置かれた調査道具と生活用品、そして埃まみれのベンチと酒瓶。まさにフィールドワーカーの城といった感じだった。高木先生は当時三十六歳。松井さんがコーヒーを入れてくれて、修士研究の希望を聞いてくださった。

「先生の研究室に入り、やんばるでアカヒゲの研究がしたいのですが」

私は性懲りもなく、そう言った。卒業研究ではメジロの研究に甘んじたが、次こそはアカヒゲを。そう思い決めていたのだ。

高木先生はいろいろと話を聞いてくださったが、最後には、こうおっしゃった。

「アカヒゲでも何かできるかもしれないが…。せっかく調査の経験もあるんだし、この島でメジロの研究をしたらどうだ」

私はまたもや返事に窮してしまった。

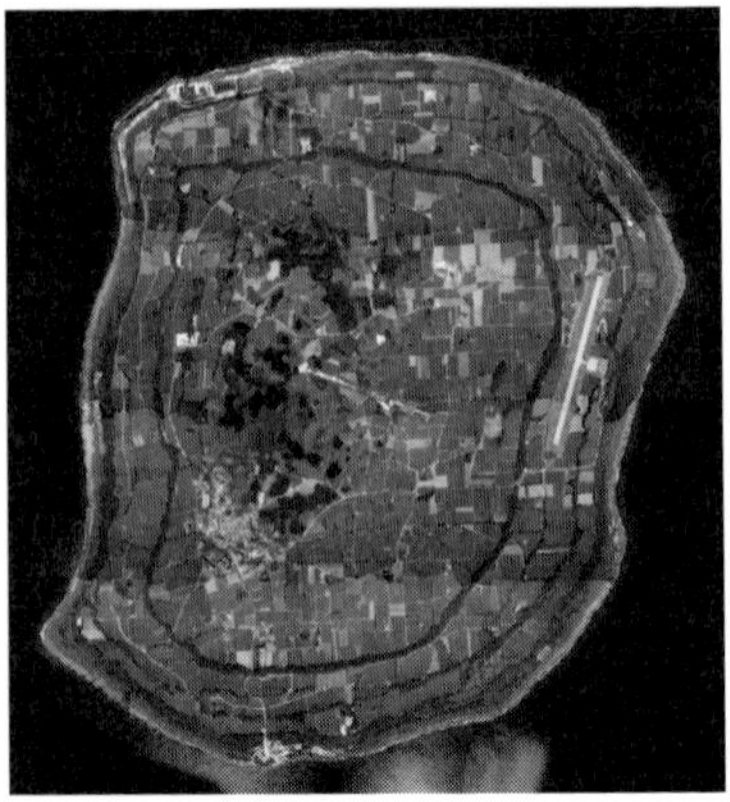

図３　南大東島の衛星写真．薄い緑はサトウキビ畑，濃い緑の輪がハグと呼ばれる林．

まずは島を見てきたら、と言われ、松井さんに島を案内してもらった。南大東島は、東西が五キロメートル、南北が六キロメートルほどの小さな島だ（図3）。南大東島は中央が窪んだすり鉢状の島で、その窪みに雨水がたまり、沖縄でもっとも大きい淡水池となっている。島の周囲は断崖絶壁に囲まれており、島の中からは海が見えない。二〜三重になっている帯状の林は植林された二次林で、ハグと呼ばれる。貧弱なハグ林の中から聞こえる鳥の声といえばスズメ、ヒヨドリ、メジロくらい。西表島とのギャップは大きく、私の第一印象は「生き物の少ない島だな」といったものであった。

独特の印象も当然で、南大東島を含む大東諸島は、他の奄美・琉球の島々とは地史的な歴史が大きく異なる。南西諸島が、海水面の上昇によって大陸の一部が島となった大陸島であるのに対し、大東諸島は海底火山由来の海洋島である。大東諸島は、約四〇〇〇万年前に赤道周辺で海底火山周囲の環礁として誕生した。その後、環礁はフィリピン海プレートに乗って北上しながら発達を続け、約一二〇〜一六〇万年前に隆起したと推定されている（Ohde and Elderfield, 1992）。大東諸島は他の海洋島と同じく、どの陸地とも陸続きになったことがないため、島には両生爬虫類や大型の哺乳類が分布せず、生息する生き物は島に固有だがその種数は少数、といった海洋島特有の特徴をもつ。私が感じた「生き物の少ない島」といった印象の理由は、大東諸島の成り立ちに起因していたのである。

南大東島に生息するメジロは、大東諸島のみに生息する固有亜種で、その名も亜種ダイトウメジロ *Z. j. daitoensis* という（図4）。日本には六亜種のメジロが生息しているが、ダイトウメジロはその中で一番鮮やかな色をしたメジロだ。海洋島に生息しているからなのか、人を恐れない。歯と唇で「チー」と音を出せば、一～二メートルもの近さまで寄ってくる。

図4　ゲットウの花蜜を吸いに来た亜種ダイトウメジロ．

三泊四日だったが、初めての南大東島は楽しかった。昼は島を回り、夜は、先生たちがお世話になっている島民の方に紹介してもらい、オリオンビールと泡盛で夜をすごす。「研究内容、考えてみます」、と先生に告げてフェリーで島を出る頃には、また南大東島に帰ってきそうな気がしていた。

対象種の決定にはまだ迷いがあったが、何より、大学院の入学試験を突破せねばならない。私が受けるのは二次募集の入試試験だ。準備をしつつ、冬休みに大阪に帰省した私は、お正月に初夢を見た。夢に出てきた私は、冬なのに半袖で、サトウキビ畑の横を歩いている。貧弱な二次林、海の見えない島、そう、南大東島だった。年明け、入試に必要な書類を取りに、初めて大阪市立大学を訪れ、高木

先生の研究室へ伺った。高木先生はひとこと、

「対象種、メジロでいいよな」と言った。

眼をしばたたいて沈黙したものの、気がつけば私は、「はい」と答えていた。こうして私はまたもや、かなり消極的なかたちで、メジロ屋人生の第二歩目を踏み出していた。

うふあがりじま

朝、薄明るい林の中で神経を研ぎ澄ます。「カッ、カカッ」。小さな音が降ってきた。見上げると、ヤシ科のダイトウビロウの葉を透かしてメジロの影が見える。何度か爪の音を立てていたが、「ついっ」と飛んだと思うと、別のビロウの葉に止まった。脚に青と濃いピンクの足環が見える。チョンと葉をつたい降りて、葉の基部にある、もしゃもしゃした繊維に取りついたと思うと、ほぐれた繊維を懸命に引き抜きはじめた。五～六本も引き抜いただろうか。繊維の束をくわえなおすと、「チーチチッ」。鋭い声を残して南へ飛び去った。慌てて追いかけるが、姿は見えない。到着地と思しき地点で十五分ほどねばっていると、近くのガジュマルに、やはりビロウの繊維をくわえた別のメジロをみつけた。双眼鏡でのぞくと、赤と白の足環。先ほどのメジロのつがい相手だ。息を止めるようにして双眼鏡で追うと、メジロの入っていった枝先に、ふわふわした茶色い塊がぶら下がっているのが見えた。みつけた。造巣中の巣だ(図5)。

動きの速い野鳥の調査に大切なのは、音や影を捉える瞬発力だ。彼らは一瞬で現れ、一瞬で消える。と

くに、繁殖のための巣には見つからない工夫がたくさん施されており、巣探しには経験が重要だ（コラム参照）。こういった観察テクニックは、しばらく調査を行ったのちに身に着いたもので、二〇〇四年に大学院に入学し、南大東島に調査入りした頃は、そう簡単にはいかなかった。

そもそも、調査地入りした時点で、研究テーマはまったく決まっていなかった。研究の始め方には、興味のあるテーマがあって、それを明らかにするために対象種や方法を考えるものと、対象とする種を設定して、おもしろそうなテーマを探すものの二タイプがある。私の研究は典型的な後者だった。亜種ダイトウメジロの文献情報もほぼ皆無だったため、とにもかくにも亜種ダイトウメジロの繁殖生態を知る、というものが前期博士課程の一年目の課題であった。

図5　ガジュマルの枝にかけられたダイトウメジロの巣.

四月の初めに調査入りした私は、とにかく巣を探せ、という先生の言葉に従って、メジロの多そうな場所を選んで巣探しをする毎日を始めた。先輩となった松井さんにモズの調査方法を教えてもらい、それをメジロ用にアレンジした。初めは、畑際の防風林に営巣するモズの調査をまねして、道を歩きながら林縁で巣探しをしていたが、当然、メジロのおもな営巣場所は林内である。六月頃にようやく、調査区を定めて林内で巣探しを

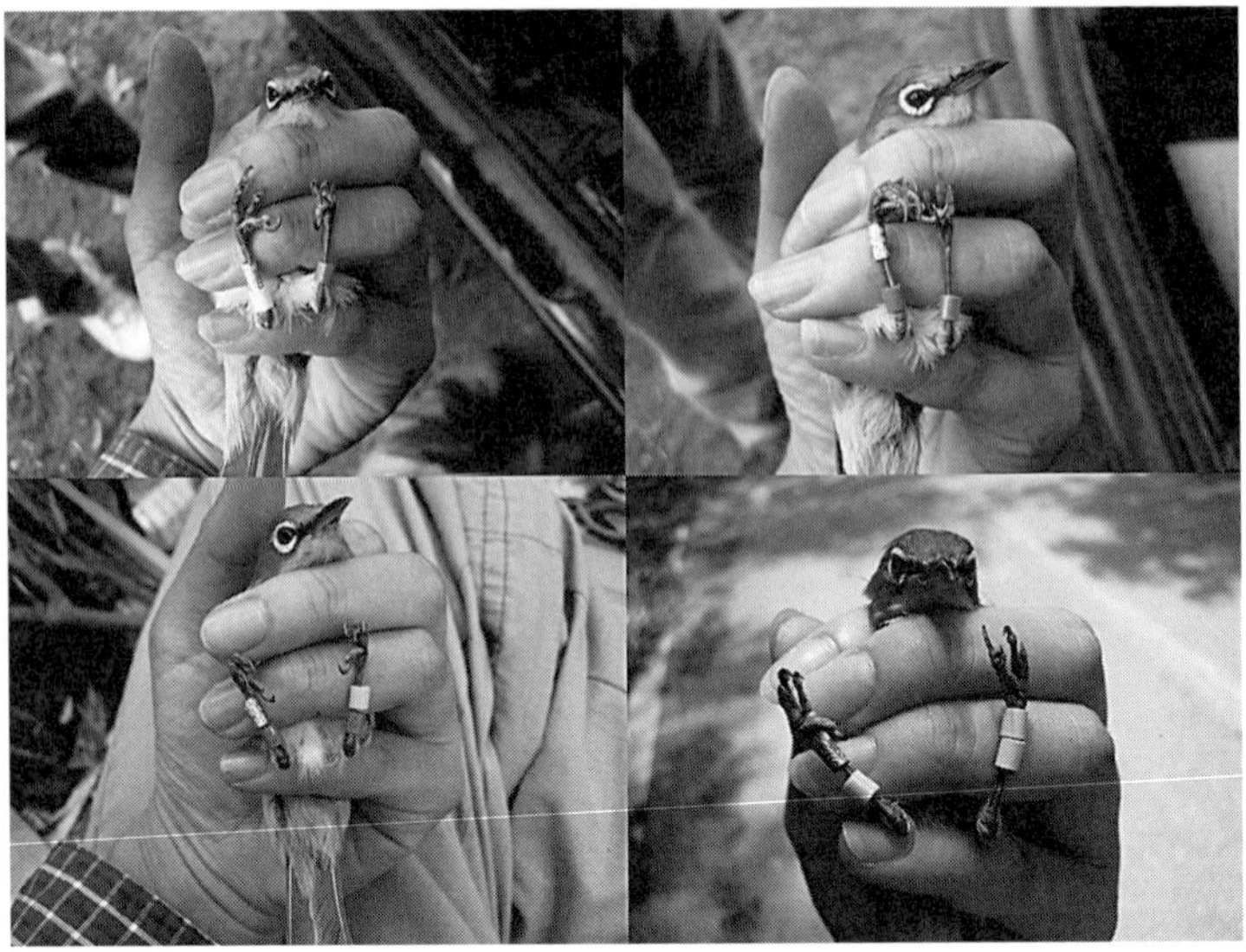

図6　個体ごとに異なる組み合わせの色足環で個体識別する.

した方がよいと判断し、島の南東部の林を調査区に定めた。百メートルほどの幅の帯状の林内に、五メートルごとに印をつけた、約一・三キロメートルのルートを設け、ルートに沿って巣を探し歩いた。

巣探しと同時に大切になるのが、親鳥の個体識別である。個体識別は、個体ごとの繁殖を追う行動生態学の研究の基本といってよい。メジロは雌雄同色なので、見た目ではオスかメスかさえわからない。適切な許可のもと、かすみ網で捕獲を行い、各個体が異なる色の組み合わせになるように、プラスチック製の色足環を付けた(図6)。

さて、これら一年目の調査の成果はどうだったろうか。結論から先に言うと、惨敗である。調査開始時点では知る由もなかったのだが、何と、調査入りした四月の時点で、ダイトウメジロの繁殖ピークはすでに終わっていた。南大東島は亜熱帯の島で、年平均気温は二十三度。二年目以降の調査により、ダイトウメジロの繁殖ピークは二月半ば、産卵は七月末で終了することが判明する。私が調査区を定めた六月はすでに繁殖期も終わりかけだったのだ。そのため、一年目に見つけた七十三巣のうち、五十二巣は古巣であり、四か月も島にいたのに、得られたデータは、約二十巣から集めた断片的な子育てのデータだけだった。それならば餌場を設置してメジロの社会行動を観察しようと、非繁殖期である秋にも三か月間、島に滞在したが、餌の豊富な南大東島では、そもそもメジロが餌場に寄り付かなかった。こうして、ダイトウメジロの研究一年目は、焦燥感とともに過ぎていった。

翌二年目、大阪に二か月弱滞在しただけで南大東島に取って返した私は、島の北西部に調査区を変えて、調査を再スタートさせた(図7)。前年の調査区とのちがいは、とにかく歩きやすい、という点にある。初年度の調査区は、メジロの密度を重視して選んだため、斜面が多かったり、木の密度も高かったりと障害が多く、調査区全面を踏査できなかった。新しい調査区は樹高が低めで林内が明るく、帯状の林がちょうど南北に続いているので、方向の把握もしやすかった。調査範囲もぐっと縮小して、たったの二ヘクタール。

図7　調査地の林．ヤシ科のダイトウビロウが生い茂る．

「この調査地から、すごい結果が出てくるかもしれへんで」

一緒に調査区探しに行ってくれた松井さんの言葉を今でもよく覚えている。ここで徹底的にメジロを標識し、すべての個体の繁殖を追うことにした。

調査入りしたのは二月半ば。調査一日目、造巣中の巣を一つ発見。二日目、古巣を一つ。三日目、造巣中の巣を二つ発見。すばらしい発見ペースだった。拍子抜けするとともに、有頂天になる。そして、ほとんどデータにならなかった前年度の調査には、経験値の蓄積という、非常に大きな意義があったことを実感した。対象種の世界に入り込んで、何とか彼らの特徴を捉えようと、もがく。データや言葉にならなくても、「彼らはどんな生き物か」、その感覚は必ず調査者の意識・体に刻み込まれる。私はこの初年度の経験を、データ前データと呼んで重視している。

孤島のメジロの気持ちを探る

繁殖調査は、非常に地味な作業の繰り返しである。約一週間で一巡する林内ルートを毎日、巡回し、足環付きメジロとその巣を探す(図8a)。見つけた巣は、竿の先につけた鏡で巣内を覗いて卵数や雛数を確認し(図8b)、見回りを行って繁殖イベント(初卵日・抱卵日・ふ化日・巣立ち日)を確定する。ある意味、ただこれだけだ。巣場所の定量化やヒナの捕獲等も行うが、どれもそう難しい調査ではない。しかし漏れのないモニタリングには、なかなかの忍耐力が必要である。同じ作業の繰り返しにうんざりするこ

図8　調査風景．(a) 林内での巣探しのようす(写真提供：戸塚典子さん)．(b) 巣覗き鏡で卵数をチェック．(c) 捕獲調査．手の汗でメジロが弱らないよう，ラテックス製の手袋をはめる(写真提供 b, c：平岡 考さん)．

ともあるが、宝物のような結果はこれらの蓄積データから生まれてくる。徹底的な調査の結果、少しずつダイトウメジロのおもしろさがわかってきた。

初めに気づいたのは、彼らの繁殖期の長さである。早いつがいは一月末に産卵し、産卵のピークは二月から三月。繁殖は七月頃まで断続的に続き、ときには十一月にも繁殖する（堀江ら、二〇〇五）。本州などの温帯域のメジロは、おおむね四月頃から繁殖を開始するので、ダイトウメジロは二か月も早く繁殖のピークを迎えることになる。

さらに、個体識別したつがいの追跡調査から、彼らはこの長い繁殖期の間に二〜五回も子育てを試みることがわかった。ダイトウメジロはヒナを巣立たせると、平均一か月以内に次の繁殖に入り、繁殖に失敗した後も短期間でやり直し繁殖を行う。

もっとも成功したつがいは一繁殖期に四回もヒナを巣立たせており、繁殖回数は平均三回であった。親は子育てごとに新しい巣を作り、一腹卵数は九十五パーセントの巣で二卵か三卵だ。

個体識別したつがいの長期追跡から、ダイトウメジロの夫婦関係も少なからずわかってきた。オスは発見時から消失するまで、ほぼ同じ場所を行動圏として使っており、一度獲得した行動圏は死ぬまで使うと考えられた。その間につがいメスが消失した場合、オスは同じ行動圏を維持し続け、別のメスを後妻に迎えた。一方、オスが消失した場合、残されたメスは行動圏を出て、他の独身オスと再婚する。つがい相手が消失しなかった場合はすべて、観察できた期間をとおしてずっと同じつがい相手と繁殖を繰り返していたことから、ダイトウメジロはつがい相手が死なないかぎり、同じ相手と添い遂げるようだ。造巣・抱卵・抱雛・給餌といった、産卵以外の作業はすべて、つがいが協力して行う。

ダイトウメジロの特徴のなかで、私がもっとも強く着目したのは、子育ての失敗要因である。鳥が卵やヒナを失うおもな理由には、①受精やふ化の失敗、②巣への物理的なダメージ、③托卵、④餓死、⑤捕食の五要因が考えられるが、じつはこれらの中で、ダイトウメジロの繁殖失敗要因は、ほぼ⑤捕食のみなのである（Horie & Takagi, 2012）。しかも、よくよく観察していると、毎回、うまくヒナを巣立たせている親と、何度も捕食される親がいることがわかった。このちがいは何なのだろう？

前期博士論文の実際のテーマは「尾羽の成長帯幅を指標とした親鳥の身体的コンディションと繁殖成績の関係」というものであったが（成長帯幅についてはGrubb, 2006を参照）、得られた結果は、コンディションの良いオス親ほど多くのヒナを残している、というものであった。しかも、コンディションの良いオスほど、巣をうまく隠しており、捕食にあいにくいことがわかった。前期博士課程の研究の時点では、なぜコンディションが良いと捕食率が低いのかクリアに示すことはできなかったが、フィールドでの直観として、卵やヒナをよく捕食される親には、前年に幼鳥として足環を付けた一年目の若鳥が多いことに気づいていた。コンディションの良いオス親は年配の個体で、そのようなオス親ほど捕食をうまく回避できるのかもしれない。もしかすると、彼らがうまく子育てをするには経験が必要なのではないだろうか？

ゼロからスタートした研究は急速に方向性をもちはじめ、明らかにしたい疑問が次から次へと浮かんできた。彼らはどうやって卵やヒナを捕食から守っているのだろう？　子育てに経験が必要なら繁殖成績は年齢とともに上がっていくはずだ。そもそも捕食者は誰なのだろう。捕食者は一種とはかぎらない。複数種いるなら、親鳥はそれぞれの捕食者を見分けて対応を変えたりしているのだろうか。私は後期博士課程への進学を決めていた。

子育ての鍵は父親だった

「南大東村青年連合会、ゆしりてぃ、ちゃーびたん。どーりん、最後まで、ゆたしく、うにげーさびら（南大東島青年連合会がやって参りました。どうぞ最後までよろしくお願い致します）」

挨拶に続く地謡（唄い手。ジウテーと読む）の掛け声とともに、三線の音が流れ出た。二〇〇七年八月二十五日、旧盆を迎えた南大東島の通りには、勇壮な太鼓の音があふれ、凛々しい男踊りと裾短の着物を着た女踊りが、顔を白く塗ったチョンダラー（道化）とともに家々の前を踊り歩いていた。今年もエイサーの時期が来たのだ（図9a）。

南大東島は沖縄県の島なので、沖縄の文化は当然のようだが、地史の特殊性と同様、この島の開拓史もまた特殊である。南大東島は一九〇〇年まで無人島であったが、八丈島から開拓民が入り、サトウキビ栽培の島へと発展した。そのため、八丈島の言葉や文化が多く残っており、立派な化粧まわしをつけて土俵入りする江戸相撲や、漬けサワラの握りずしなどがエイサーなどの沖縄文化とまじりあっ

図9　南大東島では，沖縄文化と八丈文化が混在する．(a) 旧盆エイサー．中央右、着物の女踊りが著者(写真提供：東 和明さん)．(b) 豊年祭での奉納相撲．(c) サワラの漬けで握る大東寿司．

ている（図9b、c）。調査のかたわら、これらの文化を楽しみ、飲み、歌い、運動会に出場したりしながら、私は毎年、八か月以上もの長期調査を続けた。

前期博士課程とその後の研究から、ダイトウメジロは、同じつがい相手と同じ場所で何年も繁殖を続け、さらには、長い繁殖期の間に何度も繁殖を繰り返すことが明らかになった。これらの特徴には、同じ個体の子育てを何度も観察できるという利点がある。また、繁殖回数や一腹卵数にはつがい間であまりちがいがなく、卵やヒナの喪失要因はほぼ捕食にかぎられる。そのため、彼らが繁殖を成功させるには，卵やヒナを捕食から守ることがもっとも大切だとわかった。ここから、後期博士課程では捕食に特化した研究を始めた。

私の後期博士論文のタイトルは「ダイトウメジロにおける対捕食者行動の可塑性と学習の効果」というものだ。巣内での子の捕食は、親の適応度を直接的に下げるので、親鳥はさまざまな行動で捕食を回避している。この対捕食者行動は、①巣場所選び、②捕食者への警戒・攻撃、③捕食者に見つかりにくくするための訪巣回数の調節、の三つに分類することができる。私は、ダイトウメジロの親鳥によるこれらの行動を詳細に調査し、親鳥が繁殖経験によって行動を修正できるのか、また、捕食者の種に応じて行動を変えるのかどうかを検討した。ここでは、①巣場所の選択について明らかになった内容（Horie & Takagi, 2012）の概略をお示ししたい（堀江、二〇一八も参照）。

南大東島は海洋島なので、ヘビ類を含む両生爬虫類が分布しない。コウモリ類を除いて、哺乳類も分布しないし、島の巣を襲う在来の鳥類も、絶滅したといわれるハシブトガラス以外は分布していない。そのため、南大東島でメジロの巣を襲っている捕食者は、人間の入植以降に島に侵入したクマネズミと、入植に伴う環境改変後に自然に定着したモズの二種のみである(Horie & Takagi, 2012)。しかも、クマネズミは卵とヒナ両方を襲うが、モズは動かない卵は捕食せず、ヒナだけを襲うので、両種の捕食傾向を分離できる。推定方法は省くが、クマネズミは低い位置で見えやすい巣をよく襲い、モズは高い位置でやはり見えやすい巣をよく襲うと推定された。低いとクマネズミ、高いとモズに襲われる。さて、ダイトウメジロはどこに巣をかけるのだろうか。

ダイトウメジロにかぎらず、メジロはオス親が巣場所を選ぶと考えられている(橘川、私信)。そこで私は巣場所を選ぶオスの年齢に着目し、巣場所も繁殖成績も、オス親の年齢とともに良くなるのではないかという仮説を立てた。「年の功」仮説である。使うのは、地道な調査で取りためた五年間の繁殖データ。初年度のデータは、その精度を自分自身が信用できなかったため、解析からはすべて除いた。さあ、ダイトウメジロに年の功はあるのか。

結果は明らかだった。一歳、二歳、三歳以上、と年齢を重ねるに従って、巣高と隠ぺい率は高くなり(図10)、一歳の若鳥の巣立ち雛数が、一年で平均三羽程度なのに比べ、二歳以上の成鳥では倍以上、平均六・三羽のヒナを残していた。隠ぺい率に関しては、年齢を重ねると、巣を上手く隠せるようになる、と解釈できるが、巣高に関しては、巣が高くても低くても捕食されるため、より詳しく見てみる必要がある。そこで、巣場所と捕食率の関係をみたところ、一歳のオス親は低い位置に巣をかける傾向があり、二歳はさまざまな高さに、三歳以上のオス親は、ちょうどクマネズミとモズの捕食にあいにくい、中程度の

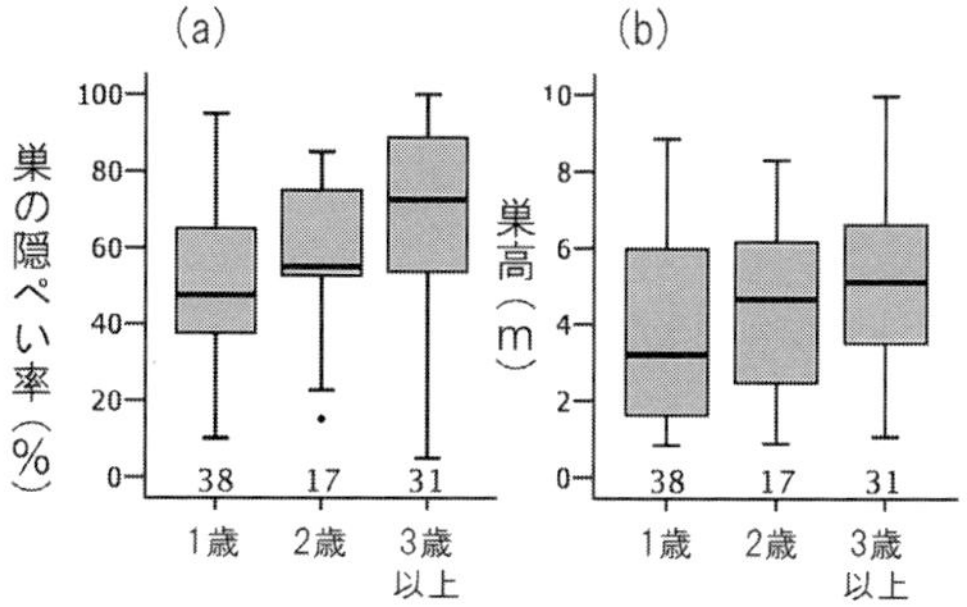

図10　オス親の年齢によって異なる巣形質．(a) 巣の隠ぺい率，(b) 巣高．箱ひげ図の下部にサンプル数を示す．Horie & Takagi,2012 を改変．

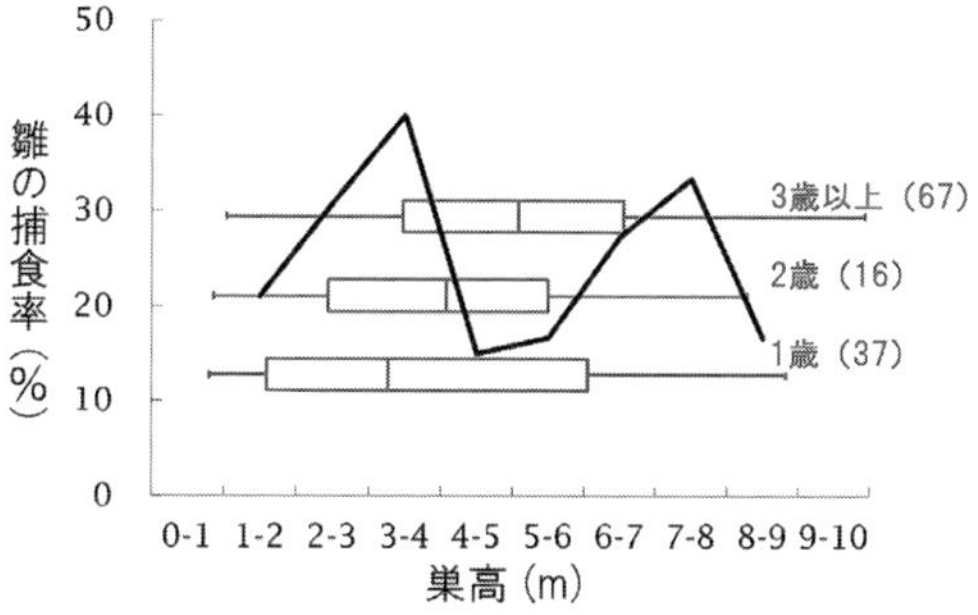

図11　巣の高さとヒナの捕食率の関係を示した折れ線グラフの上に，オス親の年齢ごとに箱ひげ図で示した巣高を重ねたもの．箱ひげ図の右端に年齢とサンプル数を示す．2つある捕食率のピークの低い方がクマネズミ，高い方がモズによる捕食だと推定される．箱ひげ図の中央値に注目すると，3歳以上のオス親はクマネズミとモズ両方の捕食を避けられる中程度の高さに巣をかけていることがわかる．

高さにもっともよく巣をかけることがわかった（図11）。

巣場所の学習過程についてはまだ不明な点も多いが、同一オスの追跡からも、年長になると巣場所や繁殖成績が良くなることがわかり、ダイトウメジロのオス親は、繁殖経験を積むことで二種の捕食者に襲われやすい場所を学習し、捕食されにくい場所へと巣場所を修正できることがわかった。そして、この父親による巣場所の学習が、繁殖成績の向上を導く鍵になっている。従来、年齢とともに繁殖成績が上がるのは、メスの産卵数向上が鍵になると考えられており、オスの関与をメカニズムまで示せた例はない。

おわりに

調査当初、少なからず私をがっかりさせた南大東島の生物相の薄さだが、捕食に特化した研究においては大きな利点になった。この博士研究は私に、島の特殊性を強く認識させるとともに、一般性への疑問を新たに提起させた。「ふつう」のメジロはどのような子育て特性をもつのだろう？　私はいま、日本全国のメジロに対象を広げ、卵数等の生活史形質がどのように進化しているのか、そのメカニズムの解明に挑もうとしている。初めて積極的に踏み出した、メジロ屋人生の第三歩目だ。中学生の頃に描いた、博物学者の姿に少しでも近づいただろうか。

最後に、私を支えてくれた言葉たちを紹介して終わりにしたい。これらは皆、激励の言葉として私の周りにいた方々が下さったものだ。読者のどなたかの心に響けば幸いである。

①高木先生から
「泥臭い仕事だって、料理しだいで最先端の知見になる。地道にがんばれ」
②先輩の松井さんから
「先生のやり方は正しい。でもメジロにとっても正しいかどうかはわからん。自分で工夫することが大事やで」
③メジロの齢査定、性判別について教えてくださった研究者のKさんから
「事実は積み重なると、ある時、急に一本の線につながる。先生は鳥の研究の専門家だけど、メジロのことはあなたが一番よく知っているのだから、その目を大切にしなさい」
④一番お世話になった島民のKさんが研究室に貼った標語
「やる気のない人、やれない理由ばかり言う。やる気のある人、やり抜く方法を考える」

参考文献

Tomlinson, B. P. (1989) The botany of mangroves. 1st ed. Cambridge University press, Cambridge.

Ohde, S. and Elderfield, H. (1992) Strontium isotope stratigraphy of Kita-daito-jima Atoll, North Philippine Sea: implications for Neogene sea-level change and tectonic history, Earth Planet . Sci. Lett.,113, 473-486.

堀江明香・松井 晋・高木昌興（2005）南大東島における亜種ダイトウメジロの 11 月の育雛．日本鳥学会誌 54：58-59.

Grubb, T. C. Jr. (2006) Ptilochronology: feather time and the biology of birds. Oxford University Press, Oxford.

Horie, S. & Takagi, M. (2012) Nest site positioning by male Daito White-eyes *Zosterops japonicus daitoensis* improves with age to reduce nest predation risk. Ibis. 145: 285-295.

堀江明香（2018 刊行予定）．父の知恵が子を守る！－巣場所を学ぶ孤島のメジロ－．水田 拓・高木昌興（編）．島の鳥類学．南西諸島の鳥をめぐる自然史．海游舎．東京.

コラム

巣探し職人への道

堀江 明香

メジロの巣はかわいらしい。小さく、精巧な作りをしており、中に産み込まれた白い卵は巣内の暗がりの中で輝いて見える(図)。繁殖調査での一番の喜びは、やはり、卵の入った巣を発見することだ。調査開始時、巣探しは一番の苦労の種であったが、しだいに、巣を探し出せるようになった。その腕前は、一緒に巣探しに行った後輩に「堀江さん、それ、職人技ですよ」と言われるほどだ。このコラムでは、私がどのようにして巣探し職人になったのか、そして、その具体的な巣探しの方法について紹介したい。

皆さんは鳥の巣をご覧になったことがあるだろうか。「ある」と答えられた方も、その巣はおそらく、人家にかけられたツバメの巣だったり、カラス類やキジバトなどが枝を組み合わせて造った、比較的大きな巣だったりするのではないだろうか。「否」と答えられた方はすでに、巣探し職人の素質をもっておられる。

通常、小鳥の巣を見つけることは非常に難しい。彼らとて、大切な卵やヒナを見つかりやすいところに置いておいたりしない。とくに、樹上に営巣する種の巣は木の葉に上手く隠されており、冬になって木が裸になってからでないと目につかない。繁殖に関わるデータを取るには、鳥が一番、隠したい時期に巣を見つける必要がある。

メジロは、両親で協力して、二叉の枝先にカップ状のつり巣を造る。大きさは直径五~六センチメートルほどで、深さも同じくらいだ。おもな巣材は、草本の枯れ葉や繊維，ヤシ類の繊維，ススキの穂などで、シダ類やササの葉脈を使用した例もある。ダイトウメジロでは、もっぱらダイトウビロウの繊維が使われる。

図　さまざまな場所にかけられたダイトウメジロの巣.

枝への接着にはクモの糸や昆虫のマユをほぐしたものが用いられ、巣の最外部には、カモフラージュのためにコケ類や葉脈だけの葉、樹皮、シカの毛、緑色の昆虫のマユなどが貼りつけられることが多い。かける高さは、膝くらいのものから、十メートルを超える巣までさまざまだ。

調査を始めた当初、私は漫然と枝に目を走らせ、茶色い物体を捜し歩いていた。指導教員の高木先生に、「幹のあたりから上を見れば、緑の葉の中に、茶色い巣が見えるからすぐわかる」と言われ、いろいろな角度から一本一本の木を眺めて回っていたのだ。とくに根拠もなく、巣がありそうだと思った枝先を見て回るのである。もちろん、このようなしらみつぶしのやり方でも巣は見つかる。初年度の調査で見つけた巣の多くは古巣だったが(本編参照)、これらはこのような方法で見つけ出した。しかし、巣は見つけられればそれでよい、というものではない。繁殖データをとるために探しているのだから、なるべく早いステージで巣を見つけなければならない。見つけた巣を覗いてみたら、巣立ち間近のヒナだった、がっかり、とならないよう、可能なかぎり、造巣から抱卵中に巣を見つけ出す必要がある。

初年度に古巣をたくさん見つけたことは、それはそれで意味があった。メジロの巣場所の好みのようなものが何となくわかるようになり、梢のてっぺんよりは横に張り出した枝の真ん中寄りが好きらしい、枝の太さはこのくらいが好きかな、というような感覚を身につけることができた。しかし、巣を目で確かめるだけの方法では、うまく隠された巣の発見率はどうしても低くなる。そこで、本格的に繁殖データを追い始めた二年目以降は、別の指標を併用して巣探しを行うようになった。その指標とは、親鳥の行動である。

本編にも示したとおり、巣場所を示すもっともわかりやすい行動は巣材や餌などの運搬である。植物の繊維やクモの糸などをくわえて飛び去る方向から、巣の場所を推定することができる。ダイトウメジロは行動圏が非常に狭く(半径二十〜五十メートル程度)、「いつもいる場所」を押さえておけるので、たとえ巣材運びの途中で見失っても、次の巣材運びを待ち伏せできる。このように、巣材運びを繰り返し観察することで、うまく隠された巣でも場所を特定できる。さえずりやなわばり争いを観察することでも、巣がありそうな場所を絞り込めるし、追っていた足環付き個体を急に見失い、そのつがい相手が出現したときなども、抱卵交代の可能性が高く、その周辺に巣があることがある。

何時間も林の中に入ってメジロばかり見ていると、親鳥の行動から、各個体の繁殖ステージもだいたい想像がつくようになる。ずっとつがいで動いていれば、繁殖中でない可能性が高いし、繁殖後の巣が落ちていれば、ああ、親が繊維を引き抜いて落ちたんだな、次の巣を造巣中かな、とわかる。

しかし、繁殖初期の巣を見つけるために、もっとも重宝したのは、造巣前のオスがとる、特徴的な行動である。その行動とは、オスが「チルチルチル…」と聞こえる甘い声を出しながら翼を小刻みに震わせるというものである。求愛に関わる行動なのかもしれないが、この行動をとるオスの後には必ずメスが追随しており、たいてい数日後には巣材運びをしている。私はこれを「チルチルモード」と呼び、この行動をとっていたつがいについて、通常の巣探しとは別に観察を行い、多くの巣を見つけられるようになった。小鳥、とくに樹上営巣性の小鳥の巣を探すには、親鳥の行動を粘り強く観察し、彼らの気持ちになって巣を探すことが大切である。

行動観察を伴う巣探しは、非常に強い集中力を要する。そのためか、繁殖ピークに入って巣のことばかり考えて暮らしていると、必ずと言っていいほどメジロの夢を見た。よく見たのは、とにかくたくさん巣が見つかる夢だ。歩くたびに二メートルおきくらいにメジロの巣を見つけて、大喜びする夢である。恐ろしい夢もよく見た。捕獲のためにかすみ網を仕掛けるのだが、網を閉じ忘れ、翌日行ってみると二十羽くらいが網にかかって死んでいる。巣内からヒナを取り出そうとして巣の上から落としてしまう悪夢もよくみた。夢を見た後には現地での行動が丁寧になるので、ある意味よい夢なのかもしれない。極めつけは、見つけた巣のメジロが三十個くらいの卵を温めている夢だ。びっしりと敷き詰められた卵の上にメジロがちょん、と座っている。温められているのは真ん中の五卵くらいで、残りは巣からあふれている。すました顔で抱卵している夢の中のメジロの顔を今でも忘れられない。何かテーマをもって観察を行うのであればぜひ、こんな風になるまで彼らのことを考える経験をしてみて欲しい。

謝辞

日本国内はもとより世界中でおこなわれているフィールドワークをはじめとする研究活動は、研究者一人の力では到底できないことはここで改めて言うまでもありません。そのすべてを挙げることはできませんが、お世話になった以下の方々にこの場をかりて、厚く御礼を申しあげます。

二〇一八年　著者一同

阿寒国際ツルセンターの皆さま、浅沼 清さん、足利直哉さん、東 信行教授、天野達也博士、新井絵美博士、荒川秀夫さん、粟島の皆さま、飯島大智さん、飯田克志さん、幾野慶子さん、（故）池田 啓教授、池田亨嘉さん、井鷺裕司教授、伊澤雅子教授、石川県白山市の調査地の皆さま、いずし古代学習館・小野地区コミュニティーの皆さま、出石町袴狭・田多地・宮内・小野地区の農家・住民の皆さま、出石町八木通の皆さま、市橋直規さん、伊藤元裕博士、伊藤祥介名誉教授、（故）伊藤茂雄さん、伊藤洋子さん、猪俣健之介さん、上田明男さん、上田恵介名誉教授、上田 均教授、植田睦之さん、牛田一成教授、牛山克巳博士、梅野ひろみさん、栄村奈緒子博士、江崎保男教授、江田伸司さん、蛯名純一さん、遠藤幸子博士、遠藤菜緒子博士、大潟村の皆さま、大河原恭祐博士、大久保香苗さん、大阪市立大学動物機能生態学研究室の皆さま、大坂英樹さん、大字健一さん、大字路子さん、NPO法人おおせっからんどの皆さま、大谷良房さん、大塚利昭さん、大槻 久博士、大沼 学博士、岡崎祥子博士、小笠原ビジターセンターの皆さま、岡田伸也さん、岡 奈理子博士、岡久佳奈さん、学校法人おかやま希望学園の皆さま、岡山県加賀郡吉備中央町・高梁市の調査地の皆さま、小城春雄名誉教授、奥田富喜子さん、奥津竹彦さん、奥津紀子さん、奥山満規さん、長雄一博士、越智大介博士、小野山敬一教授、緒幡純子さん、帯広畜産大学自然探査会の皆さま、帯広畜産大学野生動物管理学研究室の皆さま、笠原里恵博士、風間麻未さん、梶　光一教授、梶田　学さん、梶本恭子さん、柏木敦士さん、勝又信博さん、加藤ななえさん、神奈川県横須賀市・逗子市・葉山町の調査地の皆さま、兼子伸吾博士、金本好永さん、上沖正欣さん、狩野清貴さん、川上和人博士、環境省東北地方環境事務所の皆さま、（故）神崎伸夫博士、菊地デイル万次郎博士、北里大学自然界部の皆さま、北岳山荘スタッフの皆さま、木村裕一さん、京都大学大学院農学研究科森林生物学研究室の皆さま、（故）草野貞弘さん、沓掛展之博士、久保嶋江実さん、位ヶ原山荘スタッフの皆さま、（故）栗本節夫さん、栗本節良さん、栗山武夫博士、合田延寿さん、コウノトリ湿地ネットの皆さま、コウノトリ市民レンジャーの皆さま、コウノトリパークボランティアの皆さま、河野裕美教授、神山和夫さん、五箇公一博士、國分亙彦博士、国立研究開発法人国立環境研究所侵入生物研究チームの皆さま、小島みずきさん、小島　渉博士、小杉和樹さん、小島正明名誉教授、後藤佑介博士、小西広視さん、小町亮介さん、小松和恵さん、小峰浩隆さん、小見山邦子さん、小見山節夫さん、今野　怜さん、今野美和さん、斎藤仁志さん、三枝誠行博士、坂入裕子さん他一般社団法人小笠原環境計画研究所の皆さま、坂尾美帆さん、坂本明弘さん、崎原　健さん、桜井泰憲教授、（故）佐々木志津さん、佐々木礼佳さん、佐藤克文教授、佐藤達夫さん、佐藤信彦博士、佐藤一海さん、佐藤雅彦さん、佐藤里恵さん、澤　祐介さん、塩見こずえ博士、謝　倩氷さん、白井正樹博士、信州大学生態学研究室ＯＢの皆さま、鈴木繁秋さん、須川　恒さん、杉田あきさん、鈴木節子博士、関下　斉さん、関島恒夫教授、関　伸一博士、高木憲太郎さん、高木昌興教授、高橋晃周博士、高橋秋桜子さん、高橋清法さん、高梁市立宇治小学校の皆さま、高梁野鳥の会の皆さま、高橋真紀子さん、武田京子さん、武田敬三さん、竹中　悠さん、田尻浩伸博士、田中すま子さん、（故）田中忠夫さん、公益財団法人東京動物園協会多摩動物公園の皆さま、ＮＰＯ法人タンチョウ保護研究グループの皆さま、千嶋　淳さん、千葉県野田市民の皆さま、チョン・ソクファン博士、堤　明さん、津曲隆信さん、出口翔大博士、出口智広博士、東京大学宇宙線研究所附属乗鞍観測所従業員の皆さま、東京大学大学院生物多様性科学研究室の皆さま、東京大学大気海洋研究所国際沿岸海洋研究センターの皆さま、東郷なりささん、東邦大学理学部生物学科動物生態学研究室・海洋生物学研究室・地理生態学研究室　関係者の皆さま、豊岡市立コウノトリ文化館の皆さま、豊岡市役所コウノトリ共生課の皆さま、中川直之さん、中川宗孝さん、中筋公民館の皆さま、永田　健さん、中村立樹さん、仲村　昇さん、中村浩志名誉教授、中村雅彦教授、中森純也さん、奈良与志樹さん、鳴海末信さん、新潟県上越市高田の調査地の皆さま、新潟大学関島研究室の皆さま、新妻靖章教授、西島加奈さん、西島　徹さん、西田　遥博士、日本コウノトリの会の皆さま、公益財団法人日本生態系協会の皆さま、日本野鳥の会青森県支部の皆さま、日本野鳥の会岡山県支部の皆さま、国立研究開発法人農研機構動物衛生研究部門疫学研究室の皆さま、国立研究開発法人農研機構北海道農業研究センター畑作研究部の皆さま、株式会社野田自然共生ファームの皆さま、野田市こうのとりの里協力獣医師・ガイドボランティアの皆さま、信原秀清さん、野村みゆきさん、乗鞍岳肩の小屋スタッフの皆さま、橋間清香さん、長谷川　博名誉教授、長谷川・沓掛研究室の関係者の皆さま（OB・OG含む）、長谷川雅美教授、長谷川眞理子学長・教授、長谷部　真さん、八戸野鳥の会の皆さま、花谷英一さん、母島ユースホステルの皆さま、林　晴美さん、半谷吾郎博士、樋浦正子さん、東　和明さん、樋口広芳名誉教授、日名幸子さん、日名義人さん、美唄市役所の皆さま、美唄市立西美唄小学校の皆さま、兵庫県豊岡市／養父市／朝来市民・農家の皆さま、兵庫県立コウノトリの郷公園の皆さま、兵庫県立コウノトリの郷公園附属保護増殖センターの皆さま、兵庫県立コウノトリの郷公園モニター観察員の皆さま、平尾安美さん、平田将嗣さん、弘前大学農学生命科学部動物生態学・野生生物管理学研究室の皆さま、福島　実さん、福島　隆さん、（故）福本　寛さん、復建調査設計株式会社の皆さま、藤田　剛博士、藤巻裕蔵名誉教授、古川　博さん、古川裕之さん、風呂田利夫名誉教授、星川　勉さん、星子廉彰さん、堀田和則さん、堀越和夫博士他NPO法人小笠原自然文化研究所の皆さま、本田大次郎さん、本田裕子博士、本保建男さん、前田　了さん、正富欣之博士、野田市役所みどりと水のまちづくり課の皆さま、町野親生さん、松田　聡さん、松太屋の皆さま、松本　経博士、松本祥子さん、松本潤慶さん、松本文雄博士、丸田恵美子教授、丸山健司さん、三浦憲男さん、三浦美知代さん、三上　修博士、三上かつら博士、御蔵島の皆さま、三沢高校の皆さま、三沢市環境衛生課の皆さま、水田　拓博士、水谷　晃さん、三戸貞夫さん、南大東村北区の皆さま、南大東村教育委員会の皆さま、峯　光一さん、宮　彰男さん、宮島沼の会の皆さま、宮島沼水鳥・湿地センターの皆さま、宮村さち子さん、宮村良雄さん、向井喜果さん、麦沢 勉さん、向山 満さん、六辻徹夫さん、（故）村上速雄さん、村山美穂教授、村山良子さん、茂木雄二さん、望月翔太博士、百瀬邦和さん、百瀬ゆりあさん、森本 元博士、森 貴久教授、山北好美さん、山崎翔気博士、山﨑法子さん、山下 麗博士、財団法人山階鳥類研究所の皆さま、山田明代さん、山根 昭さん、山本拓郎さん、山本麻希博士、吉村充史さん、依田 憲教授、米原善成博士、立教大学上田研究室の皆さま、琉球大学伊澤研究室の皆さま、若松一雅教授、脇坂 綾さん、脇坂英弥博士、渡辺伸一博士、渡辺千夏さん、渡辺 仁さん、渡辺 守名誉教授、綿貫 豊教授、

Dr. Agustina Gómez Laich, Dr. Alexander Kitaysky, Dr. Emma Ådahl, Dr. Flavio Quintana, Dr. Francis Daunt, Dr. Gabriela Blanco, Ms. Lise-Lott Hägg, Dr. Matthieu Le Corre, Mr. Petter Albinson, Dr. Philip Trathan, Mr. Rolf Lindström, Mr. Tony Johanison

山本誉士（やまもと　たかし）
1983年生まれ
総合研究大学院大学 複合科学研究科 極域科学専攻 五年一貫制博士課程修了　博士（理学）
専門：行動生態学・バイオロギング・環境動態解析。国立極地研究所国際北極環境研究センター特任研究員、日本学術振興会特別研究員ＰＤ（名古屋大学大学院環境学研究科）を経て、現在は統計数理研究所で特任研究員として動物の移動・空間利用に関する研究に取り組んでいる。

小林 篤（こばやし　あつし）
1987年生まれ
東邦大学大学院 理学研究科 博士後期課程生物学専攻修了　博士（理学）
専門：保全生態学、個体群生態学

岡久雄二（おかひさ　ゆうじ）
1987年生まれ
立教大学大学院 理学研究科 博士後期課程修了　博士（理学）
専門：鳥類生態学、再導入生態学。キビタキの生態研究のほか、ニューカレドニアの固有鳥類の保全、トキ野生復帰事業に携わる。現在は環境省佐渡自然保護官事務所 希少種保護増殖等専門員。

武田広子（たけだ　ひろこ）
1981年生まれ
東邦大学大学院 理学研究科 生物学専攻 博士前期課程修了　修士（理学）
専門：保全鳥類学。コウノトリ飼育員を経て、現在は豊岡市立コウノトリ文化館自然解説員としてコウノトリ野生復帰事業についての普及・啓発を行いながら、コウノトリ市民レンジャーとしてコウノトリの野外調査を行っている。

黒田聖子（くろだ　せいこ）
1988年生まれ
兵庫県立大学 大学院地域資源マネジメント研究科 博士後期課程
専門：鳥類生態学。現在、ノートルダム清心学園 清心中学校・清水女子高等学校に常勤講師として勤務しながら、岡山県でブッポウソウの研究活動を行っている。

松井 晋（まつい　しん）
1978年生まれ
大阪市立大学大学院 理学研究科 後期博士課程修了　博士（理学）
専門：動物生態学。おもに鳥類の生態、生活史進化に関する研究を行っている。現在は、東海大学生物学部の講師として、北海道と沖縄をフィールドに研究を続けている。

堀江明香（ほりえ　さやか）
1981年生まれ
大阪市立大学 大学院 理学研究科 後期博士課程修了　博士（理学）
専門：鳥類学、行動生態学。卒業研究から一貫してメジロの研究を続けている。現在のテーマは、子育て戦略の進化メカニズムの解明。

著者紹介（掲載順）

武田浩平（たけだ　こうへい）

1988年生まれ
総合研究大学院 大学先導科学研究科 博士課程修了　博士（理学）
専門：動物行動学、保全生態学、鳥類学。動物の複雑なコミュニケーションが中心テーマであり、対象はタンチョウ。現在（2018年）は総合研究大学院大学の特別研究員。

風間健太郎（かざま　けんたろう）

1980年生まれ
北海道大学水産科学院 博士課程修了　博士（水産科学）
専門：海洋生態学、行動生態学、保全生態学、地球化学。日本学術振興会特別研究員（受入：名城大学）を経て、現在は北海道大学水産科学院博士研究員。2016年度日本鳥学会黒田賞受賞。

森口紗千子（もりぐち　さちこ）

1981年生まれ
東京大学大学院 農学生命科学研究科 博士課程修了　博士（農学）
専門：景観生態学・保全生態学。（独）国立環境研究所　特別研究員、（独）農研機構動物衛生研究所　農研機構特別研究員、新潟大学　特任助教を経て、現在は日本獣医生命科学大学ポストドクター。

高橋雅雄（たかはし　まさお）

1982年生まれ
立教大学大学院 理学研究科 博士課程後期課程修了　博士（理学）
専門：農地棲鳥類（ケリ・トキなど）や湿性草原棲鳥類（オオセッカ・コジュリン・シマクイナなど）を対象とした行動生態学と保全生態学。

加藤貴大（かとう　たかひろ）

1987年生まれ
総合研究大学院大学 先導科学研究科 博士課程修了　博士（理学）
専門：行動生態学。幼少から親の仕事の都合で東京、北海道、秋田県を転々とし、両親の出身である秋田県で小中学生時代をすごした。学部時代に分子生物学の基本を学んだ後、スズメの生態を研究する。好きな鳥はスズメとゴイサギ。ゴイサギは渋いと思う。グラタンやラザニアみたいな食べ物が好きだが、トマトは苦手。趣味はボルダリング。

長谷川 克（はせがわ　まさる）

1982年生まれ
筑波大学大学院 生命環境科学研究科 博士課程修了　博士（理学）
専門：行動生態学・進化生態学。ツバメなどの美しさ・可愛さの進化を研究している。2017年度日本鳥学会黒田賞受賞。

安藤温子（あんどう　はるこ）

1986年生まれ
京都大学大学院 農学研究科森林科学専攻 博士課程修了　博士（農学）
専門：分子生態学、保全生態学。小笠原諸島に生息する絶滅危惧鳥類の保全に関する研究をしてきた。最近は霞ヶ浦のカモ類も扱っている。現在は国立研究開発法人国立環境研究所 研究員。

はじめてのフィールドワーク

③日本《にほん》の鳥類《ちょうるい》編《へん》

2018年10月5日　第1版第1刷発行

著　者　武田浩平・風間健太郎・森口紗千子・高橋雅雄・
加藤貴大・長谷川 克・安藤温子・山本誉士・
小林 篤・岡久雄二・武田広子・黒田聖子・
松井 晋・堀江明香

発行者　浅野清彦

発行所　東海大学出版部
〒259-1292　神奈川県平塚市北金目4-1-1
TEL 0463-58-7811　FAX 0463-58-7833
URL http://www.press.tokai.ac.jp
振替 00100-5-46614

組　版　新井千鶴

印刷所　株式会社真興社

製本所　誠製本株式会社

ISBN978-4-486-02165-0